佛山市人文和社科研究丛书编委会

佛山市人文和社科研究丛书
FOSHANSHI RENWEN HE SHEKE YANJIU CONGSHU

佛山冶铸文化研究

FOSHAN YEZHU WENHUA YANJIU

申小红 著

中山大學出版社
SUN YAT-SEN UNIVERSITY PRESS
·广州·

图书在版编目（CIP）数据

佛山冶铸文化研究/申小红著. —广州：中山大学出版社，2018.11
（佛山市人文和社科研究丛书）
ISBN 978 - 7 - 306 - 06482 - 0

Ⅰ.①佛… Ⅱ.①申… Ⅲ.①冶金史—研究—佛山 Ⅳ.①TF - 092

中国版本图书馆 CIP 数据核字（2018）第 260740 号

出 版 人：王天琪
策划编辑：李海东
责任编辑：李海东 赵 婷
封面设计：方楚娟
责任校对：刘丽丽
责任技编：何雅涛
出版发行：中山大学出版社
电   话：编辑部 020 - 84110771，84113349，84111997，84110779
　　　　　发行部 020 - 84111998，84111981，84111160
地   址：广州市新港西路 135 号
邮   编：510275   传   真：020 - 84036565
网   址：http://www.zsup.com.cn E-mail：zdcbs@mail.sysu.edu.cn
印 刷 者：广州家联印刷有限公司
规   格：787mm×1092mm 1/16 24.25 印张 460 千字
版次印次：2018 年 11 月第 1 版 2018 年 11 月第 1 次印刷
定   价：80.00 元

《佛山市人文和社科研究丛书》
出版前言

　　文化是一座城市的品格和基因，佛山是座历史传统悠久、人文气息浓郁、文化积累深厚的城市。近年来，佛山经济社会发展日新月异，岭南文化名城建设如火如荼，市、区有关部门及镇街从各自工作职能或地方发展特点出发，陆续编辑出版了一些人文社科方面的书籍及资料。但从全市层面看，尚无一套完整反映佛山历史文化和人文社科方面的研究丛书，实为佛山社会文化传承的一大憾事。为弥补这不足之处，中共佛山市委宣传部、佛山市社会科学界联合会决定联合全市社会科学研究力量，深入挖掘佛山历史文化资源，梳理佛山哲学社会科学研究成果，编辑出版《佛山市人文和社科研究丛书》，并力争将其打造成为佛山市的人文社科研究品牌和城市文化名片。

　　本套丛书的策划和编辑，主要基于以下几个方面的考虑：一是体现综合性。丛书从全市层面开展综合性研究，既彰显佛山社会经济文化综合实力，也充分展现佛山人文社科研究水平，避免了只研究单一领域或个别现象，难以形成影响力的缺憾。二是注重广泛性。丛书对佛山历史文化、名人古迹、民俗风情、非物质文化遗产和经济、政治、社会、生态等各个方面都给予关注，而佛山经济社会发展亮点、历史文化闪光点和研究空白领域更是丛书首选。三是突出本土性。丛书选题紧贴佛山实际，具有鲜明的地方特色，作者主要来自佛山本地，也适当吸收外部力量，以锻炼培养一批优秀的人文社科研究人才。四是侧重研究性。丛书严格遵守学术规范，注重学术研究的广度、深度和高度，注重理论的概括、提炼和升华，在题材、风格、构思、观点等方面多有独到之处，具备权威性、整体性、系统性和新颖性，是值得收藏或研究的好书籍。五是兼顾通俗性。丛书要求语言通俗易懂，行文简洁明了，图文并茂，条理清晰，易于传播，既可做阅读品鉴之用，也是开展对外宣传和交流的好读物。六是坚持优质性。丛书综合考虑研究进度和经费安排，本着宁缺毋滥的原则，采取成熟一本出版一本的做法，"慢工出细活"，保证研究出版的质量。七是力求系统性。每年从若干选题中精选一批进行资助出版，积沙成塔，形成规模，届时可再按历史文化、哲学社会科学、佛山典籍整理等形成系列，使丛书系列化、规模化、品牌化。八是讲究方便性。每本书，既是整套丛书的一部分，编排体例、形式风格保持一致，又独立成书，自成一体，各有风采，避免卷帙浩繁，方便携带和交流。

自2012年底正式启动丛书编辑工作以来，包括这一辑在内，已编撰出版五辑。每一辑书籍的编撰，编委会都要多次召开专门会议，讨论确定研究主题、编辑原则、体例标准、出版发行等事宜。经过选题报告、修改完善、专家审定、编辑校对等环节，形成每一辑的《佛山市人文和社科研究丛书》。此次第五辑《佛山市人文和社科研究丛书》包括《烟草大王简照南研究》《源流、传播与传承——佛山粤剧发展史》《佛山文苑人物传辑注》《佛山政府、企业"互联网＋"——兼论城市社区治理与服务》《陈启沅评传》《佛山幼儿教育实践与探索——佛山市机关幼儿园愉快园本课程建设》《佛山冶铸文化研究》等七本著作。通过数年的持续努力，现已初步形成了一整套覆盖佛山人文社科方方面面的研究丛书，使之成为建设佛山岭南文化名城、增强地方文化软实力的一项标志性工程。

本套丛书的编辑得到了佛山科学技术学院、广东东软学院、广州城建职业学院、佛山市博物馆、佛山市机关幼儿园等单位和全市广大人文社科工作者的大力支持，中国社会科学院首批学部委员、著名学者杨义教授欣然为丛书作总序，中山大学出版社为丛书的出版做了大量艰苦细致的工作，在此一并表示衷心的感谢，并对所有关心和支持丛书编撰工作的社会各界人士致以深深的敬意！

佛山市人文和社科研究丛书编委会
2018 年 6 月

都来了解佛山的城市自我
——《佛山市人文和社科研究丛书》总序

杨 义
（中国社会科学院首批学部委员）

　　大凡有文化底蕴的地方，都有它的身份、品格和精神，有它的人物、掌故和地方风物，从而在祖国文化精神总谱系中留下它独特的文化 DNA。佛山作为一座朝气蓬勃而又谦逊踏实的岭南名城，自然也有它的身份、品格、精神，有它的人物、掌故、风物和文化 DNA。对于佛山人而言，了解这些，就是了解他们的城市自我；对于外来人而言，了解这些，就是接触这个城市的"地气"。

　　佛山有"肇迹于晋，得名于唐"的说法。汉武帝派张骞通西域之后，中国始通罽宾，即今克什米尔。罽宾属于或近于佛教发祥之地，在东汉魏晋以后的数百年间，多有高僧到中原传播佛教和译经。唐玄奘西行求法，就是从罽宾进入天竺的。据清代《佛山志》，东晋时期，有罽宾国僧人航海东来传教，在广州西面的西江、北江交汇的"河之洲"季华乡结寮讲经，宣传佛教，洲岛上居民因号其地为"经堂"。东晋安帝隆安二年（398），初来僧人弟子三藏法师达毗耶舍尊者，来岛再续传法的香火，在经堂旧址上建立了塔坡寺。因而佛山经堂有对联云："自东晋卓锡季华，大启丛林，阅年最久；念西土传经上国，重兴法宇，历劫不磨。"其后故寺废弛。到了唐太宗贞观二年（628），居民在塔坡冈下辟地建屋，掘得铜佛三尊和圆顶石碑一块，碑上有"塔坡寺佛"四字，下有联语云："胜地骤开，一千年前，青山我是佛；莲花极顶，五百载后，说法起何人。"乡人认为这里是佛家之山，立石榜纪念，唐贞观二年镌刻的"佛山"石榜至今犹存。佛山的由来，因珠江冲积成沙洲，为佛僧栽下慧根，终于立下了人灵地杰的根脉。

　　明清以降的地方志，逐渐发展成为记录地方历史风貌的百科全书。读地方志一类文献，成为了解地方情势，启示就地方而思考"我是谁"的文化记忆遗产。毛泽东喜欢读地方志书。在战争年代，每打下一座县城，他就找县志来读。1929 年打下兴国县城，获取清代续修的《瑞金县志》，他如获至宝，挑灯夜读。新中国成立后，毛泽东到各地视察、开会，总要借阅当地志书。1958 年在成都会议之前，他就率先借阅《四川通志》《蜀本纪》《华阳国志》，后又要来《都江堰水利述要》《灌县志》，并在书上批、画、圈、点。他在这次成都会议上，提倡在全国编修地方志。1959 年，毛泽东上庐山，就借阅民国时期吴宗慈修的《庐山志》及《庐山续志稿》。可见编纂地方人文社会科学文献，是使人明白"我从何而来"，"我的文化基因若何"，保留历史记忆，增加文化底蕴的重要工程。

从历史记忆可知，佛山之得名，是中外文化交流的一个亮丽的典型。它栽下的慧根，就是以自己的地理因缘和人文胸怀，得经济文化的开放风气之先。因为佛教东传，不只是一个宗教事件，同时也是开拓文化胸襟的历史事件。随同佛教而来的，是优秀的印度、波斯、中亚和希腊文化，它牵动了海上丝绸之路。诸如雕塑、绘画、音乐、美术，物产、珍宝、工艺、科技，思想、话语、逻辑、风习，各种新奇高明的思想文化形式，都借助着航船渡过瀚海，涌入佛山。佛山的眼界、知性、文藻、胸襟，为之一变，文化地位得到提升。

但是佛山胸襟的创造，既是开放的，又是立足本土的。佛山的城市地标上"无山也无佛"，山的精神和佛的慧根，已经化身千千万万，融入这里的河水及沃土。佛山的标志是供奉道教北方玄天大帝（真武）的神庙，而非佛寺，这是发人深省的。清初广东番禺人屈大均的《广东新语》卷六说："吾粤多真武宫，以南海佛山镇之祠为大，称曰祖庙。"那么为何本土道教的祖庙成了佛山的标志呢？就因为佛山为珠江水流环抱，水是它的生命线，如屈大均接着说的："南溟之水生于北极，北极为源而南溟为委，祀赤帝者以其治水之委，祀黑帝者以其司水之源也。"于是从北宋元丰年间（1078—1085）起，佛山就建祖庙，宋元以后各宗祠公众议事于此，成为联结各姓的纽带，遂称"祖庙"。祖庙附有孔庙、碑廊、园林，红墙绿瓦，亭廊嵯峨，雕梁画栋，绿荫葱茏，历数百年而逐渐成为一座规模宏大、制作精美、布局严谨、具有浓厚岭南地方特色的庙宇建筑群。

这种脚踏实地的开放胸襟，催生和推动了佛山的社会经济开发的脚步。晋唐时期的佛山，还只是依江临海的沙洲，陆地尚未成片。到了宋代，随着中原移民的大量涌入和海外贸易的兴起，珠江三角洲的进一步开发，佛山得到了进一步发展，于是有"乡之成聚，肇于汴宋"的说法。佛山邻近省城，可以分润省城的人才、文化、交通、商贸需求的便利；但它又不是省城，可以相当程度地摆脱官府权势压力和体制性条条框框的约束，有利于民间资本、技艺、实业和贸易方式的发育。珠江三角洲千里沃野，需要大量铁制的农具，因而带动了佛山的冶炼铸造业。屈大均《广东新语》卷十五说："铁莫良于广铁，……诸炉之铁冶既成，皆输佛山之埠，佛山俗善鼓铸，……诸所铸器，率以佛山为良，陶则以石湾。"生产工具的改进和省会、海外需求的刺激，又进一步带动了以桑基鱼塘为依托的缫丝纺织业。

起源于南越先民的制陶业，也在中原制陶技术的影响下，迅速发展起来了。南宋至元，中原移民把定、汝、官、哥、钧诸名窑的技艺带到佛山石湾，与石湾原有的制陶技艺相融合，在吸取名窑造型、釉色、装饰纹样的基础上，使"石湾集宋代各名窑之大成"。石湾的土，珠江的水，在佛山人手里仿佛具有了灵性，它们在南风古灶里交融裂变、天人合一，幻化出了五彩斑斓的石湾陶。清人李调元《南越笔记》卷六记载："南海之石湾善陶。凡广州陶器，皆出石湾，尤精缸瓦。其为金鱼大缸者，两两相合。出火则俯者为阳，仰者为阴。阴所盛则水浊，阳所盛则水清。试之尽然。谚曰'石湾缸瓦，胜于天下。'"李调元是清乾嘉年间的四川人，晚年著述自娱，这也取材于《广东新语》。水下考古曾在西沙沉没的古代商船中发现许多宋代石湾陶瓷。在东至日本朝鲜、西至西亚的阿曼和东非的坦桑尼亚等地，也有不少石湾陶瓷出土。自明代起，石湾的艺术陶塑、建筑园林陶瓷、手工业用陶器不断输出国外，尤其是园林建筑陶瓷，极受东南亚人民的欢迎。东南亚各国如泰国、越南、新加坡、马来西亚、印度尼西亚等地的出土文物中，石湾陶瓷屡见不鲜。至今在东南亚各地以及香港、澳门、台湾地区庙宇寺院屋檐瓦脊上，完整保留有石湾制造的瓦脊就有近百条之多，建筑饰品更是难以计其数。石湾陶凭借佛山通江达海的交通条件和活跃的海外贸易，走出了国门，创造了"石湾瓦，甲天下"的辉煌。石湾陶瓷史，堪称一部浓缩的佛山文化发展史，也是一部精华版的岭南文化发展史：南粤文化是其底色，中原文化是其彩釉，而外来文化有如海风拂拂，引起了令人惊艳的"窑变"。

佛山真正名扬四海，还因其在明清时期演绎的工商兴市的传奇。明清时期的佛山，城市空间不断拓展，商业空前繁荣，由三墟六市一跃而为二十七铺。佛山的纺织、铸造、陶瓷三大支柱产业，都进入了繁荣昌盛的发展阶段。名商巨贾、名工巧匠、文人士子、贩夫走卒，五方辐辏，汇聚佛山。或借助产业与资本的运作，富甲一方，造福乡梓；或潜心学艺、精益求精，也可创业自强。于是，佛山有了发迹南洋的粤商，有了十八省行商会馆，有了古洛学社和佛山书院，有了诸如铸铁中心、南国丝都、南国陶都、广东银行、工艺美术之乡、民间艺术之乡、中成药之乡、粤剧之乡、武术之乡、美食之乡等让人艳羡的美名，有了陈太吉的酒、源吉林的茶、琼花会馆的戏……百业竞秀、名品荟萃，可见街市之繁华。乡人自豪地宣称："佛山一埠，为天下重镇，工艺之目，咸萃于此。"外地游客也盛赞："商贾丛集，阛阓殷厚，冲天招牌，较京师尤大，万家灯火，百货充盈，省垣不及也。"清道光十年（1830）佛山人口据说已近六十万，成为"广南一大都会"，与汉口、景德镇、朱仙镇并称"天下四大镇"，甚至与苏州、汉口、北京共享"天下四大聚"之美誉，即清人刘献廷《广阳杂记》卷四所云："天下有四聚，北则京师，南则佛山，东则苏州，西则汉口。"佛山既非政治中心，亦非军事重镇，它的崛起打破了"郡县城市"的旧模式，开启了中国传统工商城市发展的新途径。它以"工商成市"的模式，丰富了中国城市学的内涵。

近现代的佛山，曾经遭遇过由于交通路线改变，地理优势丧失、经济环境变化的困扰。但是，佛山并没有步同列四大名镇的朱仙镇一蹶不振的后尘，而是在艰难中励志探索，始终没有松懈发展的原动力，在日渐深化的程度上实行现代转型。改革开放以来，佛山又演绎了经济学家津津乐道的"顺德模式"和"南海模式"。前者是一种以集体经济为主、骨干企业为主、工业为主的经济发展方式。借助这种模式，顺德于20世纪80年代完成了从农业社会到初始化工业社会的过渡，完善了有利于科学发展的体制机制，诞生了顺德家电的"四大花旦"——美的、科龙、华宝、万家乐。后者是以草根经济为基础，按照"三大产业齐发展，五个层次一齐上"的方针，调动县、镇、村、组、户各方面的积极性和社会资源，形成中小企业满天星斗的局面。上述两种模式衍生了佛山集群发展的制造基地、各显神通的专业市场、驰名中外的佛山品牌、享誉全国的民营经济。

佛山在自晋至唐的得名过程中埋下了文化精神的基因，又在现代产业经济发展中，培育和彰显一种敢为人先、崇文务实、通济和谐的佛山精神。这种文化基因和文化精神，使佛山人得近代风气之先，走出了一批影响卓著的名人：从民族资本家陈启沅到公车上书的康有为，从"近代科学先驱"邹伯奇到"铁路之父"詹天佑，从"岭南诗宗"孙蕡到"我佛山人"吴趼人，从睁眼看世界的梁廷枏到出使西国的张荫桓，从岭南雄狮黄飞鸿到好莱坞功夫巨星李小龙。在现代工商发展方式上也多有创造，从工商巨镇到家电之都，从"三来一补"到经济体制改革，从专业镇建设到大部制改革，从简镇强权到创新型城市建设，百年佛山人在政治、经济、文化领域引领风骚，演绎了一个个岭南传奇。佛山适时地开发了位于中国最具经济实力和发展活力之一的珠江三角洲腹地，位于亚太经济发展活跃的东亚及东南亚的交汇处的地理位置优势，由古代四大名镇之一转型为中国的改革先锋。

佛山人生生不息、与时俱进的创造力，蕴含着深厚的文化血脉和丰富的文化启示，值得进行系统的梳理和深层次的阐释。当代的佛山人，在默默发家致富、务实兴市的同时，应该自觉地了解生于斯、长于斯的这个城市的"自我"，总结这个城市发展的风风雨雨、潮起潮落的足迹，以佛山曾是文献之邦、人文渊薮的传统，来充实自己的人文情怀，提高"佛山之梦"的境界。佛山人也有梦，一百年前"我佛山人"吴趼人在《南方报》上连载过一部《新石头记》，写贾宝玉重入凡世乃是晚清社会，他不满于晚清种种奇怪不平之事，后来偶然误入"文明境界"，目睹境内先进的科技、优良的制度，不胜唏嘘。他呼唤"真正能自由的国民，必要人人能有了自治的能力，能守社会上的规则，能明法律上的界线，才可以说自由"；而那种"野蛮的自由"，只是薛蟠要去的地方。这些佛山文化遗产，是佛山人应该重新唤回记忆，重新加以阐释的。

"我佛山人"是我研究小说史时所熟悉的。我曾到过佛山，与佛山人交流过读书的乐趣和体会，佛山的文化魅力和经济成就也让我感动。略有遗憾的是，当我想深入追踪佛山的历史身份、品味和文化 DNA 时，图书馆和书店里除了旅游手册之类，竟难以找到有丰厚文化底蕴的新读物。"崇文"的佛山，究竟隐藏在繁华都市的何方？"喧嚣"的佛山，可曾还有一方人文的净土？我困惑着，也寻觅着。如今这套《佛山市人文和社科研究丛书》，当可满足我的精神饥渴。它涵盖了佛山的方方面面，政治、经济、文化，历史、人文、地理，城市、人物、事件，时空交错、经纬纵横，一如古镇佛山，繁华而不喧嚣，富有而不夸耀；也如当代佛山，美丽而不失内秀，从容而颇具大气。只要你开卷展读，定会感受到佛山气息，迎面而来；佛山味道，沁人心脾；佛山故事，让人陶醉；佛山人物，让人钦佩；佛山经验，引人深思；佛山传奇，催人奋进。当你游览祖庙圣域、南风古灶、梁园古宅之后，从容体味这些讲述佛山文化的书籍，自会感到精神充实，畅想着佛山的过去、当下和未来。我有一个愿望，这套丛书不止于三四本，而应该是上十本、上百本，因为佛山的智慧和传奇，还在书写着新的篇章，佛山是一部读不完的大书。佛山，又名禅城。佛山于我们，是参不透的禅。这套丛书可以使我们驻足沉思，时有顿悟！

我喜欢谈论人文地理，近来尤其关注包括佛山在内的南中国海历史文化。但是对于佛山，充其量只是走马观花、浮光掠影，爱之有加，知之有限。聊作数言，权作观感，是为序。

2014 年 2 月 9 日

目　　录

第一章　绪　论 …………………………………………… 1
　第一节　水乡佛山的基本概况 / 2
　第二节　选题意义与学术回顾 / 12
　第三节　结构安排与资料来源 / 18

第二章　佛山冶铸文化的发展分期 ………………………… 21
　第一节　中国冶铸文化概论 / 22
　第二节　佛山冶铸文化分期 / 30
　　一、初兴之时 / 31
　　二、鼎盛时期 / 34
　　三、衰退阶段 / 41
　　四、复兴时代 / 44

第三章　佛山冶铸行业的形成条件 ………………………… 48
　第一节　水陆交通便利 / 48
　　一、水运交通条件 / 50
　　二、陆路运输状况 / 53
　第二节　原料供应充足 / 55
　　一、铁料 / 55
　　二、陶土 / 58
　　三、其他 / 60
　第三节　燃料种类齐全 / 61
　　一、木柴 / 63
　　二、木炭 / 65
　　三、煤炭 / 67

　　　　四、焦炭／72

　　第四节　经济发展的外部环境／74

　　　　一、珠江三角洲的大环境／74

　　　　二、广佛经济的错位发展／77

　　第五节　移民南迁带来的优势／81

　　　　一、南迁的历史背景／81

　　　　二、南迁带来的优势／84

　　第六节　陶冶相通的技术支持／86

　　　　一、制陶技术的成熟／87

　　　　二、冶铸技术的产生／89

　　第七节　官准专利的冶铸政策／92

　　　　一、政策出台的背景／93

　　　　二、政策内容与影响／94

第四章　佛山传统冶铸炉户与行业会馆 ················· 99

　　第一节　冶铸炉户与地方家族／100

　　　　一、佛山冶铸炉户／102

　　　　二、地方从业家族／104

　　　　三、炉行与炒铸行／111

　　第二节　冶铸行业的经营方式／117

　　　　一、官营体制／117

　　　　二、民营方式／119

　　第三节　佛山冶铸行业会馆／126

　　　　一、会馆的历史作用／126

　　　　二、西家行与东家行／129

　　第四节　冶铸行业的神明崇拜／132

　　　　一、祖师崇拜／132

　　　　二、水神崇拜／138

　　　　三、演戏酬神／154

第五章　佛山传统冶铸行业的工艺设备 ················· 161

　　第一节　冶铸熔炉／162

　　　　一、地坑炉／164

　　　　二、坩埚炉／166

　　　　三、竖立炉／167

第二节　熔炉的建造／171

　　一、熔炉出现的背景／172

　　二、所需材料与步骤／179

　　三、耐火材料与熔剂／183

第三节　鼓风设备／185

　　一、橐囊／186

　　二、水排／188

　　三、木扇／189

　　四、风箱／191

第六章　佛山传统冶铸工艺技术 ……………………………… 195

第一节　中国传统冶铸工艺技术概况／195

第二节　佛山一次型泥模冶铸技术／198

　　一、泥料选制／198

　　二、工艺流程／200

　　三、佛山铁锅及其工艺／206

　　四、佛山非一次型泥模工艺简介／222

第三节　佛山传统熔模冶铸工艺／223

　　一、两种工艺／225

　　二、蜡模材料／227

　　三、制型材料／228

　　四、工艺流程／229

　　五、佛山神像的制作／230

第四节　佛山传统金属范型工艺／233

　　一、范型制作／234

　　二、工艺过程／234

　　三、佛山大炮及其工艺／237

第五节　佛山传统叠模铸造技术／241

　　一、材料选择／242

　　二、制作工艺／243

　　三、钱币制作工艺／243

第六节　佛山传统砂型铸造工艺／247

　　一、材料选择／248

　　二、型芯类型／249

　　三、工艺流程／250

　　四、适用范围 / 251

　　第七节　佛山传统炒铁工艺技术 / 254

　　一、炒铁工艺 / 254

　　二、淬火技术 / 260

　　三、拉拔工艺与佛山土针 / 263

第七章　佛山传统冶铸技艺的传承与发展 …………… 267

　　第一节　佛山主要冶铸遗址的地理分布 / 267

　　第二节　佛山传统冶铸工艺技术的保护途径 / 275

　　第三节　佛山传统冶铸技艺的当代发展状况 / 280

附录 ……………………………………………………… 309

　　附录一　六齐：世界上最早的金属冶铸配比 / 309

　　附录二　《大冶赋》与宋代冶金业的发展 / 311

　　附录三　我国冶金技术的历史沿革与代表作品 / 319

　　附录四　元代铜壶滴漏：佛山冶铸工匠的杰作 / 330

　　附录五　佛山冶铸工艺与《天工开物》的关系 / 336

　　附录六　佛山冶铸炉行存世器物代表作一览 / 339

参考文献 ………………………………………………… 357

后记 ……………………………………………………… 369

第一章　绪　论

广东一隅，史称岭南，也称广府。[①] 岭南文化（或称广府文化）源远流长，它博采中原文化之精粹，吸纳四海文明之新风，融汇升华，自成体系，在中华文化之林独树一帜。千百年来，它为华夏文明的历史长卷留下了多姿多彩而又深厚凝重的华丽篇章。

秦朝统一全国后便在岭南设置郡县，开始进行有效管理，又敕令原先南征的 50 万大军就地屯戍，并从中原等地迁移大量的民众到岭南拓荒。这样一来，北方地区部分先进的耕种和手工艺技术也随之传到了岭南。[②]

秦朝灭亡后，赵佗在岭南建立了南越国，他采取各项措施发展社会经济，促进了生产的进步，南越人民安居乐业。

元鼎六年（前 111），汉武帝平定南越后，南北的商品流通和人员往来的障碍被彻底打破，再加上政府多次主动移民到南越，而南迁的人群中又不乏家底殷实的富商和身负各种技艺的工匠，如从事冶铸、陶塑、纺织等行业的工匠能手，客观上为各种工艺的南向交流与发展做好了技术、资金和人手等方面的准备。

就冶铸行业来说，南迁人群中的冶铸工匠带来了北方先进的冶铸工艺技术，包括形制各异和种类齐全的冶铸熔炉的制作与调试技术，鼓风设备的制作与改进技术，冶铸原料、耐火材料、燃料和熔剂的筛查与选择，冶铸工艺技艺体系的传承、完善与进步等方面。可以说，北方中原及长江流域等地域的先进冶铸技术自汉武帝时开始就在南越大地生根发芽，茁壮成长，实现了在地化和规模化。具体到佛山地区，其冶铸行业的情况也不例

[①]　现代意义上的广府通指岭南承载以广府话（即白话、粤语，英语称 Cantonese）为母语的民系所在地域的总称，其地域分布在今天珠江流域的西江中下游地区、北江中下游地区和珠江三角洲地区（包括广东、广西、海南、香港和澳门五省区）；广府人一般指岭南早期百越族人与中原移民融合衍生的一支汉族民系，以广府话为母语，或有身份认同，受其文化熏陶的人；广府文化通指广府民系文化，属广府话文化带的文化（详见广东省广府文化研究会：《广府系列定义（2017）修正意见》，《广东省第二届广府文化学术年会会议手册》，2017 年 12 月 10 日）。

[②]　详见张荣芳、黄淼章：《南越国史》，广东人民出版社 1995 年版，第 198 页。

外。也可以这么说，佛山冶铸行业的制作工艺、炉型制作与种类、耐火材料选择、鼓风设备制造等技艺均是源自北方工艺。

鉴于此，为了行文的方便和体现佛山冶铸工艺技艺的完整性和连续性，拙著后文中有关佛山地方冶铸行业的炉型、鼓风机械和冶铸技艺等在佛山地方文献中记载较少的工艺技术等，笔者会以广东或其他地域的史料、资料或考古发掘的成果作为参考依据或佐证来进行论述或补充论述，特此说明，以便就教于方家。

第一节　水乡佛山的基本概况

在南中国广袤的大地上，一座座各具特色的水乡城市，如同一颗颗璀璨的明珠，点缀在青山绿水之间。而佛山就是这其中的佼佼者："肇迹于晋，得名于唐"①（图1.1），历史传承悠久，文化底蕴深厚，是国家级历史文化名城。

佛山得名于唐的残碑②　　　　　　　佛山祖庙旁边的泥模岗公园③

图1.1　"得名于唐"

资料来源：申小红拍摄，左图2009年10月，右图2016年3月。

---

①　〔清〕郑荣、桂坫等：宣统《南海县志》卷五《古迹略》，（台北）成文出版社1974年版，第644页。

②　该残碑有"佛山，贞观二年"字样，原镶嵌于佛山塔坡古庙外墙上，现藏于广东省博物馆。

③　该公园入口处是一石牌坊，其上是复制的"佛山，贞观二年"石匾额。泥模岗是佛山古代冶铸行业遗留下的泥模而堆积起来的小山岗，也是佛山古代冶铸遗址之一，它见证了古代佛山冶铸行业的辉煌。

根据出土文物及资料①显示，佛山的历史起源于新石器时代晚期，距今4500～5500年，在今禅城区澜石河宕、南海区西樵山与灶岗、顺德区杏坛、三水区银洲、高明区更楼一带，百越先民沿西江、北江来此繁衍生息，以渔业、农耕和制陶等行业开创了古代佛山的原始文明，而陶泥、泥模制作与烧制技艺等制陶行业的兴起与发展，客观上为后来冶铸行业的出现做好了物质上和技术上的准备。

"乡之成聚，相传肇于汴宋"②，佛山这座自唐宋时期就已兴起的工商业市镇，在以水路运输为主、陆路运输为辅的情况下，依托自然条件和自身优势，不断探索和创新，在南中国多个领域尤其是在手工制造行业里引领和领跑了几个世纪。

说到佛山冶铸行业的创立，离不开历史上几次因战乱而导致中原民众向南的大量迁徙。在这几次南迁中，一些积累了丰富冶炼和铸造技术的能工巧匠带着技术和部分工具，一些商人特别是北方的铁商带着资金和梦想，被迫背井离乡，他们南下到达佛山后，逐渐融入本地的土著居民之中并开始重操旧业。虽然佛山本土金属矿藏很少，也不产煤炭，但开放与包容的民众心态、优越的地理位置与自然条件和四通八达的水运与商贸网络，带动了佛山冶铸行业的不断向前发展，也成就了佛山冶铸行业的辉煌佳绩和助推佛山社会经济的腾飞。

佛山的冶铸行业源于汉代，至唐代已初具规模。五代时期南汉的冶铸中心就设在佛山，这个中心就是"永丰场"，也有称作"永丰坊"③的，它也曾是铁器成品的集散地。当时佛山就已经具备铸造大型器物，如大型铁塔等的工艺技术，存世较出名的有广州光孝寺东西二铁塔、韶关曲江南华寺降龙铁塔、梅州修慧寺千佛铁塔等，它们是南汉时期佛山冶铸工匠巧夺天工之物证。

广州光孝寺西铁塔（图1.2）④是在南汉大宝六年（963）铸造的，是

---

① 韩康信、潘其风：《广东佛山河宕新石器时代晚期墓葬人骨》，《人类学学报》1982年第1期；广东省文物考古研究所、北京大学考古学系、三水市博物馆：《广东三水市银洲贝丘遗址发掘简报》，《考古》2000年第6期；广东省博物馆：《广东南海县灶岗贝丘遗址发掘简报》，《考古》1984年第3期；广东省博物馆：《广东南海县西樵山遗址》，《考古》1983年第12期。

② 〔清〕陈炎宗：乾隆《佛山忠义乡志》卷三《乡事志》，清乾隆十七年（1752）刻本，佛山市博物馆藏线装书，第一页。

③ 区瑞芝：《佛山新语》，1992年版，南海系列印刷公司，第4页。

④ 西铁塔塔基为双层须弥座，下为石座，上为铁座。铁座制式较为独特，束腰内凹，每面饰双龙抢珠图案，珠内又有三粒品字形小圆，似有"连中三元"之寓意。束腰前方四角各立一力士，表情各异，为此塔最大看点。塔身每层每面之底部均设一大龛，内有一大佛趺坐于莲台之上，所持手印不一。大佛周边行列数十面小龛佛像，以七层二十面计，塔身之上的佛像确有千数之多。每层塔身之间有呈上撇形的塔檐，檐身有飞天、卷云图案，两侧檐角各盘一龙。

一座平面四方仿楼阁式实心七层大型铁塔，该铁塔也是中国存世最早的有确切年款的铁塔。20世纪30年代因旁边房屋的倒塌砸毁了最上面的四层，现仅存底下三层与底座。整座铁塔残高3.1米，被保存在广州光孝寺西侧，俗称"西铁塔"。

西铁塔全貌　　　　　　　　　　　西铁塔鸟瞰图

图1.2　广州光孝寺残存的西铁塔（中国现存最古老的铁塔）

资料来源：（左图）卜松竹：《广铁"良于天下"　佛山曾居第一》，《广州日报》2014年8月30日；（右图）张剑葳：《中国古代金属建筑研究》，东南大学出版社2015年版，第69页。

时隔四年之后的大宝十年（967），以南汉后主刘𬬮的名字铸造了另外一座铁塔，也是七层四方形。塔高7.69米，塔基为石刻须弥座。东铁塔塔身上铸有900余个佛龛，每龛都有小佛像，工艺精致。初成时全身贴金，有"涂金千佛塔"之称。东塔与西塔形制大致相同，铸造工艺则更为精细。与西铁塔相比，最大的不同在于须弥座上的力士塑像被取消了，塔檐也分成两截且略带弧度，塔檐上两侧的盘龙也没有了。因之与西铁塔相向而立，被保存在广州光孝寺东侧，故俗称"东铁塔"（图1.3）。

韶关曲江南华寺降龙铁塔（图1.4）位于南华寺鼓楼底层，南汉后期（970年左右）由佛山铸造，形制为四角五级仿楼阁式铁塔，塔高5.1米。后来塔身被毁，只存降龙铁塔的塔座。其塔座高1.2米，分上下两个部分。下半部为方形须弥座，边长1.61米，四角均铸一托塔力士，各面正中铸一圆形狮子脸头像，狮子脸头像两边各有一尊结跏趺坐佛像；底的边缘有铭文，但因锈蚀不可辨认。上半部为圆柱形莲花座，十六片厚实的莲花瓣大小相间，紧贴在座的边缘。座上面外围有两圈弦纹，弦纹之间有一圈铭文，均已锈蚀不清。清代雍正五年（1727）在佛山重新铸造该塔，从第二

图 1.3 广州光孝寺东铁塔
（中国现存最完整的古铁塔）

风清航_勤而行之：《光孝寺西、东铁塔：中国现存最古最完整的铁塔》，http://blog.sina.com.cn/s/blog_71ff92d50102vgmg.html，2015 年 6 月 5 日。

图 1.4 韶关曲江南华寺降龙铁塔

安东老王：《广东曲江南华寺千佛塔》，http://andonglaowang.blog.163.com/blog/static/84487532201641711343795/，2016 年 5 月 18 日。

层至第五层都铸满佛像，塔刹为葫芦形。该塔共分十三段，是分段铸造然后拼装铸接的，铸造工艺精细，整体造型美观。

梅州千佛塔（图 1.5）① 坐落在梅州市东郊东岩山顶上。据清光绪《嘉应州志》中记载，大宝八年（965）由南汉王刘鋹下旨建造，距今已有1000 多年的历史。整座铁塔高 4.2 米，共分为七层，呈四方形，塔底边长1.6 米，为生铁铸成。每一面铸有大小佛像 250 尊，四个面合计为一千尊佛，故名千佛塔。

———————————

① 梅州千佛塔按每一面计算，第二层 77 尊佛，第三层 67 尊佛，第四层 57 尊佛，第五层 37尊佛，第六层 12 尊佛，合计为 250 尊佛，四面共计一千尊佛。第四层的佛像中，四面各有一尊大佛坐在莲花池座上，它们是东方善德佛、南方施坛德佛、西方无量寿佛、北方相德佛。第七层是合尖顶。梅州千佛塔旁建有黄遵宪的《南汉修慧寺千佛塔歌》、丘逢甲的《南汉敬州修慧寺千佛塔歌》等碑刻，是广东省重点文物保护单位。

梅州千佛塔原塔建于修慧寺内，后因修慧寺被毁，清乾隆初年嘉应知州王者辅命人将铁塔移至梅城东岩山顶上，加盖亭宇，围筑栏杆，砌建石阶，以供游客登临观赏或礼佛。梅州千佛塔与广州光孝寺的东西二铁塔是同一历史时期的金属建筑。

图 1.5　梅州千佛塔

资料来源：安东老王：《广东梅州千佛铁塔》，http://andonglaowang.blog.163.com/blog/static/8448753220166232184/，2016 年 7 月 24 日。

　　说到铁塔，在这里不得不顺便提一下在佛山本地的一座小型铁塔——经堂铁塔（图 1.6），其铸造时间与上述铁塔相差了近 800 年，但它是清代佛山铸造的金属建筑的代表作。据佛山地方志的记载，该塔铸于清雍正九年（1731），嘉庆四年（1799）僧敬来重建，增高一丈八尺。①

　　佛山经堂铁塔今在佛山市祖庙路祖庙博物馆内，它并非此地旧物，原是经堂古寺浮图殿内的大型陈设，故称经堂铁塔。"文革"期间，经堂寺部分遭拆毁，铁塔亦被砸成碎片，于塔内发现一石函，藏有佛家至宝舍利子 200 余颗，并有砗磲、玛瑙、珊瑚、宝石、珍珠、琥珀、玉石、黄金、青金、白金等十宝相伴。1987 年，经多方努力，由佛山市博物馆牵头，将原已残缺不全的碎片按原貌修复，使之得以重光。该塔属阿育王式塔，高

---

　　①　〔清〕吴荣光：道光《佛山忠义乡志》卷二《祀典·经堂》，清道光十年（1830）刊本，佛山市博物馆藏线装本，第十八页；〔民国〕冼宝干：民国《佛山忠义乡志》卷八《祠祀二·经堂》，民国十二年（1923）刻本，佛山市博物馆藏线装本，第二十四页。

铁塔全貌　　　　　　　　　　铁塔局部

图 1.6　佛山祖庙内的经堂铁塔（释迦文佛塔）

资料来源：申小红拍摄，2017 年 8 月。

4.6 米，方形，分段铸造然后套合而成，重约 4 吨。塔身铸出莲瓣、飞天、卷草等浮雕纹饰，四周侧面壁龛分别有小铜佛一尊，其上方铸有"释迦文佛"四个鎏金大字。

　　北宋时期的佛山，是由十来个以农耕经济为主的自然村落相聚在一起的草市镇①，经过休养生息，到南宋后期逐渐发展成为以制陶、纺织、中成药、冶铸等手工行业为主的商业市聚，这在地方志史料中也得到了佐证②。

　　到了元代，佛山有一处被溪流环绕的村落，也是冶铸行业集中的地方，位置大致在今天的祖庙附近向北至仁寿寺、沙塘坊以及莲花市场一带。这里冶铸炉户几乎沿河涌排列，从事冶铸行业的炉户日夜辛劳不停，

----

　　① 宋代是中国草市镇形成和中国市镇发展的重要时期，相关研究请参阅傅宗文：《宋代草市镇研究》，福建人民出版社 1989 年版。

　　② 地方志史料称："乡之成聚，相传肇于汴宋"〔〔清〕陈炎宗：乾隆《佛山忠义乡志》卷三《乡事志》，第一页〕。

故炉火冲天，蔚为壮观："铸犁烟杂铸锅烟，达旦烟光四望悬。"①"春风走马满街红，打铁炉过接打铜。"②"大造为炉妙莫论，良工铸炼在孤村。宝光万丈相摩荡，紫气千重互吐吞。"③这些被历代文人争相记述的冶铸场景，就是后来曾被评为"佛山八景"之一的"孤村铸炼"（图1.7）。

图1.7　佛山八景全图之孤村铸炼
资料来源：〔清〕吴荣光：道光《佛山忠义乡志》，图第十五至十六页。

在宋元时期，以佛山栅下为例，汾江河支流之一的大塘涌流经此地，河面宽畅，河水较深但水流平缓，很适合建码头，也早就兴建了多座码头。另外，人们为了祈求水上运输的平安，也会在附近兴建水神庙宇，栅下天后庙也就是在这种背景下应运而生的。天后庙附近就有冶铸作坊（图1.8），铁冶、铁坑、铁场、铁炉、工匠、炉工等设备一应俱全，冶铸产品的输出和冶铸原料、燃料的输入也有了自己的专用码头。

佛山过去共有七座天后庙，它们分布在栅下铺藕栏街、山紫铺中和里、汾水铺天庆街、丰宁铺通胜街、锦澜铺忠义里、观音堂铺富路坊、福

---

① 〔清〕何若龙：《佛山竹枝词》，〔清〕陈炎宗：乾隆《佛山忠义乡志》卷十一《艺文志》，第二十九页。

② 〔清〕陈昌玶：《佛山竹枝词》，〔清〕陈炎宗：乾隆《佛山忠义乡志》卷十一《艺文志》，第三十页。

③ 〔清〕杜伯棠：《孤村铸炼》，〔清〕吴荣光：道光《佛山忠义乡志》卷十一《艺文志下》，第又四十一页。

图 1.8　天后庙旁的冶铸作坊（黄珂展绘制）

资料来源：罗丽鸥等：《栅下"天后庙"见证佛山之冶遍天下》，《佛山日报》2011 年 1 月 27 日第 5 版。

德铺水巷正街,[①] 到今天就只剩下栅下天后庙了。

据史料记载，栅下天后庙（图 1.9）位于佛山市禅城区忠义路三和街（文华里），是明崇祯元年（1628）佛山栅下大铁商李好问与多名外地铁商联合集资修建的，明代称为"天妃宫"，是佛山古代铁器贸易行业和从事铁器贸易的行商坐贾们崇祀他们的行业保护神的场所。栅下天后庙在清乾隆、嘉庆和光绪年间不断得到修葺与扩建，规模也越来越大，其占地面积曾一度超过 800 平方米，这在当时算是规模较大的寺庙。另外还有三通碑刻记载了历代王朝对天后庙的兴建、修葺等情况。[②]

原来的天后庙左山墙外侧靠近地面的部分镶嵌着光绪二年《重修天后庙碑记》等碑刻共 11 通，开列有"两粤铁商""众铁商"及铸铁炉户 37 家、冶铸行业 11 家，还有佛山纺织、成药等其他行业 40 多家，福建、江西、河南、广西、湖南及广州和省内各地商人至佛山开设的商号，加上本地各行业的商号店铺共 3500 家以上，是反映鸦片战争以后佛山社会工商业状况的重要物证，具有较高的史料价值和文物价值。后来天后庙被附近的农户用作养猪场，为了方便打扫和清洗猪舍，并让污水排出，他们就将每一通碑刻底下砸开一个洞。再后来连这些残破的碑刻都不见踪影，很是可惜。

---

① 〔清〕吴荣光：道光《佛山忠义乡志》卷二《祀典》，第十三至十八页。
② 〔民国〕冼宝干：民国《佛山忠义乡志》卷八《祠祀二·天后庙》，第十一至十二页。

第二次全国文物普查时的栅下天后庙　　　　如今修茸一新的栅下天后古庙

图 1.9　栅下天后庙

资料来源：（左图）佛山市文物管理委员会：《佛山文物》（上篇），1992 年版，第 51 页；（右图）申小红拍摄，2017 年 3 月。

　　古时候海内外长途贸易运输的最主要途径是水运，包括河运与海运。随着唐宋以来南海海上丝绸之路的不断发展，天后遂被奉为水运的保护神。无论是从事海内外铁货运销的行商、佛山商号里的坐商，还是生产冶铸产品的炉户，或是其他手工业产品的销售商号，无不虔诚地奉祀天后，以求达到顺风顺水的目的。同时，天后庙也是明清时期佛山冶铸行业兴旺发达以及"佛山之冶遍天下"① 的历史见证。

　　在冶铸行业形成规模之前，佛山本地居民一般以农耕为主业。大塘涌旁的米艇埠头就是用小船运输稻米等农作物的专用码头，故称米艇头。当大部分民众转身从事冶铸行业之后，原有的码头根本不够用，所以冶铸炉户就联合在栅下天后庙附近筑建了一座比较大的码头——新围码头，作为附近冶铸行业的专用码头。②

　　冶铸行业的出现，深刻地改变着佛山民众的职业构成和从业属性，也加快了佛山向城镇化迈进的步伐。随着当时从业人员的增多和相关业务的繁忙，宋朝政府也特地在此设立市舶务（相当于今天的佛山海关，省城广州设有上级管理机构市舶司）来进行管理。

　　到了明代，佛山北帝庙（即祖庙）附近的情况也大抵如此。洛水（佛山涌）流经祖庙，庙前冶铸熔炉林立，人声鼎沸。白天烟雾缭绕，到了晚上则是火光冲天："铸锅烟接炒锅烟，村畔虹光夜烛天"③。当时的乡老梁文慧与乡判霍佛儿从祖庙风水的角度考虑，曾劝请祖庙门前的炉户搬迁到

---

① 〔清〕屈大均：《广东新语》卷十六《器语·锡铁器》，中华书局 1985 年版，第 458 页。
② 参见佛山市交通局：《佛山市交通志》，1991 年版，第 8、11 页。
③ 〔清〕梅璿枢：《汾江竹枝词》，〔清〕吴荣光：道光《佛山忠义乡志》卷十一《艺文志下》，第五十二页。

别的地方。①

在佛山，但凡与火有关的手工行业如冶铸、陶瓷等，除了存在行业神或祖师爷崇拜的习俗外，一般还存在着水神崇拜的习俗。这是因为人们普遍相信，奉祀水神一方面能够保佑自己的行业不发火灾或少发火灾，即使发生火灾，水神也会暗中襄助来救火；另一方面冶铸产品输出和原料、燃料输入等一般依靠内河与外洋，仰仗舟楫，所以祈求水路运输上的平安，不翻船沉没和少出水盗抢劫等事故，需依靠水神的护佑。这也就是佛山的冶铸炉行和炉户一般将冶铸作坊建在有水神庙的河涌旁边，或先建码头再在其附近建水神庙的主要原因之所在。因为在佛山民众看来，北帝、天后、洪圣、龙母等神明都具备水神的神职或者说神性。

今天佛山祖庙、天后庙、经堂古寺等神庙旁边的泥模岗、泥模墩、铁屎堆等就是佛山冶铸行业辉煌和冶铸炉行选址的最好证明。

明中后期至清中前期，佛山更是发展成为中华大地上耀眼的明星市镇：一是因为手工制造业的高度发展与汉口镇、景德镇、朱仙镇并称明末清初"天下四大名镇"②；二是因为商品批发和物品流通的发展与苏州、汉口、京师（北京）共享清前中期"天下四聚"③之美誉。清末至民国时期，佛山因与省城广州在地理位置和贸易功能等方面的不同而与广州相互错位发展形成了不同的经济模式，从而形成了"省佛"或"广佛"的约定俗成的称谓。④

水对佛山文化的传播和经济的发展都起到极其重要的作用。因河网纵

---

① 明宣德四年（1429），佛山乡老梁文慧倡捐重修祖堂，并改称为"庆真堂"，主祀北帝神，故佛山民间也称之为"北帝庙"。后来出于风水方面的考虑，"玄武神前，不宜火焱，慧遂与里人霍庆儿浼（mei，请求）炉户他迁"，事见《梁氏家谱·诸祖传录》，佛山市博物馆藏线装书，第十一至十二页。

② "天下四大名镇"指明中后期至清初，以工商业的发展而崛起的中国四个著名市镇：以金融服务为中心的湖北夏口镇（也称汉口镇，在19世纪初被誉为"东方芝加哥"，大致范围相当于今天的武汉市汉口区），以陶瓷特别是官瓷而享誉天下的江西景德镇，以版画印刷而出名的河南朱仙镇（大致范围在今天的开封市祥符区朱仙镇），以铁制品、陶制品、中成药等而闻名的广东佛山镇（大致范围在今天的佛山市禅城区）。尤其是佛山镇"户口之繁，物产之富，声明文物之盛，闻于中外，为天下四大镇之冠"［〔民国〕冼宝干：民国《佛山忠义乡志》卷首之二，第九页］。

③ "天下四大聚"是指清初至清前中期，全国财货与人口辐辏的四个工商业发达之地，"天下有四聚，北则京师，南则佛山，东则苏州，西则汉口"［〔清〕刘献廷：《广阳杂记》卷四，中华书局1957年版，第193页］。

④ 在当时人们的话语中，往往言佛山必言广州，言广州也必言佛山，如清初的屈大均曾说"广州之佛山多冶业"（屈大均：《广东新语》卷十六《器语·锡铁器》，第458页）；又如清乾隆十五年（1750）时任和平县知县的胡天文说："查粤省之十三行、佛山镇、外洋、内地百货聚集。"很自然地就将"省城"和"佛山"连在一起，形成了"省佛"或"广佛"的称谓。［参见黄滨：《明清珠三角"广州—澳门—佛山"城市集群的形成》，《深圳大学学报》（人文社科版）2013年第3期，第149～150页］

横而导致陆路交通条件颇受限制的传统社会时期，通过密布的水网、水道，佛山将外面大量的原料、燃料等源源不断地输入，并将自己生产的冶铸、陶瓷、纺织等各类产品输出到周边各省，甚至将其产品远销到东南亚等海外多个国家与地区。

水不仅塑造了佛山的城市形态，也影响了佛山人的生活性格。因为水，造就了佛山四通八达的水路交通条件；因为水，孕育了佛山悠久的龙舟文化；因为水，创造了佛山的桑基鱼塘农业；因为水，成就了佛山自明清以来所取得的辉煌的经济佳绩；也因为水，形成了佛山民间发达的水神崇拜习俗，这种习俗在明清以来的佛山冶铸等行业中表现得尤为突出。

正是基于对水的深刻认识，当佛山本土经济处于低迷之时，一大批佛山子弟又敢为人先，他们漂洋过海，远渡重洋，涉水谋生，将佛山人对水的理念传播到海外的美国旧金山等地和东南亚诸国。

第二节　选题意义与学术回顾

首先来说说选题意义。

佛山冶铸行业是佛山历史最悠久、最重要的手工业之一，它的产品质量优良源于其独特的生产技术和冶铸工艺。这种工艺技术如果没有得到很好的传承和保护，随着历史的发展和社会的变迁，它会濒临失传或逐渐失传乃至消亡。因此，挖掘和重拾冶铸工艺技术、弘扬冶铸文化既是地方政府的职责，也是我们基层文化工作者亟待研究的课题。

有关佛山冶铸及其研究的论文不多，就笔者所见，不包括部分有关佛山冶铸研究的感想与心得之类的文章，仅有十来篇；有关佛山冶铸文化方面的研究，到目前为止，还没有一本真正意义上的专著，所以仍然还算是空白。佛山地方史研究专家朱培建先生主编的《明清佛山冶铸》① 一书，从严格意义上来说，还不能算是系统研究佛山冶铸的专著，主要理由如下：该书主要包括三个方面的内容，其一是摘录、罗列已有的佛山部分地方碑刻、地方志、地方家谱族谱等史料中有关冶铸的部分文献资料；其二是汇总了 18 篇当今学者有关广东矿冶、佛山铸造或相关方面的调查报告、研究论文和心得感想等，这部分相当于论文集；其三是对岭南存世的冶铸

---

① 朱培建：《明清佛山冶铸》，广州出版社 2009 年版。

文物，尤其是能够佐证佛山冶铸成就的部分主要文物提供了照片、铭文拓片或年代、尺寸等方面的信息，这是本书最大的亮点。相对于佛山传统冶铸工艺技术的历史脉络、文化传承、发展盛况与辉煌成就来说，笔者认为仅有这些是远远不够的。

对于目前还没有学人涉及或涉及不多的这一领域，笔者进行了大量的相关资料搜集、整理与思考，也陆续在专业期刊和大学学报上公开发表了多篇有关佛山冶铸的研究论文。本书拟以这些专业论文为主要框架和基础，在史料、资料等方面深入地进行考订、梳理、补充与完善，尽可能完整展现佛山冶铸文化的历史分期，尽可能还原佛山冶铸的工艺体系和尽可能厘清佛山冶铸的发展历程。

佛山是广府文化的发祥地之一，其冶铸文化是中国冶铸文化的重要组成部分，佛山也曾是明清时期中国冶铸技术的代表与缩影，本书所述时间以明清时期为主，其他时期为补充，以冶铁（包括铸铁、炒铁等工艺）文化为主要内容，兼及铸铜、锡等，以及与之有技术相通的制陶等相关文化内容，以历史资料、存世器物、考古发掘为基础，运用冶金学、历史学、考古学、地理学和民俗学等学科的理论知识和中外学者的理论与观点，力求从明清佛山冶铸行业发展的地理条件、交通条件、材料供应、专业人才、相关技术支持、官准专利政策出台的背景、冶铸行业的分类、冶铸技艺分类、产品种类、经营形式、行销路径、祖师崇拜、水神崇拜、冶铸遗址、现当代的技艺传承与发展变迁等方面来进行初步的梳理与探讨，以祈达到抛砖引玉之功效。

其次梳理一下有关佛山冶铸领域研究的学术史情况。

最早对佛山古代冶铸特别是冶铁业进行研究的是日本学者笹本重巳先生，他于 1952 年在《东洋史研究》上发表了《论广东铁锅——明清时期海内外销路》一文，开启了佛山明清冶铁业研究的先河。1960 年，他在《东方学》上发表了另一篇论文《铁政下的佛山铺户及土炉》，对国家政策下的佛山冶铁铺户及其土炉进行了探讨。不过甚为遗憾的是，到现在为止，笔者目之所及的上述两篇论文仍然只有日文版，虽经多方查找、搜罗，但至今仍未能发现中文版，所以对其具体内容也不甚了了。大约在 20 世纪 60 年代，国内学者也开始对资本主义萌芽等方面感兴趣，明清时期的佛山冶铁业也因此顺理成章地进入了他们的研究视野，但他们基本上是从资本主义萌芽的角度去探讨佛山古代冶铁行业。经过 20 多年，随着广大学者对佛山冶铁业研究范围的扩大，与此同时随着最新考古发掘成果的相继问世，使得佛山冶铁业的研究迈入了一个全新的历史阶段。现将相关学术史的研究做一总结，概述如下。

邓开颂在《明至清代前期广东铁矿产地和冶炉分布的统计》[①] 中指出，明代至清代前期，广东是冶铁生产发达的地区之一。当时，生产的主要是褐铁矿（史载："广中产铁之同，凡有黄水渗流，则知有铁。"），其质量在全国也是有名的。广东的铁炉有大炉和土炉之分。大炉当时又称"熔炉"。是将矿石冶炼成生铁的高炉，即所谓"（凡）开山取矿，煽铸生铁，名曰大炉"。这种冶炉一般设在矿山附近或交通方便的集散地。土炉又叫小炉，用来将生铁炒炼成熟铁，即把生铁进行加热熔化后铸造加工成各类生产工具和日用产品。土炉多集中在以佛山为中心的珠江三角洲地区。另外，广东在大量发现铁矿的基础上，建立了许多官营铁冶所和民营铁冶作坊。

罗一星在《明清时期佛山冶铁业研究》[②] 中，对明清佛山冶铁业在各个历史时期的发展阶段、历史背景、冶铁铺户的经营方式以及行业中的资本主义萌芽等方面进行了有益的探讨，掀起了佛山冶铁研究的高潮。他在另一篇论文《关于明清"佛山铁厂"的几点质疑》[③] 中，从铁厂性质、铁炉大小和铁矿来源等几个方面对学界出现的一些疑似误解如是"佛山铁厂"还是广州铁厂、是佛山之炉还是罗定之炉、佛山产"铁矿"还是"铅矿"等进行了有益的探讨。

蒋祖缘在《试谈明清时期佛山的军器生产》[④] 中谈到，明清时期的佛山是工商业巨镇，冶铸行业技术发达、产品优良而闻名于世，也顺理成章地相继成为明王朝、清王朝的兵器生产基地之一。以佛山的冶铁业而论，它既供应人们的生产和生活用具，又供应制造军器的原料和生产铳炮，成为当时国民经济的重要部门。佛山冶铁业不单是炉多人多，而且技术也是颇为先进的。较高的技术水平还表现在铸造的铳炮不炸膛，具有一定的射程和杀伤力。军器生产除了铳炮本身之外，还有相关附属零件和火药、弹丸的生产。

李仲均在《广东佛山镇冶铁业史》[⑤] 中对佛山铁矿石的来源、铁矿冶炼技术和铸造技术等方面进行了初步探讨和尝试，起到了很好的启迪和指引作用。

[①] 邓开颂：《明至清代前期广东铁矿产地和冶炉分布的统计》，广东历史学会：《明清广东社会经济形态研究》，广东人民出版社 1985 年版，第 170～186 页。

[②] 罗一星：《明清时期佛山冶铁业研究》，广东历史学会：《明清广东社会经济形态研究》，第 75～116 页。

[③] 罗一星：《关于明清"佛山铁厂"的几点质疑》，《学术研究》1984 年第 1 期，第 109～112 页。

[④] 蒋祖缘：《试谈明清时期佛山的军器生产》，广东历史学会：《明清广东社会经济形态研究》，第 132～143 页。

[⑤] 李仲均：《广东佛山镇冶铁业史》，《有色金属》1988 年第 1 期，第 64～68 页。

陈智亮在《冶铁业与古代佛山镇的形成与发展》① 中，从佛山现存的冶铸遗迹、宋代佛山手工业的成熟发展、外来炉户工匠迁入等方面来论述冶铁业对宋代佛山古镇的形成与发展起到了助推作用。

陈志杰在《从栅下天后庙看佛山铁器贸易》② 中指出，明清时期，佛山有南北两大码头，分别是北部汾水的正埠码头和南部大塘涌的栅下天后大码头。码头设在天后庙所在地，有天时和地利两个方面的考虑：一方面，明至清前期，由于镇内的新涌、古洛涌、潘涌日渐淤塞而不利于通航，而大塘涌的水面宽敞且深，此时也是佛山铁器贸易的繁荣时期，栅下天后庙不断得到扩建，并成为往来铁商聚会和交易的场所，此天时也；另一方面，南部是佛山繁华的手工业地区和水上交通门户，佛山的铁器贸易往来就聚集于此，这里也是清代佛山古八景中的"南浦客舟"所在地，此地利也。

陈志杰在另外一篇论文《佛山现存古代冶铸产品之最》③ 中，对现存佛山冶铸之最进行了归纳与总结：中国最大的古代铜镜，广东最大的青铜造像——北帝像，佛山最早和最大的铜钟，佛山最大和最精美的铜香炉，佛山最大的铁鼎炉，佛山最大的古代铁塔，等等。

朱培建通过对两广地区的罗定、郁南、梧州等地的实地调查后，在《佛山明清时期冶铁业和商业的调查报告》④ 中提到，这些地方现存的大部分铁器出自明清时期的佛山，特别是冶铸产品中的铁制品。如在罗定发现铁钟 13 口，在封开发现铁钟 18 口，在郁南发现铁钟 1 口、铁炮 3 尊、铁磬 1 个，在梧州发现铁钟 2 口。这次粤西调查，发现的明清时期佛山工业产品和商业的遗迹，充实了佛山古代史研究的实物遗存，为研究广东明清时期铸造业增添了新的实物与资料。

在《佛山明清时期铁钟的初步研究》⑤ 文中，朱培建利用他搜集到的佛山明清时期的铁钟铭文，对佛山明清时期生产钟鼎的使用范围、使用目的和资金来源进行了初步的分析与研究，并对历史时期的佛山铁钟的外形特征进行了初步的归纳与总结。

在《明前佛山冶铁业初探》⑥ 中，朱培建从佛山的冶铁业遗迹、铸铁

①　陈智亮：《冶铁业与古代佛山镇的形成与发展》，朱培建：《佛山明清冶铸》，第162～167页。

②　陈志杰：《从栅下天后庙看佛山铁器贸易》，朱培建：《佛山明清冶铸》，第151～157页。

③　陈志杰：《佛山现存古代冶铸产品之最》，朱培建：《佛山明清冶铸》，第148～150页。

④　朱培建：《佛山明清时期冶铁业和商业的调查报告》，朱培建：《佛山明清冶铸》，第42～57页。

⑤　朱培建：《佛山明清时期铁钟的初步研究》，朱培建：《佛山明清冶铸》，第158～161页。

⑥　朱培建：《明前佛山冶铁业初探》，朱培建：《佛山明清冶铸》，第175～179页。

产品遗存等方面来论证佛山在明代以前就存在一个兴旺发展的时期。

邝倩华在《试析明清佛山冶铁业兴盛的原因》[①] 中指出，佛山的冶铁业在明清时期发展至最高峰，是有其客观和主观原因的。客观上，是由于有一定冶铁技术的外来氏族迁居佛山，清初佛山免受清军屠戮及清政府在政策上的支持，再加上当时珠江三角洲的经济发展，从而为佛山冶铁业的发展提供了外部条件，同时佛山有优越的水运条件和佛山人民辛勤的劳动、卓越的智慧，最终使佛山的冶铁业名扬海内外，佛山的经济也因此得以发展，其在清初的繁荣景象甚至超过了省城广州。

潜伟、刘培峰、刘人滋在《明清时期中国钢铁行业组织研究》[②] 中对明清时期山西泽州和广东佛山的钢铁行业组织的演变、行业会馆的建立与从业人员的分化、行业神崇拜等方面进行比较，认为山西泽州和广东佛山各具特色。

北京科技大学刘人滋的硕士学位论文《明清时期广东佛山铁业研究》[③] 对明清时期佛山的铸造遗迹、工艺细化带来的行业和行会组织的变迁、佛山传统钢铁行业的部分工艺特点和内容等进行了有益的探讨。

《佛山文史资料》第十一辑是佛山市铸造行业史料专辑，共收录了包括原先出版的第二辑中的两篇文章在内的 25 篇文章，其中有关于佛山铸造简史、佛山铸造厂情况介绍的，其中大部分是原来铸造厂的退休老工人的亲身经历、感想与心得类的文章，读完后让人对佛山铸造行业尤其是其在近现代的发展、变迁等方面有了一个大致了解与感性认识。[④] 当然，这些文章中的有些说法还有待商榷，有些史料也存在着明显的偏差和误差。例如明代政府为了方便对冶铸行业的日常经营与税收的管理，特地在全国范围内设置了 13 家铁厂，但必须指出的是，这些铁厂并不具备冶铸功能，而只是政府的管理机构，负责验票秤税，而且广东的此类铁厂不是设在佛山，而是设在广州。另外，广州光孝寺东西二铁塔、佛山祖庙北帝铜像等不是铸造于 17 世纪，据塔身铭文和史料记载，前者铸造于南汉时期（917—971），后者铸造于明代景泰年间（1450—1456）。诸如此类在史料上的错讹之处，我们也应当加以甄别。

---

① 邝倩华：《试析明清佛山冶铁业兴盛的原因》，http://www.foshanmuseum.com/wbzy/xslw_disp.asp? xsyj_ID=48。

② 潜伟、刘培峰、刘人滋：《明清时期中国钢铁行业组织研究》，《中国科技史杂志》2011年增刊，第 1～17 页。

③ 刘人滋：《明清时期广东佛山铁业研究》，北京科技大学硕士学位论文，2009 年。

④ 中国人民政治协商会议广东省佛山市委员会文教体卫工作委员会：《佛山文史资料》第十一辑（铸造行业史料专辑），1991 年版。

　　孙丽霞在《浅析清代佛山的行业神崇拜》① 中指出，清代佛山铜、铁冶铸及其他金属加工业非常发达，其中以冶铁业规模最为庞大，产品种类繁多、分工细致，到乾隆年间，行会达到了 31 个，行会会馆也有 9 个。佛山冶铸行业供奉的行业神也比较多。如石公太尉、鄂国公尉迟恭、四圣、天后、陶冶先师、炉头风火六纛（dào）大王等。行业神的崇拜有利于行业自律和内部团结，对佛山社会经济、民众心理以及民间信仰也产生了深远的影响。

　　拙文《佛山老城区现存冶铸遗址调查报告》② 以田野考察、走访及查证佛山地方志、族谱等史料中有关铸造业的史料为基础，对佛山现存冶铸遗址进行调查探究，力求揭示明清佛山冶铸行业辉煌的历史成就与发展脉络。

　　拙文《族谱所见明清佛山家族铸造业》③ 谈到，明清时期，佛山铸造业享誉全国，产品遍及海内外，有“佛山之冶遍天下”之称。铁线、铁锅、铁镬、铁钉、铁链、铁砧、铁针、农具、军器和钟鼎等产品以其质量上乘而畅销全国各地，在总体规模、产品种类、销售区域等方面已跻身国内首位，成为“天下四大聚”之一和“天下四大镇”之一。佛山之所以在明清时期享有如此突出的城市地位和取得辉煌的经济成就，个中原因固然不少，然其支柱产业——铸造业，特别是以个体家庭小作坊和以家族大作坊为主的作坊式铸造业在明清佛山经济中所发挥的历史作用是功不可没的。族谱中有较详细的家族铸造业记载。

　　拙文《说说祖庙路上的城雕》④ 指出，佛山城雕源远流长，各类雕塑的题材大部分来源于民间故事、粤剧故事等，它们充分汲取了本地冶铸文化、陶瓷文化、武术文化等民间历史文化的精髓。现代佛山城雕中的铜雕，是雕塑与铸造相结合的产物，它与明清时期佛山的铸造业是息息相关的，或者说是明清时期佛山的铸造业在现当代的传承与发展的缩影。

　　拙文《明清佛山冶铸行业中的水神崇拜》⑤ 阐述明清佛山冶铸行业中除了行业神崇拜之外，还存在着水神崇拜，这是因为：一方面，受当时不

　　① 孙丽霞：《浅析清代佛山的行业神崇拜》，《中国民俗学会 2009 年年会暨学术研讨会论文集》，南昌，2009 年 11 月（另见 http://www.foshanmuseum.com/wbzy/xslw_disp.asp? xsyj_id = 243）。

　　② 申小红：《佛山老城区现存冶铸遗址调查报告》，《文化遗产》2010 年第 4 期，第 137～143 页。

　　③ 申小红：《族谱所见明清佛山家族铸造业》，《中国经济史研究》2011 年第 2 期，第 106～111 页。

　　④ 申小红：《说说祖庙路上的城雕》，《佛山艺文志》2013 年第 3 期，第 83～97 页。

　　⑤ 申小红：《明清佛山冶铸行业中的水神崇拜》，《道学研究》2015 年第 1 期，第 46～53 页。

发达的交通运输条件及佛山河网纵横现状的制约，冶铸行业燃料、原料的输入和冶铸产品的输出主要依赖于水路、仰仗于舟楫，运输途中防盗贼、防触礁、防水涝洪灾等涉及安全方面的因素是至关重要的，故水神崇拜能满足人们祈求运输安全的心理；另一方面，冶铸行业离不开火，也极容易发生火灾，会造成人员、财产等方面的损失，水能灭火，故人们认为祭祀水神可以减少火灾发生的频率。祈福禳灾的愿望是冶铸行业的人们供奉水神的心理基础。

在拙文《明清佛山冶铸行业及其祖师崇拜》[①] 中，笔者叙述了明清时期的佛山手工业、商业、服务业发达，行会众多，会馆林立。以经济支柱冶铸行业为例，其"行"的成立、"会"的发展以及"会馆"的出现，规范了行业行为，理顺了行业关系，对明清佛山社会经济的高度发展起到了助推作用。其行业祖师爷崇拜一方面在整个行业的内部自律、内部团结等方面发挥了重要作用，另一方面在充实和丰富佛山民俗文化活动等方面发挥了重要作用。

第三节　结构安排与资料来源

首先简述一下结构安排。

拙著包括正文和附录两个部分，其中正文七章，附录六则，现将主要内容简介如下：

第一章绪论，是有关本书选题的目的和意义、资料来源、学术史的回顾与总结、结构安排等，这是整个研究的铺垫。

第二章是有关佛山冶铸文化的历史分期。为了让大家对佛山冶铸文化有一个基本了解，首先有必要大致了解一下中国的冶铸文化，主要是青铜文化和冶铁文化。其次是有关佛山冶铸历史的四个主要发展阶段，分别是初兴之时、鼎盛时期、衰退阶段和复兴时代。

第三章是有关佛山冶铸行业形成的条件，包括水陆交通的便利、原料燃料供应的充足、人口南迁带来的技术、陶冶相通的技术支持、珠江三角洲经济发展的大环境、广佛经济的借位发展和国家对佛山冶铸行业的官准专利政策的出台等，正是得益于自然条件、材料来源、技术优势和利好政

---

① 申小红：《明清佛山冶铸行业及其祖师崇拜》，广州市文化广电新闻出版局、广州市文物博物馆学会：《广州文博》（捌），文物出版社 2015 年版，第 216～227 页。

策等条件，或者说由于以上这些原因，佛山的冶铸行业才会取得令人骄傲的辉煌成绩。

第四章是有关佛山传统冶铸炉业的概况，包括炉户与地方家族、炉行与冶铸行、冶铸行业的经营方式、冶铸行业会馆的历史与作用、西家行与东家行的分野、冶铸行业的祖师崇拜、水神崇拜和酬神戏的演出等。

第五章是有关佛山传统社会时期冶铸行业所需的工艺设备，包括冶铸熔炉及其类型、熔炉的建造步骤、鼓风设备及其分类、耐火材料与熔剂的选择等。

第六章是有关佛山传统冶铸的工艺技术，包括一次性泥模技术、半永久性泥模、砂型铸造工艺、熔模铸造技艺、叠模铸造技术、金属范型工艺和炒铁工艺技术及其代表作品等。其中泥模技术包括制模材料的选择及其工艺流程；砂型铸造工艺包括材料选择、砂芯类型、工艺流程等内容；熔模铸造技艺包括失蜡技艺、贴蜡技艺两种，其中蜡膜材料、制壳材料与制型材料的选择及其传统工艺流程等是其主要内容；叠模工艺包括材料选择和制作工艺；金属范型包括范型制作和工艺过程；炒铁工艺技术包括单室式、双室式和串联式炒铁工艺，以及淬火技术和拉拔工艺；等等。

第七章是有关佛山冶铸技艺的现当代遗存，主要包括佛山冶铸遗址的地理分布、佛山传统冶铸技术的保护途径、佛山传统冶铸技艺在现当代的传承与发展状况等。

附录一介绍中国最早的也是世界上最早的有关金属冶铸配料比例的工艺——六齐，附录二简要介绍《大冶赋》与宋代冶金业的发展，附录三是有关我国冶金工艺的历史沿革及其代表作品，附录四概述元代佛山冶铸工匠的杰作——铜壶滴漏，附录五介绍佛山传统冶铸工艺与《天工开物》的关系，附录六是佛山冶铸炉行存世器物代表作概况。

从拙著的总体结构安排方面来看，第一、二、三章是整个研究的基础与铺垫，使读者对中国的冶铸文明、佛山的冶铸文化与发展阶段、佛山冶铸形成的条件与原因、经济成就与学术研究等方面有一个基本了解和感性认识；第四、五、六章是重点章节，主要探讨佛山传统冶铸行业的工艺设备、熔炉种类与建造、耐火材料与熔剂、冶铸工艺技术与流程、冶铸家族、冶铸行业及其会馆的创立、冶铸炉行、行业神崇拜、主要冶铸产品种类等方面内容，是整个研究的核心和重点内容；第七章是有关佛山冶铸技艺在现当代的传承与发展的概括与总结。附录部分则是为了丰富正文内容，也是对正文中相关史料、资料的有益补充，以满足部分读者的好奇心和求知欲。

其次来说说资料来源。

拙著运用冶金学、考古学、历史学、地理学、民俗学等多学科的理论知识，结合历史文献和笔者的走访问卷、田野调查等资料，采用叙议结合的方式，重点探讨佛山冶铸及其文化的形成、发展与变迁，其资料来源主要有以下几个方面：

第一，地方志资料40余套近500本。如多种版本的《广东通志》《南海县志》《佛山忠义乡志》《顺德县志》《三水县志》《高明县志》《桑园围志》，以及档案馆、图书馆等馆藏相关方志资料等，是本书最主要、最基础的史料来源和参阅内容。

第二，古代正史、史料笔记、文人文集等近100部（套）1000多本，如《汉书》《唐六典》《宋史》《明史》《明实录》《明会典》《农书》《天工开物》《农政全书》《广东通志》《两广盐法志》《清实录》《清史稿》《广东文献》等。

第三，碑刻资料近300通。一是祖庙碑廊里的碑刻资料，二是广东省社会科学院等三家单位编辑出版的《明清佛山碑刻文献经济资料》，三是《广东碑刻集》和《广州碑刻集》里有关佛山的碑刻资料，四是第三次全国文物普查后佛山新发现的碑刻资料，等等。

第四，现当代国内外专家、学者有关冶铸、冶铁与冶金技术等方面的研究著作100多本，如《中国古代传统铸造技术》《中国古代冶铁技术发展史》《中国铸造技术史（古代卷）》《中国科学技术史（矿冶卷）》《中国冶铸史》等以及相关研究论文500余篇。

第五，田野调查、读书笔记和访谈资料等10多万字。主要是有关中国古代冶金冶铸、广东古代科学技术和佛山传统冶铸工艺技术的相关资料、实地拍摄的图片以及笔者的读书笔记等。访谈资料主要是对长期从事佛山地方经济史及其相关领域研究的专家、学者的采访录音及其文字资料。

第六，引用并讨论涉及冶金学、科技史、考古学、历史学、地理学、民俗学和社会学等学科的中外学者的理论及其观点。

第二章 佛山冶铸文化的发展分期

　　中国的历史学家、人类学家等将人类历史阶段划分为旧石器时代、新石器时代、青铜器时代和铁器时代，其标准是以当时人们开发利用的主要矿产种类为特征进行分类的。① 我们的祖先正是在发现矿产、认识矿产、开发矿产和利用矿产的一系列过程中，发明了技术，制造了工具，助推了社会生产力的发展和中国文明的进程。

　　丹麦考古学家 C. J. 汤姆逊参照人类征服大自然时所使用的不同工具及其历史进程，并结合不同材料对人类社会发展与进步的不同功用，将古代社会的发展大致分为三个时期，即石器时代、青铜时代和铁器时代。② 这三个时代分别大致对应着人类社会历史发展阶段的原始社会时期、奴隶社会时期和封建社会时期。③ "三期说"理论的提出有力地推动了世界考古学向纵深方向的快速发展。

　　石、铜、铁三种材质工具的创造和使用，将人类社会不断推向新的历史阶段，这些材料和由它们制造的工具在历史的长河中也成为人类社会发展的重要物质基础。

　　我们知道，五行理论是中国古代关于物质世界组成的学说之一，"金、木、水、火、土"五元素构成了世界上的万事万物，其中的"金"指各种金属。传统社会时期，中国金属冶炼、加工行业不仅存在供奉自己的行业神和祖师爷的习俗，如佛山冶铸行业供奉太上老君、石公太尉、鄂国公、涌铁夫人等，还存在着火神、水神等神明的崇拜习俗。不同社会或不同的历史时期，金属的生产与销售还有各自有不同的组织形式和管理模式，如会馆和行会，而行业神明的崇拜在一定程度上也起到了行业自律、行业团结、自我监督以及规范行业竞争秩序、协调行业之间的关系等作用。

---

　　① 参见十院校《中国古代史》编写组：《中国古代史》，福建人民出版社 1982 年版，第 11～12 页。

　　② 参见陈建立：《中国古代金属冶铸文明新探》，科学出版社 2014 年版，第 1～3 页。

　　③ 参见杨前军：《中国冶铸史》，香港荣誉出版有限公司 2003 年版，第 1～2 页。

冶金考古中的"金"主要包括金、银、铜、铁、铅、锡、锌、镍、汞等常见金属。根据已有的考古发现，人类使用和冶炼这些金属的年代是不同的。一般说来，采集、使用自然金属（陨铁、黄金和自然铜）的年代比较早，而从矿石中采用冶炼技术提取金属的年代相对比较晚，再加上不同金属化学性质的千差万别，冶炼的难易程度也是各不相同的。[①] 所以，越是化学性质相对比较活跃的金属，被提炼出来的时间就越晚。例如铁与铜相比，其化学性质比较活泼，冶炼难度相对就比较大，所以冶铁技术的出现相对来说比较晚。这也是人类社会的金属时代为什么首先开启的是铜器时代，其次才是铁器时代的原因之所在。

第一节　中国冶铸文化概论

在早期古文明的国家和地区中，中国使用铜、铁等金属的年代相对来说是比较晚的。

例如，美索不达米亚平原地区，在公元前 7000 年左右开始利用自然铜，前 4000 年左右开始进入青铜时代，前 1200 年左右开始进入铁器时代；埃及，在前 5000 年前后开始进入青铜时代，前 1000 年左右开始进入铁器时代；爱琴海地区，在前 3300 年左右开始进入青铜时代，前 1000 年左右开始进入铁器时代；印度，在前 2500 年左右开始进入青铜时代，前 800 年左右开始进入铁器时代；而中国在前 1500 年左右才开始进入青铜时代，前 500 年左右才开始进入铁器时代。[②]

但是，中国在冶铸技术方面的发明和创新，使得中国的冶金工业后来居上，一度跃居世界前列，并为中国古代文明的高度发展奠定了坚实的物质基础，为世界冶铸文化增添了浓墨重彩的一笔。从这里我们可以看到，冶铸技术的进步与升级换代带动了生产力的飞跃发展，从而加速了社会文明前进的步伐。

中国冶金史上一个最突出的特点，就是铸造技术占有重要的地位，以至于"铸造"既作为成形工艺而存在，又成为冶炼工序中的一个组成部分，达到了"冶"与"铸"密不可分的地步。因此在古代文献中往往是"冶铸"并称，并对中国文化产生了深刻的影响。如人们日常用语中的

---

①　参见陈建立：《中国古代金属冶铸文明新探》，第 1～2 页。
②　参见杨前军：《中国冶铸史》，第 4～5 页。

"模范""范围""陶冶""就范"等词汇也是来自冶铸工艺技术，这些词语在中国文学中的内涵与外延方面也取得了普遍性的意义。

这种冶与铸密不可分的冶金技术，是世界古代史上其他国家和地区所无法比拟的。

冶铸技术是金属加工方法中最古老的工艺之一，它的发明是人类社会发展到一定阶段的必然结果，它也是社会生产力发展的最重要的见证和里程碑。冶铸产品的出现是人类社会进入文明时代的重要标志，它的推广是冶铸技艺传承的重要途径，冶铸文化也是人类历史文明进程中的一朵奇葩。

首先来简单了解一下我们祖国灿烂的青铜文化。

根据存世器物、考古成果和文献记载，我国自商朝起开创了灿烂的青铜文化，所谓的"钟鸣鼎食"既是当时门阀贵族的独享特权，也是他们身份地位的尊贵象征。商周至战国的青铜器，正是中国铸造技术的杰出代表，也深深地打上中国古文明的烙印。

商周时期，青铜铸造是手工业的主要部门。商朝铸造的青铜器体量大，且多是礼器，政治色彩浓厚。商周时期高度发展的青铜冶铸业，从生产能力到矿石的冶炼、燃料的储备、筑炉的技术、制范的工艺等方面，为铸铁技术的发明和迅速发展与普及提供了前提和准备。到了西周后期，青铜产品趋于生活化，主要是一些日常生活用品。

中国开始冶炼青铜的技术虽然比其他文明古国和地区起步较晚，但后来居上，冶炼水平也很快赶上并超过了他们，如重达832.84公斤的后母戊方鼎[1]、工艺精美的曾侯乙尊盘和规模庞大的随县编钟群，以及大量的礼器、日用器、车马器、兵器、生产工具等。从这些种类繁多的器物中可以看出，当时的中国已经非常熟练地掌握了浑铸、分铸、失蜡法以及锡焊、铜焊等综合铸造技术。在冶铸工艺技术方面，中国处于当时的世界领先水平。

如《考工记》记载："金有六齐：六分其金而锡居一，谓之钟鼎之齐；五分其金而锡居一，谓之斧斤之齐；四分其金而锡居一，谓之戈戟之齐；三分其金而锡居一，谓之大刃之齐；五分其金而锡居二，谓之削杀矢之齐；金、锡半，谓之鉴燧之齐。"[2]（图2.1）这是世界上最早的合金配料比例的经验性的科学总结。这也表明当时中国工匠已认识到，合金成分同青铜的性能与用途有密切的关系，并通过定量地控制铜锡的配比，以得到性能不同、功用相异的青铜合金。

---

[1]　即原来一直被称作"司母戊方鼎"的那只大鼎，2011年3月，国家文物局结合最新出土文物的铭文并经多方论证，宣布将原"司母戊方鼎"更名为"后母戊方鼎"。

[2]　张道一：《考工记注译》，陕西人民美术出版社2004年版，第169页。

钟鼎之齐	斧斤之齐	戈戟之齐	大刃之齐	削杀矢之齐	鉴燧之齐
铜85.71%	铜83.33%	铜80%	铜75%	铜71.43%	铜50%
锡14.29%	锡16.67%	锡20%	锡25%	锡28.57%	锡50%

图2.1 《考工记》中"六齐"配方示意

资料来源：http://www.wenwu.gov.cn/contents/456/13643.html。

我国古代的钟、鼎等文物，不少是以块范法铸造的（图2.2），另外一些是以熔模失蜡铸造的，其流程之复杂、工艺之精湛、成品之精美，无不体现出我国古代熔模铸造工艺的高超水平，而且有些工艺流程还得靠冶铸工匠的丰富经验来判断是否够火候，这在《考工记》中有记载："凡铸金之状，金与锡，黑浊之气竭，黄白次之；黄白之气竭，青白次之；青白之气竭，青气次之，然后可铸也。"[1] 说明当时的工匠们的技术已经很熟练，能够根据火焰的颜色来判定青铜是否冶炼至精纯的程度，这也是后世化学中火焰鉴别法的滥觞，中国成语中的"炉火纯青"也由此项工艺引申而出。中国古代青铜器的铸造技术是比较先进的，其工艺流程也是比较复杂的（图2.3）。

1. 用特制的泥做成待铸器的实心泥模　2. 在泥模上分块翻制外范　3. 修整外范并加刻精细的花纹，把小块外范拼接成大块　4. 在器范底部制作铭文范

5. 再在泥模上刮去一层厚度，形成空隙，这层空隙就是待铸器的厚度　6. 制作浇口和冒口后的剖视泥范　7. 用600℃左右的温度焙烧成陶质，对合成整体范，预热并灌注铜液　8. 打碎整范，取出青铜器

图2.2 古代青铜器陶质块范铸造流程示意：以觯（zhì）为例

资料来源：http://www.wenwu.gov.cn/contents/456/13643.html。

---

[1] 张道一：《考工记注译》，第196页。

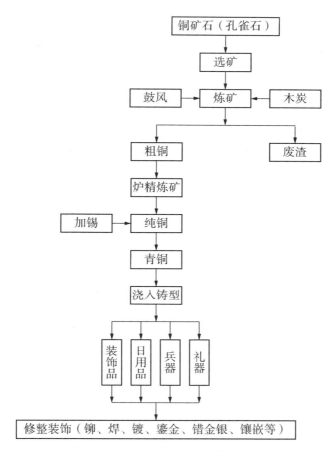

图 2.3　中国古代青铜器铸造工艺流程

资料来源：凌业勤等：《中国古代传统铸造技术》，科学技术出版社 1987 年版，第 15 页。

　　岭南的青铜文化，是历年来史学界、考古界热烈讨论的课题之一。一种观点认为广东在石器时代的原始社会后期，有过一个独立的青铜时代；另一种观点则认为岭南不曾经历过青铜时代。随着出土的青铜文物的不断增多，大家也越来越相信岭南也曾经历了一个青铜文化的发展时期，也逐渐达成了共识，那就是岭南的青铜铸造工艺也是比较先进的（图 2.4），其成品也是很精美的。

　　广东出土的最早的青铜器是信宜出土的西周铜盉，只不过不是广东生产的，而是从北方输入的。[①] 广东本地铸造的最早的青铜器是在饶平出土的青铜戈。[②] 岭南出土的青铜器的合金成分如表 2.1 所示。

---

① 徐恒彬：《广东信宜出土的西周铜盉》，《考古》1975 年第 11 期。

② 张荣芳、黄淼章：《南越国史》，第 5 页。

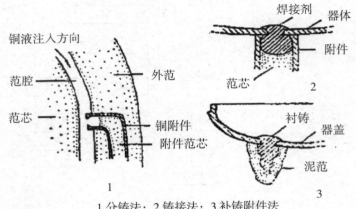

1.分铸法；2.铸接法；3.补铸附件法

图2.4 古代青铜铸造工艺示意

资料来源：张荣芳、黄淼章：《南越国史》，第233页。

表2.1 岭南出土青铜器合金成分　　单位:%

器物名称	铜	锡	铅	铁	锌
斧	55.2	15.7	17.5	4.4	
壶	57.2	16.1	19.3	2.4	
镞	9.5		3.4		1
粤式铜鼓	66.96～83.42	7.6～16.1	9.95～23		
滇式铜鼓	77.45～85.43	3.14～15.7	0.036～21		

资料来源：余天炽等：《古南越国史》，广西人民出版社1988年版，第114页。

　　广东先秦青铜器不仅发现的地点较广，而且种类繁多，数量较大。有炊具、容器、兵器、乐器、工具和杂器等，如鼎、罍、鉴、盂、壶、盘、缶、编钟、钲、铎、剑、矛、镞、钺、斧、凿、篾刀、匕首、削和人首柱形器等。[①] 图2.5、图2.6所示为西汉南越王墓出土的铜鉴和铜钫。

　　岭南的青铜文化源于北方中原等地区，与之相同或近似的方面不少，但与中原、楚、滇的文化在器物形制上的差别也是十分明显的，如广东的人首柱形器、广西的靴形钺等具有浓郁的地方特征，这些器形是中原地区所没有的。[②] 中国古代冶铸工艺技术发展概况如表2.2所示。

---

① 张荣芳、黄淼章：《南越国史》，第6页。
② 张荣芳、黄淼章：《南越国史》，第7页。

图2.5　西汉南越王墓出土的铜鉴

资料来源：广州市文物管理委员会等：《西汉南越王墓》（下），文物出版社1991年版，彩版第23页。

图2.6　西汉南越王墓出土的铜钫

资料来源：广州市文物管理委员会等：《西汉南越王墓》（下），彩版第26页。

表2.2 中国古代冶铸工艺技术发展概况

时间	主要器具	冶铸水平	采用燃料	所需设备	主要特点
商、周	礼器（鼎）、生活器皿（爵、尊）、兵器（戈、矛、剑）、生产工具（铲）	1. 发明泥范铸造技术，铸铜技艺臻于成熟，出现平雕、浮雕、铭文等工艺；2. 冶铁工艺雏形出现	木柴、木炭	地坑炉、坩埚、皮囊鼓风	1. 青铜产品渐趋生活化；2. 青铜产品带有浓郁的政治色彩，在社会生活中占有重要地位；3. 青铜铸造规模较大；4. 人工冶铁技术处于初始状态
春秋、战国	礼器、乐器（编钟）、钱币（刀币）、铁器（锸、犁、锄、铲、斧）	1. 春秋时期，青铜铸造能够有效控制铜、铅、锡的配比，依据不同用途而出现不同规律，《考工记》中有详细记载；2. 春秋晚期冶铸铁器出现，掌握了生铁冶炼技术，发明了铸铁柔化技术；3. 发明青铜冶铸的错金银技术；4. 发明多管鼓风技术；5. 发明铸铁柔化技术和三大铸造技术（蜡模、泥模和铁模），出现了叠铸技术	木柴、木炭	地坑炉、坩埚、皮囊鼓风、多管鼓风	1. 铁器逐步取代青铜器；2. 铁农具大量铸造与推广使用；3. 冶铁中心在中原地区
秦、汉	在原有铁农具的基础上发明了犁壁和犁刀；铁兵器的制作和推广使用，加强了军事实力和作战能力	1. 冶铁技术分类更加细化；2. 西汉发明淬火技术和低温炼钢技术；3. 冶铸工具得到改进，但冶铜仍然占据重要地位；4. 汉代叠铸技术精湛，除了货币外，也能用于其他小型器具的生产	木炭、煤炭（用石灰石作熔剂）	1. 竖炉；2. 多种鼓风设备并存：人力鼓风（皮囊、风扇和风箱）、畜力鼓风、水力鼓风（水排，用力少，效率高）	1. 竖炉出现，炉型增大，炉温提高；2. 冶铸技术领先世界；3. 从中原向西、南和东南亚传播；4. 冶铸技术的升级换代促进了社会生产的进步，社会生产的发展又反过来促进了冶铸技术的提升；5. 东汉首次使用自然力冶铁（如发明了水排）

续表2.2

时间	主要器具	冶铸水平	采用燃料	所需设备	主要特点
魏、晋	北魏的相州以制造军刀而闻名于世	1. 百炼钢技术相当成熟; 2. 发明灌钢技术	木炭、煤炭(用石灰石作熔剂)	1. 竖炉; 2. 多种鼓风设备并存,以水排为主	1. 灌钢技术使兵器更加锋利; 2. 钢铁产量和质量达到当时世界先进水平
唐、宋	礼器、兵器、农具和生活用品	发明切削、抛光和焊接等技术并推广普及	煤炭、焦炭	1. 竖炉; 2. 多种鼓风设备并存,以木嗣为主	南宋末年开始制作并使用焦炭作为冶铸燃料,西方国家直到1709年才发明使用焦炭技术
明、清	冷兵器、礼器和民用器物	1. 佛山生产的铁锅厚薄均匀而目前用,深受欢迎,产品远销全国各地及海外; 2. 佛山生产的大炮不炸膛,且经久耐用	煤炭、焦炭	1. 竖炉; 2. 多种鼓风设备并存,以风箱为主	1. 铁器生产占主导地位,冷兵器和民用铁器如农具、铁锅等需求量大; 2. 冶铁佛山成为中国南方的冶铁中心,铁规模不断扩大,产品种类十分齐全

资料来源:杨宽:《中国土法冶铁炼铜技术发展简史》,上海人民出版社1960年版;华觉明等:《中国冶铸史论集》,文物出版社1986年版;凌业勤等:《中国古代传统铸造技术》,四川科学技术出版社1988年版;田长浒:《中国铸造技术史(古代卷)》,航空工业出版社1995年版;李京华:《中原古代冶金技术研究》,中州古籍出版社1994年版;苏荣誉等:《中国上古金属技术》,山东科学技术出版社1995年版;金秋鹏:《中国古代印书馆1997年版;华觉明:《中国古代金属技术——铜和铁造就的文明》,大象出版社1999年版;李京华:《中原古代冶金技术研究》(第二集),中州古籍出版社2003年版;杨前军:《中国冶铸史》;杨宽:《中国古代冶铁技术发展史》,上海人民出版社2004年版;姜茂发、车传仁:《中华铁冶志》,东北大学出版社2005年版;韩汝玢、柯俊:《中国科学技术史(矿冶卷)》;郭连军:《矿冶概论》,冶金工业出版社2009年版;中国社会科学院考古研究所科技考古中心:《科技考古》(第三辑),科技出版社2011年版;唐际根:《矿冶史话》,社会科学文献出版社2011年版;陈建立:《中国古代金属冶铸文明新探》;等等。

冶铁业是春秋战国至鸦片战争以前两千余年来中国传统社会最基本、最关键的手工制造部门，它在中国的发展史也基本上体现了各地区的发展史。据有关考古与文献资料，可以初步认为，中国冶铁业公元前 1000 年左右出现在新疆。[①] 西周后期与春秋，中国北方的虢、秦、晋、齐等华夏诸侯国冶铁业开始兴起并渐成规模。春秋晚期，南方楚、吴等国的生铁冶炼业开始兴起。

纵观中华五千年的冶金技术史和冶铸文明，它们的产生、发展、兴盛、衰落和重获新生无一不与中华民族的命运息息相关。

第二节　佛山冶铸文化分期

以广东为中心的岭南地区，在东周时期就已经进入了青铜时代，[②] 并且发展了以栽培水稻为主的农业经济，种植水稻的区域从北部的丘陵地区扩展到珠江三角洲和南部沿海地区，从而改变了这一地区以渔猎经济为主的经济类型。

春秋之际，南越的农业生产技术比原始刀耕火种式的农业有了很大进步，青铜农具在农业生产中的广泛应用，提高了劳动效率，推动了农业经济的发展。近年在南越地区的战国墓中出土了大量的斧、斤、凿、锄等青铜工具。在广宁的战国墓中还出土了铜锄、铜锸等耕种工具类的随葬品。[③] 秦统一岭南越族地区后曾强迫大批汉族人南迁，形成了越汉相互杂居的情况，促进了民族间经济与文化的交流。

秦末，赵佗建立南越政权，在经济上积极传播中原地区的先进文化和生产技术，发展和中原地区间的互市，以便引进金、铁、田器、马、牛、

---

① 唐际根：《中国冶铁术的起源问题》，《考古》1993 年第 6 期，第 563 页。

② 岭南地区进入青铜时代的时间在史学界、考古界等一直存在着讨论。现在多数学者倾向于东周时期，以广东省文物考古研究所的邱立诚先生为代表，详见邱立诚：《广东东周时期青铜器墓葬制刍议》，广东省博物馆、香港中文大学文物馆：《广东出土先秦文物》，香港中文大学文物馆 1984 年版，第 87～92 页。也有少数倾向于春秋时期的，如张荣芳、黄淼章：《南越国史》，第 5～7 页；徐恒彬：《广东青铜器时代概论》，广东省博物馆、香港中文大学文物馆：《广东出土先秦文物》，第 45～63 页。而在这之前，莫稚、古运泉等认为岭南的青铜时代是西周时期，详见莫稚：《广东青铜器时代述略》，暨南大学历史系中国古代史教研组：《中国古代史论文集》第 1 辑，暨南大学 1981 年版，第 338～385 页；广东省博物馆：《广东考古结硕果，岭南历史开新篇》，文物编辑委员会：《文物考古工作三十年（1949—1979）》，文物出版社 1979 年版，第 325～338 页。

③ 广西文物工作队：《三十年来广西文物考古工作的主要收获》，文物编辑委员会：《文物考古工作三十年（1949—1979）》，第 339～348 页。

羊，同时还教民耕种，大力传播铁器和牛耕技术，使农业生产得到了较快发展。到西汉时期，南越已有水稻、黍、橄榄、梅、花椒、酸果等农副产品。

牛耕和使用铁农具对推动南越的农业生产进一步发展，促进南越社会结构的变化具有重要意义。春秋战国时期，南越已出现了城市，到西汉初期番禺（即广州）已成为南方的经济中心，城市的出现是经济发展的必然产物。由此可见，春秋战国时期南越的农业经济的发展已达到较高水平。

佛山冶铸起源于秦汉，发展于唐宋，兴盛于明清，与陶瓷、纺织并称为"古镇三宝"①。

一、初兴之时

冶铸行业在佛山的兴起并非偶然，原因也是多方面的，这在后面的有关章节中将有详细论述。佛山地处西江、北江交汇的重要枢纽地带，地势平坦，水网交织，河涌纵横，水道交通发达：它"上溯浈水，可抵神京，通陕洛以及荆吴诸省"②，下抵雷州、琼州，西通广西、四川、云南、贵州，以佛山堡为中心，有 12 条河涌环绕在周围。

自唐宋以后，北江航道南移汾江，南来北往的船舶要经过汾江再到广州，而佛山就处在这个南北交通要冲的位置上。

在古代以水路交通为主的情况下，优越的地理位置，便利的交通条件，为铁块、煤炭等原料、燃料的运输准备了有利条件。

在佛山大地的众多地方，蕴藏着丰富的黏土和优质的河砂，这些都是铸造模型的绝佳材料。佛山石湾，自唐以来其龙窑（即陶窑）就一直在发展。自古就有"范土铸金，陶冶并立"之说，说明二者在技术上有许多相通或相联系的地方；石湾陶业的存在，客观上为佛山冶铸行业的兴起做了技术上的准备。加之明初允许民间采矿，广东地区生铁产量也因此大幅度提高，这在一定程度上必然刺激并推动着冶铁行业的建立。而且，历次战乱后北方大量的冶铸工匠和劳动力南迁到佛山落籍，为佛山铸造行业的发展准备了先进的技术人才和充足的劳动人手。在这些优良条件的孕育下，佛山冶铸行业也就合乎情理、顺乎自然地发展起来了。

---

① 参见佛山市工艺美术铸造厂官网首页（http://www.fssgymsz.cn.china.cn）。
② 〔清〕朱相朋：《建茶亭记》，〔清〕陈炎宗：乾隆《佛山忠义乡志》卷十《艺文志》，第六十二页。

917—971 年，自刘龑（yǎn）称帝割据岭南开始，南汉政权实行"内足自富，外足抗中国"[①] 的政策，与北方中原王朝相抗衡，自行生产军用及民用物资，使其对铁器的消费量大增。于是"以广州为兴王府，析南海为常康、咸宁二县及永丰、重合二场"[②]。其中永丰场就是官方的冶炼场所，主要生产铁器；重合场是官方的窑场，主要生产陶瓷。据朱培建先生考证，永丰场所在地大致就是现在的佛山禅城区老城区的范围，而重合场大致相当于今天南海区官窑镇所在区域。南汉时期所需的铁制品均在永丰场生产，其产品除了军械、农具、生活日用品之外，还有铁塔、铁花盆（图 2.7）、铁花瓶等宗教用品。[③]

图 2.7　南汉时期佛山铸造的铁花盆（现存于广州光孝寺）
资料来源：广东省博物馆"广东历史文化陈列"展览，申小红拍摄，2017 年 7 月。

南汉时期由佛山生产的铁器，现在存世较出名的有：广州光孝寺内的东、西两座大型铁塔及有南汉年款的铁花盆一对、梅州千佛塔内的铁塔、韶关曲江南华寺降龙铁塔等。此外，南华寺还保存了元代佛山铸造的千僧

① 〔宋〕杨仲良：《皇宋通鉴长编纪事本末》卷六十六《三司条例司废置》熙宁二年九月，黑龙江人民出版社 2006 年版，第 917 页。
② 陈智亮：《冶铁业与古代佛山镇的形成与发展》，朱培建：《佛山明清冶铸》，页 162～167 页。
③ 朱培建：《明前佛山冶铁业初探》，朱培建：《佛山明清冶铸》，第 177 页。

大锅（图2.8）①。

图2.8 元代佛山铸造的千僧大锅，存于韶关曲江南华寺

资料来源：佛山市方志办，2017年7月。

20世纪80年代，佛山球墨铸铁研究所的多位铸造技术专家，对光孝寺内体量硕大，浮雕、纹饰精美的东、西二铁塔进行了认真考察，一致认为其铸造采用了佛山冶铸行业代代传承的泥模失蜡"塔铸"技艺，即由下至上逐层浇铸的方法。由此可证明，佛山的铸造技艺早在南汉时期已日趋成熟并已是岭南的冶铸生产基地。②

上述的发现和有关的史实表明，佛山在南汉时期已成为岭南的冶铸生产基地，铸铁制品使用范围广泛，工艺十分精湛，铸造技艺已达到相当高的水平。到宋代佛山市镇早已形成，随着人口的增多，对铁锅等铁制品的需求也增加，铁锅也成为重要的出口商品，这一方面扩大了铁器的销售范围，另一方面也促进了铸造业的全面发展。

宋朝吞并南汉以后，中国的草市镇得到了初步的发展。草市原来是乡村定期集市，经过长时期的发展，到宋代，其中一部分发展成为居民点，

① 南华寺千僧锅，据传一次能煮几百斤米，供千人食用，故又名千人锅。锅高160厘米，口径209厘米，圆底弧壁，锅唇外敞，唇沿有铭文，因年代久远，字迹今已模糊不清。据〔清〕翁方纲：《粤东金石略》卷五《韶州府金石二·至元四年锅字》记载，此锅为大铜锅，铸造于元惠宗至元四年（1338）（石洲草堂刻本，乾隆三十六年刊本，第十三页）。

② 朱培建：《明前佛山冶铁业初探》，朱培建：《佛山明清冶铸》，第175～179页。

一部分上升为镇。草市镇的繁荣，是宋代社会经济发展的一大成就。① 佛山的商业市镇也在这个时期逐渐形成，故冶铸技术也得到了进一步的提升，并在栅下天后庙旁筑建新围码头②，此即冶铸行业的专用码头——原料、燃料输入和冶铸产品输出的集散中心。为了管理进出商品特别是铁器的贸易，宋朝政府还在栅下大塘涌专门设立了一个"市舶务"（相当于今天的海关），其中"佛山商务以锅业为最"③，其铁锅产品还远销海内外"铁器出洋获利数倍"④，可见当时铁锅的生产已颇具规模。

此外，近十多年来，佛山本地文物工作者对老城区地下冶铸泥模遗迹进行调查和检测，发现有相当一部分的泥模遗址是在宋代时期形成的。由此可知，佛山的铸造业在宋代有一个较长的兴旺发展的时期。

元灭宋后，由于政权更迭，也为了便于管理，元朝统治者一开始就施行了"罢禁海商"⑤的政策。这项政策客观上给商人和手工业以沉重的打击，导致出口锐减，直接造成各类产品的积压，导致后期从业者有意减少生产数量，佛山本地手工业的情况也同样如此。到了元代后期，由于统治阶层意识到问题的严重性，主动为相关手工行业进行政策松绑，佛山的冶铁行业也开始复苏，为明代至清代前期铸造业的兴盛与辉煌打下了厚重而坚实的基础。

二、鼎盛时期

佛山冶铸历史悠久，工艺基础深厚，汇聚了岭南地区冶铁技术的精华，也熔铸了中国数千年来冶铸技术的优秀成果。澜石东汉墓出土的铁犁，是迄今佛山本地最早的民间冶铸的有力物证。唐宋时期，佛山逐渐成为以冶铁为主的手工业城镇。特别是明代至清代前期，佛山冶铁取得了"官准专利"的特权，是佛山冶铁业崛起、发展乃至名播天下的时期，是佛山铁器登场、畅销，乃至远贩东、西二洋的时期。

佛山镇也是明嘉靖至万历时逐渐发展起来的工商业城镇。佛山在明初还只是一个普通的由 15 个自然村落组成的佛山堡（图 2.9），有部分民众从事冶铸行业。到万历时期，佛山社会经济得到了充分发展，与汉口、景

---

① 傅宗文：《宋代的草市镇》，《社会科学战线》1982 年第 1 期，第 116～125 页。
② 参见佛山市交通局：《佛山市交通志》，第 10 页。
③ 《岭南冼氏宗谱·月松公传》，佛山市博物馆藏本，出版者和出版年代暂无定论，以下其他未注明出处的均是，恕不一一赘述。
④ 〔清〕阮元、伍长华等：道光《两广盐法志》卷三十五《铁志》，清道光十五年（1835）刻本，于浩：《稀见明清经济史料丛刊》第一辑第四十三册，国家图书馆出版社 2009 年版，第 779 页。
⑤ 〔明〕宋濂：《元史》卷十三《本纪第十三·世祖十》，中华书局 1976 年版，第 279 页。

德、朱仙三镇并称为"天下四大名镇"。

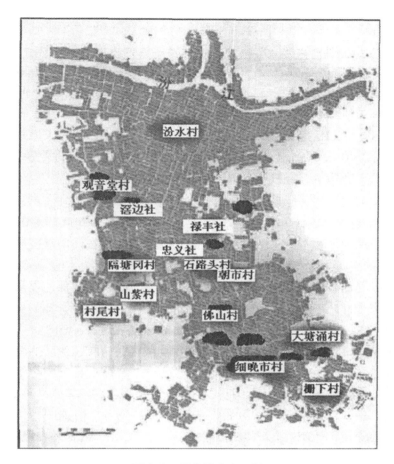

图2.9　明代佛山十五村

资料来源：周毅刚：《明清佛山的城市空间形态初探》，《华中建筑》2006年第8期，第161页。按：牛路村未能确定大致位置，故原图中未有标注。

　　明中后期，广东佛山冶铁业每一炉场，一日可出铁六七千斤。采矿用火药爆破法，冶铁用焦炭作燃料，提高了冶炼的质量和数量。

　　在明正统、景泰时期之前的广东佛山早已是南方铁冶中心，有大量铁器输出，所谓"工擅炉冶之巧，四远商贩恒辐辏焉"[1]。佛山冶铁业发达，铁锅生产最负盛名，销往全国各地。明人笔记中所谓经过大庾岭的"轻细之物"即江南丝绸，而"粗重之类"即广东佛山铁器之类的货物。万历时期"两广铁货所都，七省需焉。每岁浙、直、湖、湘客人腰缠过梅岭者数

————————————

　　[1]〔清〕陈赟：《祖庙灵应祠碑记》，〔清〕吴荣光：道光《佛山忠义乡志》卷十二《金石上》，第十三页。

十万，皆置铁货而北"①。

佛山镇的制锅业大约在明正统年间就已兴起，铁锅贸易也同时兴起，如铁锅"贩于吴越、荆楚而已"，"铁线则无处不需，四方贾客各辇运而转鬻之"。② 正德时，各地的铁商运铁到佛山，利用其技术铸造铁钟、铁器。嘉靖时，佛山的冶铁业在技术上有显著提高，成为全国铸造业中心之一。

明正统十四年（1449）爆发了黄萧养农民起义。为了有效抵御农民军，在佛山地方乡绅的牵头下，将原来的十五村三十五铺整合成二十四铺，分区防守，互相协同配合。到清末，佛山由二十四铺又发展到二十八铺③（图2.10），各铺都有自己的手工行业，其中以冶铸行业最为出名，佛山民众大部分从事冶铸行业。

清朝前期，特别是康雍乾时期，佛山冶铁业的发展达到了最高峰。佛山之所以在明清时期享有如此突出的城市地位，取得如此辉煌的经济成就，个中原因固然不少，然其支柱产业——冶铸行业在佛山经济中所发挥的历史作用功不可没。

首先是从事铸造业人员的大量增加以及工艺技术的成熟与发展。除了本地大家族外，还有不少外地商人携巨资来佛山经营铸造，他们雇用了大量的技术工匠。据罗一星在《明清时期佛山冶铁业研究》中的介绍，在乾隆时期整个佛山冶铁业工匠不下二三万人。④ 这些铁匠在生产实践过程中不断探索，创造了佛山独特的"红模铸造法"。这种工艺主要用于制造薄型铸件，产品表面光洁度高，而且成品率达百分之百。其产品种类多样，有铁镬、铁灶、铁犁等，佛山的铁镬因"薄而光滑，消炼既精，工法又熟"⑤ 而远销中原地区。

此外，铁匠们不断完善泥模失蜡铸造技艺，铸造出纹饰复杂的大型铁

---

① 〔明〕霍与瑕：《霍勉斋集》卷十二《书·上吴自湖翁大司马书》，广西师范大学出版社2014年版，第747页。

② 〔清〕陈炎宗：乾隆《佛山忠义乡志》卷六《乡俗志·物产》，第十三页。

③ 明代政制是县辖乡、乡辖堡、堡辖铺、铺辖里、里辖社（一里一社），在明正统前，佛山约有三十五铺。直至正统十四年，南海县人黄萧养在南海冲鹤堡（景泰三年改属顺德县）率领农民起义后，季华乡乡长洗灏通与当地豪绅梁广等二十二位人士，为防义军入侵，遂设立乡勇，并沿河涌栅栏设三十五铺，每铺立铺长一人，统领三百余众，各铺街道建闸，首尾联防守御。后来将堡内三十五铺缩编为廿四铺，在南部设有栅下、明照、桥亭、东头、锦澜、突岐、耆老、彩阳堂、医灵共九铺，中部有明心、仙涌、真明、丰宁、山紫、石路、纪纲、黄伞、祖庙、社亭、鹤园、岳庙、福德、潘涌、观音堂共十五铺。当时北部地方全是汾江河流水域，直至明末清初，北部形成陆地后，才复建立大基、汾水、富民三铺，清末再增设沙洛一铺，才有廿八铺之称。廿八铺沿用至民国廿七年（1938），同年日本入侵佛山后才不复存在。

④ 罗一星：《明清时期佛山冶铁业研究》，广东历史学会：《明清广东社会经济形态研究》，第75～116页。

⑤ 〔清〕屈大均：《广东新语》卷十五《货语·铁》，第409页。

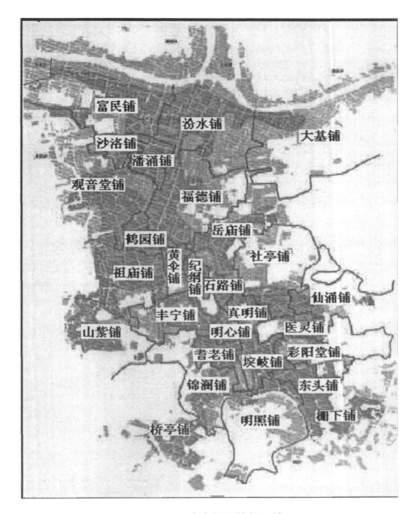

图 2.10　清末佛山镇廿八铺

资料来源：周毅刚：《明清佛山的城市空间形态初探》，第161页。

器，现在我们依然可看到有不少用该技艺铸造出来的铜器和铁器。如祖庙内明景泰三年铸造的 2.5 吨重的北帝铜像，明成化二十二年铸造的 1.5 米高的大铜钟，以及今天两广各地祠堂、庙宇之中各种明清时期铸造的铜钟和铁钟等用品。由此可见，佛山的铸造工艺水平在当时已处于国内同行业的领先水平。

其次是铸铁行业的细化和分化。这是随着冶铁行业从业人员的增多以及铁器产量的增加而变化的。明天启二年，就有"炒铸七行"的记载①。学者王宏均等认为"炒铸七行"是锅行、铁灶行、炒铁行、铁线行、铁锁

———————————

① 〔清〕陈炎宗：乾隆《佛山忠义乡志》卷三《乡事志》，第四页。

行、农具杂品行、铁钉行，具体来说就是铸锅行、铸造铁灶行、炒炼熟铁打造军器行、打拔铁线行、打造铁锁行、打造农具杂器行和打造铁钉行等。炒是把生铁块进行重新加工，经过锻打、拉拔等工序，生产出各式各样的产品。铸是把生铁重新入炉熔化，按产品的形状与大小，浇铸成锅、镬或铁灶等产品。

明清时期，佛山冶铸行业就已享誉全国，产品遍及海内外，故民间有"佛山之冶遍天下"①的美称。铁线、铁锅、铁镬、铁钉、铁链、铁砧、铁针、铁农具、冷兵器、火器和钟鼎等产品以其质量上乘而畅销全国乃至海外。如果按其产品种类、销售区域、总体规模等方面来综合考量的话，佛山的冶铸行业已跻身国内同行业中的首位。

佛山是明清时期南中国的冶铁业中心，在中国古代冶铸史上有重要的地位。明代是佛山冶铁业崛起、发展乃至扬名天下的时期，其冶铸工艺技术超群，产品种类丰富，成品质量优良，这个时候也是佛山铁器登场、畅销国内和远销海外的重要时期。

明宣德四年（1429），佛山祖庙前面一带就有许多铸铁的作坊，诸炉并列，火光冲天。明宣德年间迁居佛山的李广成，在里水学会铸冶技术后，世代都在佛山从事冶铁业，除了李氏外，还有东头冼氏、鹤园冼氏、佛山霍氏、纲华陈氏、金鱼堂陈氏、江夏黄氏、石头霍氏和石湾霍氏等家族从事冶铁或相关行业。到了明成化、弘治年间，佛山居民的职业构成发生了很大变化，大部分民众转身从事冶铁行业并以此为生。

此时，佛山冶铁业以铸铁为主，产品主要有铁锅、农具、钟鼎、军器等，其中以铁锅生产为最大宗，亦是佛山商业最大的交易项目。浙江、江苏、江西、湖南、湖北、广东、广西七省的客商每年携带数十万巨资，或其他北方货物前来佛山购买或交换铁器等北方紧缺的物资，当时在南雄梅岭的道路上，各地客商匆匆忙忙地将购置于广东的大量食盐和铁器运往北方销售，每日就有几千驮货物进进出出。

佛山的冶铁行业除了生产大量的民用铁器满足生产、生活需要之外，还要承担大量的官府衙门差派的各种物品，其中有数量不小的军器和御用铁器的生产，如明朝的制度规定："上供之物，任土作贡，曰岁办。不给，则官出钱以市，曰采办。"在有些地方又统称之"取办"。商民依法供应"取办"，叫作"答应上务"。佛山冶铁业的"答应上务"由来已久，铸锅炉户答应铁锅，铸造铁灶炉户答应铁灶，炒炼熟铁炉户打造军器熟铁，打拔铁线的答应铁线、御用扭丝灶链，打造铁锁胚炉的负责生产御用灶链、

---

① 〔清〕屈大均：《广东新语》卷十六《器语·锡铁器》，第458页。

担头圈、钩罐身，打造笼较农具杂器的答应御用煎盆镬、抽水罐，打造铁钉的答应铁钉等。①

在明代盐铁一体税收政策的框架下，佛山冶铸行业到了清代得到了进一步的发展，并因质量上乘而获得"官准专利"②。有了国家政策的保驾护航，佛山冶铁业在清康雍乾年间达到了最高峰，表现为冶铁行业的不断涌现和冶铸产量的迅速增加，如乾隆年间，佛山有"炒铁之炉数十，铸铁之炉百余"③。从明代的炒炼七行发展出更多更细的行业。乾隆年间锅行分为大镬头庄行、大镬车下行、大锅搭炭行等，炒铁行分为炒链头庄行、炒链催铁行、炼链钳手行等。产品的种类也很多，如铁锅分成糖围、深七、深六、牛一、牛二、牛三、牛四、牛五④、三口、五口⑤等规格，铁线行分为大缆、二缆、上绣、中绣、花丝⑥，钟鼎行分为铸钟和铸鼎，钟有铜钟、铁钟，鼎主要是指香炉，有三足、四足、两耳等，主要供寺庙使用⑦。

铸炮行是入清以来在佛山兴起的一个行业，也是佛山炉户"答应上务"的延伸，尤其是在鸦片战争爆发后，佛山成为一个铸炮的重要场所，最大的铁炮有一万三千斤之重，现存的铁炮多为这个阶段铸的。另外还出现了新兴行业，如新钉行、打刀行、打剪铗行、土针行、铸发行、拆铁行等。各行长期聚居和生产的街道也因此形成了自己的特色和称呼，如铸砧街、铸砧上街、铸犁大街、铸犁横街、铁矢街、铁香炉街、铁门链街、铁廊街、钟巷、针巷、麻钉墟等。⑧

清代，广东铁器仍然大量销往江南各地。屈大均在《广东新语》中说，广州铁器等货，"北走豫章、吴、浙，西北走长沙、汉口，其黠者南走澳门"⑨；乾隆时，佛山所出铁线，在全国各地供不应求，"四方贾客各辇运而转鬻之。乡民仰食……甚众"⑩；清代通过浔墅关的纳税商品，除了

---

① 《广州府南海县饬禁横敛以便公务事碑》，广东省社会科学院历史研究所中国古代史研究室、中山大学历史系中国古代史教研室、广东省佛山市博物馆（以下简称"广东省社科院历史研究室等"）：《明清佛山碑刻文献经济资料》，广东人民出版社1987年版，第13～14页。

② 〔民国〕冼宝干：民国《佛山忠义乡志》卷六《实业·工业》，第十五页。

③ 〔清〕陈炎宗：乾隆《佛山忠义乡志》卷六《乡俗志·气候》，第二页。

④ 〔清〕屈大均：《广东新语》卷十五《货语》，第409页。

⑤ 〔清〕陈炎宗：乾隆《佛山忠义乡志》卷六《乡俗志·物产》，第十三页。

⑥ 〔清〕陈炎宗：乾隆《佛山忠义乡志》卷六《乡俗志·物产》，第十三页。

⑦ 既然佛山炒铸业大致分成七行，各行之间的分工又比较明确，而钟、鼎在佛山乃至广东民间庙宇中的需求又不可或缺，故个人认为钟、鼎也是由专门的炉户来生产的，其材质有铜有铁。钟的形状大致相似，只不过是尺寸大小不同罢了；鼎主要是双耳，有三足、四足之分。

⑧ 以上铸造行的分类及产品种类详见《广州府南海县饬禁横敛以便公务事碑》，广东省社科院历史研究室等：《明清佛山碑刻文献经济资料》，第13～15页。

⑨ 〔清〕屈大均：《广东新语》卷十四《食语·谷》，第371页。

⑩ 〔清〕陈炎宗：乾隆《佛山忠义乡志》卷六《乡俗·物产》，第十三页。

各种铜铁器，明确记载的就有"广锅"①（按：即广东佛山之铁锅，为方便铁锅的对外贸易，英语中还专门设立了与之相对应的专有名词"Chinese Wok"）。

清代前期，广东的熔铁炉一天一炉可出铁板 6000 多斤，这时的冶铁技术也有了快速的进步，炼铁工艺技术中不仅普遍用了煤炭，而且后来还使用了焦炭。鼓风设备已经使用装有活塞、活门的木风箱，这可是当时世界上最先进的鼓风工具。炼铁炉的容量也增大了，如河北遵化的大铁炉，高一丈三尺，每次每炉可装矿砂 2000 多斤。山西的平阳、河北的遵化、广东的佛山，是当时全国冶铁业的几个中心地区。

清代佛山冶铁业在明代的基础上继续兴旺发达，蓬勃向上。同时，在前朝单一的冶铁生产的基础上发展成全面综合性的手工行业，使得佛山这个工商业城镇得到了长足的发展。

清代佛山冶铁业的兴旺发达，与珠江三角洲商品经济发展和全国经济发展是分不开的。随着人口的增加，生产力的发展，特别是珠江三角洲的商品经济的发展，生产生活用具如熬糖用的糖围、桑剪、桑锯、民用铁锅、煮盐用的煎盆镬等的大量需求，再加上对外贸易的发展，每年铁器出口的数量急剧增加，使佛山发展成为南中国的冶铁中心和工商业高度发达的聚市，成为"天下四聚"之一。

明清两代，佛山冶铁业之所以成为全国著名的冶铁业中心，除了有优质的原料外，还在于佛山有着精良的铸造技术和独特的生产方法。早在南汉时期，佛山冶铸工匠就已经能够铸造大型的金属铸件，如大型铁塔等。到了明代，佛山冶铸技术更加精湛，佛山祖庙里的北帝大铜像和北帝小铜像，都是在景泰年间一次性浇铸成型的，造型优美，线条流畅，细部刻画入微，人物表情丰富。

另外还有遍布各地的铁钟，造型美观，纹饰精巧，图案丰富，声音洪亮，使各地客商不远千里前来订购。佛山铁锅是冶铁业最大宗的产品，就是以锅薄、表面光滑和节省燃料而名扬全国，即使售价比其他同类产品贵，还是供不应求。在生产工艺上，创造了独有的"烘模铸造法"。用这种工艺铸造的薄型铸件，金相组织十分均匀，表面光洁度极高，成品率也几乎达百分之百。

如果放宽历史的视角，单从城市发展的角度来看，在中国城市经济的发展史上，以单一城市经济为核心的发展周期，曾经在中国大地上此起彼

---

① 〔清〕凌寿祺：道光《浒墅关志》卷五《小贩则例》，清道光七年（1827）刻本，江苏广陵古籍刻印社 1986 年版，第三十四页。

伏，先后登场，也都盛极一时。在斗转星移的历史天空下，从汉代的洛阳，到唐代的长安，从北宋的汴京（开封），到南宋的临安（杭州），超级中心城市在历史的长河中一路走来，其在政治领域，或经济领域，或文化领域的突出地位和唯一性无法复制和被取代。然而当历史的车轮驶入明清时期，我们发现一批因工商业而兴起的市镇，其茁壮成长与快速发展的势头，打破了在传统社会时期长期由单一的中心城市引领中国政治、经济与文化的模式。①

佛山，这座明清时期具有典型意义和榜样作用的工商业市镇，就是在这种历史背景下独占鳌头、雄视中国、目及八方。

三、衰退阶段

明清时期的佛山被多条河流环绕，还有多条支流横贯全境，河道宽深，水流平缓，两岸码头众多，船只停泊方便，用于生产的冶铁砂料、陶泥、干柴、木炭和煤炭的输入及成品输出极为方便。由于冶铁、制陶和纺织业的辉煌成绩，佛山在明清时期的经济发展水平达到了巅峰。但从清嘉庆年间开始，佛山的冶铁业逐步走向了衰落，主要有以下几个方面的原因：

第一，清政府实行闭关锁国政策。清代前期，佛山进一步取得朝廷钦准生产铁器的专利。清政府规定，广东、广西所产铁矿，必须运赴佛山发卖；所有民用铁器必须归佛山一处炉户铸造，如有外地铸造，则属私铸，为稽禁之列，同私盐罪论治之。② 于是，"诸炉之铁冶既成，皆输佛山之埠"③。在官方垄断政策的保护下，佛山呈现一派经济繁荣的景象，冶铸行业也发展到了鼎盛时期，这在当时的《佛山竹枝词》中有描绘："铸犁烟杂铸锅烟，达旦烟光四望悬。""春风走马满街红，打铁炉过接打铜。"④

到了清代中期，"上资军仗，下备农器"⑤ 的冶铸行业的产品，特别是铁器，成为当时国家的重要战略物资。佛山冶铸产品的大量出口引起了清政府的忧虑和担心。乾隆后期，朝廷开始实行闭关锁国的政策，明令禁止铁器出洋，这些政策的出台直接冲击了佛山冶铸行业，导致出口的锐减乃至停滞，佛山冶铸行业开始走向衰落。

---

① 参见罗一星：《红炉风物五百年》，朱培建：《佛山明清冶铸》之《序言》。
② 〔清〕李振矞：康熙《两广盐法志》卷三十五《铁志》，于浩：《稀见明清经济史料丛刊》第一辑第四十三册，第七十七至七十八页。
③ 〔清〕屈大均：《广东新语》卷十五《货语·铁》，第409页。
④ 〔清〕陈炎宗：乾隆《佛山忠义乡志》卷十一《艺文志》，第三十页。
⑤ 〔清〕陈炎宗：《鼎建佛山炒铁行会馆碑记》，广东省社科院历史研究所等：《明清佛山碑刻文献经济资料》，第76页。

第二，佛山几条主要运输水路日渐淤浅。包括汾江河在内的几条主要运输水路由于"浅淤日甚"致使生铁的运输受到影响。以汾江河为例，汾江河自沙口分流后向东横贯旧城而过，是历史上西江和北江水路至广州的必经之地。佛山水道以汾江河为枢纽，在河道两岸形成了"三墟、六市、九头、八尾、十三沙、二十八铺"的岭南商业中心，当时以冶铁、纺织、制陶三大支柱行业为主的传统产业，对佛山经济的发展起着重要的支撑作用。而作为交通纽带的汾江河，在明清佛山经济发展中扮演着重要的角色。

汾江河中舟楫纵横，两岸码头众多，交通极为繁忙。道光年间，仅汾水、大基、富文三铺就有各类码头 25 座[①]，足见当时货运繁忙、经济繁荣的景象。至清末，佛山汾江河沿岸发展到共有大小码头 100 多座，以正埠码头为中心，东到新围码头有 22 处，西至木行会馆有 27 座，正埠码头到大新米基一带有 26 处，鹰咀沙、文昌沙一带有 27 处。

明清时期，佛山曾各评选过一次"佛山八景"，正埠码头与忠义乡牌坊所构成的风景两次均入选：在明代被称为"白马扬波"（因正埠码头正对白马滩而得名），清代则被誉为"汾流古渡"（图 2.11、图 2.12）。由此可窥见当时佛山商贸发达、手工业兴盛、社会富足与安定繁华的景象。清人王俊勋在《汾江古渡》诗中云："佛山货财薮，汾水东门户。出入必由斯，河道塞帆橹"[②]，可见当时水上交通的繁荣，正是佛山良好的水运条件促使了河运贸易的兴旺发达。

图 2.11　佛山八景全图之汾流古渡
资料来源：〔清〕吴荣光：道光《佛山忠义乡志》卷一《乡域志》插图第九页。

---

① 〔清〕吴荣光：道光《佛山忠义乡志》卷一《乡域志·津渡》，第三十至三十二页。
② 〔清〕吴荣光：道光《佛山忠义乡志》卷十一《艺文志下》，第十八页。

图 2.12　今天位于老城区的"汾流古渡"遗址

资料来源：申小红拍摄，2017 年 3 月。

据史料可知，古代佛山以汾江河为交通运输纽带，控羊城之上游，当西北（指西江、北江）之要冲，"佛山居省上游，为广南一大都会，其地运之兴衰，东南半壁均所攸关"①。到了后期，由于汾江河两岸商铺林立，人口众多，大量的生产、生活垃圾被人为地、随意地倒入河中，加之雨季上游雨水冲刷带来的大量泥沙杂物，虽经过多次清淤，河道仍日渐淤塞。另外，由于清淤成本也越来越大，冬春两季又是枯水季节，故其地位与作用大打折扣，逐渐淡出人们的视线而最终被人们所遗弃，那也是早晚的事。

第三，广东全省表层铁矿已经开采殆尽。经过数百年的开采，广东浅表铁矿已几乎开采殆尽，导致佛山冶铁原材料不足，炉户数量随之大量减少。在乾隆年间有铸造炉户 100 余家，炒铁炉户 40 余家，共计 150 余家。光绪二年，冶铁炉户总共剩下不到 40 家；到光绪九年，只剩下 30 多家。冶铁原料供应的不足是炉户减少的最主要原因，最终使得铁器产量也大幅缩水。

第四，大量洋铁器的输入直接冲击了佛山传统冶铸行业。自鸦片战争后，大量的洋铁、洋钉、洋铁线等机器生产的铁制品输入佛山，这些洋铁器价钱便宜而且很耐用，于是就很快占领了佛山的大部分铁器制品市场，这导致佛山的铁器市场日渐萎缩。在佛山冶铁业中，首当其冲受到冲击的

---

① 〔清〕吴荣光：道光《佛山忠义乡志》卷十二《金石下》，第二十五页。

是炒铁业，炒铁业生产的铁砖无人问津，被迫全行歇业乃至倒闭，接下来的厄运相继轮到铁线、铁钉业及土针业等相关行业，故有地方文人扼腕叹息："今则洋铁输入，遂无业此者矣"①。

鸦片战争以来，中国社会经历了三千年来未有的重大变化。从国人对晚清几次中外战争在经济层面做出的回应中可以发现，每次以重要战事作为间隔的相对独立的社会变革中，都包含着民族反抗和工业主义的强烈诉求。②与这种诉求相应，中国传统手工业也经历了巨大的变化，主要有三点：一是在近代全球经济一体化的浪潮的冲击下，传统手工业的经济生态遭遇全面冲击，走向衰落；二是生产方式由传统作坊生产转向近现代机器生产；三是手工行会的崩溃。③

第五，近代广三、粤汉铁路的通车使得佛山丧失了内河水运的优势与枢纽地位。近代交通运输方式的变化，也是佛山传统冶铸行业衰败的原因之一。近代以来，佛山的内河日渐淤塞，导致佛山对外交通运输的几近中断。广三铁路（1911年）和粤汉铁路（1936年）相继建成通车后，其运输速度大大提升，使得佛山作为广州内港的枢纽地位丧失，广东的物流、人流也不再向佛山汇流，相反，佛山的手工行业和从业人员则大量向广州转移，由此进一步加剧了包括佛山冶铸行业在内的佛山传统手工业的衰败。

四、复兴时代

历史上的佛山冶铸业十分发达，尤以铁锅、铁炮和器形巨大而精美的礼器如佛道造像和钟鼎等重器和实用铸件蜚声海内外，成为南中国的冶炼中心。佛山铸造虽然历经历史长河的风浪与岁月的磨砺，也曾有过低迷时期，但现在仍然具有顽强的生命力和与时俱进的创造力，传承着独具佛山冶铸特色的工艺文化，体现着佛山冶铸历史和工艺文明的巧妙结合，也标志着佛山冶铸重获新生，其发展也步入了一个崭新的快车道。

下面笔者结合实地考察与访谈来做一简短的概括。

首先以佛山市某铸造有限公司为例。其前身是具有悠久历史的佛山某铸造厂。2002年通过转制、资产重组，在保留原有技术、设备、人员的基

---

① 〔民国〕冼宝干：民国《佛山忠义乡志》卷六《实业·工业·铁砖行》，第十五页。

② 参见陈征平、毛立红：《经济一体化、民族主义与抗战时期西南近代工业的内敛化》，《思想战线》2011年第4期，第106页。

③ 参见谢中元：《走向"后申遗时期"的佛山非遗传承与保护研究》，中山大学出版社2015年版，第149页。

础上迁至新区。在全新规划和扩大生产基地、斥资引进了一批先进设备的基础上，年生产各种牌号的灰口铸铁件、球铁件、铜铝铸件的能力超过1万吨。从改制重组至今，公司已掌握了包括树脂砂、干模砂、潮模砂、合脂砂、水玻璃砂和石膏砂等种类齐全的铸造工艺，拥有一支懂得先进铸造生产技术、经验丰富的骨干队伍和从事设计、管理、生产的员工队伍，其主要产品有灰口铁铸件 HT150－HT300、球墨铁铸件 QT400－QT700、特种合金铸件、铜铝合金铸件和各种材质不同的工艺品铸件、BS 标准系列球铁管配件、拥有国家专利的系列暗杆式弹性闸阀、气动旋铆机系列、各种轻重型防盗沙井盖等。产品以出口外销为主，远销欧美、澳大利亚、日本以及东南亚等国家和地区。

其次是佛山市某工艺美术铸造厂。它与佛山某艺术铸造研究所整合在一起，珠联璧合，优势互补，为艺术铸造实践奠定了雄厚的技术基础。1979—1983 年该厂参与主创复制享有世界第八大奇迹之誉的战国曾侯乙编钟（图 2.13），是中国青铜器之最，其精美的纹饰、铭文与深厚的文化内涵，令世界为之惊叹。[1] 又如高 36.88 米、重达百吨的金碧生辉的"望海观音"，她矗立于珠江狮子洋畔的莲花山，是当今中华铸造史上的辉煌佳作，也成为璀璨夺目的广州八景之一"莲峰观海"。

佛山市某工艺美术铸造厂是以青铜艺术铸造为主体的专业性企业，又是中国铸造协会艺术铸造专业委员会理事单位和中国佛像铸造基地，本着"振兴中华，复兴青铜文化"的愿望，汲取了中华民族五千年文化遗产的精髓，将现代科技与传统工艺熔于一体，不断求实进取，整合设计、研究、雕塑、铸造、着色、贴金等系统工程于一体，并不断扩大规模，引进专业人才和先进设备，采用先进工艺，以"客户至上，质量第一"为宗旨，以"铸造艺术精品，彪炳铸造之乡"为理念，其产品远销海内外，深

---

① 曾侯乙大型编钟群自 1978 年在湖北随县出土以来，引起全世界的关注，被认为是中华民族古老文明的象征。为保护这一稀世之珍，阐明和发扬优秀的民族科学文化遗产，1979 年夏，在国家文物局支持下，由湖北省博物馆、中国科学院自然科学史研究所、武汉机械工艺研究所、佛山球墨铸铁研究所、武汉工学院、哈尔滨科学技术大学组成编钟复制研究组，进行多学科协作。参与这一工作的有考古学、科技史、物理学、金属学、铸造工程学等方面的学者和工程技术人员多人。经过五年半的艰苦探索，采用激光全息干涉、电镜扫描、X 光探伤等科学手段，结合历史文献的考证、分析，他们对编钟的发展史、冶铸工艺、合金成分、金相组织、几何结构要素与特征、设计规范、振动模式、复制和调音技术做了系统而全面的研究，达成了共识。在此基础上，采用传统失蜡铸造法、现代熔模精密铸造和复合型精铸工艺，成功复制了全套 65 件编钟和钟架。1984 年 9 月，文化部成立了由学术界、工程技术界等著名专家 31 人组成的验收委员会，经过认真评议，一致认为这一文物考古工作和科技史研究的重大成果，对继承和发扬中华民族优秀文化，开创文物研究和民族音乐新局面具有重大意义。（张宏礼：《曾侯乙编钟复制研究获重大成果》，《中国科技史料》1985 年第 2 期，第 56 页）

图 2.13 佛山市某工艺美术铸造厂参与主创复制的曾侯乙编钟

资料来源：湖北省博物馆，申小红拍摄，2014 年 11 月。

受客户好评。其生产能力已颇具规模，年生产青铜工艺品 200 多吨；中等大小的工艺品的高度一般为 3～8 米；大型艺术品的高度在 10 米以上；长度 1.3～3.2 米不同规格的艺术品，都是整体铸造成型的（无焊接、无裂缝）。佛山铸造在现当代中国铸造史上创造了一个又一个的辉煌佳绩。

　　说到利用高科技对传统冶铸行业进行改进、发展与创新，最后不能不提一下佛山市某科技股份有限公司。该公司瞄准传统铸造行业的痛点，以无模快速制造技术颠覆了传统铸造行业的生产模式。比如说发动机缸体、缸盖等大型高精度零部件若使用传统模具铸造，耗时数月且容易出现比较大的误差，使用 3D 打印技术最快一周之内可以成型。又如汽车制造商在研发新品时，需要快速铸造小批量发动机缸体、缸盖等零部件进行测试。若使用传统模具铸造，需耗时数月。此外，很多汽车零部件属于高精度零部件，内部结构复杂，传统铸造生产往往很难实现一次成型，而且还耗时费力。该公司使用的 3D 打印技术可将生产周期最快缩短到一周以内。因此，这一技术能够快速打印发动机样品，帮助企业缩短研发周期。通过无模快速制造技术进行 3D 打印的优势在于制作周期短、成本低，制造过程中还原度高，铸型能一次成形。这一技术特别适合制作结构复杂、精度高的铸件，后期如果发现设计有问题的话，只需通过修改三维图就能重新制作。

目前，该公司的业务主要包含 3D 打印设备制造和 3D 打印服务两大块，除了制造和销售 3D 打印设备，也为各大厂商直接提供通过 3D 打印的砂型铸造出来的金属铸件。未来，该公司将打造成涵盖了 3D 打印设备制造、三维数据处理、3D 打印耗材生产、金属零部件与模具制造的 3D 打印综合服务商。让传统铸造业从"傻大黑粗"变成"窈窕淑女"，这是他们努力的方向和目标。①

---

① 参见文倩：《让铸造业变成窈窕淑女》，《佛山日报》2016 年 4 月 13 日 A03 版。

第三章　佛山冶铸行业的形成条件

　　佛山市拥有优越的地理位置和便利的交通条件，为冶铁所需要原料、燃料的输入和铁器成品的输出创造了有利条件，也成就了明清佛山冶铸行业的辉煌，客观上助推了佛山社会经济的快速发展。

　　一般来说，冶铁行业的建立和发展需要具备四个必要条件：其一是要有优质的铁矿资源，其二是要有优良的冶炼设备，其三是要有优秀的从业人员，其四是要有优越的交通条件。

　　自古以来就有"范土铸金、陶冶并立"的说法，这说明二者在技术上有许多相通或相联系的地方。佛山本地河涌两岸拥有丰富的黏土和优质的河砂，这些是制作冶铸模型的绝好材料。而且自唐代以降，佛山附近的石湾，其龙窑（即石湾陶窑）的烧造技术就一直在发展、进步并远近闻名。石湾陶业的存在和持续发展，客观上为佛山冶铸行业所需的泥模做好了技术上的准备。

　　再者，由于历史上几次重大的战乱而导致人口的大量南迁，特别是宋至明初，北方、江南等地的冶铸工匠和普通劳动力大量南迁至佛山南海一带并定居，这在客观上为佛山冶铸行业的发展做好了技术和人手方面的准备。

　　另外，明初允许民间采矿，导致广东地区的生铁产量大幅增长，再加上后来官准民办的"官准专利"政策的出台，所有的铁砖和毛铁都必须运至佛山进行深加工。此举为佛山冶铸行业提供了源源不断的原材料，在客观上刺激并推动了佛山冶铸行业的兴盛，促进了当地手工业生产的快速发展。

第一节　水陆交通便利

　　佛山市位于广东省中部，地处珠江三角洲腹地，东倚广州，南邻港澳，地理位置优越，气候温和，雨量充沛，四季如春，属亚热带季风气候。珠江水系中的西江、北江及其支流贯穿佛山全境。佛山地处西江、北江交汇的重要枢纽地带，以佛山为中心，有十二条河涌环绕在其周围，水网密布，河道纵横，属典型的三角洲河网地区，水陆交通都很便利（图3.1）。它"上溯浈水，可抵神京，通陕洛以及荆吴诸省"①，下达雷州、琼州，西通广西、四川、云南、贵州。

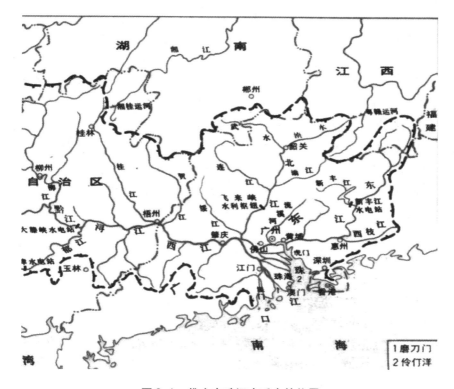

图 3.1　佛山在珠江水系中的位置

资料来源：刘洪涛等编：《中华人民共和国地图》，中国地图出版社 1980 年版，第 97 页。

在古代以水路交通为主的情况下，优越的地理位置，四通八达的水网条件，为铁块、煤炭等原料、燃料的运输准备了有利条件。

早在唐代，佛山手工业、商业和运输业已初具规模。到宋代，佛山发展为商品集散中心和对外贸易港口，水上运输比较繁忙，为方便管理设立了市舶务（相当于今天的海关）。自唐宋以后，北江航道南移至汾江，南来北往的船舶要经过汾江才能到广州，而佛山就处在这个南北交通要冲的位置上。

---

① 〔清〕朱相朋：《建茶亭记》，〔清〕陈炎宗：乾隆《佛山忠义乡志》卷十《艺文志》，第六十二页。

明中后期至清前期，佛山以陶瓷、纺织、铸造、成药四大行业鼎盛于南国，闻名于中国，崛起为商贾云集、工商发达的岭南巨镇，与河南朱仙镇、江西景德镇、湖北汉口镇一起享有"天下四大名镇"之美誉。"四方商贾之至粤者，率以是为归。河面广逾十寻，而舸舶之停泊者，鳞砌而蚁附。中流行舟之道至不盈数武。桡楫交击，争沸喧腾，声越四五里，有为郡会之所不及者"①，佛山水上运输空前发达，清前期又与京师、汉口、苏州一起并称"天下四大聚"。

唐宋时期，佛山市镇逐步形成，到宋代随着冶铸产品等内销外运，部分陆路运输线路也渐次开通，但囿于水乡水网密布的地理状况，"佛山街道，向苦泥泞"②。一个"向"字说明时间的久远，一个"苦"字说明民众出行的艰难。佛山陆路的修建是有限的，成本也是很高的，相对于水路运输来说，陆路运输还不是占主导地位的运输方式，它只是水路运输的一种补充形式。但是对于短途运输，陆路能实现"短（周期短，流动性大）、平（价格适中）、快（速度快，效率高）"等，所以它也是不可或缺的重要运输形式。

一、水运交通条件

传统社会时期，在陆路交通条件还很不发达的状况下，如果佛山没有便利的水路运输系统，一些经过海运、河运等长途跋涉而来的粗重商品，如铁块、煤炭等，仅仅靠马车、牛车来运输，生产铁器所需的材料根本无法及时运达佛山境内，运输成本高不说，也会耽误生产工期和加大生产成本。为了压缩开支和节约成本，尤其是涉及大宗笨重货物的运输和远途运输时，水路运输往往具有优势，也往往是首选的运输方式。

佛山境内大大小小的河涌有2800多条，总长度超过5000公里，扼西、北两江干流之要冲，"上溯浈水，可抵神京，通陕洛以及荆吴诸省"，③ 西接肇（庆）梧（州），通（四）川、广（西）、云（南）、贵（州），下连顺（德）新（会），通江（门）澳（门），东达番（禺）东（莞），通石（龙）、惠（州）④。优越的区位条件便于佛山通过水运与周围地区进行沟

① 〔清〕郎廷枢：《修灵应祠记》，广东省社科院历史研究所等：《明清佛山碑刻文献经济资料》，第22页。

② 〔民国〕冼宝干：民国《佛山忠义乡志》卷七《慈善志·石路》，第十五页。

③ 〔清〕朱相朋：《建茶亭记》，〔清〕陈炎宗：乾隆《佛山忠义乡志》卷十《艺文志》，第六十二页。

④ 罗一星：《明清佛山经济发展与社会变迁》，广东人民出版社1994年版，第15页。

通。所以，历史上水运对于佛山的意义十分重要。

唐宋时期，珠江口仍然是一片浩瀚的浅海湾，里面岛礁、沙洲分布广泛，珠江三角洲地区的人民创造性地开发出适应近海低洼地形的堤围、基塘农业等生产模式，而佛山就在北江、西江冲积洲平原的中心地带上崛起。

西江、北江的航运与佛山关系非常紧密。据佛山科学技术学院李凡教授的研究①，西江至三水的思贤滘会合北江，进入珠江三角洲，成为佛山与西南地区的主要通道。明清两代，佛山的朱纸等货物从西江运到广西百色，再由马帮运销到云南各地。佛山成药业所需的药材和铸造业所需的大量毛铁（即生铁块）、铜、锡等原料，以及铸造业的冶炼、陶瓷业的煅烧所需的大批木材，均依赖西江由西南各省、粤西各县运来。北江流入珠江三角洲后，分成很多支流，如九曲水、白坭水、芦苞涌、西南涌、潭州水道等，至佛山王借岗分为佛山涌（汾江）和东平水道，成为古佛山的重要航道。明清以来，岭北湘、鄂、赣三省的爆竹等货物经北江运抵佛山进行加工包装后出口，阳山一带的毛铁、粤北各县的铅、锡等矿产也靠北江航道源源不断地运抵佛山。

东江虽未流经佛山，但福建、赣南和粤东一带与佛山的原料和货物的往来就要经东江的航运。例如，明清时期，福建的纸张输入广东，是以佛山为终点的，中途严禁私自起卸，所以福建的纸行都集中在佛山。当然，福建与粤东各县所需的佛山货物也有自东江运出去的。可见，佛山凭借两江交汇的地理区位优势，成为岭南重要的贸易集散地，人流、物流咸聚于此，各种文化在此交融，成为孕育丰富多彩文化景观的土壤。

佛山河道的变迁带来经济地理区位条件的变化，并导致城市景观格局的变化。佛山四周为汾江与东平水道环绕，镇内河涌纵横交错，有河涌十二条、大渠道九处，主要有汾水、洛水、新涌、栅下涌、大塘涌和旗带水道等。其中，大塘涌为栅下涌在佛山镇南面的重要河段，经过了彩阳堂、栅下、明照、锦澜和桥亭等佛山南邑各铺。

唐代在广州设市舶司，负责处理商贸业务。宋代广州市舶司在佛山大塘涌设分处，即市舶务（即原市委党校所在地），并在栅下海口处建有临海炮台。可见当时大塘涌的河道应该是水深河宽，是佛山通广州西关的重要航道。南宋时，佛山许多姓氏的祖先从中原南迁，如冼、李、陈、霍等姓，最初定居在佛山南邑的栅下铺、东头铺、突岐铺和锦澜铺等地。这

---

① 详见李凡：《明清以来佛山城市文化景观演变研究》，中山大学出版社 2014 年版，第 27～29 页。

样，由于大塘涌河道的航运地位，沿大塘涌形成了一些聚落和墟市，是佛山镇最早的城市发展空间，成为与佛山土著有关的文化景观较为集中的区域。

明代至清初，佛山以上的北江各支流相继淤塞后，佛山涌（汾江）取代了官窑涌、西南涌的航运地位，成为西江、北江通往广州的主要交通要道，潘涌等很多汾江的支流亦深入镇内，便于货物起卸。南部的大塘涌却逐渐淤浅。佛山镇的城市空间自南部向北部扩展，汾江沿岸商铺会馆鳞次栉比，侨寓人士及商贩云集，成为"百货充斥之区，商贾云集之府。……阅十八省之人物，接一万里之群舸"① 的各种工商业集聚的中心地带。

珠江三角洲地区不断演进的过程，就是三角洲不断延伸、河道分汊、河网发育的过程。西江、北江流至佛山开始分汊。北江自紫洞分为左汊东平水道和右汊顺德水道。东平水道在佛山市郊的沙口又分为左汊佛山涌与右汊东平水道，顺德水道在顺德境内又分为潭州水道、陈村水道等。西江自甘竹开始分汊为西江主干和支干，支干在顺德境内又不断分汊，形成甘竹溪、容桂水道、桂洲水道等。可见，佛山境内西江、北江支汊纵横，密如织网，是珠江三角洲地区典型的水乡泽国。②

例如，佛山民众为适应这种自然条件，形成了具有特色的土地利用景观。自宋代以来，在佛山镇及其周边陆续修筑了存院围、石带子围、石角围和观音围等20余处堤围。由于有堤围保护，减少了佛山境内的水患，促进了农耕发展，吸引更多移民来到这片土地，于是"乡之成聚，相传肇于汴宋"③，而且堤围大致沿汾江和东平水道，周围三面环绕的河流将佛山传统市区围绕起来，确保了佛山及周围各堡的安全，它与各堡乡民休戚与共，形成了佛山最初的地域认同。明代以来，为解决洪涝灾患与农业生产的矛盾，人们把低洼积水之地挖深筑塘，将泥土覆盖在塘的周围砌成基，或将筑堤取土的洼坑修成鱼塘，或将已淤的河涌筑堤基成塘。

至清乾隆年间，随着蚕桑业的发展，佛山及其周边地区的大部分基塘及稻田都被改成了桑基鱼塘。以桑基鱼塘为主的商品性农业的发展，带动了佛山及其周围墟市的繁荣。此外，佛山水乡泽国的环境还反映在佛山传统地名街巷上，如"塘、涌、基、滘"等与水环境有关的街巷地名的增多。

水对佛山文化的传播和经济的发展都起到极其重要的作用。在交通条件颇受限制的传统社会时期，通过密布的水网、水道，佛山古镇将外面大

① 〔民国〕冼宝干：民国《佛山忠义乡志》卷十《风土志二·名胜》，第十一页。
② 参见李凡：《明清以来佛山城市文化景观演变的研究》，第31页。
③ 〔清〕陈炎宗：乾隆《佛山忠义乡志》卷三《乡事志》，第一页。

量的原料、燃料等源源不断地输入，并将自己生产的陶瓷、冶铸等各类产品输出到周边各省，甚至远销海外。

二、陆路运输状况

到明清时期，佛山陆路出入口有八处，分别是城门头、通济桥、平政桥、大基尾、普君墟、新涌口、鹰咀沙和文昌沙，由这些出入口通往各地的比较宽大的道路有三条，狭窄点的道路有十条，宽阔的道路上物流、车马奔腾不息，而窄小的道路上行人来往如织。①

这三条大道的具体情况如下：第一条由豆豉巷（今升平路口中山桥头）过渡到鹰咀沙（今中山公园门口）至缸瓦栏（今佛山火车站所在地），沿横滘、大镇、奇槎、谭边、邵边、三眼桥、五眼桥至石围塘，然后乘船过河到广州黄沙；第二条由鹰咀沙至缸瓦栏，沿街边、罗村、上柏、小塘、狮山至西南、三水各地；第三条由鹰咀沙至缸瓦栏，再经南海墩厚乡、大沥、横江、黄竹岐至滘口、广州。

而十条小道就比较蜿蜒曲折，其大致情况如下：①由新涌口（今南堤路）经金兰上下街、菜地沙、珠北窦、东鄱、张槎乡，再至古灶往大富乡沙口、王借岗；②由金兰上街协成菜市过金兰桥，经上沙上街至九江基、五福围入聚龙沙，直上南海塱边、大江、白坭等乡；③由文昌沙经天放街、大基、大西医院前、菜市至叠滘、茶亭（或南海叠滘墟）至横滘乡；④由永兴街尾过渡到文昌沙，沿大基由鲤鱼沙口的山路至叠滘墟尾，转往南海蟠岗、夏滘等乡；⑤由大基尾（今红强街）经大王庙、格沙、石云山、古云古道乘艇渡过汾江河支流，至南海蟠岗、夏滘、平洲、林岳等乡；⑥由大基头（今市东上路）经育婴堂、方便医院前的石路至石云山过河（今军桥）到南海蟠岗、夏滘、平洲转往顺德或广州；⑦由仙涌大街经石角乡（梁郡马祠前）至栅下海口文塔脚，也可由栅下米艇头沿果栏、蚬栏至平政桥往南海石硝乡；⑧普君墟有三条出入口：东路由忠义里至平政桥往南海石硝乡，西路由福庆里经晚市大街至南海南浦和鸭沙（今南沙村），南路由金鱼塘、金兴里、三丫路街、铸犁街、黄礅街、南济前街（这些街今总称金鱼街）至村尾通济桥（明清时称南顺通街），往西走，经绿境、

---

① 明崇祯七年（1634）修通往省城方向的大路，清嘉庆二十年（1815）修筑大湾石路，道光五年（1825）修筑通往栅下炮台大路，道光七年（1827）修筑大塘涌石路，道光二十年（1832）修筑南顺通津石路，光绪二年（1876）修筑彩阳堂石路，光绪三年修筑广德里石路和岘澜石路，光绪十四年（1888）七堡合力重修南顺通津石路，修筑城门头石路（佛山市交通局：《佛山市交通志》，第1页、第160～162页）。

低田、深村、平原、西华、石头梁、石头霍各乡村至澜石（今普澜路）；
⑨由山紫村南泉（绿瓦）经观音庙、田心书院、蜘蛛山、铸犁咀大街、南济观音庙前至通济桥；⑩由城门头西行经弼塘、河宕、沙岗、石湾至澜石。①

清乾隆年间，朱相朋在《建茶亭记》中对佛山的交通体系充满了自豪和赞美："禅山，东南一巨镇也。其西北一带，上溯浈水，可抵神京，通陕洛以及荆吴诸省。四方之来游者，日以万计，然皆以舟舶泊岸，不少劳余力也。"而单单一条经过通济桥的道路就成为连接南海、顺德和新会的交通要冲，可见陆路交通的重要性："独南路通济桥为镇后门户，当南（海）、顺（德）、新（会）三邑要冲，来市于禅者，皆道经于此。"② 他的前一句话概括了佛山在广东乃至全国交通体系中的地理位置，后一句话则点明了通济桥所在的陆路在佛山交通体系中的地理位置（图3.2）。"管中窥豹，可见一斑"，由此可看出陆路交通在古代佛山交通体系中亦占有重要地位。

乾隆《佛山忠义乡志》前页插图　　　　道光《佛山忠义乡志》前页插图

有标识的地方是佛山通济桥

图3.2　清代佛山水道交通和桥梁连接的陆路交通

至民国时期，佛山境内铺设的石路也增多了，主要有南（海）顺（德）通津、城门头石路、大塘涌石路、彩阳堂石路、广德里石路、蚬栏石路等③，陆路网络初具规模，陆路交通的压力也在一定程度上得到了缓解。

---

① 参见佛山市交通局：《佛山市交通志》，第47～48页。
② 〔清〕朱相朋：《建茶亭记》，〔清〕陈炎宗：乾隆《佛山忠义乡志》卷十《艺文志》，第六十二至六十三页。
③ 〔民国〕冼宝干：民国《佛山忠义乡志》卷七《慈善志·石路》，第12～15页。

第二节　原料供应充足

佛山传统冶铸行业所需材料多种多样。得益于水路运输的四通八达和陆路运输的有效补充，故原材料的运输基本上畅通无阻而且供应充足。主要原材料有原料和燃料两大类，其中除一小部分自产外，其余大部分需要依靠周边地区和临近省份的输入。

原料主要包括广东境内其他地方输入的矿石、生铁块、黄蜡、牛油等，以及本地汾江河等河涌沿岸用于制作泥模的黏土、河砂等。

燃料包括早期的本地和外地的木柴、木炭，以及后期随着开采技术的发展而开始使用煤炭和用煤制作的焦炭，这些主要靠省外供应。

佛山作为珠江三角洲矿冶加工中心，其原料来自省内及周边各地，如罗定的铁矿、阳山的生铁块、铜铅矿等[①]，"诸炉之铁冶既成，皆输佛山之埠"[②]。

佛山古镇的崛起除了优越的地理位置这个区位优势之外，也得益于大量的冶铁原料和用于制作泥模的丰富而优质的陶土资源以及用于泥模内腔涂层或垫层的其他原料，如牛油、黄蜡或白蜡等。铁矿石、生铁锭除了少量能够自给外，其余大部分要依靠省内邻近和周边的地区供应，陶土、河砂基本能自给，牛油和蜂蜡等大部分辅助材料也需要从外地输入。

一、铁　料

矿冶业的兴起与发展，是冶铸行业存在和发展的重要前提条件。

在广东特别是邻近佛山一带的地域，拥有丰富的铁矿资源，此为佛山冶铁工业的发展与兴盛准备了重要的前提条件和物质基础。

明代洪武年间曾两次诏停各处官营铁冶所，让民众自行采掘，并按比例缴税。这样一来，民众的积极性提高了，参与采矿炼铁的人数日益增多，民营铁冶所开始大量涌现，产量也有了大幅度的提高。

"铁皆取矿土炼成。秦、晋、淮、楚、湖南、闽、广，诸山中皆产铁，

---

① 李龙潜：《清代前期广东采矿、冶铸业中的资本主义萌芽》，《学术研究》1979年第5期，第119页。

② 〔清〕屈大均：《广东新语》卷十五《货语》，第409页。

以广铁为良。"① 在今天佛山南海区的西樵、石岗、松子岗、禾仓岗、吉水、王借岗等地就出现了多家民营铁冶所，洪武时期已有铸铁炉户四十余家，炼铁炉户五家，规模动辄"三五千（人）矣"②，而在佛山中心城区，民营冶铁所的规模更大，人数更多，这从屈大均在《广东新语》中所说的广东境内的大型炉场可见一斑："凡一炉场，环而居者三百家，司炉者二百余人，掘铁矿者三百余，汲者、烧炭（木炭）者二百有余，驮者牛二百头，载者舟五十艘。"③

佛山周边的省内其他地方，如连县、阳山、龙川、阳江、紫金等二十七处地方，均发现了丰富的铁矿资源。④ 有了这些铁矿产地，佛山所需要的铁料，如生铁锭（图3.3）或铁砖等也就有了稳定来源与充分保障，所以佛山的冶铁工业、铁器制造业也随之得到了充分的发展。

图3.3　生铁锭（俗称毛铁）

资料来源：佛山市某铸造有限公司，2017年10月。

无论是农业时代还是工业时代，铁矿资源都是极为稀缺的政治、经济和军事资源，拥有资源就意味着拥有社会经济发展的基础和保障。在传统社会时期，对铁矿资源的开发利用是受到严格控制并实行专营和专管的，因而国家政策对资源的开发与利用也是至关重要的。自明代后期至清代，

---

① 〔明〕李时珍：《本草纲目》卷八《金石部·铁》，人民卫生出版社1975年版，第206页。
② 〔明〕朱光熙：崇祯《南海县志》卷十二《艺文志奏议》，明崇祯十五年（1642）刻本，北京图书馆藏，第8～9页。
③ 〔清〕屈大均：《广东新语》卷十五《货语·铁》，第409页。
④ 黄启臣：《十四—十七世纪中国钢铁生产史》，郑州：中州古籍出版社1989年版，第5页。

广州、南雄、韶州、惠州、罗定、连州、怀集等地所产之毛铁均通过水路、陆路运输到达佛山。

佛山冶铁业的兴起，是在明代矿冶政策的松动和矿冶业由官营向民营转变的过程中发展壮大起来的。"广东铁冶，自宋以前言英韶，自国朝（明）以下言潮惠。"[1] 北宋初年，广东有英州冶、梅州务和连城场等官营冶铁场。明洪武初年，广东阳山县的官冶仍占主导地位，据《永乐大典》记载："洪武六年，蒙省府为讲究铁冶事，随地之利，分置炉冶一十五处，签点坑夫一千名，博士一十名，每岁烧办生铁七十余万斤解官。"[2]

到了洪武二十八年（1395），"诏罢各处铁冶，令民得自采炼，而岁输课程，每三十分取其二"[3]。于是从洪武末年起，广东铁冶的开发方向就从英韶转向潮惠，据嘉靖《广东通志》记载：

> 潮惠旧二郡山中间有产者，不领于有司，土人私窃业作，其后利入稍多，乃于惠之东坡亭、潮之广济桥、揭阳之北滘门，铁所经过地遮税之。正德末，议者谓：盐铁一体，今盐课提举司告纳军饷，给票填指地方，往复查验最严，铁课不宜独异。宜于广城外批验所旁置厂，委提举佐贰官一员专掌其事，凡铁商告给票入山贩买，回至河下盘验，生铁万斤收价银二两，其立限复往查验，大约如盐法。有欲以生铁往佛山堡鼓铸成锭熟而后卖者，听其所卖。地方府县审有官票者，生铁万斤税银八钱，熟铁万斤税银一两二钱，俱以充二广军费，提举司铁价每季类解布政司转其半解部。后以府县抽税烦扰，令于提举司输饷，不分生熟，每万斤加纳银一两。其余悉罢之。此潮惠铁冶之颠末也。[4]

从洪武初年的"官置炉冶""签点坑夫""尽数解官"，到正德以后的"设厂秤税""给票贩运""听其所卖"，表明了广东官府公开承认了"不领于有司"的私营冶铁业的开发和运营的事实，标志着广东铁矿业由官营到私营的重大转变。这一转变刺激了民间民众开采矿冶的积极性，从此以后，广东"铁冶则岁办以为常"。[5]

嘉靖年间，平均每年课税 5817 两，按上述每万斤生铁课税 3 两计算，

① 〔明〕戴璟等：《广东通志初稿》卷三十《铁冶》，第七至八页。

② 〔明〕解缙等：《永乐大典》卷一一九〇七《广州府三·土产》，中华书局 1986 年版，第十七页。

③ 《明实录·太祖实录》卷二四二，中华书局 2016 年版，第 417 页。

④ 〔明〕戴璟等：《广东通志初稿》卷三十《铁冶》，第八至九页。

⑤ 〔明〕黄佐：嘉靖《广东通志》卷二十五《民物志六·矿冶》，明嘉靖三十六年（1557）刻本，广东省地方史志办公室 1997 年版，第 517 页。

每年有近 2000 万斤（1939 万斤）的生铁。最高的如嘉靖十年，课银 8294 两，应有生铁 2764 万斤。① 明代的矿冶政策和私营矿冶业的发展，为佛山冶铸行业的发展提供了宽松的环境，创造了重要的物质与技术条件。

清初以来，官府规定两广所属冶炼铁锭必须全部运往佛山加工，如果在本地铸造，则属私铸，当在稽禁之列，是与贩私盐同罪的。② 佛山各冶铁户则按岁向官府纳饷（称为炉饷），官府就会给冶铁炉户颁发黑字灯笼、虎头牌等信物，他们方可开炉铸造，如果没有官府颁发的牌照等信物，则属私铸，国家是严令禁止的。正是得益于政府出台的垄断政策限制了两广其他地方冶铁业的发展，从而造就了佛山冶铁业兴盛发达的格局。

雍正年间，广东各地运至佛山的生铁达 5000 余万斤。③ 乾隆年间，佛山有"炒铁之炉数十，铸铁之炉百余"；炉户林立，昼夜冶炼，"铸犁烟杂铸锅烟，达旦烟光四望悬"④。自明代起，冶铁业成为佛山的支柱产业，"铁莫良于广铁"，"佛山俗善鼓铸……诸所铸器，率以佛山为良"。⑤ 故佛山铁器十分畅销，正如明代佛山人霍与瑕所称："两广铁货所都，七省需焉。每岁浙、直、湖、湘客人腰缠过梅岭者数十万，皆置铁货而北。"⑥

随着冶铁规模的扩大，铁产品种类的增多，广东各地"诸炉之铁冶既成，皆输佛山之埠"⑦。佛山炒铁工人在清康乾时期约五千至七千人，加上铸铁行业及其他铁行，拥有的工匠在两三万人以上。⑧ 康熙二十三年（1684 年），国家主动开放海禁，佛山铁器特别是铁锅等产品遂成为出口的大宗商品。清人张心泰曾在《粤游小识》中这样提及佛山冶铁业："盖天下产铁之区，莫良于粤，而冶铁之工，莫良于佛山。"⑨

二、陶 土

说到泥模制作的原料，离不开佛山本地丰富而优质的陶土，也绕不开佛山古代的几座陶窑和自古传承的制坯制模的工艺技术，尤以石湾龙窑及其工艺技术为代表，它也曾是石湾古八景之一的"陶窑烟火"（图 3.4）

① 〔明〕戴璟等：《广东通志初稿》卷三十《铁冶》，第九页。
② 〔清〕阮元、伍长华等：道光《两广盐法志》卷三十五《铁志》，第 1043～1044 页。
③ 彭泽益：《清代前期手工业的发展》，《中国史研究》1981 年第 1 期，第 11 页。
④ 〔清〕何若龙：《佛山竹枝词》，〔清〕陈炎宗：乾隆《佛山忠义乡志》卷十一《艺文志》，第二十九页。
⑤ 〔清〕屈大均：《广东新语》卷十五《货语·铁》，第 408～409 页。
⑥ 〔明〕霍与瑕：《霍勉斋集》卷十二《书·上吴自湖翁大司马书》，第 747 页。
⑦ 〔清〕屈大均：《广东新语》卷十五《货语·铁》，第 409 页。
⑧ 罗一星：《明清佛山经济发展与社会变迁》，第 200～201 页。
⑨ 〔清〕张心泰：《粤游小识》卷四，广东人民出版社 1986 年版，第八页。

所在地。

图 3.4　陶塑壁画：石湾古八景之陶窑烟火
资料来源：广东石湾陶瓷博物馆，申小红拍摄，2017 年 10 月。

佛山石湾窑悠久的制陶历史和优良的工艺水平，为佛山冶铸行业所需的泥模准备了技术条件，而丰富的陶土等资源为泥模的制作准备了物质条件。关于用陶土等材料制作泥模的技术在后面章节中有详细论述，此处不再赘述。

环境资源是一个比较恒定的外部条件，很大程度上决定着生活在这一环境下的人们的生活习惯、谋生手段与文化习俗。以石湾为例，其周围有大小山岗 99 座，再加上西北角离它 3 公里的王借岗，刚好整 100 座。① 这些低丘岗地大多为第三纪、第四纪的地壳构造运动形成的，火山喷出的岩浆经过长期的地质作用而变成陶土，而且这些陶土非常适宜于制作各种陶器和冶铸泥模。

另外，石湾地方几乎所有的坡地、水田中也蕴藏着大量的优质陶泥，如河宕、塘头、沙岗围等地所产的白泥、黑泥、灰泥和花泥等也是烧制各种陶器和制作泥模的上乘原料，含有大量的腐殖有机胶质，其化学成分一般为 SiO_2（45.26%）、Al_2O_3（34.71%）、Fe_2O_3（10.24%），耐火度 1480 ℃，可塑性极高。

从奇石到石湾，沿东平河两岸到南庄的溶洲和南海的西樵山这一带广袤的区域，都蕴藏着丰富而优质的陶土，是佛山陶瓷文化和冶铸文化不可或缺的物质基础，打造了"石湾缸瓦，胜于天下"② 的良好口碑，也成就

---

① 佛山市文物普查办公室：《佛山文物志》（上），内部油印资料，1985 年版，第 4 页。

② "石湾缸瓦，胜于天下"本是佛山民间口头谚语，相当于口头广告语，经清初学者屈大均引用后更加广为流传，后来的简化版"石湾瓦，甲天下"更是朗朗上口，见〔清〕屈大均：《广东新语》卷十六《器语·锡铁器》，第 458 页。

了明清佛山冶铸独领风骚的辉煌业绩，以至于"佛山之冶遍天下"①。

三、其　他

除了铁料和陶土之外，冶铸行业的发展当然也离不开其他几种原料，这些原料主要是指铸造工艺过程中不可或缺的辅助材料，如牛油、菜油、黄蜡（蜂蜡）、白蜡（虫蜡）、澄泥、松香（或松香粉）、石墨粉、糠灰（稻壳烧灰）、锯木屑（包括软木屑和硬木屑）、粗粒木炭（或木炭粉）、粗粒焦炭（或焦炭粉）、盐、纸筋、大藤条、铁力木、紫荆木、石灰石、萤石（水石）等。下面来简单介绍一下它们各自的用途。

粗粒木炭或粗粒焦炭：直径 8～10 毫米，按照 2∶1 的比例与黏土泥浆充分混合，成半干状，作为大型铸件泥模最外层的用料。

木炭颗粒或焦炭颗粒：直径 1～2 毫米，或硬木屑，按照 1∶1 的比例与黏土泥浆充分混合，成黏稠状，作为大型铸件泥模中间层的用料，主要是提高铸型的耐火度、透气性和强度，可避免铸型干裂或松散。

木炭粉、焦炭粉或软木屑：按照 6∶4 或 7∶3 的比例与糠灰（稻壳烧灰）混合，然后用黏土泥浆调成糊状，作为大型铸件泥模内层的用料。

松香粉、石墨粉：泥模湿时直接扑粉，泥模干时用水调匀，主要用作泥模内壁涂料，在铸型与铸件之间起隔离作用，避免黏结。

松烟：是松树根或松木燃烧后所凝结的黑灰，具有油性，其耐火度和黏结力均高于石墨粉，使铸型与铸件之间不易发生黏结，隔离效果好，成品率高，是一种很好的涂料。

盐：建造熔炉和制作泥模时，一般会在泥料中加入一定比例的盐，这既可以增加熔炉和泥模耐高温的强度，又能减轻熔炉和泥模的龟裂程度。

纸筋、苎麻：由于糠灰、锯木屑等粒度不匀，焙烧后影响泥模表面的光洁度。加入纸筋、苎麻后，一方面能使泥模表面的光洁度提高；另一方面也增加了泥模的韧性和强度，避免开裂，焙烧后还能提高铸型的透气性。

牛油、菜油、黄蜡（蜂蜡）、白蜡（虫蜡）、澄泥、松香：这些材料主要用于失蜡法铸造技艺，如用于铸造器型复杂的物件。澄泥是黏土经过水冲洗并过滤后留下的最细软的泥，用于浇注蜡模外层，形成注腔。牛油、菜油、黄蜡（蜂蜡）、白蜡（虫蜡）这四种材料按照一定比例混合并融化，冷却后用于制作蜡模，松香是调节蜡模软硬度的调节剂，如在失蜡法和贴

---

① 〔清〕屈大均：《广东新语》卷十六《器语·锡铁器》，第458页。

蜡法铸造技艺中，工匠师傅能依据不同的季节，选择不同的用量，后文对此有详细阐述，这里不再赘述。

大藤条、铁力木、紫荆木等：大藤条用来捆绑熔炉外围的木条等，起加固熔炉、使之不易炸裂的作用；铁力木、紫荆木主要用于熔炉的支撑与稳固，以免发生熔炉垮塌事件。藤条和紫荆木基本能自给；铁力木主要从罗定购进，一般走水路运抵佛山。

石灰石、萤石：主要用作熔剂，早期使用石灰石，后来发现比石灰石性能更好的熔剂——萤石，熔炼效率提高了许多。萤石的主要产地是东安（今云浮），所以，佛山熔炉所需熔剂主要从东安购进。

缸瓦屑：是将破碎的缸、瓦、坛、碗等敲碎成细末，再经过筛选，粒度基本相同，其成分一般为 SiO_2（62.5%）、Al_2O_3（18.58%）、Fe_2O_3（13.9%）、CaO（2.62%）、MgO（1.67%），耐火度 1450 ℃。因其耐高温，体积变化小，多用作半永久性泥模的面料。

第三节　燃料种类齐全

西方著名人口学家马尔萨斯将食品、纺织品（纤维）、燃料和建筑材料等列为人类四种生活必需品。[1]

燃料在冶金生产中占有特殊的地位。它既是一种发热剂，也是一种还原剂；既要为冶炼过程创造必要的高温，又要直接参与冶金的物理与化学过程。因此，人们对冶金燃料提出了许多特殊要求。

燃料是珠江三角洲地区的冶铁、制陶、煮盐、制糖、缫丝等传统工商行业兴盛发达的重要物质基础和发展动力，也是广大民众日常生活的必需品。传统燃料主要包括柴薪、煤炭等，尤以柴薪为大宗。由于珠江三角洲燃料消耗庞大，燃料供应也由本地逐渐向邻近地区延伸，甚至跨出省界。砍柴烧炭已成为部分山区居民的一种职业，贩运柴薪也成为社会经济中的一大行业，[2] 它打破了传统社会里"百里不贩樵"[3] 的古训。

明清时期，珠江三角洲的社会经济得到了长足的发展，传统农业的生

① 魏明孔：《中国前近代手工业经济的特点》，《文史哲》2004 年第 6 期，第 80 页。
② 有关传统社会时期珠江三角洲地区的燃料问题，详见刘正刚、陈嫦娥：《明清珠江三角洲的燃料供求研究》，《中国经济史研究》2012 年第 4 期，第 50～59 页。
③〔汉〕司马迁：《史记》卷一二九《列传第六九·货殖列传》，中华书局 1959 年版，第 3271 页。

产也日渐向商业转化，工商业的发展速度更是空前迅猛，尤其以烧窑、矿冶、煮盐、煮茧、制糖等行业最为突出，而所有这些行业的发展又必须有充足的燃料来源或储备等作为重要的前提和保障。

以矿冶业为例，它是明清珠江三角洲地区工商业发展的主要行业之一。广东开采的矿产主要有铁、铜、金、银、锡等金属①，因为要就近利用林木、煤炭等燃料资源，所以矿石的开采与冶炼多在山区进行。广东煤炭较为稀缺，木炭就成为冶铁的主要燃料，故明清之际的屈大均对此深有体会："产铁之山，有林木方可开炉。山苟童然，虽多铁亦无所用，此铁山之所以不易得也。"②

正因为如此，所以有学者认为，在广东地区选择建造冶铁炉冶地点的一个重要条件就是林木资源较为丰富，因为只有这样才可以就近解决燃料的问题。③

雍正十二年（1734），两广总督鄂弥达在《请开矿采铸疏》中奏称："查粤省铁炉不下五六十座，煤山木山，开挖亦多，佣工者不下数万人。"④而且在冶炼时广东地区多使用由坚硬的树木烧制而成的坚炭。"下铁矿时，与坚炭相杂，率以机车从山上飞掷以入炉。其焰烛天，黑浊之气，数十里不散。"而且在广东的佛山、罗定等地，冶铁熔炉的规模还挺大："凡一炉场，环而居者三百家。司炉者二百余人，掘铁矿者三百余，汲者、烧炭者二百有余，驮者牛二百头，载者舟五十艘。"⑤

如此一来，经营一座炉场所需的人力就超过1000人，其中汲者、烧炭者就在200人左右，从一个侧面反映了冶铁所需燃料之多。上文以及下文中所说的燃料大部分得依靠外援。这些铁炉所生产的仅为粗加工后的生铁锭（毛铁），如需深加工并做成产品，则须运送到当时的冶炼中心——佛山，"诸炉之铁冶既成，皆输佛山之埠"⑥。

冶铁的时候数量众多的熔炉所产生的热量是巨大的，甚至能导致佛山当地的气温整体升高，这在地方乡志中也有记载："气候于邑中为独热，以冶肆多也。炒铁之炉数十，铸铁之炉百余，昼夜烹炼，火光烛天，四面

① 李龙潜：《清代前期广东采矿、冶铸业中的资本主义萌芽》，第116页。

② 〔清〕屈大均：《广东新语》卷十五《货语·铁》，第408页。

③ 曹腾騑、谭棣华：《关于明清广东冶铁业的几个问题》，广东历史学会：《明清广东社会经济形态研究》，第120页。

④ 〔清〕贺长龄等：《清经世文编》卷五十二《户政二十七》，中华书局1992年版，第1297页。

⑤ 〔清〕屈大均：《广东新语》卷十五《货语·铁》，第408页。

⑥ 〔清〕屈大均：《广东新语》卷十五《货语·铁》，第409页。

熏蒸，虽寒亦燠。"① 如此庞大的冶铸加工场面，其热量的损耗也是不小的，那么燃料的消耗数量自然是十分巨大的。

一、木　柴

珠江三角洲地区河网纵横，水运发达，以西江水路为例，其中上游地区多属山区地带，森林资源较为丰富，因此柴木就成为地方经济发展的重要支柱。清康熙《罗定直隶州志》中记载，东安"县饶山林，大抵男务耕稼，女务织作，或以伐山为业"；罗定的迳口村群峰并列，樵夫成群结队入山采薪，"一曲通山径，樵夫任往回，朝斧逐队去，暮担呼群来"②，当时罗定八景之一的"迳口樵歌"就是描写这种情况的。佛山石湾古八景中也有"隔岸柴歌"（图 3.5）。西宁县"在万山中，树木丛翳，数百里不见峰岫。广人皆薪蒸其中，以小车输载，自山巅盘回而下，编簰乘涨，出于罗旁水口，是曰罗旁柴。"③ 采樵贩木已成为西宁县的一大产业，"其地山多田少，民资樵采之利等于耕殖"④。另据光绪《南海乡土志》记载，光绪年间，由罗定运至省城、佛山及南海九江乡的木柴每年约有 3 万斤之多。⑤广西梧州府也是西江流域中的重要柴炭集散地，藤县、容县、北流、岑溪、昭平和苍梧等县柴炭均集于此，再销往珠江三角洲地区。

佛山作为珠江三角洲地区的冶铁业中心，无疑是柴薪等燃料消费的大户，因其"周围不产木材，即炊柴亦须贩自粤西"⑥。早在明代，佛山商人已沿着西江深入粤西及广西贩运柴薪与杉木，以佛山民间流传的梁舍人故事最为典型，乾隆《佛山忠义乡志》中有记载：

> 舍人本福禄里梁氏子，年十九，往粤西贩柴。归至中途，飓风覆舟，死已而现形如生时。雇舟引柴归，且曰我枭台舍人也，舟不得缓。舟人昼夜趱行，不数日至。急登岸，命舟子随抵家。则先入，舟子久候不出，因呼梁舍人。门内惊问，具言故，兼述体貌。举家惶愕，拉往验柴，则果泊岸矣，方悟已溺死而为神也。里人异其事，立庙祀之，祈祷辄应，迄今不衰。⑦

① 〔清〕陈炎宗：乾隆《佛山忠义乡志》卷六《乡俗志·气候》，第二页。
② 〔清〕刘元禄：康熙《罗定直隶州志》第八卷《艺文志》，上海书店出版社 2003 年版，第 190 页。
③ 〔清〕屈大均：《广东新语》卷二十五《木语·山木》，第 657 页。
④ 〔清〕何天瑞：《西宁县志》卷四《舆地志四·风俗》，上海书店出版社 2003 年版，第 37 页。
⑤ 佚名：光绪《南海乡土志》，光绪三十四年（1908）钞本，第 43～44 页。
⑥ 罗一星：《明清佛山经济发展与社会变迁》，第 221 页。
⑦ 〔清〕陈炎宗：乾隆《佛山忠义乡志》卷三《乡事志·诸庙》，第十三页。

图3.5　陶塑壁画：石湾古八景之"隔岸柴歌"

资料来源：广东石湾陶瓷博物馆，申小红拍摄，2017年10月。

这则民间故事一方面反映了粤西柴薪通过西江进入佛山市场的艰难过程；
另一方面建立庙宇来祭祀梁舍人，应该是民众祈求他的在天之灵保佑柴薪
运输途中的人员和财物安全，并且能够顺利进入佛山薪炭市场（图3.6），
以满足各行各业的需求。

图3.6　明清以来位于佛山汾江河南岸的上沙街薪炭一条街

资料来源：申小红拍摄，2017年11月。

从上述地方志史料中可知，此故事中的梁舍人本来没有具体的生活年代，其贩运柴木也没有显示时间上的连续性。后来可能因为随着佛山柴薪需求量的增大，梁舍人生活的时代才被追溯到了明代，舍人庙也成了行商坐贾们定期祭拜的固定场所：

> 佛山镇舍人庙甚灵显，商贾每于月尽之日祭之。神姓梁，前明本镇人，为杉商，公平正直，不苟取，人皆悦服。一日，众商见海中有杉数千百逆水而来，梁危坐其上，呼之不应，迎视之，已逝矣。移尸岸侧，奔告梁族，皆不至。众商以杉易金，买棺敛之。至岸侧而群蚁衔土封之已成坟矣，遂建庙以祀，祷无不应，唯族人祷之则否。今墓在庙后，然渐荒废矣。①

佛山的木炭主要来自西江、北江，柴则来自清远、英德、四会、广宁、罗定及广西藤县等处。② 民国初期，香山每年从西江输入的柴炭在 20 万余两的市值。③

我们暂且不论梁舍人故事中的人物是否真实存在，佛山地方社会中长期流传的梁舍人贩运柴薪的故事，应该是真实历史的现实反映，而且梁舍人代表的是通过水路贩运柴薪和杉木的商人群体，其数量也是不容小觑的。这也是明清时期其他区域诸如北京、江南地区的柴炭行所没有的现象。梁舍人庙直到清代仍是珠江三角洲地区贩运柴炭商人的行业神，其民间信仰长盛不衰，正说明贩运柴炭与广东社会经济和广大民众的生活是息息相关的。④

二、木　炭

人类最早使用的冶金燃料是木柴以及后期由木柴制作的木炭。木柴与木炭的共同点是原料来源充足，容易获得，但木炭有木柴无法比拟的优点：第一，木炭气孔度比较大，使料柱具有良好的透气性，在鼓风能力不强、风压不高的条件下，这点具有尤其重要的意义；第二，木炭能达到冶炼时所要求的高温，而木柴不能；第三，木炭所含硫、磷等有害杂质比较低，冶炼出的生铁质量高。一直到现在，木炭还是冶炼高级生铁的理想

---

① 〔清〕黄芝：《粤小记》，〔清〕吴绮等：《清代广东笔记五种》，广东人民出版社 2006 年版，第 423～424 页。

② 〔民国〕冼宝干：民国《佛山忠义乡志》卷六《实业·商业》，第二十二页。

③ 厉式金等：〔民国〕《香山县志》卷二《舆地·商业附》，广东省地方史志办公室：《广东历代方志集成：广州府部（三四）》，岭南美术出版社 2007 年版，第 380 页。

④ 详见刘正刚、陈嫦娥：《明清珠江三角洲的燃料供求研究》，第 50～59 页。

燃料。

中国古代真正大量利用木炭的历史，应是冶铜业兴起之后的事了。随着冶铜业的出现，作为必备燃料的木炭就只能通过专门的炭窑来烧制。这种用炭窑烧制的炭，就是真正意义上的木炭。从出土实物看，最早的冶铜器应是仰韶晚期的制品，距今约 6000 年。[①] 但仰韶时期的冶铜制品数量甚少，即使不用炭窑烧制，仅用堆烧法即可满足少量冶铜业对木炭的需求。然而，随着商周青铜器的大量铸造以及春秋战国时期冶铁业的兴起，对木炭的数量与质量两方面的需求亦随之增加，这就必然会引起烧炭技术的出现和做出相应的革新。应该说这种变革的结果就是窑烧木炭的出现。因此，中国真正成熟的制炭史，至迟可上溯到商周时期。事实上，史籍中关于炭的记载与上述考古的推断是相吻合的。[②]

木炭是木材经不完全燃烧或者在隔绝空气的条件下，热解焖烧后所余之深褐色或黑色物质。在以原始堆烧法制炭时，因木材受热的温度、时间及氧气等炭化条件不易掌握，故所烧之炭不仅量少且质量较差。自商周出现窑烧木炭方法后，炭化的基本条件得到了比较有效的控制，在所获木炭数量增加的同时，木炭的质量亦有所提高。

随着窑烧法的出现，按照烧炭工艺的不同，又可分为白炭法和黑炭法：当柴薪于窑内炭化后，将炽热的木炭自窑内取出与空气接触，利用热解生成的挥发物燃烧时所产生的高温进行再次精炼之后，再将其覆盖冷却，此时的炭不仅硬度较高，而且表面附有残留的白色炭灰，故称之为白炭；当柴薪于窑内炭化后，并不立刻拿出窑炉，而是将炭置于窑内，在隔绝空气的条件下让其自然冷却，如此所得的炭称为黑炭。因白炭在窑外又燃烧了一次，炭的重量相对较轻，故价格也比黑炭贵很多。中国古代所烧制的木炭，除烧制方法（主要为堆烧法和窑烧法）和种类（白炭、黑炭、瑞炭、麸炭、炼炭、金刚炭、桴炭、竹炭等）不同外，至晋代，在炭的后期加工与利用技术上又有了进一步的提升。

木炭因其孔隙较多，与空气的接触面也就大，有利于充分燃烧；也因其孔隙多，故具有相当强的吸水能力，能吸附比其本身还重的水分，故古人还将其用于棺椁的防潮防腐上。此外，木炭的稳定性很好，这是考古的时候常常能发现木炭的重要原因。

古代炼丹人士对此亦早有认识。如葛洪在《抱朴子内篇·至理》中

① 李京华：《夏商冶铜技术与铜器的起源》，中国科学技术史学会第二届代表大会论文，西安，1983 年。

② 容志毅：《中国古代木炭史说略》，《广西民族大学学报》（哲学社会科学版）2007 年第 4 期，第 118 页。

说："陶之为瓦，则与二仪齐其久焉；柞柳速朽者也，而燔之为炭，则可亿载而不败焉。"[1] 陶弘景在《登真隐诀》亦云："青州、安丘、卢山有木，烧成炭，便永不尘耗焉。"[2] 木炭的这种不败不耗的性质，正与人们相信的丹药能使人不朽不死的性质相似，在他们的观念中，若以炭炼丹，则炭的不朽性质就可以移入丹药，人服用了这种丹药，其中的不朽性质即可融入身体导致不死，进而成仙，这也是道士用炭炼丹的主要原因之一。

自宋代以来，炭的另一重要用处是在军事上制作火药，民间有所谓"一硝二磺三木炭"之说，木炭因此也成为推动社会进步的重要资源。

由于冶铜与冶铁在技术上的连续性和原理上的共性，所以早期冶铸燃料使用的是木炭。木炭作为燃料在冶铁竖炉中的作用有三个方面，即发热剂、还原剂和料柱骨架。[3]

如图 3.7 所示，我国古代的冶铁竖炉是从炉顶加料，炉腹鼓风，鼓风燃烧形成空间，使炉料下降，燃烧产生的煤气从炉料空隙中上升，并将热量传送给炉料，炉料在下降过程中被逐渐加热，矿石在此过程中被逐渐还原和熔化，形成金属和炉渣混合物的液体。

从竖炉整体情况来看，炉料至竖炉熔化带时唯一保持固体状态的只有料柱骨架，金属和渣液此时均反向流下。这种骨架作用是竖炉燃料的特殊使命，所以在燃料的选择上有严格的要求，其化学成分及粒度、孔隙、强度等物理性能方面都要满足竖炉的需要，即在炉料下降过程中，不至于因挤压磨损和高温作用而粉碎。对于上述这些性能方面的要求，木炭均能满足。

所以，我国古代早期的冶铁燃料基本都使用木炭。木炭含固定炭在80% 以上，灰分约1%，最多不超过3%～4%，硫、磷等杂质含量均在万分之几以下，因此有利于生铁的冶炼。[4] 我国古代生铁含硫、磷低的重要原因，就是使用木炭做燃料的缘故。

三、煤　炭

木炭是受树木资源再生周期的影响，其最大的缺点是可供砍伐的数量

①　王明：《抱朴子内篇校释》，中华书局 1980 年版，第 101 页。
②　《道藏》第六册，文物出版社、上海书店、天津古籍出版社 1988 年版，第 606 页。
③　容志毅：《中国古代木炭史说略》，第 118～121 页。
④　吴伟等：《我国古代冶铁燃料问题浅析》，中国金属学会：《第七届（2009）中国钢铁年会论文集（补集）》，冶金工业出版社 2009 年版，第 38 页。

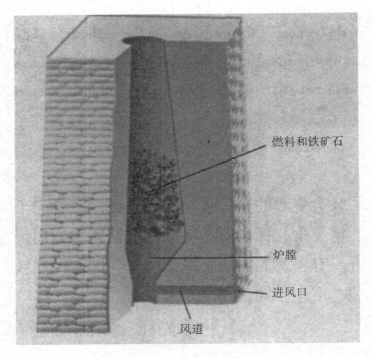

燃料和铁矿石

炉膛

进风口

风道

图3.7　中国古代冶铁竖炉剖面

资料来源：吴伟等：《我国古代冶铁燃料问题浅析》，中国金属学会：《第七届（2009）中国钢铁年会论文集（补集）》，第38页。

有限而导致木炭匮乏。所以在后期，人们一直在努力寻找新的燃料替代品。在这种需求下，人们通过长期摸索，找到了煤炭。

虽然木炭是一种优质的冶铁燃料，但是却受到树木生长周期的制约。而古代冶铁中对木炭的需求量是很大的，1吨生铁需要消耗3～4吨木炭，甚至更多。自西汉以来，作为冶铁业基地的大型作坊，已在中原地区相继建立起来；冶铁技术也相应传播到边远郡县。在巩义、南阳、鲁山、滕州等冶铁遗址中，均发现过铁官标志铭文。根据铭文，汉代铁官有河南郡、颍川郡、南阳郡、河东郡、渔阳郡、山阳郡、临淮郡、卢江郡、蜀郡临邛、中山国北平县、弘农郡宜阳县等十几处。[1]考古发掘的河南河一冶铁作坊，如日产0.5吨或1吨生铁，则日耗15～20吨木柴（或3～4吨木炭），这就意味着需要消耗大量的森林资源，木炭供需的矛盾突出。

明清时期山区开发已经成为全国性的热潮，由此也造成燃料资源紧缺

---

① 李仲均：《中国古代用煤历史的几个问题考辨》，《武汉地质学院学报》1987年第11期，第667页。

的情况，各地都出现程度不等的"燃料荒"①，也变成了制约社会经济发展的短板和瓶颈。乾隆五年大学士赵国麟就此谈了自己的看法："百钱之米即需数十钱之薪，是薪米二者相表里而为养命之源者也。东南多山林材木之区，柴薪尚属易得，北方旱田，全借菽粟之秸为炊，苟或旱潦不齐，秫秸少收，其价即与五谷而并贵，是民间既艰于食，又艰于爨也。"他主张以煤取代柴薪："凡产煤之处，无关城池龙脉及古昔帝王圣贤陵墓，并无碍堤岸通衢处所，悉听民间自行开采，以供炊爨，照例完税。"②此建议立即获得各地响应，煤矿开采的限制政策有所放松。③

早在明朝天启年间，广州的商人就在阳春县开采煤炭并销往广州、佛山等地，这一现象断断续续地持续到清前期。④与广东毗邻的湖南省也有煤炭运往珠江三角洲地区，如宜章县煤炭坑"在县西四十里永福乡，六都各山俱出，贫民藉以营生，或肩挑，或舟运，县市资焉，亦有运往粤东者"⑤。

开采煤炭是为了改变柴薪不足的窘局。雍正年间，徽州商人查复兴鉴于曲江县有较丰富的煤炭资源，"情愿每年认拿税银三千两缴贮司库，自备资本承采"。乾隆五年广东官府同意放开对境内煤山的开采，广州府属的南海、番禺、三水、龙门、花县等煤山允许开采。但这些地区的煤炭资源相对匮乏。乾隆十六年广东巡抚苏昌指出："南海、花县、河源三县煤山，经道府详细确查复勘，委系产煤微薄，……（番禺等）州县煤山皆因山场细小，产煤微薄。"⑥珠江三角洲地区不仅煤炭资源有限，且因临近省城，时常被官府借口破坏风水、矿徒滋事等原因而加以封禁，如象山煤矿就在乾隆四年、三十四年和嘉庆二十一年迭经封禁。⑦

明清时期，珠江三角洲地区依托珠江三大支流东江、西江、北江，尤以西江、北江为主，已经形成了一个四通八达的水运网络体系。已有学者对此进行了较为深入的研究。⑧这一水运网络体系的作用在薪炭等燃料的运输上得到了充分的体现。

---

① 李伯重：《明清江南工农业生产中的燃料问题》，《中国社会经济史研究》1984年第4期，第43页。

② 中国人民大学清史研究所等：《清代的矿业》，中华书局1983年版，第8页。

③ 《清高宗纯皇帝实录》卷一一〇，中华书局1985年版，第633页。

④ 《中国煤炭志》编纂委员会：《中国煤炭志（广东卷）》，煤炭工业出版社1999年版，第13～14页。

⑤ 〔清〕杨文植：《宜章县志》卷四《风土志·矿厂》，海南出版社2003年版，第50页。

⑥ 中国人民大学清史研究所等：《清代的矿业》，第473～476页。

⑦ 冼剑民、陈鸿钧：《广州碑刻集》，广东高等教育出版社2006年版，第1193～1194页。

⑧ 叶显恩：《广东古代水上交通运输的几个问题》，《广东社会科学》1988年第1期，第97～107页。

到了清代，"燃料荒"这个问题尤为突出。严如熤在《三省边防备览》中记载："如老林渐次开空，则虽有矿石，不能煽出亦无用矣。近日，铁厂皆歇业，职是之故。"[①] 燃料匮乏这一瓶颈问题在世界各国的冶铁史中都有过深刻的影响。中国煤炭储量丰富，考古证实在新石器时代就有用煤雕成的装饰品。我国发现和使用煤作为燃料是在约公元前2世纪。煤在古代称为石炭，又叫石涅。我国是世界上最早用煤作为冶铁燃料的国家。南北朝时期的郦道元在其《水经注》中引用东晋道安撰《西域记》中的记载说："屈茨（即龟兹，今新疆库车县）北二百里有山，夜则火光，昼日但烟。人取此山石炭，冶此山铁，恒充三十六国用。"[②]

宋代的苏轼在徐州任地方官时，因徐州"旧无石炭"，曾派人到徐州西南白土镇找到石炭矿进行开采，而不必再用南山栗树来烧制木炭。这样做不仅找到了比木炭更耐烧、更能保证供应的燃料，提高了冶铁技术，促进了冶铁业的发展，而且保护了树木、环境。宋代煤的开采已比较普遍，在今陕西、山西、河南、山东、河北等省都已开采，并设有专官管理，曾实行专卖。宋代人朱翌在《猗觉寮杂记》载，石炭自本朝河北、山东、陕西方出，遂及京师。[③] 朱弁在《曲洧旧闻》中记载，石炭西北处处有之，其为利甚博。[④]

北方地区多用石炭，南方地区多用木炭，而四川多用竹炭。陆游《老学庵笔记》中记载，"北方多石炭，南方多木炭，而蜀又有竹炭，烧巨竹为之，易燃无烟耐久，亦奇物。邛州出铁，烹炼利于竹炭，皆用牛车载以入城，予亲见之。"[⑤]

欧洲的英国、比利时13世纪初才开始用煤，至18世纪40年代才开始用煤冶铁。元代初期，马可·波罗来到中国时，看到把煤作为燃料，认为是奇事，在其著名的《马可波罗游记》中有介绍，其大意是说契丹全境之中，有一种黑石，采自山中，在地下如同脉状延伸，燃烧起来与薪炭无异。而火候与薪炭相比更为优良。因其质地优良，致使契丹全境不燃烧其他柴物。所采伐的木材虽多，但并不用来燃烧，大概是这种黑石很耐烧，而其价格又比木材低很多的缘故。[⑥] 通过此处记载可知，马可·波罗当时还不知道煤，而称之为"黑石"。用煤取代木炭炼铁，解除了燃料短缺

---

① 〔清〕严如熤：《三省边防备览》卷十《军制》，江苏广陵古籍刻印社1991年版，第二十七页。

② 〔北魏〕郦道元原注，陈桥驿注释：《水经注》，浙江古籍出版社2001年版，第19页。

③ 〔宋〕朱翌：《猗觉寮杂记》卷中，江苏广陵古籍刻印社1983年版，第十七页。

④ 〔唐〕朱弁：《曲洧旧闻》，中华书局2002年版，第47页。

⑤ 〔宋〕陆游：《老学庵笔记》卷一，中华书局1979版，第12页。

⑥ 〔意〕马可·波罗：《马可波罗行记》，冯承钧译，上海书店出版社2001年版，第255页。

的问题，并且降低了成本。

同时，煤作为冶铁燃料，具有资源丰富、火力强、燃烧温度高等优点。但是煤在炉内受热容易碎裂，阻塞炉料间的空隙，使炉料透气性降低，因此用煤比用木炭在技术上要求高，而且需要强化鼓风，加速冶炼过程，从而促进炉内温度上升，提高了冶铁效率。由于煤中有机硫化物及无机硫酸物含量较高，使炉料中的硫含量成倍增多，而当时炉渣脱硫能力低，因此有较多的硫进入产品中。根据现有化验资料显示，11 世纪用煤炼铁，铁器中硫的含量增加，硅的含量亦增加。[1]

在大规模的交通运输工具没有发明之前，铁矿的附近必须有燃料的来源，冶铁业才能够发展。汉代桓宽在《盐铁论·禁耕第五》中说："盐冶之处，大傲皆依山川，近铁炭。"[2] 清初屈大均的《广东新语》中记载："产铁之山，有林木方可开炉。山苟童然，虽多铁亦无所用，此铁山之所以不易得也。"[3] 自从宋代以后北方多用煤冶铁，不但为煤矿附近铁矿的开发和冶炼创造了有利条件，而且煤远较木炭耐烧，不像森林那样容易被砍光，使冶铁业不至于因为缺乏燃料而歇业、停产。宋代以后，冶铁业之所以能够进一步发展，与煤炭的开采与使用关系密切。

在煤炭的使用过程中，往往根据需要将煤屑加工成煤饼、煤砖或煤球等形状，其作用主要有三：一是可以充分利用煤末，避免浪费；二是把加工的煤饼和煤球置于炉中可产生较大的缝隙，便于通风，不仅可以调节火力，而且可以使煤炭充分燃烧，提高煤炭的利用效益；三是成型后的煤饼、煤砖和煤球便于运输和搬运，可以减少运输途中的损失。加工成型的煤制品有煤饼、煤砖、煤球、煤团、煤丸等称谓。[4]

煤炭的使用对冶金工业的发展具有里程碑式的贡献，导致冶铁新技术的出现：一是冶铁业的突破，即高炉技术的普遍采用、鼓风设备的改进以及煤炭等燃料的使用；二是炼钢技术的进步，即炒钢、百炼钢和灌钢的出现和使用。[5]

但是用煤冶炼也存在缺点：一是所含硫、磷等有害杂质成分比较高，它们在冶炼过程中会渗入生铁而引起金属加工过程中的热脆和冷脆；二是所含其他杂质也比较多，因此炼渣多，炉子容易发生故障；三是煤的气孔

① 万鑫等：《"南海Ⅰ号"沉船出水铁锅、铁钉分析研究》，《中国文物科学研究》2016 年第 2 期，第 48～50 页。

② 〔汉〕桓宽：《盐铁论》卷一《禁耕第五》，上海古籍出版社 1974 年版，第 12 页。

③ 〔清〕屈大均：《广东新语》卷十五《货语·铁》，第 408 页。

④ 薛毅：《中国古代炼铜冶铁制陶燃料初探》，《湖北理工学院学报》（人文社科版）2012 年第 6 期，第 4 页。

⑤ 蔡峰：《中国手工业经济通史（先秦秦汉卷）》，福建人民出版社 2005 年版，第 493 页。

度小，热稳定性能比较差，容易爆裂，影响料柱的透气性。于是人们又进行新的探索，最终找到了另外一种优质的冶金燃料——焦炭。

四、焦　炭

冶铁燃料的不断探索和改进是由燃料自身不可克服的缺点所推动的，煤炭的普遍使用是因为木炭的短缺和炼制困难，焦炭的发明又是由于煤炭所存在的缺点催生的。煤的烟气比较大、含杂质、硬度小、易破碎，难以直接用于冶铁。在河南铁生沟和郑州古荥镇的汉代冶铁作坊中或多或少都使用了煤块和煤饼，但并没有大量使用煤炭炼铁，说明当时的人们已经发现了原煤的一些缺点。尽管木炭消耗惊人，供应方面也不断告急，而且价格也持续上涨，但当时仍然基本以木炭为主要冶铁燃料。[①]

中国是世界上最早发明炼焦并用于冶铁生产的国家。焦炭的发明是我国古代人民重要的科技成就和贡献之一，对于钢铁冶金的发展有着十分重要的意义。我国使用焦炭炼铁，至少起源于明代。[②] 焦炭是用某些类型的烟煤，在隔绝空气的条件下，经高温加热，除去易挥发的成分，制成质硬、孔多且发热量高的燃料。

我国较早的炼焦方法与烧木炭的方法类似。如《长寿县志》记载："炼焦之法，用上等生煤入火，炼去其油，如烧木炭然。"《矿政辑略》中载："山东博山孝妇河两岸山谷皆是好油煤。……（博山）尤善烧枯煤（焦炭），其法与烧木炭同。"炼焦时依地挖坑，呈圆形或长方形，底部及四周铺设火道，上堆煤料，中间设有排气烟囱。原煤料堆用水与灰、煤粉等混合物来覆盖。烟囱有的设有调节阀，待煤烧熔后亦封盖。成焦时间为4～10天，以"结为块""烟尽为度"。[③] 一般100吨煤炭能炼出焦炭约55吨。

明末方以智的《物理小识》中也记载了焦炭的制作方法。按照该书卷七中说的步骤，把发臭味（挥发成分多）的煤烧熔封闭起来，就成焦炭（"礁"）了；用它"煎矿煮石"，都"殊为省力"："煤则各处产之，臭者烧熔而闭之成石，再凿而入炉曰礁，可五日不绝火，煎矿煮石，殊为省

①　吴晓煜：《试论中国古代炼焦技术的发明与起源》，《焦作矿业学院学报》1986年第1期，第96～100页。

②　杨宽：《中国古代冶铁技术发展史》，第167页。

③　以上史料均转引自吴晓煜、李进尧：《中国大百科全书（矿冶卷）》，中国大百科全书出版社1983年版，第193～195页。

力。"① 此处所记载的臭煤即烟煤，作炼焦原料，它含挥发物、沥青等杂质，并能结焦成块。就是说在密闭的条件下，用高温烧熔臭煤，可以炼成像石头一般坚硬的礁，火力耐久而旺盛。在《戒庵漫笔》《颜山杂记》《会理州记》等书上，也有关于炼焦的记载。

清代孙廷铨在《颜山杂记》中认为炭有死活之分，活炭火力旺盛，可以炼制成焦炭。他说："凡炭之在山也，辨死活，死者脉近土而上浮，其色蒙，其臭平，其火文，以柔其用，宜房闼围炉；活者脉夹石而潜行，其色晶，其臭辛，其火武，以刚其用，以锻金冶陶。或谓之煤，或谓之炭。块者谓之砆，或谓之砟，散无力也；炼而坚之，谓之礁。顽于石，重于金铁，绿焰而辛酷，不可爇也，以为矾，谓之铜磺。故礁出于炭而烈于炭，磺弃于炭而宝于炭也。"②

焦炭是由煤炭通过干馏法而得到的，它保留了煤的长处，避免了煤的缺点。直到现在，它仍然是冶金生产的主要燃料之一。

冶金用燃料从木炭到煤炭，由煤炭到焦炭，每一次都是重大的历史转变，而每一次的转变对冶金生产都产生过重大、深远而积极的影响。欧洲直到18世纪初才开始使用焦炭，也才解决了冶炼用焦炭的问题。在生铁冶炼用煤炭和冶金用焦炭上，中国比欧洲都早得多。

人类早期冶铸使用的燃料为木炭，而木炭很有可能是从制陶业中得到的，我国早期冶铜冶铁所使用的燃料亦是木炭。从世界范围看，我国使用木炭不仅年代久远，而且绵延不绝，我国古代生铁含硫、磷低的重要原因，就是使用木炭做燃料。我国是世界上最早用煤作为冶铁燃料，以及世界上最早发明炼焦并用于冶铁生产的国家。焦炭的发明源于古代冶炼燃料供需矛盾的日益尖锐和环境保护形势的愈发严峻，迫使人们寻求一种性价比更高的替代性能源。

综上所述，木炭、煤炭、焦炭的发明与使用对我国古代钢铁冶金工业的发展起到了重要的推动作用。每一种新燃料的出现都源于我国古代劳动者特别是冶铸工匠对冶炼技术的不断改进和探索。优质的燃料是我国古代钢铁工业在世界长期处于领先水平的重要保证，同时钢铁工业的进步对当时社会的发展和我国统一的多民族国家的形成也起到了有利的助推作用。

① 〔明〕方以智：《物理小识》卷之七《金石类》，商务印书馆1937年版，第181页。
② 〔清〕孙廷铨著，李新庆校注：《颜山杂记校注》，齐鲁书社2012年版，第103～104页。

第四节　经济发展的外部环境

任何国家和地区的发展都离不开内部和外部环境，包括政治、经济、社会、人文环境等方方面面，而外部环境在某种程度上往往占有举足轻重的地位。佛山也不例外，其社会经济的发展特别是冶铸等行业的发展与所取得的辉煌成就是与明清时期国家的经济政策、政治环境和发展步伐紧密相连的，特别是与珠江三角洲经济环境的协调发展、与省城广州经济的错位发展等等是息息相关的。

一、珠江三角洲的大环境[①]

明中前期，珠江三角洲农业商品经济的发展日渐成熟并自成体系，制糖、缫丝、煮盐等行业在不断发展壮大，各行各业对铁制品的需求也越来越大，这在无形之中刺激了佛山冶铸业的快速发展。

第一，佛山冶铸行业的崛起离不开珠江三角洲农业经济发展的大环境。

珠江三角洲地处热带边缘地区，特别适宜甘蔗等热带农作物的生长。明中期以后，甘蔗的种植面积迅速地扩大。由于南方的甘蔗大部分属于竹蔗（亦称荻蔗），"皮坚节促不可食，惟以榨糖"，因为"糖之利甚溥，粤人开糖房者多以致富。盖番禺、东莞、增城糖居十之四，阳春糖居十之六，而蔗田几与禾田等矣"。[②] 当时煮糖的方法是一寮（煮蔗作坊或草棚）"用一灶，坐锅三口"，"锅径约四尺，深尺余，载汁约七百斤"。[③] 这种煮糖之锅，就是俗称的"糖围"。每逢甘蔗收割季节，蔗农就忙开了，往往是富裕农家一人一寮，中等农户五人一寮，穷困人家就八个或十个人一寮："上农一人一寮，中农五之，下农八之十之。"[④] 糖寮遍布粤东，而且每寮三锅，常常有铁锅破损而被更换，细算下来对糖围的需求量是相当巨

[①]　参见罗红星：《明至清前期佛山冶铁业初探》，《中国社会经济史研究》1983 年第 4 期，第 48～50 页。

[②]　〔清〕屈大均：《广东新语》卷二十七《草语·蔗》，第 689 页。

[③]　〔民国〕邹鲁、温廷敬：《续广东通志》第三十六册《物产六》，广东通志馆稿本，民国二十四年（1935）未刊印本，第十七页。

[④]　〔清〕屈大均：《广东新语》卷二十七《草语·蔗》，第 690 页。

大的。因此，佛山铸锅行业把糖围列为重中之重，位居锅行各种产品之首。

与此同时，广东人口在明初随珠江三角洲的开发而有大幅度的增加，洪武年间达 300.7 万人，比宋绍熙四年增加了 4 倍多。家用的普通铁锅、菜刀、锅铲等还是家家户户煮饭烧菜的重要炊具和用具，人口急剧增加，对于作为炊具的铁锅等用品的需求量自然也是巨大的。

另外，到清中前期，佛山逐渐形成了广东蚕桑业的又一个中心区域，而种桑、采桑所需的工具，如桑剪、桑锯、桑钓、刮桑钯、接桑刀、切叶刀，还有煮茧时用的大铁锅、缫丝机器上的铜铁构件等，离不开铜铁二物，可见蚕桑行业、缫丝行业与冶铸行业的关系也十分密切。

第二，佛山冶铸业的发展离不开广东手工业经济繁荣的大环境。

珠江三角洲是水乡泽国，河网纵横。造船业从明中叶以后逐渐兴起，"广东黑楼船、盐船，北自南雄，南达会省，下此惠、潮通漳、泉，则由海汊乘海舟矣。"① 广东的船体一般比福建的大，而且还坚固耐用："广船视福船尤大，其坚致亦远过之。"② 古代造船的质量取决于船板入钉的疏密。明代《龙江船厂志》卷六记载"造船之弊"有十条，其中第二条就是"钉疏"③，可见铁钉在古代造船上的作用。明末广东地方官府在佛山装造五条大战船，"近因置造船器，钉之费倍于线、锁"④。康熙年间，广东官府又造各种河船 682 只⑤，铁钉的需求量又大大增加了。此外，铁链、铁锚、铁线等船上所用的物品，皆依靠佛山冶铁行业供应。这样一来，无疑会刺激佛山冶铁业的进一步发展。

另外，明代盐业生产还处于煎盆阶段，"煎丁灶户，课营煮盐。凡煎烧之器，必有锅盘。……大盘八九尺，小者四五尺，俱用铁铸。"⑥ "俟有数十石，倾置于锅，凡一灶四锅。"⑦ 明代广东盐场十四，还有海北九场、琼州六场，岁办盐 73895 引（每引 400 斤）。所需煎盆镬的数量是极大的，

① 〔明〕宋应星：《天工开物》卷中《舟车第九·杂舟》，岳麓书社 2002 年版，第 231 页。
② 〔清〕顾炎武：《天下郡国利病书》第六册《苏松》，上海古籍出版社 2012 年版，第三十页。
③ 〔明〕李昭祥：《龙江船厂志》，江苏古籍出版社 1999 年版，第 129 页。
④ 《广州府南海县饬禁横敛以便公务碑》，广东省社科院历史研究所等：《明清佛山碑刻文献经济资料》，第 13 页。
⑤ 〔清〕阮元：道光《广东通志》卷一七九《经政略二二·船政》，清道光二年（1822）刻本，上海古籍出版社 1995 年版，第三一七页。
⑥ 〔明〕陆容：《菽园杂记》卷十二，中华书局 1985 年版，第 136 页。
⑦ 〔清〕顾炎武：《肇域志·江南九·松江府》，上海古籍出版社 2012 年版，第十页。

而且明代佛山答应上务的物品中就有"煎盆镬"一项①，而不少冶铁巨富也从事贩盐行业②。可见佛山冶铸行业与盐业也有着密切的关系，尤其是广东矿冶业从明至清前期是处于一个直线上升的发展阶段，佛山冶铁业在清康雍乾时期发展达到了最高峰，可见矿冶业的发展是冶铸行业发展的前提条件。

第三，佛山冶铸业的腾飞离不开国内外商品贸易与交流的大环境。

明中叶以后，全国商品经济的发展势头迅猛，特别是江南一带更是发达，这给佛山铁器的外销打开了广阔的市场与商路。明中叶佛山人霍与瑕曾说："两广铁货所都，七省需焉。每岁浙、直、湖、湘客人腰缠过梅岭者数十万，皆置铁货而北。"③ 屈大均也说佛山铁锅"鬻于江楚间，人能辨之"④。乾隆年间陈炎宗在《佛山忠义乡志》中也记载："锅贩于吴越荆楚而已，铁线则无处不需，四方贾客各辇运而转鬻之。"⑤ 由此可见，佛山铁货至少行销于今浙江、江苏、江西、福建、湖北、湖南、广西和广东八省区，而各地客商每年带着"数十万"资金来佛山购买铁器，可想而知当时佛山冶铸行业的兴盛情况。

至于佛山铁器远销海外的记载也不少。明朝实行海禁后，不许民众下海经商，而当时的日本，其冶铁技术还不怎么发达，哪怕是最常用的铁针，也是需要从中国进口的："针：女工之用，若不通番舶，而止通贡道，每一针价银七分。……铁锅：彼国虽自有而不大，大者至为难得，每一锅价银一两。"⑥

因此广州之"黠者"，遂"以香、糖、果、箱、铁器"诸货，"南走澳门，至于红毛、日本、琉球、暹罗斛、吕宋，帆绰二洋，倏忽数千里，以中国珍丽之物相贸易，获大赢利"。⑦ 康熙二十三年（1684），开放海禁后，佛山的铁锅等制品就如同开闸后的洪水一般滚滚销往海外。

雍正年间，广东布政使杨永斌曾奏称："（夷船）所买铁锅，少者自一百连至二三百连不等，多者买至五百连并有一千连者。其不买铁锅之船，十不过一二。查铁锅一连，大者二个，小者四五六个不等，每连约重二十

① 《广州府南海县饬禁横敛以便公务事碑》，广东省社科院历史研究所等：《明清佛山碑刻文献经济资料》，第 14 页。
② 〔明〕霍与瑕：《霍勉斋集》卷二十二《碑铭·寿官石屏梁公偕配安人何氏墓碑铭》，第1337 页。
③ 〔明〕霍与瑕：《霍勉斋集》卷十二《书·上吴自湖翁大司马书》，第 747 页。
④ 〔清〕屈大均：《广东新语》卷十五《货语·铁》，第 409 页。
⑤ 〔清〕陈炎宗：乾隆《佛山忠义乡志》卷六《乡俗志·物产》，第十三页。
⑥ 〔明〕郑若曾：《筹海图编》卷二《倭国事略》，解放军出版社、辽沈书社 1990 年版，第262 页。
⑦ 〔清〕屈大均：《广东新语》卷十四《食语·谷》，第 371 页。

斤。若带至千连，则重二万斤。"① 在康乾年间，佛山每年出口铁锅的数量以"万"为计量单位，其数量是不可估计的。直至光绪年间，张之洞在奏折中还说："内地铁货出洋，以锅为大宗。其往新嘉坡、新旧金山等处，（每年）由佛山贩去者约五十余万口 。"② 可见佛山铁锅对外销售的数量是巨大的。

二、广佛经济的错位发展

明清时期省城广州的经济发展成就斐然，在很大程度上其市场辐射的巨大能量还促成了地处西、北两江至广州的主要航道上的佛山成为广州的内河港口的联轴城市。③

佛山，明清时期属广州府南海县地，地处西、北两江至广州的主要航道佛山涌的交通要冲，距离广州仅 40 里地，通过西江航道与广州一水相通，一天之内可往返数次。一般来说，内地出口的商品货物，先抵达佛山，再运抵或者中途经过广州。

但是，一直到明代以前，佛山基本上一直都只是一个人口密度稍大的农业性的村落。唐宋时期，佛山开始形成了若干渔村墟市，逐渐聚集了一些原始零星的工商业：北宋称为佛山堡，明初佛山堡的八图居民仍然多以农耕为业，只有 3000 多户以农业为主的人家。虽然在明清时期佛山经济城市发展的优势明显，但是在此以前，这样的优势尚未有机缘真正凸显出来。

到了明清时期，珠江三角洲商品经济的高速发展，近在咫尺的广州城市经济的空前繁荣，使得近水楼台的佛山获得了从农村转变为经济城市的历史机缘，广佛经济错位发展的势头迅猛，主要表现在以下几个方面：

第一，省城商品经济的发展和官府公务的需求，直接催生了佛山冶铁行业的兴起。

省府广州原也有满足城市一般需求的打铁行业，但已经无法满足城市的迅速发展对铁制产品的大量需求。广州需要最靠近自身的、同时也最具备制造能力的城市，最好能够形成规模化和专业化水平较高的冶铁手工行业，来支撑一个巨大城市的正常运转。佛山在明清以前就已具备冶铸基础

① 〔清〕蒋良骐：《东华录》卷三十一《雍正九年十月二十三日广东布政使杨永斌奏折》，中华书局 1980 年版，第 518 页。
② 〔清〕张之洞：《张文襄公奏议》卷十七《光绪十五年两广总督张之洞筹设炼铁厂奏折》，上海古籍出版社 2003 年版，第四十三页。
③ 黄滨：《明清珠三角"广州—澳门—佛山"城市集群的形成》，第 149 页。

和技术，虽然不很出名，但在广州市场需求的刺激下，一些村民为了增加收益而转身从事冶铸行业，而后渐成规模，声名远播。①

由于冶铁与国计民生密切相关，"上资军仗，下备农器"②，佛山的"孤村铸炼"③的盛况自然会引起上级政府的重视。于是，广东官府大力扶植佛山，将其变成专门的冶炼场所，为省府广州的政府机构提供各种便利和服务。

明朝政府规定，广东所有产铁矿石的地方一律不得在本地冶铁，而要将全部铁矿石运到佛山统一冶炼；广州、南雄、韶州、惠州、罗定、连州、怀集等地的生铁必须输往佛山，对佛山的冶铁行业实行"官准专利"④。地方政府陆续将佛山的农户转变为打铁的铺户，统一管理和派役，⑤规定铺户可以生产冶铁商品自由上市，牟利营生，但是前提是必须完成政府的派役任务。在相当程度上，铺户完成任务后得到丰厚的回报，那可是数量可观的真金白银。

以中国之国情，在商品经济高度发展的条件下，官府公务需求的数量是非常巨大的，而且也非常稳定，首先促使了兼营冶铁的佛山堡居民的"农转非"，完全转化为专业的冶铁手工业者或业主。据佛山碑刻史料记载：明代"本堡食力贫民"已经"皆业炉冶"，"分别班行遵应公务，但铸锅炉户答应铁锅，铸造铁灶答应铁灶，炒炼熟铁炉户答应打造军器熟铁，打拔铁线之家答应铁线、御用扭丝灶链，打造铁锁胚炉答应御用灶链、担头圈、钩罐耳，打造笼较农具杂器之炉答应御用煎盆镬、抽水罐、小□□，卖铁钉答应铁钉。自古亘规，各依货卖答应，毫无紊乱。"⑥

值得注意的是，铺户、炉户完成政府订购任务并不是无偿奉献，而是"各依货卖答应"的买卖关系。最大公务需求当为广东省城广州，如崇祯年间，广东官府修造战船，需要取办大量铁钉，先向佛山铁钉铺户取办；不足，又向佛山炉户取办。"省下公务取铁钉，答应自十斤以上至数百斤。铺行不堪赔累，议炉户帮贴"⑦。

---

① 黄滨：《明清珠三角"广州—澳门—佛山"城市集群的形成》，第149页。
② 〔清〕陈炎宗：《鼎建佛山炒铁行会馆碑记》，广东省社科院历史研究所等：《明清佛山碑刻文献经济资料》，第76页。
③ 清代佛山地方文人所写的《佛山竹枝词》《汾江竹枝词》等诗篇中反映佛山冶铸行业的情况，见〔清〕吴荣光：道光《佛山忠义乡志》卷十一《艺文志下》，第四十至五十二页。
④ 〔民国〕冼宝干：民国《佛山忠义乡志》卷六《实业》，第二十一页。
⑤ 唐文基：《明代的铺户及其买办制度》，《历史研究》1983年第5期，第143～147页。
⑥ 广东省社科院历史研究所等：《明清佛山碑刻文献经济资料》，第13～14页。
⑦ 〔明〕颜俊彦：《盟水斋存牍》二刻卷一《诬指接济刘韬等二杖四徒》、卷二《息讼霍见东等杖》，明崇祯年间序刊本。转引自黄滨：《明清珠三角"广州—澳门—佛山"城市集群的形成》，第150页。

第二，省城发达的国内外贸易与进出口贸易，同样也直接刺激了佛山冶铁业的快速发展。

明嘉靖四十一年（1562），广州人口已达到 30 多万，道光二十年（1840）左右增至 100 万人。巨大的用铁需求使广州成为佛山冶铁业第一大消费市场。广州生铁行、铁器行主要的职能就是销售佛山的冶铁手工业产品。人们的用铁需求林林总总，各不相同：人们日常劳作需要的铁锄、镰刀等工具，每家每户生活需要的锅瓢盆等，人们的宗教和巫卜活动所需要的香炉、礼器等，海内外从事贸易的大船的制作和维修需要巨量的铁钉、铁链、铁锚等，都需要佛山冶铁行业的供应。①

正是在广州强烈的市场需求刺激之下，佛山的冶铁手工业获得了飞速发展。明初，"南海为广州首邑。所治乡落，佛山、九江并称繁盛，所以治之则异。佛山地接省会，向来二三巨族为愚民率，其货利惟铸铁而已"②。到成化、弘治年间发生了明显变化。当时的丘濬在《东溪记》中记载："南海之佛山去城七十里，其居民大率以铁冶为业。"③ 冶铁业十分兴盛，形成了栅下、祖庙、汾水三个具有商业中心功能的核心地点，它们是佛山城市的雏形，同时还形成了居民住宅区。到明景泰年间，佛山"民庐栉比，屋瓦鳞次，几万余家"④。至明中叶竟已发展成为"两广铁货所都，七省需焉"⑤ 的手工业巨镇。

第三，省城发达的贸易需求，带动了佛山陶瓷等其他行业的蓬勃发展。

据 19 世纪 30 年代游历广州的外国人记述："许多需要供应广州各商号的制造业，都在广州城西数里外名叫佛山的一个大镇进行。"⑥ 这说明广州市消费者需求对佛山发展的刺激和带动不限于冶铁手工业，而且包括其他主要手工业。如驰名海内外的佛山制陶手工行业，应首先是在广州市场需求拉动下发展起来的。《粤中见闻》卷十七记载："南海之石湾善陶。……备极工巧，通行二广。"⑦ 明末清初的屈大均记载石湾陶器称："凡广州陶

---

① 黄滨：《明清珠三角"广州—澳门—佛山"城市集群的形成》，第 150 页。
② 〔清〕潘尚楫等：道光《南海县志》卷八《舆地略四·风俗》，清道光十五年（1835）刻本，第八页。
③ 〔明〕丘濬：《丘文庄公集》卷七《东溪记》，广东省社科院历史研究所等：《明清佛山碑刻文献经济资料》，第 295 页。
④ 〔明〕陈赟：《祖庙灵应记》，〔清〕陈炎宗：乾隆《佛山忠义乡志》卷十《艺文志》，第十一页；另见〔清〕吴荣光：道光《佛山忠义乡志》卷十二《金石上》，第十三页。
⑤ 〔明〕霍与瑕：《霍勉斋集》卷十二《书·上吴自湖翁大司马书》，第 947 页。
⑥ 〔葡〕费尔南·门德斯·平托：《远游记》，金国平译注，澳门基金会等 1999 年版，第 304 页。
⑦ 〔清〕范端昂：《粤中见闻》卷二十三《瓦缸》，广东高等教育出版社 1988 年版，第 264 页。

器皆出石湾。"① 正由于广州需求庞大，佛山石湾陶业迅速成长，明天启年间发展到八大行业，后来又发展到二十余行。

不仅如此，广州商贸海运需求也是佛山市各种手工业蓬勃发展的重要动力，佛山有许多手工业产品就是直接供应广州用以出口的。雍正十年（1732），广东巡抚杨永斌给雍正皇帝奏疏言："广东省城洋商贾舶云集，而一应货物俱在南海县属之佛山镇贸易。该镇绵延数十里，烟户十余万。"② 广州洋商的许多货物也在佛山置办。

第四，省城完备的贸易职能，同样也刺激了佛山作为商品集散地的兴旺发展。

广州外贸职能也刺激了佛山成为全国外贸商品货物在广州附近的大规模的储存地、囤货地、等待地和交易地。道光年间，"西北各江货物聚于佛山者，多有贩回省卖与洋者"③。广、佛两地铅户和运铅水客也"在佛山地方合设铅务公所，省中设立公栈。一切贸易事宜由佛山公所负责。洋船到粤，由佛山公所司事、水客会同通事与夷商议价买定。由保商代运赴省报验，然后将铅起回公所"④。云南土铅到粤，全部起贮佛山公所，"凭洋商收买。陆续运省报验，然后卖与夷人"⑤。这种储存、囤货、等待的货量是巨大的。嘉庆年间，洋商在佛山转运白铅出口曾年达 330 余万斤。嘉庆十三年（1808）正月粤海关监督常显奏言："十年以内出洋细数，内至少年份七十余万斤，至多年份三百三十余万斤，其余年份一二百万斤不等。……查白铅向于佛山镇地方凭洋商收买，陆续运省报验，然后卖与夷人"⑥。以后，广东官府始议定以最少年份为度，"每年额定七十万斤，于佛山镇凭洋商收买，运省报验转买"⑦。另一方面，广州进口的洋货也需由佛山推销到省内外各地。乾隆年间，佛山已是"商车洋客，百货交驰"⑧，市面上的珍奇洋货充斥，有玛瑙、玻璃、珊瑚、翡翠、火齐、木难、方诸、阳燧、鹤顶、龟筒、犀角、象牙等。

由于紧贴广州这个唯一通商的巨大外贸中心，佛山还直接承接了广州

---

① 〔清〕屈大均：《广东新语》卷十六《器语·金鱼缸》，第 452 页。

② 〔清〕蒋良骐：《东华录》卷三十一《雍正十年十二月十三日广东布政使杨永斌奏折》，第 525 页。

③ 〔清〕冼沂：《佛山赋》，〔清〕吴荣光：道光《佛山忠义乡志》卷十一《艺文下·佛山赋》，第十四页。

④ 〔清〕黄恩彤等：《粤东省例新纂》卷三《户·铜铅》，清道光二十六年（1846）广东藩署刻印本，第三十七页。

⑤ 〔清〕梁廷枏：《粤海关志》卷十七《禁令一》，广东人民出版社 2002 年版，第 350 页。

⑥ 〔清〕梁廷枏：《粤海关志》卷十七《禁令一》，第 349～350 页。

⑦ 〔清〕阮元：道光《广东通志》卷一八〇《经政略二十三·市舶》，第四十四页。

⑧ 李绍祖：《佛山赋》，〔清〕陈宗炎：乾隆《佛山忠义乡志》卷一，第二十七页。

大量的内贸业务功能，以至于佛山在明清时期商业贸易也高度繁盛，比省城有过之而无不及："佛岗（按：即佛山）之汾水旧槟榔街为最繁盛之区，商贾丛集，阛阓殷厚。冲天招牌，较京师尤大，万家灯火，百货充盈，省垣不及也"①，在全国享有"天下巨镇"之美誉，并且以广州为轴心，在商业上形成了同城运转的"大广州"的分工体系：广州十三行聚集的是"外洋百货"，负责集散外国商品和出口的土特产品；佛山镇聚集的是"内地百货"，负责集散"广货（广东产品）"和"北货（广东以外的全国内地产品）"。②

实际上，广州与佛山两相衔接，分工明确，优势互补，大有相互错位发展的势头，实现了良性循环，总体以广州的贸易发展和枢纽组织需求为主导，可以说佛山在很大程度上就是广州城市经济延伸发展的结果。③ 因此，在当时人们的话语中，也往往言佛山必言广州，言广州必言佛山。如乾隆十五年（1750 年）时任和平县知县的胡天文说："查粤省之十三行、佛山镇、外洋、内地百货聚集。"④ 很自然地就将"省城"和"佛山"连在一起，形成了"省佛"或"广佛"约定俗成的称谓。

第五节　移民南迁带来的优势

中华大地的民族和民众的分布不是自然存在的，而是经历了历史上多次大规模迁移才形成的。历次远离故土的移民及其后世子孙都有一个可以遥遥相望并熟记于心的"祖籍"，这也是我们念念不忘的"故乡"，也是留存于我们每个人心里的"根柢"。

一、南迁的历史背景

中国几千年漫漫的历史长河中，规模大小不等的人口迁移始终没有停止过。造成人口流动的原因是多方面的，由天灾人祸引起的自发迁徙是比

---

① 〔清〕徐珂：《清稗类钞》第十七册《农商类·佛岗招牌》，中华书局 1986 年版，第一七七页。

② 黄滨：《明清珠三角"广州—澳门—佛山"城市集群的形成》，第 151 页。

③ 黄滨：《明清珠三角"广州—澳门—佛山"城市集群的形成》，第 151 页。

④ 〔清〕曹鹏翙等：《和平县志》卷一《舆地·险要·附录胡公讳天文详文》，清乾隆二十八年（1763）刻本，第二十页。

较普遍的，也是规模比较庞大的。历史上中原地区每一次较大的政治变动或自然灾害，就会引发一次较大规模的人口南迁。著名的人口迁徙主要有十次，而最大规模的人口南迁浪潮主要有三次，分别是"五胡乱华"（匈奴、羯、鲜卑、氐、羌等少数民族史称五胡）时期的"永嘉之乱"大迁徙（又称"永嘉南渡"）、唐中后期的"安史之乱"大迁徙和北宋末年的"靖康之乱"大迁徙。①

魏晋南北朝时期是中国历史上又一个大分裂、大糜烂、大破坏的时期。在长达近两个世纪的动乱中，黄河流域的广大地区惨遭蹂躏，晋室南渡，西晋灭亡，史称"永嘉之乱"。中原人民在阶级和民族的双重压迫下，纷纷越淮渡江，大举南下，出现了中国历史上第一次大规模的人口迁徙。

东西晋之交，五胡崛起于中原，晋室倾覆。司马氏余脉渡江复国于建康，偏安于江南的荆、扬、江、湘、广诸州，赖以保全。北方人民不堪异族统治，相率避难以赴。这是第一次大规模北人南迁。对此，史书中有记载，如《隋书·食货志》中说："晋自中原丧乱，元帝寓居江左，百姓之自拔南奔者，并谓之侨人。皆取旧壤之名，侨立郡县，往往散居，无有土著。"《宋书·志序》中也有记载："自戎狄内侮，有晋东迁，中土遗氓，播徙江外，幽、并、冀、雍、兖、豫、青、徐之境，幽沦寇逆。自扶莫而襄足奉首，免身于荆、越者，百郡千城，流寓比室。"

面对如此众多的南渡百姓，对移民相对集中的地方，朝廷根据其原籍贯而保留其政区名称，借土设官施政，统辖侨民及其后裔。这种侨州郡县广泛设立乃至成为制度，是东晋南朝地方行政建制的特殊现象。这一方面说明政府对侨民的安抚，表明了政府收复失地的决心；另一方面也说明当时北人南渡的规模之大。

这次北人南迁历时100多年，范围涉及黄河下游的今山东、河北、河南、甘肃、陕西、山西等地，截至刘宋少帝时期，南渡人口约90万，占当时江南人口540万的六分之一。

随着东晋政权在南方的建立，北方人口向南方迁移的规模就更大了。这些南迁的北人给南方注入了新的活力。首先，使秦汉以来人口分布显著的北多南少格局开始发生变化，南方人口得到较快增长；其次，促进南方经济的迅速发展，促使江南"火耕水耨"的粗放型农业生产方式向精耕细作的生产方式进行转变，提高了粮食产量和土地利用率，为中国经济和人口重心自北向南的历史性转移奠定了雄厚的基础。

---

① 中国历史上的人口迁移路线可参见 http://www.360doc.com/content/17/0414/12/11100208_645528699.shtml。

　　隋唐时期是我国历史上少有的盛世年华。但到唐朝后期，身兼三镇节度使的安禄山纠集同伙史思明发动叛乱，史称"安史之乱"。黄河流域又一次遭到了严重破坏，生灵涂炭，家园被毁，广大民众只好再一次背井离乡，到相对安定的南方寻找安身之所。这就是我国历史上的第二次大规模的人口南迁。

　　安史之乱，中原大地沦为了主战场，北方人民为避战乱，纷纷南迁。当时李白在《永王东巡歌》十一首之二中有记述："三川北房乱如麻，四海南奔似永嘉。"① 天宝战乱主要在河南、河北，长江下游地区由于远离战场中心地带，社会相对稳定，所以这次北人南迁的目的地主要是长江下游地区。

　　从文献的记载来看，人们南迁地首先是苏州，其次是越州和扬州。这次北人南迁在规模上和数量上略少于"永嘉南渡"，从移民成分上来看，官僚士大夫占有相当的比重，举族南迁的占少数。所以，这次北人南迁将北方先进技术特别是手工业技术带到江淮地区，对这一地区的文化发展和经济繁荣发挥了积极作用。这次人口南迁大潮的余波，一直持续到唐末和五代十国时期，前后有 100 余万人口南迁。这从根本上改变了中国人口地理分布的格局，至此，中国南方的人口规模第一次达到了同北方平分秋色的地步，甚至还超越了北方地区。

　　北宋的"靖康之变"及宋室南渡则导致了中国第三次大规模的人口南迁。随着赵构集团政权的南移，汴京皇族、贵族、官僚、富商、平民也纷纷追随，一时间威盛、隆德、汾州、晋州、泽州、绛州等地的民众皆渡河南奔，州县皆空，南迁人数超过 200 万之多。元朝建立之前，蒙、金交战频繁，当时，成吉思汗率领骑兵，在金朝境内攻城略地，所向披靡。由于蒙古军早期采用游牧民族的战争方式，即每当攻占一城一地后，除杀戮外，还掳掠人口和牲畜、财产而去，北方人民自然闻风而逃。

　　由金人大规模南侵造成的"靖康之乱"以及其后长达 100 余年的宋、金对峙，黄河流域遂成为主要战场，北方广大沦陷区的人民不堪忍受金朝贵族的统治和民族压迫，被迫举族迁移。南方相对安定的社会环境和大量尚未垦种的可耕土地吸引了渴望安居乐业的各地人民。此次人口南迁规模之大，持续时间之长，均堪与"永嘉丧乱"和"安史之乱"相伯仲，其性质和形式也相类似。

　　北方民众南迁的原因主要有三种：第一，逃避战争的祸乱。这是中国古代历史上人口迁移的主要原因。如东汉到两晋时期、唐末安史之乱后以

---

① 〔唐〕李白：《李太白集》卷十七，北京联合出版公司 2014 年版，第 147 页。

及南宋到元初的北民南迁，主要就是这一原因。第二，自然环境的变化。北方黄河流域长期开垦，生态破坏较严重，而当时的长江流域和珠江流域，生态环境较好，气候适宜。南方相对好的自然环境就吸引诸多北方人民南迁。第三，维护正统的心理。拥护正统王朝，是中国古代民众的固有心理，在中原王朝南迁后，北方人民也会抱定维护正统的心理追随到南方，最明显的是东晋时期和南宋时期的南移高潮。

北方大批人口的南下，对南方社会的发展起了很大的促进作用。随着北方大量劳动力和先进垦殖技术的南迁，原先的"蛮荒之地"大都变成了"鱼米之乡"，在民风、民俗方面南方也与北方互相融合，形成了多元性的文化，社会经济也得到了极大的发展，导致中国文化、经济重心的南移，经济上南强于北的局面最终完全确立。①

总的来说，这三次大规模的人口南迁都是由战乱引起的，不仅迁移的人数众多，而且阶层广泛：从皇室贵族到僧尼，从商人到农民。他们南下到湘浙、两广甚至海南等地。他们虽怀恋故土，但一旦享受到了南方舒适的自然条件和相对宽松的社会政治环境后，便在南方安居乐业，繁衍生息，促进了南方广袤大地的开发和社会经济的发展，加强了民族的融合与团结，也衍生出有较高生活品位与充满活力的江南文化和岭南文化。

二、南迁带来的优势

广东的历史上主要有三次移民潮，分别是秦朝政府的戍军和移民、两晋时期"永嘉之乱"后的移民和宋代"靖康之乱"后的移民，南迁人口带来的优势主要有劳动人手、技术工匠和流动资金。

秦朝统一岭南后，50万秦军就地留戍落籍，与越人杂居。后来，朝廷又派遣1.5万多名未婚女子到岭南，以解决部分秦军将士的日常生活和婚姻问题，这是中国历史上第一次中原人口的大规模南移。

雄才大略的秦始皇在打败六国后，继续向南方用兵，征服了越族地区，一直打到了南海边上，并在那里设置郡县，这是历史上第一次对珠江流域实行的有效统治。一般学者认为，秦朝时期50万大军进入岭南的路

---

① 关于中国文化重心和经济重心南移的相关阐述，请参阅张全明：《试析宋代中国传统文化重心的南移》，《江汉论坛》2002年第2期，第67～71页；王大建、刘德增：《中国经济重心南移原因再探讨》，《文史哲》1999年第3期，第48～55页；王立霞：《论唐宋水利事业与经济重心南移的最终确立》，《农业考古》2011年第3期，第10～12页；商宇楠：《中国古代经济重心转移及其影响分析》，《经济视角》2013年第3期，第48～49页。

线，是岭北通往岭南的主要通道，是当时的五岭谷道。① 就地驻守的这些军人也成了早期事实上的南迁移民。

为了加强对这里的管理，秦始皇还迁徙了大量的中原民众到此，与越族民众杂居，中原的铁器、冶铁技术等先进的手工技术也随之传入珠江流域。这些措施极大地促进了当地生产的发展和社会的进步。

此后，中原人民一批又一批南迁，来充实刚刚实施行政区划的"初郡""初县"的人口，戍守城池。他们带来了中原地区先进的农具等铸造技术、牛耕技术和砖瓦制作技术等，从而大大加快了中原文化在岭南的传播，促进了岭南地区经济的快速发展。可以说，秦朝统一岭南，揭开了广东古代史上的重要篇章。

秦朝灭亡后，南海郡尉赵佗于前203年起兵，兼并桂林郡和象郡，建立了南越国（图3.8）。南越国又称为南越或南粤，是前203—前111年存在于岭南地区的割据政权，历经五位君王，共九十三载，国都位于番禺（今广州市内），疆域包括今天广东、广西两省区的大部分地区，福建、湖南、贵州、云南的一小部分地区和越南的北部。

南越国是岭南地区的第一个封建制国家，它的建立保证了秦末乱世岭南地区社会秩序的稳定。南越国君主推行的"和辑百越"的政策，促进了汉族和南越国各个民族之间的相互融合，并使汉文化和汉字得以传入岭南地区，改变了岭南落后的文化状况，促进了生产的发展与社会的进步，南越人民安居乐业。

可以说，从任嚣、赵佗开始，岭南便有了文明的标志——城堡和文字，他们发展冶铁业，岭南社会经济发展进入了崭新的历史时期。

继秦汉期间数十万中原民众大规模移民岭南之后，两晋时期因避战祸出现了历史上第二次中原人南迁的高潮，这也是广东历史上第二次较大规模的人口迁入。《晋书·庾翼传》载："时东土多赋役，百姓乃从海道入广州，刺史邓岳大开鼓铸，诸夷因此知造兵器。"② 东土指会稽郡（今浙江绍兴）。会稽、扬州是东晋、南朝时期江南冶铁业的中心和冶铸技术发达的地方。"由于当地民众不堪苛重赋役的逼迫，就从海路逃至广州等地，并把冶铸技术传入。"③ 此次移民促使汉越文化进一步融合，推动了岭南经济文化的发展。冶铁业的传入，出现畜力拉耙的新农具和新技术，懂得控制农田用水；制瓷业已能生产釉陶，进入半陶半瓷阶段。此外，还促进了郡县的增设。

---

① 胡守为：《岭南古史》，广东人民出版社1999年版，第215页。
② 〔唐〕房玄龄等：《晋书》卷七十三《庾翼传》，中华书局1974年版，第1932页。
③ 杨式梃：《关于广东早期铁器的若干问题》，《考古》1977年第2期，第106页。

图 3.8 南越武帝赵佗戎装骑马塑像

资料来源：张继合：《越南国土，曾占中国多大块儿》，http://blog.sina.com.cn/s/blog_48a8f1630102e1gu.html。

宋元时期，长期战争给中原以至江南地区造成严重破坏，人们大量流亡，岭南相对安定的环境和大量未垦可耕之地吸引了大批的北方民众，出现了广东历史上的第三次移民高潮，在南宋灭亡时达到了空前的规模。这次南迁，江南大批的手工艺人、商人从陆上和海上逃至广东，他们不仅带来了大量的劳动人手，而且还带来了冶铸技术、资金和江南文化，也促使岭南的文化教育事业达到了空前的繁荣。

第六节 陶冶相通的技术支持

自古以来就有"范土铸金、陶冶并立"的说法，这说明二者在工艺技术上就有许多相通或相联系的地方。佛山本地河涌两岸拥有丰富的黏土和优质的河砂，这些都是制作冶铸模型的绝好材料。而且自唐代以降，以佛山石湾为代表，其陶窑烧造技术就一直在发展、进步而且远近闻名，包括石湾在内的佛山陶业的存在和持续发展，客观上为佛山冶铸行业的发展做好了技术上的准备。

一、制陶技术的成熟

陶器是指用黏土做成各种形状并在较低的炉温（700～800 ℃）下焙烧而成的无釉的（后来的有釉）的器物，音哑，不透光，能吸水。它源于天然容器，如"瓠（葫芦）"。石器时代的先民已经开始学会加工食物，如用瓠作为炊具，为防止烧坏，又在外面抹上一层泥。古人在实践中不断摸索并得到启发后，就以硬质瓠类形状的东西作为内模，再以此内模来制造壶、钵等原始器皿，于是中国原始陶器诞生了。这在《诗经》和《论语》中均有记载。[①]

由于选取材料的不同最初的陶器有红陶、灰陶和黑陶。到新石器时代晚期，随着制陶技术的逐渐成熟，出现了彩陶和白陶，这标志着中国古代的制陶技术又进入了一个崭新的阶段。制陶技术的日益成熟，客观上也刺激了陶器的种类和器型的不断增多。

陶器的制作流程主要有以下工序：

第一道工序是掘取陶土。陶土一般都是就地取材的。最初只取泥土中相对比较纯的黄泥或黏土，这些陶土包含较多的杂质。后来的人们学会了淘洗陶土，并按实用要求加入各种羼和材料。因此，从出土文物来看，考古学家将它们分为"细泥陶""泥质陶"和"夹沙陶"等类型。前两种工艺主要用于容器、食器的制作，后一种工艺用于炊器的制作。制作炊器时，为了使它受热时不至于开裂，就必须在泥料中加进适量的砂粒。当然，也有羼入其他材料的，如河姆渡遗址、彭头山遗址中均发现有羼入稻壳的陶器，北方一些地方的陶器有的加入一些蚌壳的碎末，这是早期对原材料的选料和配料技术。到了新石器时代中晚期，有的地方还选用高岭土作为原材料，烧制出量白色的陶制品。

第二道工序是制坯造型。中国古代陶器的工艺一般都经历了由手工制造到轮盘制造的发展历程。最初制作的陶器一般都是小型的物品，而且是用手工捏成泥坯。另一种工艺是先搓成泥条，再盘筑成形，然后再从里外两面加工（主要是通过挤压使之结合，表面也会变得很光滑）。这种工艺可以用来制作器型较大的陶器。这两种方法都称为手工制作，是新石器时代的陶工们最常用的方法，而且延续的时间还很长。

---

① 参见田长浒：《中国铸造技术史（古代卷）》，第2～3页。

　　大约在仰韶文化中期出现了慢轮修整的方法，即将成形的泥坯放在可以缓慢转动的圆盘——陶轮上，在转动中整修泥坯的口沿等部位，使之更加规整。后来，陶工们又发明了快轮制陶法，即将陶土坯料放到快速转动的陶轮上，用双手直接拉出陶器的坯型（图3.9）。采用快轮制陶能够一次拉坯成型，器物胎体一般厚薄一致，表面光滑，弧度规整，产品的成型质量和生产效率都得到了极大的提高。这种方法大概出现在仰韶文化和马家浜文化的晚期，盛行于龙山文化时期。

图3.9　陶轮上的制作

资料来源：广东石湾陶瓷博物馆，申小红拍摄，2017年10月。

　　第三道工序是装饰整修。一般有打磨、加陶衣、上彩色和印陶纹等步骤。新石器时代的陶器一般都有花纹作装饰。即使是素胎陶器，有的也在陶坯尚未干透时，用工具在陶坯表面打磨光滑。这样烧造出的陶器表面光亮，称为磨光陶器。有的还在陶坯表面压印绳纹，也有刻画各种纹饰的，如有的用兽骨、木片在陶坯上划出几何形纹、波浪纹或戳印成点状纹等。有的在器物表面堆塑泥条或泥饼，有的则在器柄上镂刻出圆形、方形或三角形等各种形状的孔作为装饰。

　　在陶坯表面施一层薄薄的特殊泥浆后再烧制而成的陶器，往往在施以泥浆的部位，其颜色与陶器的本色会形成一个反差，这个工序一般称为"加陶衣"。在陶坯上绘以红色、黑色或其他彩色花纹后再烧制的，被称为"彩陶"。它与烧成后再绘制彩色纹样的彩绘陶不同，这种彩陶的图案是不易脱落的。

　　整个修饰工序中最突出的技艺是印陶纹。先民们在制作陶器时，为了使器物坚固耐用，就用一种木拍或陶拍来轻轻敲打陶器表面，以增加它的紧实度。由于木拍或陶拍表面是用绳子缠绕而成的，或本身刻有花纹，因而在陶器表面留下了"绳纹""编织纹"或"方格纹"等印痕图案。这样的陶器既坚固耐用，又美观大方。

第四道工序是烧制。最初烧制陶器的工作是在露天场地上进行的。人们把晾干的陶坯放在柴草堆上，点燃柴草来烧制陶器。由于温度较低，陶坯受热又不均匀，烧成的陶器表面往往会出现红褐色或灰褐色等不同颜色，有的还会出现变形，从出土器物陶胎的断面上还可以看出未烧透的夹心和龟裂。随着技术的进步，出现了陶窑，因陶窑具有良好的保温性能，因而内部温度较高，陶器在窑内的受热也比较均匀，质量明显地提高了很多，所有烧制器物的颜色也基本一致。后来在烧制陶器的过程中还采用了渗碳的方法，这样烧制出的陶器表面呈现黑色，被称为"黑陶"。

白陶是在新石器时代发展制作的另一种陶品，它在仰韶文化的晚期已经出现，在大汶口文化和龙山文化中有较多的发现，长江流域也有发现。它是用高岭土或瓷土为原料烧制而成的，由于瓷土中氧化铁的含量比陶土中的低得多，所以烧成后呈浅白色。烧造白陶的工艺对温度的要求比较高，需达到1000 ℃以上。

佛山的制陶行业也大致经历了这些技术阶段和制作工序，其建造工艺和烧制工艺也渐趋成熟并不断得到发展。其中以唐代初创、宋代鼎盛的石湾龙窑为代表，其烧造技术和发展概况等堪称南中国陶瓷工艺的典范，具体情况请参阅相关著作[①]，这里不再一一赘述。

二、冶铸技术的产生

当制陶技术发展到一定阶段之后，由于某些偶然的因素，在制作陶器的过程中，人们发现了青铜，于是铜这种新型材料和加工铜的新型工艺——铸造技术就诞生了。这种新型材料与新兴技术就登上了中国历史的舞台，从而揭开了长达2000多年的"青铜时代"的帷幕，使得铸造技术为中国文明也为世界文明做出了巨大贡献。

在新石器时代晚期，人们已经学会了使用耐火材料来建造窑炉。当炉温足够、条件合适的情况下，耐火材料中的铜元素就会被还原出来。因为当时的人们掌握了密封炉顶的技术，并在窑顶渗水入窑，窑内的温度达到

① 李燕娟：《石湾龙窑营造与烧制技艺》，世界图书出版广东有限公司2016年版；刘东：《石湾陶塑技艺》，世界图书出版广东有限公司2013年版。

1000 ℃以上的可能性是存在的，这样就达到了铜元素还原的基本条件。铜液一经冷却，就出现了一种新型材料：它的强度高、韧性好，且易于成型，青铜器从此登上了中国历史的舞台。新石器时代晚期和奴隶社会初期，中国进入了一个"铜石并举"的时代，也是石器时代到铜器时代的一个过渡时期。[①]

中国的铸造技术是深受制陶技术的影响并在其基础上形成的，也是受其熏陶而发展的，所以，中国古代往往把"陶"和"铸"、"陶"和"冶"联系在一起。"铸"字在象形文字中就是"销金成器"的意思。

中国彩陶文化的工艺和技术为青铜铸造技艺奠定了以下五个方面的基础：

第一，在中国古代铸造中采用的泥模、泥范受制陶选料技术的影响。

在新石器时代晚期，黄河流域的仰韶文化和马家窑文化、长江流域的青莲岗文化和屈家岭文化所发掘出土的大量彩陶，经检测，其陶质材料都经过了人工淘洗、筛选，故陶质细腻。当时的制陶是以氏族为单位进行的，并且都有固定的制陶场所。如西安半坡村遗址中出土的上千件陶器，其原料就有细泥、细砂和粗砂等分类。这些陶器的制作技术都深刻地影响着后来冶铸技术中的泥范、泥模或陶范的制作工艺。

第二，中国古代铸型技术是在陶器造型技术的基础上发展起来的。

陶质容器的制造，比如制造陶壶，最初是以瓠类（如葫芦）等硬质植物制成内模，外面用陶泥涂抹紧实再烧制而成的。这种容器的制作就催生了在制作内腔时应先有一个内胎的技术，这也是后来青铜铸件有内范与外模之分的由来，而陶器的拍打紧实的手法也给予了铸造时对泥范或陶范压紧压实的灵感和工艺技术。

第三，中国古代铸造工艺中的组范、合范等技术深受制陶修饰工艺的影响。

古代制作陶器时，是先调制好陶土，制成雏形，然后再修饰陶坯、整修口沿、拼装把手、黏附耳鼻等，这些技术就因此被铸造工艺吸收并被金属铸造领域采用，多块范的组装拼接以及内外模的合范等技艺均来源于制陶技术。

第四，中国古代青铜铸件上的纹饰受古代制陶印纹工艺技术的影响。

新石器时代，陶器上的装饰是人们思想文化的映射。在铸造青铜器时增加纹饰，使其具有很强烈的时代感和生活气息。除了器形外，青铜铸件上的纹饰也是青铜文化的一个重要组成部分。

---

① 参见田长浒：《中国铸造技术史（古代卷）》，第4页。

第五，中国古代青铜器铸造所用的熔炉是受烧陶窑炉的启迪而建造的。

古代窑炉一般由火膛、窑室两大部分组成，火膛与窑室之间有窑箅①，火道与火眼又相通，这就为冶炼铜矿提供了技术条件：①高温。以龙山文化的黑陶为例，其烧成温度在 950 ～ 1050 ℃，已经非常接近铜的熔点。②技术。铜元素的氧化与还原的气氛可以人为地进行调控。③燃料。早在制陶时期人们就已经知道如何制作木炭了，故炼铜所需木炭的供应也很充足。所以，这种炉型在冶炼青铜时稍加改进后，就制成了古代炼铜的熔炉，冶铸技术也就顺理成章地问世了。② 后来随着冶铁技术的问世，导致木炭供应严重不足，人们又不得不寻找新的更加优质的燃料，这样，煤炭和后来的烧制焦炭的技术就是在这种情况下发现和发明的。

中国铸造技术发展的最大的一个特点就是走"陶冶""陶铸"并行的发展道路，即青铜技术源于制陶技术又高于制陶技术，因为金属的铸造必须遵循其本身的特点和规律，但其工艺又与制陶技术有着千丝万缕的关系。

在青铜时代晚期，从铁矿石中还原出铁元素的技术已经具备，并且能够获得 1200 ℃左右的高温。当时，下列情况在一定的条件下是可能发生的：

首先，铜矿石的冶炼已经使用氧化铁作为熔剂，这很有可能使铁元素在炉底被还原出来。在掏出炉渣时，人们注意到其冷却时虽然与铜的颜色不同，但在加热锻打时和铜一样有延展性。这样一来，铁这种金属就在偶然之间被人们发现了。

其次，由于氧化铜矿与红色氧化铁矿在颜色与外观上很接近，故有可能被人们误用，从而使铁元素被还原出来。这看似偶然，实则蕴含着必然。③

我们勤劳而又聪明的祖先，在制陶技术的基础上发明并发展了铸铜技术，使得青铜文化持续了 2000 多年后，又在青铜技术的基础上发明了冶铁技术。铁器时代是指青铜时代之后，生产工具和武器主要以铁为原料的时代。铁器的出现在中国冶铸史上具有划时代的意义，也极大地促进了社会生产力的发展，推动了历史车轮的滚滚向前。

有了石湾龙窑烧制陶器和制作陶窑的工艺技术作为支撑，佛山的冶铸业及其冶铸技术的出现也就在情理之中，也是不难理解的。

---

① 窑箅（bì）一般在窑炉火膛的底部中间位置，是用来堆放燃料、自然通风供氧并且方便处理灰烬的漏网，早期为陶质，后来改成了耐用的铁质。现代城市排水滤网与之相似。

② 参见田长浒：《中国铸造技术史（古代卷）》，第4～5页。

③ 参见田长浒：《中国铸造技术史（古代卷）》，第80页。

第七节　官准专利的冶铸政策

北宋初年，"铜铁铅锡坑冶者，闽、蜀、湖、广、江、淮、浙诸路皆有之"①，广东的官营冶铁场则主要分布在英州、梅州和连州。到了明洪武初年，广东阳山县官冶仍很兴盛。洪武二十八年（1395），"诏罢各处铁冶，令民得自采炼，而岁输课税，每三十分取其二"②。从这里可以看出，到了这时朝廷已基本上同意私炼，但每年要交 1/15 的税金。这标志着广东铁矿业由官营到私营的重大转变。从此，广东"铁冶则岁办以为常"③。到了嘉靖年间，平均每年课税 5817 两。按书中记载每万斤生铁课税三两计算，佛山每年出产接近 2000 万斤（1939 万斤）生铁。

在明代，佛山冶铸产品因工艺精湛、质量过硬而闻名于世，供不应求，是佛山形成冶铸中心的一个先决条件。因此，广东官府对佛山炉户实行了比较特殊的政策，佛山炉户虽非"官营"，但却是"官准"。从生铁原料和铁器产品的销售市场来看，佛山的冶铸炉户已经取得了官方默许的铁器生产的独占权，既可满足封建王朝对"答应上务"的贡品和军需物资的质量要求，又可在此基础上以低廉的价格取办官府所需各种器物，并为国家获得源源不断的丰厚赋税。所以，官府就以行政手段来保证佛山生铁原料的供应。明代佛山炉户的这一特殊的历史地位，为清代"官准专利"政策的明确颁布与实施创造了前提条件。

佛山附近没有丰富的铁矿，从明代起就仰仗外地供应。佛山冶铸技术的高超和冶铸产品的精良，是佛山成为南中国冶铁中心的一个先决条件。"其铸而成器也，又莫善于佛山，故广州、南雄、韶州、惠州、罗定、连州、怀集之铁，均输于佛山。"④

大约自明正德末年，广东实行"盐铁一体"⑤ 的政策以后，包括铁制农具在内的佛山炒铁行业也开始发展并兴盛起来。佛山不仅自己能生产农

---

① 〔宋〕李心传：《建炎以来朝野杂记》甲集卷十六《财赋三·铜铁铅锡坑冶》，中华书局 2000 年版，第 354 页。

② 《钞本明实录·明太祖实录》卷一七六，明永乐十六年（1418）刻本，据广方言馆本补用嘉业堂本校，第四十七页。

③ 《钞本明实录·明太祖实录》卷二四二，第一〇一页。

④ 〔清〕阮元、伍长华等：道光《两广盐法志》卷三十五《铁志》，第 1043～1044 页。

⑤ 详见〔明〕戴璟等：《广东通志初稿》卷三十《铁冶》，第七至八页；〔清〕郝玉麟等：雍正《广东通志》卷二十二《贡赋》，清雍正八年（1730）刻本，第 91 页。

具售卖，而且本省其他各处的生铁也运往佛山用于制造农具等铁制产品，此即所谓的佛山官准专利的冶铸政策。

到了清初，清政府将佛山铁器生产列入"官准专利"①，规定"通省民间日用必须之铁锅、农具，必令归佛山一处炉户铸造"②。佛山的冶铁从此获得了"官准专利"，政府规定两广各地所产的优质生铁都必须运到佛山集中冶炼，"诸炉之铁冶既成，皆输佛山之埠"③，这里还包括了广西以及广东的怀集、罗定一带的优质生铁。采矿业的扩大和清政府的保护政策确保了佛山冶铁业的原料数量和质量，这也是佛山能够生产优质铁器和成为最大铁器产地的重要原因。

一、政策出台的背景

明清时期的佛山是南中国的冶铸中心，在中国古代冶铸史上占有一席之地。佛山靠近省城广州，水陆交通便利，经济上又与广州形成错位发展的局面，而同时期广州的冶铸业无法满足因自身发展而对铁制品等的大量需求。前文也说过，广州需要最靠近自身的、同时也最具备制造能力的城市，最好能够形成规模化和专业化水平较高的冶铁手工行业，来支撑一个巨大城市的正常运转。佛山在明清以前就已具备冶铸基础和技术，在广州市场需求的刺激下，一些村民为了增加收益而转身从事冶铸行业，而后渐成规模，声名远播。在这种情况下，佛山就顺理成章地成为供应省城铁器等产品的不二选择。

佛山的冶铸行业除了要满足地方与周边民众日常生活中对铁器的需求外，还要承担各级官府衙门分派的任务，如前文所述的明代的"岁办""采办""取办"等各种"答应上务"，完成了"上务"，官府的真金白银就会如期到位，再加上广东地方政府对私营冶铸行业的默许与承认，客观上刺激了民间采矿与冶铸的积极性。

入清以来，朝廷规定两广所有矿山坑冶所产的生铁等必须运往佛山进行深加工，生产出来的产品也由佛山统一调配与发售，否则就会严查并治罪。正是得益于官府出台的各项保护性的措施，弥补了佛山冶铸行业原料不足的短板，佛山的冶铸行业才得到了长足的发展，也为官准专利政策的落户佛山铺平了道路。

---

① "铁镬行，向为本乡特有工业，官准专利。"[〔民国〕冼宝干：民国《佛山忠义乡志》卷六《实业》，第十五页]
② 〔清〕阮元、伍长华等：道光《两广盐法志》卷三十五《铁志》，第1043～1044页。
③ 〔清〕屈大均：《广东新语》卷十五《货语·铁》，第409页。

佛山冶铁业在明代盐铁一体税收政策下，到清代发展成"官准专利"，有了国家作为坚强后盾，出台的相关政策又进行全力保护，佛山冶铁业的发展到清康雍乾时期达到了巅峰状态。

二、政策内容与影响

广东的矿冶政策，清承明制，对铁冶控制得更加严密，管理措施更加严格，具体内容如下：[①]

其一，从铁冶业的管理方面来看，在明嘉靖之前，实行征收矿税的办法来管理采矿。正如嘉靖时广东巡按御史戴璟所说的："每山起炉，少则五六座，多则一二十座。"[②] 由于后来出现盲目开采的混乱状况，给管理方带来很大的困难，特别是矿工的争斗又往往与地方的农民起义不谋而合而互成"犄角"之势，这种因民营矿冶业的发展而对封建秩序造成的威胁，当然不是封建王朝所能允许和容忍的。为此，封建王朝博采众议，从"定山主以为炉首，立炉首以为总甲，收土民以为丁伴，择荒郊以为冶所，严巡捕以为约束，明保勘以为清查，时启闭以为聚散，定丁数以为搏节"[③]等八个方面来进行严厉整顿，并制定出开矿设炉必须遵照的具体规则：

（1）炉首必须将姓名、籍贯、炉址、人数等详细情况呈报官府，经地方勘察明白，批准"给帖执照"才能开炉煽煮。

（2）炉首必须是本地有山之人，外地人不得称首，如本地无人为炉首者，立即查封，不得开炉。

（3）每处只准开设一炉，每炉雇工不得超过五十人，基本上只许雇募同乡或本省内别籍贯的人，只有在人数不足的情况下才准吸收外省来人，但也必须炉首"带同执行赴县审明"方许雇募。其目的是限制人数，防止外省无籍流民涌入而难于管理。

（4）每年生产时间限在九月中旬至来年二月初旬。炉冶即将结束之时，炉首赴县报告，县里派人前来封炉，并遣散各人回到原籍，不准逗留，以防生事。

（5）炉场实行类似于农村里甲的管理编制，炉首为总甲，十人为一小甲，一炉共五甲。炉首、小甲平时负责管束，如有事发生，炉首、小甲赴县里报告，地方政府立即派人前往镇压，防患于未然。

---

① 具体内容参见曹腾騑、谭棣华：《关于明清广东冶铁业的几个问题》，朱培建：《佛山明清冶铸》，第109～111页。

② 〔明〕戴璟等：《广东通志初稿》卷三十《铁冶》，第六至七页。

③ 〔明〕戴璟等：《广东通志初稿》卷三十《铁冶》，第七页。

（6）府县卫所巡捕、巡司经常巡视各炉进行查点，一旦发现"多聚炉丁"，或者"别省人称首者"，便要从重治罪。此外，还规定每月各炉具结"不致违犯"的状书申报。[①]

清初以来，铁冶行业一直未停止过生产。雍正六年王士俊在《请开矿铸钱疏》中说："铜矿久经封禁"，但"铁炉现在开煽输税，未奉停止"。[②]虽然目前未见到广东地区实施铁冶管理的完整条文规定，但从清代有关铁冶案例中可知一二，如建炉必须报官，不得私铸：道光二年河源县曾茂南只不过私开土炉打制农具，便立即遭到封炉捉人的处置，如果私开大炉其后果就可想而知了。清代规定，若炉主病故或不能继续担职时，未经过官府允准，私相授受是绝不允许的，甚至连炉址也不能随意迁移。

同样，炉主更不能"异籍谋充"，巡检官吏定期前往勘合检查，如有违制，便会招致处罚。雍正十三年鄂弥达在奏疏中说得更清楚：

> 其需用人夫工厂，饬命各州县查出朴实穷民，取具甲邻户首保结，开明住址，备造清册，移送管理之员。如有面生可疑之人，潜匿在山者，即行拿究。并于附近厂地之村庄，饬令各保甲严行稽查。如有外来之人歇宿，务须根究，毋得容匪人，潜行窥探。地方文武，以及委理之员，稍有疏忽，即行参处。……即矿竭之时，此项人夫，原有姓名住址可稽，仍可令地方官按册，着令原保之甲邻户首领回，照旧安插。[③]

可见其管理措施之严格，审查对象之严苛。该奏疏虽然是针对工厂及其相关的管理规定，也不一定是指铁冶行业，但铁冶行业也应大抵如此。

可见在明清两代，对铁冶的管理措施如出一辙，并无多大变化。无论是招商承办，或者是定税执照，都必须按要求承担税项，按规定条款开业，接受检查监督。

其二，从铁料的贩运情况来看，广东地区从明正德十四年开始，便规定盐铁一体，不准私运，只有向官府交纳税课，领取票证，才得承运贩卖。"广东铁税置厂一所于省城外，就令广东盐课提举司正提举专管盐课，副提举专管铁课。凡一切事宜听巡按御史总理，但有走税夹带漏报等项奸弊，俱照盐法事例施行。"[④]

---

① 〔明〕戴璟等：《广东通志初稿》卷三十《铁冶》，第六至十页。
② 〔清〕刘岳云：《矿政辑略》卷九《请开矿铸钱疏》，清光绪二十九年（1903）教育社铅印本，湖南省社会科学院图书馆藏，第47页。
③ 〔清〕刘岳云：《矿政辑略》卷九《停止开矿事宜疏》，第46～47页。
④ 〔明〕申时行：《大明会典》（第一册）卷三十七，《课程六·金银诸课》，上海古籍出版社2002年版，第611～662页。

明代的戴璟说得更清楚："凡铁商告给票入山贩卖，回至河下盘验。生铁万斤收价银二两。其立段复往查验，大约如盐法。有欲以生铁往佛山堡鼓铸成锭，熟而后卖者，听其所卖地方府县审有官票者，生铁万斤税银八钱，熟铁万斤税银一两二钱，俱以充二广军费，提举司铁价每季类解布政司转其半解部。后以府县抽税烦扰，令于提举司输纳，不分生熟铁，每万斤加纳银一两，其余悉罢之。"①

可见铁的贩运统由盐课提举司管理，输纳税饷，给票贩运。就是说，铁从生产到贩运都置于政府的严密监督下。这种如盐法的管理制度，清代政府全盘把它接受过来了。清代广东地方政府编印的《两广盐法志》，便把《铁志》一卷附于书后，充分反映清代同样是盐铁一体施行的。虽然《铁志》并非来自中央政府颁布的条规，但却为封建王朝所承认，作为法律的补充而在地方执行。从道光《粤东成案初编》的案例判决看，它是严格地按《铁志》的规定执行的。

清代广东地方政府规定："铁商煽铁出铁斤、赴官告运，由州县将运司转奉总督印发旗票，照告运数目填明发给，运至佛山铸锅，炒成熟铁售卖。如无旗票即属私铁，若于告运之外盘有多斤，亦属私铁。向皆比照私盐治罪。"② 并且规定旗票回销期限，一旦违限，期短则罚赎金，期长则拿该商问罪。这点在明朝并未见到，可见控制之严，清较明尤厉害。就全国来说，虽然乾隆年间两湖、江南等地的总督、按察使曾提出在其区内解除铁禁，但史料中未见广东地方官吏有此举措。

其三，从佛山"官准专利"的政策来看，由于铁是一种重要的资源，它"上资军仗，下备农器"③，故封建统治者对大炉冶炼生铁加以严密控制，就是铁斤的贩运，也得取票证才能通行。但生铁运往各地炒炼成熟铁，制成铁器出售，封建王朝是难以稽查管理的。因此集中生产铁器，这对统治者来说是一个万全之策，因为集中既可统一管理和监督，又便于税课的征收。

明中叶前，生铁的贩运并无指定的地点，可随意贩销。嘉靖时戴璟说，各地"有欲以生铁往佛山堡鼓铸成锭，熟而后卖者，听其所卖，地方府县审有官票者"缴纳税银然后售卖，政策上并未规定运销佛山。但清初屈大均在《广东新语》中说："诸炉之铁冶既成，皆输佛山之埠。"④ 如果说这是佛山冶铁业发展所促成，并非官府指定的话，那么《两广盐法志》

① 〔明〕戴璟等：《广东通志初稿》卷三十《铁冶》，第十至十一页。
② 〔清〕阮元、伍长华等：道光《两广盐法志》卷三十五《铁志》，第643页。
③ 广东省社科院历史研究所等：《明清佛山碑刻文献经济资料》，第76页。
④ 〔清〕屈大均：《广东新语》卷十五《货语·铁》，第409页。

和《铁志》就清楚规定：广州、南雄、韶州、惠州、罗定、连州、怀集等地的生铁必须输往佛山。如果边远州县交通不便，运往佛山有困难的话，那只有在取得广东地方政府允许的情况下，才能在当地销售。其目的是使生铁聚集佛山进行再加工，造成佛山铁冶业的垄断地位。所以冼宝干在《佛山忠义乡志》中说："铁锅行向为本乡特有工业，官准专利"，便是清代广东地方政府有意识加强对铁冶控制政策的具体体现。

佛山冶铁业多属民营性质，即前文所提到的"官准民办"，后来因为冶铸技术精湛、产品质量优良等方面的因素，佛山获得了"官准专利"："通省民间日用必须之铁锅、农具，必令归佛山一处炉户铸造"①。而且政府规定，两广各地所产的优质生铁块、铁砖都必须运到佛山集中冶炼，这里的"两广各地"就包括广西东部以及广东的惠州、连州、怀集、罗定等一带。原料来源的扩大和清初政府的政策保护，确保了佛山冶铁产品的质量和及时完成上答官府的各项答应任务。

由于工艺精湛，一方面可以满足国家对贡品和军需物资在质量方面的要求，另一方面又可以在此基础上以低廉的价格铸造官府所需各种器物并获得源源不断的赋税，所以后来官府就以行政命令的手段来保证佛山冶铸原料的供应："铁镬行，向为本乡特有工业，官准专利"②

"官准专利"的具体内容在文献中有明确记载："规定两广所属的大炉，炼出铁块，尽数运往佛山发卖。由佛山炉户一体制造铁锅农具。"如果就近在产地铸造，就属于私自铸造，通私自贩运食盐同罪，查处是非常严厉的："如在当地铸造，就属私铸，在稽禁之例，同私盐罪治之。"③ 铁块等铁料运往佛山之前，先要取得两广都转盐运使司发给的卖票，此票全部统一样式，上印"照往佛山地方发卖，依限赴销"等字样，并按照路程的远近限定了各地回销的期限（表3.1）。

从表3.1中可以看出，各地所供应的铁料以生铁为主，回销的时间与距离佛山的远近成正比，路程越远，所需要的时间就越长，而且除广东各地产铁点以外，广西有些离广东较近地方所生产的铁料也得运往佛山集中冶炼，这样就确保佛山冶铁业原料供应的源源不断。由此可见，"官准专利"是佛山冶铁业得以存在与发展的一个重要因素，也是佛山冶铸行业发展的一个独特优势。

---

① 〔清〕李侍尧等：乾隆《两广盐法志》卷二十四《铁志》，清乾隆二十七年（1762）刻本，于浩：《稀见明清经济史料丛刊》第一辑第四十三册，国家图书馆出版社2009年版，第十三页。

② 〔民国〕冼宝干：民国《佛山忠义乡志》卷六《实业》，第二十一页。

③ 〔清〕阮元、伍长华等：道光《两广盐法志》卷三十五《铁志》，第1043页。

表3.1　清代两广冶铁炉运往佛山铁料的旗票回销一览

冶铁炉所在地	铁料名称	回销的期限（天数）	违限的处罚
思恩、富川、雒（luò）容	铸铁	98	1. 照往佛山地方发卖，依限赴销，所有铸斤，限半月回销。商人缴销运卖各旗票，违限五日以上者，例无议罚。 2. 十日以上者，追罚赎银四两二钱，每万斤，追半饷银二两五钱。 3. 廿日以上者，每万斤，追重饷银五两。 4. 三月以上者，追重饷，仍提该商追究。 5. 半饷、重饷，俱按商人告运铁斤上纳饷银计算
临桂、贺县	铸铁	80	
平远	生铁	60	
嘉应州	生铁	50	
怀集、龙川	铸铁	45	
兴宁、翁源、曲江、英德、乳源	生铁	38	
东安（云浮）、罗定州、西宁（郁南）	铁砖、熟铁	34	
河源、龙门、永安（紫金）、长宁（新丰）、花县	生铁	28	
从化	熟铁	24	

资料来源：〔清〕阮元、伍长华等：道光《两广盐法志》卷三十五《铁志》，第1043～1044页。

　　虽然现时未见有明清时期佛山冶铁业详细的税收资料，但从佛山是"官准专利"的冶铁中心来看，当时政府对佛山冶铁的管理要比对大炉的管理更加严格和细致，再加上佛山的冶铁行业相对集中，便于征收课税，各项管理也比大炉更加容易。明代佛山虽有行业分工，但毕竟没有清代那么严密和细微，这也是明代佛山冶铁行业发展迅速的原因之所在。

第四章 佛山传统冶铸炉户与行业会馆

　　东晋时，岭南地区已有冶铸行业。到了五代十国的南汉时，岭南地区由于与中原地区脱离，日常所需的铁器均要自行生产，故铸造水平又有所提高。

　　在五代十国时期，刘隐盘踞岭南，后其弟刘龑（一名刘岩）建立南汉并称帝。乾亨元年（917），刘龑将广州改名为"兴王府"，撤销南海县，将县境一分为二，设置咸宁、常康二县，另设永丰（在今佛山市禅城区）、重合（在今佛山市南海区官窑镇）二场。其中永丰场是冶铸场所，是南汉时期广东著名的铁器生产基地。据《岭海名胜记》的记载，广州光孝寺内的东、西二铁塔及传世有南汉年款的铁花盆，就是当时永丰场生产之遗物①，南汉时期佛山的冶铁技术可见一斑。

　　宋、元、明、清各代，佛山更是发展成为以冶铁业为主要支柱之一的市镇，其产品不但能满足本省所需，还销往内地几省，且有大量铁锅、铁线、铁砧、农具、钟鼎等产品远销海外。其总体规模、产品种类、销售区域等方面，已跻身国内首位，以至于"北有汉中（陕西），南有佛山（广东）"②。

　　佛山之所以在明清时期享有如此突出的城市地位和取得如此辉煌的经济成就，个中原因固然不少，然其支柱产业之一的冶铸行业在明清佛山经济发展中所发挥的历史作用是功不可没的。③

---

　　① 〔明〕郭棐编撰，王元林校注：《岭海名胜记校注》，三秦出版社2012年版，第97页。
　　② 薛亚玲：《中国历代冶铁生产的分布及其变迁述论》，《殷都学刊》2001年第2期，第45页。
　　③ 申小红：《族谱所见明清佛山家族铸造业》，第106页。

第一节　冶铸炉户与地方家族

在佛山冶铁行业的发展中，先后有"行"的出现、"会"的兴起和"会馆"的成立，在这个过程中，各种铁制产品的生产技术的发展和进步起到了关键性的助推作用。

明清两代在立国初期对冶铸行业的政策都经历了一个先紧后松的过程，冶铸技术的进步与生产规模的扩大也促使民营性质的冶铸行业的快速发展。尤其是在所谓的"官准民办"①的情况下，佛山冶铸行业从业者的生产组织、生产规模和产品销售就成为一个社会性的问题。在佛山，无论是家庭小作坊、家族大作坊②、异姓宗族联合作坊还是大型手工工场，都会吸引大量的从业人员，当他们不再是为官府服务的工匠而是构成基层社会生产的一支逐渐壮大的力量时，必然会形成各种组织以提高自己的社会地位和寻求自己的行业归属。明朝中后期开始形成的冶铸行业组织就扮演了这一角色。

炒铸铁器因技术种类的不同而形成若干行业，这从明代至清代的官府告示、碑记等资料中可以得到印证，其炒铸行业主要有铸锅、炒炼熟铁、打造军器、打拔铁线、打造铁锁、铸造铁灶、打造农具杂器和打造铁钉等，其繁盛情况可见一斑，当之无愧地成为南方的"冶铁中心"③。"春风走马满街红，打铁炉过接打铜"④，这是对明清时期佛山冶铸行业兴盛繁荣的生动写照。佛山的冶铸行业历史悠久，工艺基础深厚，汇聚了岭南地区和移民而来的掌握冶铁技术的各类人才，也融入了中国数千年来冶铸技术的精华。

15世纪初，佛山冶铁已见于史籍记载，佛山民众多以铁冶为业。至明成化、弘治之际（1465—1505），广东各地采炼的生铁多沿北江、西江顺流而下运至佛山，经过炒铸成熟铁和其他铁制品，再通过便利的水陆通道

---

① 明清时期，佛山从事冶铸的从业人数较多，情况也很复杂，官方不方便出面管理，索性默许其存在，这样一来操心少而各项税收又没有减少。"官准"在很大程度上体现的是官府的默许和默认，"民办"在一定程度上体现的是一种宽松的环境，能激发从业人员的积极性和创造性，以至于后来因产品质量优良和销量突出，官府正式下文确认了佛山"官准专利"的身份。

② 申小红：《族谱所见明清佛山家族铸造业》，第106～111页。

③ 详见罗一星：《明清佛山经济发展与社会变迁》，第63页。

④ 〔清〕陈昌坪：《佛山竹枝词》，〔清〕陈炎宗：乾隆《佛山忠义乡志》卷十一《艺文志》，第三十页。

销往全国各地，乃至海外市场。

佛山传统的冶铁行业主要可分为铸铁业和炒铁业两大类，铸铁业中又分为铸锅（镬）、铸铁灶、铸钟鼎等行，炒铁业又分为军器、农具杂器、铁线、铁钉、铁锁等行。佛山的冶铁业既是一个颇具生产规模的统一整体，又是一个内部分工细化的生产体系，其自身技术的发展对本行业组织的兴起、发展与变迁有着巨大的影响。①

明清时期佛山冶铁及相关行业多以"行"的形式存在。其所谓"行"是对职业性质和货物品种的分类，如炒铁行就是以职业构成而划分，铁钉行、铁线行则以产品种类进行划分。当时冶铁行众多，如铁锅行、铁线行、铁钉行、铸砧行、铁砖行、打刀行、打剪行、土针行、拆铁行、白铁行、新钉行等。

佛山冶铁业中各行的出现，以其自身的技术特点为依据，并由官方划定统一的标准，这样一来，官府可以很方便地采办各种货物。如《广州府南海县饬禁横敛以便公务事碑》中就有详细记载：

> 铸锅炉户答应铁锅，铸造铁灶答应铁灶，炒炼熟铁炉户答应打造军器熟铁，打拔铁线之家答应铁线、御用扭丝灶链，打造铁锁胚炉答应御用灶链、担头圈、钩罐耳，打造笼较农具杂器之炉答应御用煎盆镬、抽水罐、小□□，卖铁钉答应铁钉。②

各行分工明确，各自答应不同的产品，不得"藉票混敛，变乱旧规。如有故违，许即指名赴县，以凭拿究"③。卖铁钉的答应铁钉，卖铁锁的答应铁锁，卖铁线的答应铁线，"工艺技术是制定划分各行的唯一准绳"④。

同时，民间为了减轻负担，避免承担过多的官府任务，亦希望将行业尽量细化，以体现自身生产技术与答应产品在工艺技术方面的异同，使本行可以最小范围地答应上务，最大程度地减少自身的麻烦。如铸造大锅的行业就细分成"大镬头庄行、大镬车下行"，炒炼行也有"炒炼头庄行、炒炼二庄行、炒炼催铁行"⑤ 等的细化；同时这些细化的标准会得到相关法律、法规的保护，铸锅行中"凡铸有耳者不得铸无耳者，铸无耳者不得铸有耳者，兼铸之必讼"⑥，对于违反生产标准和行规的就会受到严厉处罚。

---

① 参见潜伟、刘培峰、刘人滋：《明清时期中国钢铁行业组织研究》，第 11 页。
② 广东省社科院历史研究所等：《明清佛山碑刻文献经济资料》，第 14 页。
③ 广东省社科院历史研究所等：《明清佛山碑刻文献经济资料》，第 14 页。
④ 潜伟、刘培峰、刘人滋：《明清时期中国钢铁行业组织研究》，第 11 页。
⑤ 广东省社科院历史研究所等：《明清佛山碑刻文献经济资料》，第 100 页。
⑥ 〔清〕屈大均：《广东新语》卷十五《货语·铁》，第 409 页。

冶铁行业努力寻找自身行业产品与官方规定的答应任务产品之间的差别，并努力缩小这种差别，以取得双方的相对平衡。在这种情况下，各种"行"也就应运而生了，而在这个过程中，"生产技术成为双方共同依据的手段"①。

一、佛山冶铸炉户

佛山冶铸（冶铁）的基本单位一般称为"炉"，其工作地点一般称为"炉房""炉坊"或"作坊"，文人雅士称之为"冶肆"。各炉均冠以一个吉祥之名，如"万名炉""隆盛炉"等，历史悠久的又冠以"老"字，如"万聚老炉""万名老炉""信昌老炉"等。炉主一般称为"炉户"。一炉有化铁炉若干。这里所说的"炉"的概念与化铁炉的"炉"的概念是两码事，如"万名炉"是生产单位，化铁炉则是生产工具。炉座小、炉户多正是佛山冶铁业的一大显著特点，故其行业群体的构成也是具有多样性特征的。

佛山炉户或炉主原来大都是以务农为业的农户，后来转身投入冶铸行业，成为冶铁炉户或炉匠，属于小商品生产者；另一部分人则是资本比较雄厚的"巨商""豪族"等，其中有的大炉户的炉主是商人，因投入巨资而兼任作坊主，有的则是豪族族长，因个人威望而兼任作坊主。

据史料记载，明初南海县佛山堡八图居民，原来大都以务农为业。洪武年间，佛山祖庙门前一带曾"多建铸造炉房"②，炉户比较集中在这里，但人数似乎还不算多。大抵自永乐（1403—1424）以后，由于明政府对民间冶铸行业解除禁令，佛山冶铸行业便得到发展的机遇，原来分布在祖庙门前一带的炉房逐渐向本镇南部和东南部转移发展，由是从事冶铸或炒铁的炉户人数也日益增加。

明景泰二年（1451）佛山堡已"民庐栉比，屋瓦鳞次，几三千余家"③。成化、弘治年间（1465—1505），佛山"居民大率以铁冶为业"④，可见明中叶佛山炉户人数迅速增加，崇祯年间（1628—1644）佛山"本堡

① 潜伟、刘培峰、刘人滋：《明清时期中国钢铁行业组织研究》，第11页。
② 光绪《佛山梁氏家谱》，广东省社科院历史研究所等：《明清佛山碑刻文献经济资料》，第295页。
③ 《佛山真武祖庙灵应记》，广东省社科院历史研究所等：《明清佛山碑刻文献经济资料》，第3页。
④〔明〕丘濬：《丘文庄公集》卷七《东溪记》，广东省社科院历史研究所等：《明清佛山碑刻文献经济资料》，第295页。

食力贫民，皆业炉冶"，"各依制造铁器，各有各行"①；是时"佛山炉户，计数万家"②，由此足以看出明末清初佛山炉户（包括农具行炉户在内）高度集中的情况，这在广东乃至东南各省中是相当突出的。

应当指出的是，随着佛山冶铸行业的发展，一般炉户在商品市场的激烈竞争中也发生了明显的分化。大体而言，在佛山炉户中以一般炉户占多数，上引崇祯年间佛山"食力贫民，皆业炉冶"就说明了这一点。这些自食其力的一般炉户，主要依靠家庭内的劳动力组织小规模的生产，属小商品生产的性质。佛山族谱中的李氏世家就是一个有代表性的例子：明初李氏始迁祖李广成自佛山附近的里水迁居佛山，并从那里带来了"铸冶之法"，由是"世擅其业"。他的生产似乎是一种简单商品再生产，即"所业止取给衣食，不为赢余"。其后代明中叶的李靖山，仍维持"兄弟同冶为业"；嘉靖、万历年间的李季泉，也还是亲自劳作、"十指上汗血犹鲜"的普通炉户。③

在佛山炉户中也有一部分人以冶铸致富，他们凭借其有利的条件，扩大其生产的规模，在市场竞争中取得了优势，成为资本比较雄厚的冶铁大户。其表现主要有以下几种：

一是凭借精湛的冶铸技术。如正德、嘉靖年间（1506—1566）佛山炉户李古松，由于"以铸冶能，拓其家"④，即依靠其冶铸技术和精心经营，扩大再生产才起家致富的。嘉靖、万历年间李上林（镜源公）由于精心经营炉冶，"躬自鼓铸"，"器无饰窳，价无饰售，而货因以大拓"⑤，成为一个冶铁大户。明末清初佛山炉户陈尚文，也是一个"业擅炉冶，扩产饶裕"⑥ 的大户。

二是得益于有利时机。如明末佛山炉户黄俊叟，利用顺治年间（1644—1661）的发展机遇，"铸冶日已丰隆"，生意兴隆，起家致富，遂"致积有千金"，并将其一部分商业资本购置房地产。康熙、雍正年间（1662—1735）炉户黄和平，也是由于时机有利，"铸冶兴隆"而获得发展，并"积有千金"产业。⑦

---

① 《广州府南海县饬禁横敛以便公务事碑》，广东省社科院历史研究所等：《明清佛山碑刻文献经济资料》，第 13 页。

② 〔明〕颜俊彦：《盟水斋存牍》（一刻）卷二《息讼霍见东等杖》，明崇祯刻本，北京大学善本图书馆藏，第 37 页。

③ 《李氏族谱》卷五《世德纪》之《广成公传》《靖山公传》《季泉公传》，佛山市博物馆藏线装本。

④ 《李氏族谱》卷五《世德纪·古松公传》。

⑤ 《李氏族谱》卷五《世德纪·镜源公传》。

⑥ 《佛山纲华陈氏族谱》派世表十六世，佛山市博物馆藏线装本。

⑦ 《江夏黄氏族谱》卷一《以寿太祖小谱》、卷五《十四世祖和平公行略》，佛山市博物馆藏线装本。

三是由于销售顺畅和扩大投资规模。如嘉靖、万历年间佛山炉户李见南，经营铁农具等器的销售，"往来樟江清源"地区，产品远销千里之外，由是日益"拓产""饶裕"，成为富有的铁商。①

四是商业资本投资于冶铁行业。如崇祯年间（1628—1644），新会潮连人卢克敬原来"从事商贩"，"居奇货，辄获重利。后从贩珠致巨富"，成为"财雄一乡"的富商。② 其后其侄子卢从慧到佛山投资冶铁业，并"以业铜铁起家"，至清初便成为"拥资数十万"的大炉主。③

以上是明清时期佛山炉户中的一部分人通过种种方式上升为富裕的大炉户或大作坊主的事例。其中少数"大商""豪富""巨族"以其雄厚的资本和实力，逐步控制了冶铁业的生产与营销渠道，甚至操纵了佛山冶铁业的经营管理。明末清初人陈子升概括地指明了这一点："佛山地接省会，向来二三巨族为愚民率，其货利惟铸铁而已。"④ 这是明清时期广东冶铁业（包括农具行业）发展的一个特色。

二、地方从业家族

佛山地方从事冶铸行业的大家族以李氏家族为代表，其他的家族有霍氏、冼氏、陈氏等。

大约在宣德年间，有李氏始迁祖李广成，迁居佛山，原"得铸冶之法于里水，由是世擅其业"⑤。李广成的后辈李世昌，在正德年间"以铸冶能，拓其家"⑥。可见当时已出现了专事冶铁的家族。这个时期的冶铁业分布在佛山大塘涌、仁寿寺至灵应祠（即祖庙）一带。《梁氏家谱》中有记载："（宣德四年）时祖庙门前明堂狭隘，又多建铸造炉房。堪舆家言：'玄武神前，不宜火炎。'慧（梁文慧）遂与里人霍佛儿浼炉户他迁。"⑦

此时的佛山冶铁业以铸铁为主，其主要产品有铁锅、农具、钟鼎、军器等，而以铁锅产量最大。⑧ 当时有"佛山商务以锅业为最"⑨ 之说。随

① 《李氏族谱》卷五《世德纪·见南公传》。
② 《新会潮连芦鞭卢氏族谱》卷二十四《家传谱·十四世寅宇公》，佛山市博物馆藏线装本。
③ 《新会潮连芦鞭卢氏族谱》卷二十四《家传谱·十五世纵庵公》。
④ 〔清〕瑞麟、戴肇辰、史澄等：光绪《广州府志》卷十五《舆地略七·风俗》，台北：成文出版社1966年版，第279页。
⑤ 《李氏族谱》卷五《世德纪·广成公传》。
⑥ 《李氏族谱》卷五《世德纪·古松公传》。
⑦ 《梁氏家谱》卷三《松堂公传》。
⑧ 罗一星：《明清佛山经济发展与社会变迁》，第48～49页。
⑨ 《鹤园冼氏家谱》卷六之二《六世月松公传》，佛山市博物馆藏线装本。

着铁产品和产量的增多，出现了一些从事铁器贸易的巨商和冶铁炉户。正统年间，冼灏通以"贾锅"为业，"各省巨商闻公信谊，咸投其家。公命诸弟诸侄经理其事惟谨。商客人人得以充其货，毋后期也。乃人人又益喜，辄厚谢之。公以故家饶于财"①。

其子冼靖继承父业，经营炉冶，"善治生人产"，"故时冼氏子姓虽未通籍，而已称右族，实自公恢拓"②。鹤园的冼氏，"治亭榭，环以水石，杂以花卉。日以酒食，陈弦歌、延宾客，互相唱和以为乐"③。像冼灏通父子这样的巨商和冶铁炉户，当不在少数。例如，正统十四年（1449）黄萧养起义，以800余艘船兵临佛山堡外。梁广等22个乡绅结民自保，"出赀制器械拒之"。他们用的武器是"大铳飞枪"，"火枪一发，中之即毙"。又"熔铁水浇焚皮帐"。此外还搬出一个高五尺的大铁瓶以壮势。围攻者"遥见疑为大炮，不敢逼"。④ 这22个乡绅（冼灏通父子二人也在其中）都是"藏蓄颇厚"的"大家巨室"。

由此可见，当时已出现了冶铁大户，并且早已掌握了制造大件军器的技术。至此，佛山以"工擅炉冶之巧，四远商贩恒辐辏焉"⑤ 闻名于世。冶铁业的迅猛发展，同时也改变着佛山居民的职业构成和社会属性，明初的佛山堡有八图八十甲，居民多以农耕为业。到明成化、弘治年间发生了明显的变化。当时丘濬在《东溪记》中说："南海之佛山去城七十里，其居民大率以铁冶为业。"⑥ 当时佛山有居民"几万余家"。"大率"一词表明从事冶铁的居民数量是很多的。

首先，炉户、铁商和铁工大量增加。从族谱中反映出，此时有以下的家族从事冶铁：石头霍氏、李氏、金鱼堂陈氏、鹤园冼氏、鹤园陈氏、佛山霍氏、石湾霍氏、黄氏、麦氏等。从事冶铁而发家致富的例子不少。明朝嘉万年间，有李壮者，号同野公，"治段氏业。精心淬虑，手口卒瘏，遂大拓厥室"。其孙子说："吾家之昌厥宗也，自祖父同野公。"⑦ 霍实（十三世祖）"弱冠治炉冶，……已俶起家"⑧，同时期的霍福田（十四世

---

① 《鹤园冼氏家谱》卷六之二《六世月松公传》。
② 《鹤园冼氏家谱》卷六之二《七世兰渚公传》。
③ 《鹤园冼氏家谱》卷六之二《六世月松公传》。
④ 《梁氏家谱》卷三《松堂公传》。
⑤ 《佛山真武祖庙灵应记》，广东省社科院历史研究所等：《明清佛山碑刻文献经济资料》，第3页。
⑥ 〔明〕丘濬：《丘文庄公集》卷七《东溪记》，广东省社科院历史研究所等：《明清佛山碑刻文献经济资料》，第295页。
⑦ 《李氏族谱》卷五《世德纪·祖考同野公传》。
⑧ 《南海佛山霍氏族谱》卷九《大明十三世祖诰赠奉政大夫庐州府同知平居公墓志铭》，佛山市博物馆藏线装本。

祖）也以"冶铸"使"家计大饶"①。这时，佛冶铁业的中心地位开始形成。四远商人挟赀来佛山投建炉房者逐年增多。如新会人卢从慧，"讲求治生，业铜铁于佛山"②。鹤山人冯绍裘的先世，"迁佛山，占籍南海，治铁冶，有锅炉数座"③。他们都希望在佛山铁冶事业中分得一杯羹。

佛山地方从事冶铸及相关业务的主要家族的情况如表4.1所示。

其次，与炉户增多的同时，铁商的数量也大大增加了。明嘉靖、万历年间，李白作为李氏家族的推销商，远贩闽赣，"往来樟江清源，千里外如出一手。……拓产亦饶裕焉"④。其兄李壮是冶铸起家的大富，也亲自出马，"出入樟江，一时名辈咸乐与之游，海内莫不知有同野公"⑤。嘉靖年间，石湾霍氏从事佛山铁板的买卖，囤积居奇，以图牟利。其家训称："凡人家积钱，不如积货。所积亦有其方，难收易坏者不可积，人家用少者不可积。如佛山铁板无坏，石湾之缸瓦无坏之类者，可积也。"⑥ 可见，做佛山铁板生意已成了当时的可靠的生财之道，从制成品的推销到原材料的采办，无处不留下佛山铁商的足迹。

清康乾年间，冶铁业更是兴隆，当时有"炒铁之炉数十，铸铁之炉百余"，如前所述，这里的"炉"就是一个生产单位。正如陈炎宗在另一处所统计的"计炒炉四十余所"。可知"数十"即数十所，"百余"即百余炉房。至其炉座数，至少等于此数的三至五倍。正因为数百个铁炉"昼夜烹炼"，才使得佛山"气候于邑中为独热"⑦。

再次，随着炉房、炉座的增多，佣工队伍也逐渐壮大起来。明末清初时，佛山一镇，"计炒铁之肆有数十，人有数千"⑧。计其平均数，每肆100余人，那么到乾隆十五年时，炒铁所增至40所，估计炒铁行业工匠5000～7000人。铸铁之炉比炒铁之炉大，家数又在其二倍以上，由此看来，铸铁行业工匠当不下一二万人。炒、铸两大行再加上其他铁行，估计乾隆时整个佛山冶铁业工匠不下二三万人。

---

① 《南海佛山霍氏族谱》卷十一《十四世祖行素公墓志铭》。
② 《新会潮连芦鞭卢氏族谱》卷二十四《家传谱·十五世纵庵公》。
③ 〔民国〕冼宝干：民国《佛山忠义乡志》卷十四《人物六·义行·冯绍裘》。
④ 《李氏族谱》卷五《世德纪·见南公传》。
⑤ 《李氏族谱》卷五《世德纪·同野公传》。
⑥ 《太原霍氏崇本堂族谱》卷三《前后家训》，佛山市博物馆藏线装本。
⑦ 〔民国〕冼宝干：民国《佛山忠义乡志》卷十《风土一·气候》，第四页。
⑧ 〔清〕屈大均《广东新语》卷十五《货语·铁》，第410页。

表 4.1　佛山地方从事冶铸及相关业务的主要家族情况一览

从业家族	从业时间	冶铸炉号或码头	基本情况或资产状况	铸造或经营的产品	存世器物	资料来源
细巷李氏	宣德至万历年间		李氏始迁祖李广成，得铸冶之法于里水，由此世擅其业，后辈李善清（六世祖）"以铸冶能，拓其家"。 "有李壮（八世祖）者，号同野公，冶段氏业，精心淬惫，丁口卒蕃，遂大拓厥室。" "镜源公（李上林，八世祖），少力贫，货佣为食，既而躬自数铸。性忠实，平心率物，器无虚廉，价无饰售，而货因以大拓。……拓产亦饶裕焉。"其兄李壮是冶铸起家的大富，"往来樟江清源，千里内外如出一手，也来自出马，"出入樟江"，一时名革咸乐与之游，海内莫不知有同野公" 李白（八世祖）作为李氏家族的推销商，远贩闽赣	销、大炮	祖庙内五千斤大炮；广州博物馆道光二十一、二十二年佛山造城防炮，一千斤、二千斤、三千斤、四千斤共四尊炮身及其铭文	《李氏族谱》卷五之《世德纪》《广成公传》《靖山公传》；《李氏族谱》卷五之《世德纪》《祖考同野公传》；《李氏族谱》卷五之《世德纪》《镜源公传》；《李氏族谱》卷五之《世德纪》《见南公传》《祖考同野公传》
东头冼氏	嘉靖年间		七世祖冼林佑"公有矿山在高州，每岁必至课租"	采矿		《岭南冼氏宗谱》卷七《备征谱·名迹》

续表 4.1

从业家族	从业时间	冶铸炉号或码头	基本情况或资产状况	铸造或经营的产品	存世器物	资料来源
石头霍氏	正德年间		石头霍氏本居住于离佛山五里里的石头乡。明正德间霍韬成会元,官至吏部右侍郎时,石头霍氏就积极插手佛山冶铁业生产,所至处无任不利。霍韬"凡石湾爸冶,佛山炭铁,登州木植,可以便民同利者,一人司爸冶,一人司炭铁,岁人利市,一人司货者掌之。年一人司货者,……"报于司货者,……连其儿子霍与瑕也承认,"先文敏尚书,当其居吏部时,气焰煊赫。若佛山铁炭,若苍梧木植,若诸县盐醝,稍一启口,立致富羡"	炉冶		霍韬《霍文敏公全集》卷七下《书·家书》；霍与瑕《霍勉斋集》卷二十二《碑铭·寿官石屏梁公暨配安人何氏墓志铭》
纲华陈氏	万历年间		十六世有陈尚荣,"生质强健出人,仪表威武,力能举百多钧,忍分居乡,扩产饶裕。人皆仰为生尉撑"	铜		同治六年《佛山陈氏族谱》派世表《十六世结松公传》
金鱼堂陈氏	万历年间		八世陈阳庶,亦是"炒铁大商"和铸镬炉户	炒铁铸镬	祖庙内有五千斤大炮；广州博物馆馆藏道光二十一、二十二年佛山造城防炮,一千斤,二千斤,三千斤,四千斤,共四尊炮身之铭文	陈其晖:《金鱼堂陈氏族谱》卷七上《税房图二》

续表 4.1

从业家族	从业时间	冶铸炉号或码头	基本情况或资产状况	铸造或经营的产品	存世器物	资料来源
佛山霍氏	嘉靖、万历间	汾水码头	霍宝（十三世祖）"弱冠治冶，……已做起家"。同时期的霍福田（十四世祖）率子霍权艺、孙霍从规也从事冶铸，使家计大饶。	锅、大炮	祖庙内五千斤大炮；广州博物馆道光二十二年佛山造城防炮，一千斤、二千斤、三千斤、四千斤，共四尊炮身之铭文	《南海佛山霍氏族谱》卷九《大明十三世祖诰赠奉政大夫庐州府同知平居公墓志铭》《南海佛山霍氏族谱》卷十一《十四世祖行素公墓志铭》
石湾霍氏	嘉靖年间		"凡人家积钱，不如积货，所积亦有方，难收易坏者不可积，人家用少者不可积，如佛山铁版无坏，石湾之缸瓦无坏之类者，可积也"	铁版、缸瓦		《太原霍氏崇本堂族谱》卷三《前后家训》
江夏黄氏	万历年间		黄龙文"勤务正业，以铸冶车模为生"。其子黄妙科"以下模为业，致积有千金，置大屋一间，小屋四间，田十八亩，亦无娇奢华之心"。其子孙世代从事车模铸锅业，直到清末时止。黄妙科的作坊后来也分成四个作坊，三个儿子和自己各得一个。黄妙科的孙子黄玉韵，"生业以车模，及铸冶兴隆，积有千金，建大屋一所，置良田三亩八分。其有余银尽交现金冶所用"	车模、铸锅		《江夏黄氏族谱》卷一《以寿太祖小谱》《江夏黄氏族谱》（抄本）卷五《十四世祖和平公行略》

续表 4.1

从业家族	从业时间	冶铸炉号或码头	基本情况或资产状况	铸造或经营的产品	存世器物	资料来源
新会卢氏			新会人卢从愿"讲求治生，业铜铁于佛山"	铜铁		《新会潮连芦鞭卢氏族谱》卷二十四《家传谱·十五世纵庵公》
鹤园冼氏	正统年间		六世祖冼颢通以"贾锅"为业，"各省巨商闻公信谊，咸投其家，……公以故家饶于财"。 其子冼靖继承父业，经营炉冶，"善治生人产"，"故时冼氏子姓虽未返籍而已称右族，实自公恢拓"	锅		《鹤园冼氏家谱》卷六之二《六世月松公传》 《鹤园冼氏家谱》卷六之二《七世兰渚公传》

三、炉行与炒铸行

关于明清时期佛山的炉行，据存世冶铸器物上的铭文，我们知道的主要有恒足店、万名炉、粤胜炉、全吉炉、隆盛炉、万明炉、万声炉、万盛炉、万聚炉、聚胜炉、万德炉、万全炉、源兴店、信昌炉、安昌炉、合记炉、万生炉、源兴隆等，有的为标榜自己炉号历史悠久，又称为万名老炉、万聚老炉、信昌老炉、隆盛老炉、万文老炉等（详见附录七的《佛山冶铸炉行存世器物代表作一览》）。

将炉号铸在产品上，没有炉号的产品便是私铸，会被治罪。炉号本身就是税收的标记和铺户的印记。同时，作为炉主来说，这样一方面可进行产品质量追踪，遇着有问题的产品可以马上找到对应的炉户；另一方面对于质量上乘的产品也可起着宣传与推广的作用，炉户也乐于接受。

明清时期，中央政府对冶铁业的管理是十分严格的，广东地方政府亦然。例如，为了便于征收课税，明朝政府制定了相应的规定，大炉（炼铁炉）"定山主以为炉首，立炉首以为总甲，收土民以为丁伴，择荒郊以为冶所，严巡捕以为约束，明保勘以为清查，时启闭以为聚散，定丁数以为撙节"[1]。从史料中的"定""立""严巡捕""明保勘""定丁数"等表述来看，政府对冶炼行业管理的严格可见一斑。政府还制定出一系列开矿设炉的规条，不得违反，违反了便要"从重治罪"，把铁冶生产完全置于政府的严格控制之下。清承明制，对铁冶控制得更严，措施更加缜密。由于铁器"上资军仗，下备农器"，同时与政府的税收、军费的来源有直接的关系，故此当时私铸是绝对不可以的。清初两藩踞粤，在佛山设立了"铁锅总行"等课敛机构。

关于佛山地方的冶铸行，明天启二年，就有"炒铸七行"[2] 的记载。据王宏均等研究认为，"炒铸七行"是锅行、铁灶行、炒铁行、铁线行、铁锁行、农具杂品行和钉行。[3] 到清代，行业划分得更细。如乾隆年间锅行分为大镬头庄行、大镬车下行、大锅搭炭行等，炒铁行分为炒炼头庄行、炒炼二庄行、炒炼催铁行、炒炼钳手行等。[4] 此外，陆续出现的新行

① 〔明〕戴璟等：《广东通志初稿》卷三十《铁冶》，第七至八页。

② 〔清〕陈炎宗：乾隆《佛山忠义乡志》卷三《乡事志·纪略》，第四页。

③ 王宏均、刘如仲：《广东佛山资本主义萌芽的几点探讨》，《中国历史博物馆馆刊》1980年第2期，第58～79页。

④ 《乾隆年间佛镇众行捐款筹办某公事残碑》，广东省社科院历史研究所等：《明清佛山碑刻文献经济资料》，第100～101页。

业还有新钉行、打刀行、打剪行、土针行、铸发行、拆铁行等。① 冶铁行业共达十余个。由各行长期聚居于同一街区而形成的许多带有冶铁色彩的街名，在民国初年还能看到，如铸砧街、铸砧上街、铸犁大街、铸犁横街、铁矢街、铁香炉街、铁门链街、铁廊巷、针巷、麻钉墟等。② 清代佛山进士、庶吉士、里人陈炎宗在《鼎建佛山炒铁行会馆碑记》中对佛山炒铁行的规模"计四十余家"及其重要性"上资军仗，下备农器"等方面进行了概括：

鼎建佛山炒铁行会馆碑记③

佛山镇之会馆盖不知凡几矣，而炒铁行独迟其未立，岂以业是者纯实无讹耶？夫事即不虞其诈，而众必以合为公，自来久远之谋，胥于会馆是赖。况炒铁之为用至广，上资军仗，下备农器，其解人间之杂需更不可枚举。故论者以为诸商冠，而佛山亦以良冶称。今诸商皆有会馆，而炒铁反缺，可乎哉？庚午冬，计炒炉四十余所，始签谋会馆之建，诚急务也。众情欢欣，纠赀以办，卜地于丰宁里中，经营庀饬，阅六月而工竣。门庭之制，敞以宏堂，庞之模典而肃，恭奉四圣香火，用邀福于神，以佑人和。门左右有两小肆，收凭值以供祀典。凡縻白金二千三百余两，而会馆遂焕然耸观。诸君协力以有成，可谓公而勤义矣。易于同人之后，继以大有，盖利与同人，其获三倍，请以此为诸君贺，且永为佛山之业冶者贺也。

乾隆十五年孟夏陈炎宗撰

民国《佛山忠义乡志》卷六《实业志》中，记载了佛山冶铸行特别是冶铁行主要有以下五个：

（1）铁镬行。"向为本乡特有工业，官准专利，制作精良，他处不及。同治年间外人曾在香港招工开铸，卒以成绩不良而中辍。庚戌续县志'物产门'亦极称吾乡铸铁工业之美大焉。至其制法，则采买生铁、废铁，熔铸而成，有鼎锅、牛锅、三口、五口、双烧、单烧等名目，时而兼铸钟鼎、军器。然自光绪十四年总督张之洞免饷散行后，为私铸者攘夺，出品顿减，前岁值三十余万两，后至不及三之一。盖该行向有铸办：一、贡

---

① 〔民国〕冼宝干：民国《佛山忠义乡志》卷六《实业志·工业》，第十一页；卷六《实业志·商业》，第二十二、二十六页。

② 〔民国〕冼宝干：民国《佛山忠义乡志》卷一《舆地志》，第十八、十九、三十、三十二页。

③ 广东省社科院历史研究所等：《明清佛山碑刻文献经济资料》，第75～76页。

锅，二、乡试锅，三、燕塘子弹，四、八旗大炮，仍年纳军需千零八两。私铸者无此。光绪季年，论者谓宜照旧承商纳饷，非无故也。”（图 4.1）

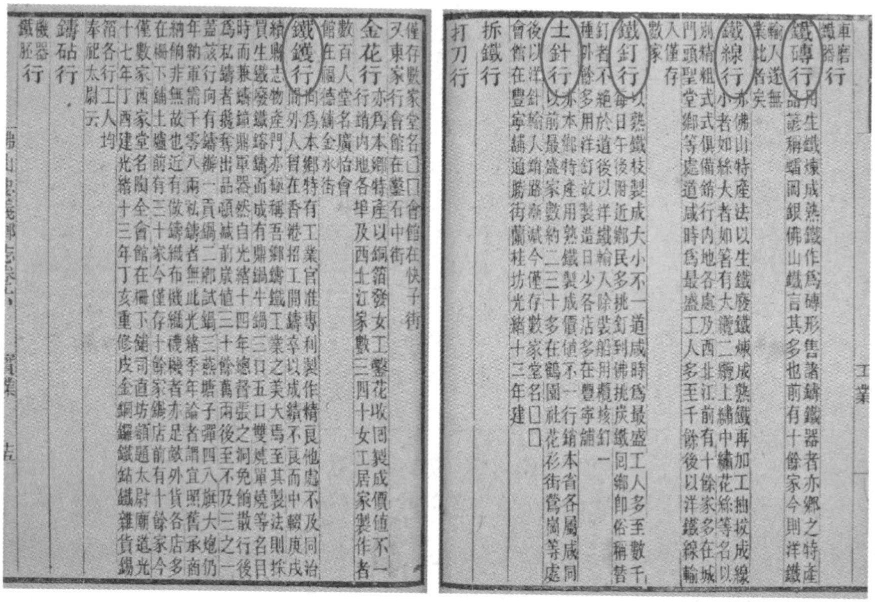
僅存數家堂名□□會館在快子街
又東家行會館在鑿石中街
金花行 亦為本鄉特產以銅箔發女工鑿花收回製成價值不一行銷內地各埠及西北江家數三四十女工居家製作者數百人堂名廣怡會館在福德鋪金水街
鐵鑊行 向為本鄉特有工業官准專利製作精良他處不及同治間外人曾在香港招工開鑄卒以成績不良而中輟庚戌續志物產門亦極稱吾鄉鑄鐵工業之美大焉至其製法則採買生鐵燬鑠鑄而成有鼎鍋牛鍋三口五口雙燒單燒等名目時而兼鑄鐺鼎軍器然自光緒十四年總督張之洞免餉散行後為私鑄者飛奪出品頗減前歲值三十餘萬兩後至不及三之一蓋該行向有鑄辦一貢鍋二鄉試鍋三燕塘子彈四八旗大炮仍年納軍需千零八兩私鑄者無此光緒季年論者謂宜照舊承商納餉非無故也近有做鑄織布機織機者亦足敵外貨各店多在欄下鋪土爐前有三十家今僅存十餘家鋪店前有十餘家今僅數家西家堂名陶全會館在欄下鋪司直坊嶺題太尉廟道光十七年丁酉建光緒十三年丁亥重修皮金銅鑼鐵鉆鐵雜貨錫箔各行工人均奉祀太尉云
鑄砧行
廢器鐵胚行
佛山忠義鄉志卷六 實業 十五

車磨鐵器行
鐵磚行 用生鐵煉成熟鐵作為磚形售諸鑄鐵器者亦鄉之特產品諺稱蠕岡銀佛山鐵言其多也前有十餘家今則洋鐵輸入遂無業此者矣
鐵線行 亦佛山特產法以生鐵廢鐵煉成熟鐵再加工抽拔成線小者如絲大者如箸有大纜二纜上繡中繡花絲等名以別精粗式式俱備銷行內地各處及西北江前有十餘家多在城門頭聖堂鄉等處道咸時為最盛工人多至千餘後以洋鐵線輸入僅存數家
鐵釘行 以熟鐵枝製成大小不一道咸時為最盛工人多至數千每日午後附近鄉民多挑釘到佛挑炭鐵回鄉即俗稱替釘者不絕於道後以洋鐵輸入除裝船用欖核釘一種外餘多用洋釘故製造日少各店多在豐寧鋪
土針行 亦本鄉特產用熟鐵製成價值不一行銷本省各屬咸同以前最盛家數約二三十多在鶴園社花衫街鶯崗等處後以洋針輸入銷路漸減今僅存數家堂名□□會館在豐寧鋪通勝街蘭桂坊光緒十三年建
拆鐵行
打刀行
工業

图 4.1　民国佛山铁镬行、铁砖行、铁线行、铁钉行、土针行

资料来源：〔民国〕冼宝干：民国《佛山忠义乡志》卷六《实业》，第十五页。

自古以来，各行各业的商家，或为招揽生意，或为讨个彩头，一般会采用一些促销方法来招徕顾客，吸引眼球。如在门铺的门联文字上做足功夫，以突出本铺特色，给人留下深刻印象，也别有一番韵味，如冶铸行的铸锅铺，其门联就突出了铁锅的实用性和在日常生活中的不可或缺性：“一室炉锤皆造化，万家烟火待烹调。”“利万家之用，聚天下之财。”“聊向市中铸鼎鼐，愿从阙下和盐梅。”（图 4.2）

（2）铁砖行。“用生铁炼成熟铁，作为砖形，售诸铸铁器者，亦乡之特产品，谚称‘蠕冈银，佛山铁’，言其多也。前有十余家。今则洋铁输入，遂无业此者矣。”

（3）铁线行。“亦佛山特产，法以生铁、废铁炼成熟铁，再加工抽拔成线。小者如丝，大者如箸，有大缆、二缆、上绣、中绣、花丝等名，以别精粗。式式俱备，销行内地各处及西、北江。前有十余家，多在城门头、圣堂乡等处。道咸时为最盛，工人多至千余。后以洋铁线输入，仅存数家。”

（4）铁钉行。“以熟铁枝制成，大小不一。道咸时为最盛，工人多至数千。每日午后，附近乡民多挑钉到佛，挑炭、铁回乡，即俗称替钉者，

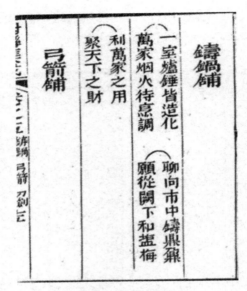

图 4.2　铸锅铺对联

资料来源：〔清〕黄载庄：《对联集成》卷五《铸锅》，清道光三年（1823）聚书堂刊本，第十五页。

不绝于道。后以洋铁输入，除装船用榄核钉一种外，余多用洋钉。故制造日少，各店多在丰宁铺。"

（5）土针行。"亦本乡特产，用熟铁制成，价值不一，行销本省各属。咸同以前最盛，家数约二三十，多在鹤园社、花衫街、莺岗等处。后以洋针输入，销路渐减。今仅存数家。"

表 4.2 为民国佛山铸造行业厂家一览。

表 4.2　民国佛山铸造行业厂家一览

开办年代	炉号/厂名	炉主/厂主	用工人数	主要产品	经营年代
1931 年以前	致全	杨少怀	约 25 人	酒镬、糖镬、铁煲、炉巴等	1936 年前后歇业
	大信	车练	约 25 人	糖镬、酒镬、铁煲、炉巴等	
	广顺隆				1933 年歇业
	永德	文五升、文耀荣	约 30 人	糖镬、酒镬、铁煲、饼熬、水锅	1936 年前后歇业
	广万隆				
	合利	夏寿、邓桥	10 多人合营		1933 年歇业
	文绍记	文绍	约 16 人	机械配件	

续表 4.2

开办年代	炉号/厂名	炉主/厂主	用工人数	主要产品	经营年代
1931年以前	大同	卢秩			1938年歇业
	大生	肖深	约16人	生铁砧	1938年歇业，后复业并于1956年参加合营
	长德	肖湾	15～20人	机械配件、磅料	1938年歇业，1945年复业
	大全				
	永全	邓益三		糖镬、酒镬、铁煲、饼熬、机械配件	至1956年参加合营
	安兴	邓护	约20人	铁煲、水锅、炉口、灶面、炉巴	1935年歇业
1932年	永祥	麦竞生等	约25人	铁镬、磅料、衣车料、什件	至1954年参加合营
	永顺	麦杰臣等	24人	糖镬、酒镬、水锅、酱围、铁煲、机械配件、铜铅铸件	至1956年参加合营
1932—1933年	永盛				
	宝恒	文六	约20人	铁煲、水锅、炉口、炉巴	1935年歇业
	合记				1933年歇业
	沛记	夏沛	家属3人	机械、铜铁小配件	1938年歇业，1945年复业，后参加合营
	永成				
	昌盛隆	苏二		机械零配件	
	协成	文福带	约8人	衣车、磅料配件	1933年歇业
	招满记	招满	四五人合作	什项配件	
	大昌				
	广泰	肖能	约10人	磅料、什项配件	1938年歇业，1945年复业
	永合	陈汉	约20人	机械配件	1933年歇业
	合兴				

续表4.2

开办年代	炉号/厂名	炉主/厂主	用工人数	主要产品	经营年代
1932—1933年	刘恩记	刘恩	两三人	小五金	1938年歇业
	大成	马锦荣	约10人	机械配件	
	太生	肖祥	约10人	生铁砧	1938年歇业，1945年复业，后参加合营
	源利	胡执	约10人	机械配件	1938年歇业
	永利				1933年歇业
1935年	粤兴	麦杰臣、梁四	18人	大镬、耳煲、水锅	1937年7月歇业
1936年	永昌	文七	约25人	铁煲、水锅	至1956年参加合营
1940年	德记	伍德生	五六十人	衣车料、磅料、米机配件、机械配件	
1944年	天和	麦竞生、陈福芝	约50人	家用铸铁品、衣车料	
不详	合和	区振民		机械配件	
1945年	迪隆	夏迪隆	约16人	衣车料配件	至1956年参加合营
	建成	文伍、梁二	约16人	衣车料配件、机械配件	
	苏记	梁苏	约8人	机械配件	
	广成	李枝、李昭	约10人	生铁锁料、小五金配件	
	天生	梁大妹	约6人	生铁砧	
1946年	裕达	李家裕、李家达	约16人	机械配件	1949年歇业

资料来源：《佛山文史资料》第十一辑，第66～70页。

第二节　冶铸行业的经营方式

明代是中国钢铁生产高度发展的时期，冶铸行业的经营方式极具代表性，一方面借鉴前代的经验教训，另一方面在传承的基础上又有所创新。

明代钢铁生产的经营管理分为官营和民营两种方式。官营铁冶业日益衰落，民营铁冶业则欣欣向荣。

一、官营体制

官营手工业是明代前期手工业的主体，其产品直接满足皇室消费、政府以及军队的各项需求，它对于保证政权机器的运转是必不可少的。因此，明政府对官营手工业的经营极为重视，建立了一套庞大、复杂又比较完整的生产和管理体系，其目的是组织好官营手工业的生产，使之更有效地为封建统治服务。

官营铁冶业是一种封建自然经济性质的非商品性的生产。除了用于铸钱外，官营铁冶业生产的铁绝大部分是送往军器局和宝源局（均属工部虞衡司）及有关官府手工业作坊，用以制造武器和御用器皿。

明代官营手工业及其管理机构大致可分为中央、地方两大系统。中央系统包括工部、内府、户部等中央部门管辖的手工业。地方系统是指地方有司管辖的手工业，地方军队卫所生产军器的手工业亦属地方系统。在两大系统中，中央系统的手工业最为重要，所掌管的事务也最多。

工部是六部之一，它是明代官营手工业最主要的领导机构。工部最高长官为尚书，自明初废除丞相后，尚书直接对皇帝负责。工部尚书的职责是"掌天下百工营作，山泽采捕，窑冶、屯种、榷税、河渠、织造之政令"①，他是官手工业的最高行政长官，凡属法令、方针之类大政均归其掌管。辅佐尚书的是侍郎，工部设左、右侍郎各一人。

现以明代遵化官营铁冶厂为例作一说明。它的规模很大，其矿山炉场分布极广，包括蓟州（今蓟县）、遵化、丰润、玉田、滦州（今滦县、乐

---

① 〔明〕申时行等：《大明会典》（第四册）卷一百八十一《工部一》，第190页。

亭县）、迁安等六州县。① 役使工匠 3226 人，② 生产技术水平也比较高。因此，分析遵化铁冶厂的经营管理体制，可以大致了解明代官营铁冶业管理的一般状况。而佛山当时的情况也应大致如此。

遵化铁冶厂役使的劳动力比较复杂，计有民匠、民夫、军匠、军夫、轮班人匠和炒炼囚徒等。

民匠、民夫是遵化铁冶厂的主要生产者。永乐年间（1403—1423），全厂有民匠 220 名（《明会典》作 200 名），民夫 1365 名（《明会典》作 1366 名），是各类工匠人数最多的一种。民匠是一种有技能的"熟练工"，在厂负责炒炼熟铁。民夫是民匠的助手。但两者所受的奴役和剥削是一样的。他们的服役时间均为 6 个月，即"每年十月初到厂办料，次年三月终放回农种"。他们在厂服役期间有微薄的报酬，凡民夫民匠"每名月支口粮三斗"。③

军匠、军夫，是仅次于民匠、民夫的劳动力。全厂计有军匠 84 名（《明会典》作 70 名），军夫 927 名（《明会典》作 924 名）。军匠、军夫是从遵化等六卫所征集到厂服役的。军匠在厂内担任炒炼生铁。军夫是一般的劳动力，每人"每年办炭三千斤，铁砂六石三斗，扯鞴（即鼓风）六十日，运石一车"④。军匠、军夫的报酬比民匠、民夫略高，而军匠又比军夫高。军匠是"每名岁支行粮十石八斗、冬夏衣布二匹、花二斤八两"⑤。军夫有两种情形。大多数军夫是"月支口粮三斗、月粮六斗，岁支冬夏衣布二匹、花二斤八两"。有 40 名在厂把门看库、巡夜值更、贴帮防守囚犯及修理库房墙垣的军夫，则是"月支口粮一斗五升、月粮六斗，岁支冬夏衣布二匹、棉花二斤八两"。⑥

轮班人匠 630 名，是从顺天、永平二府来的。他们到厂服役是每年分四班，按季办柴炭铁砂。"每名该季纳炭一千斤，时值二两，铁砂三石，值银一两二钱。"⑦ 这种轮班人匠在服役期间没有任何报酬，是一种无偿的服役劳动。炒炼囚徒，是遵化铁冶厂受奴役最重的劳动者。在封建统治者看来，他们是"犯了罪"而被送进厂服劳役的人，实质是对他们的一种惩

---

① 黄启臣：《十四—十七世纪中国钢铁生产史》，第 76 页。

② 〔明〕陈子龙等：《皇明经世文编》补遗卷二《遵化厂夫料奏》，上海古籍出版社 1996 年版，第 692 页。

③ 〔明〕陈子龙等：《皇明经世文编》补遗卷二《遵化厂夫料奏》，第 693 页。

④ 〔明〕陈子龙等：《皇明经世文编》补遗卷二《遵化厂夫料奏》，第 694 页。

⑤ 〔明〕陈子龙等：《皇明经世文编》补遗卷二《遵化厂夫料奏》，第 695 页。

⑥ 〔明〕陈子龙等：《皇明经世文编》补遗卷二《遵化厂夫料奏》，第 695～696 页。

⑦ 〔明〕陈子龙等：《皇明经世文编》补遗卷二《遵化厂夫料奏》，第 695～696 页。

治。因此，他们丧失了自由，只得到每日粟米 1 升的糊口粮，长年在厂服役。①

二、民营方式

明代在采矿冶炼和铁器铸造两个生产部门，都有民营方式存在。民营铁冶业有两种：一种是定税执照方式，一种是政府招商承办方式。

定税执照方式，即由政府批准定税，发给执照，才能采矿冶炼。嘉靖三十四年（1555），广东布政司规定铁矿山场"许其设炉，就令山主为炉首，每处止许一炉，多不过五十人。俱系同都或别都有籍贯之人同煮，不许加增。……其炉首即为总甲，每十人立一小甲，其小甲五人递相钤束，填写姓名呈县，各给帖执照"。"府、县、卫、所巡捕、巡司等官，时常巡历各炉查照，若有多聚炉丁及别省人称首者，即便拿获，钉解所在官司，从重治罪"。② 又规定：凡开矿冶炼，"先具年、籍贯、址户、房长、工作姓名报府。每炉一座，定纳银十两。给票赴（岭东）道挂号照行。二月终，歇工销票。"③

这种民营铁冶业的特点是：第一，矿主采矿冶炼，必须将姓名、籍贯、炉址、人数等呈报官府，经府、县批准，定出课额，发给开矿冶炼执照，方可开采冶炼。第二，封建统治者害怕铁矿工聚集容易引起暴动，于是在开矿场炉的地方实行总小甲制度，统治铁矿工。总小甲制度原是一种军事组织制度，后来也用在农村里甲组织编制民兵。按照这种制度，在民营铁矿场中"令山主为炉首，其炉首即为总甲"，并"令炉首将各夫徒严加钤束"。④ 这就是说，在这种民营铁矿场中，山主、炉首和总甲成为三位一体了，可以说是当时封建经济和封建政治互相结托而人格化了的体现者。这是封建统治者通过总小甲这种军事制度统治铁矿工的一种方法。第三，对上述的种种规定，官府还唯恐矿场的山主不能如实执行，所以还经常派遣官吏到各炉场巡视检查，发现不按官府规定办场冶炼者即拿究治罪。这无疑是阻碍民营铁冶业发展的。

政府招商承办方式，是一种由官府管理、商民进行采矿冶炼生产的形

---

① 〔明〕陈子龙等：《皇明经世文编》补遗卷二《遵化厂夫料奏》，第 694 页。

② 〔明〕戴璟等：《广东通志初稿》卷三十《铁冶》，第十页。

③ 嘉靖《惠州府志》（十五卷本）卷七上《赋役志上》，上海古籍出版社 1961 年版，第三十六页。

④ 嘉靖《惠州府志》（十二卷本）卷五《田赋志》，书目文献出版社 1991 年版，第 64～70 页。

式。山西、广东等地均有这种经营方式。"晋之铁矿，随在而足。往例拨军开炼，而为之建营房，……然得不偿失。并宜收之官，召人开治（冶）。薄取其税，即数十斤取其一斤，犹为有益。"①嘉靖末年，广东"请开龙门铁冶之利。……窃以为当此大窬之时，宜多方招商起冶。凡有铁山场，听令煎铸。上裨军饷，下业贫民，……以大商领众，因其便宜，申其约束"②。对这种民营铁冶业，封建政府的干预还是很大的，既要征收铁课，又派官吏监督，所以其生产发展也是有限的。

明代的民营铁冶业，除了以上两种经营方式外，还有一种是未经法律准许的商人自己经营的铁冶业。这种经营方式在广东尤为多见。"东广之为铁冶，于利固肥，而于害亦烈。凡韶（州）惠（州）等处，系无主官山，产出铁矿。先年节被本土射利奸民，号山主、矿主名色，招引福建上抗等县无籍流徒，每年于秋收之际，纠集凶徒，百千成群，越境前来，分布各处山峒，创寮住劄，每山起炉，少则五六座，多则一二十座，每炉聚集二三百人。在山掘矿，煽铁取利。山主、矿主利其税租；地鬼、总小甲利其常例；土脚小民利其雇募。"③

民营铁冶业除了交纳矿课之外，基本上是商品生产。广东潮州、惠州等地出产的铁，商人用牛运输，日数千驮，经梅岭到其他省份去出售。当时这一带以运铁为生的人很多。

清初屈大均的《广东新语》中有关于广铁、佛山铸造、产品种类、冶铸技艺、炉场规模等情况："铁莫良于广铁。……诸炉之铁冶既成，皆输佛山之埠。佛山俗善鼓铸，其为镬，大者曰糖围、深七、深六、牛一、牛二，小者曰牛三、牛四、牛五。……无耳者曰牛，魁曰清。古时凡铸有耳者不得铸无耳者，铸无耳者不得铸有耳者，兼铸之必讼。铸成时，……鬻于江楚间，人能辨之。以其薄而光滑，消炼既精，工法又熟也。诸所铸器，率以佛山为良。……其炒铁，则以生铁团之入炉，火烧透红，乃出而置砧上。一人钳之，二三人锤之，旁十余童子扇之。童子必唱歌不辍，然后可炼熟而为镬也。计炒铁之肆有数十，人有数千。一肆数十砧，一砧有十余人，是为小炉。炉有大小，以铁有生有熟也。故夫冶生铁者，大炉之事也；冶熟铁者，小炉之事也。其钢之健贵乎淬，未淬则柔性犹存也。淬者，钢已炉锤，方出火即入乎水，大火以柔之，必清水以健之，乃成纯钢，此炼钢之事也。"④

① 〔明〕顾炎武：《天下郡国利病书》第十七册《山西》，第467～468页。
② 〔明〕霍与瑕：《霍勉斋集》卷十二《书·上吴自湖翁大司马书》，第947页。
③ 〔明〕戴璟等：《广东通志初稿》卷三十《铁冶》，第六至七页。
④ 〔清〕屈大均：《广东新语》卷十五《货语·铁》，第409～410页。

按此材料，从生产规模上看，佛山的铸铁工场是相当大的，仅炒铁一项，已有数千人从事生产了。从生产技术水平看，已经有了较细的分工，如炒铁就有专门司炉的、铸的、钳的、锤的等分工。如果仅就这两点而言，可以说已经具有手工工场的雏形了。但从当时的整个社会经济发展和铸铁业的整体情况看，则佛山的铁器铸造业仍然是一种行会手工业生产，还没有完全摆脱封建行会制度的束缚。例如对铸铁镬的产品规格和品类就有十分严格的限制，否则就会惹上官司："凡铸有耳者不得铸无耳者，铸无耳者不得铸有耳者，兼铸之必讼。"① 铸铁业的生产关系也带有行会手工业的色彩。所谓"佛山多冶业，冶者必候其工而求之，极其尊奉，有弗得则不敢自专，专亦弗当"②，这就是行会手工业的表现。就是说，佛山铸铁业中的"冶者"还不是资本家，而是类似行会手工业的老板或师傅；生产者也不能算是资本主义性质的自由雇佣劳动者，而是类似行会手工业的帮工或学徒，"冶者必候其工而求之，极其尊奉"，就说明"冶者"对帮工或徒弟是以尊重和优待的办法，而不是单纯用金钱雇佣的办法来调动他们的生产积极性的。

明清佛山的铸造业，由于官营成分所占比重不多，故以私营业主占主要部分。其经营模式主要有两种：一种是个人小作坊或称作家庭小作坊，另外一种就是家族大作坊。③

（一）家庭小作坊

小作坊是以家长为首，率领兄弟子侄从事冶铁的生产单位。这种经营形式是最普遍，也是最根深蒂固的。在明代，佛山铸造业以这种经营方式为主。弘治年间，李善清"朴而尚行，兄弟同冶为业，怡怡如也"④。嘉靖年间，李潭"自以为世执铸功，家以此道进，贻诸昆从辅之翼之。常曰：'吾十指上汗血犹鲜，汝辈奚容俨官人榜样。'故积伯公、翠伯公之底厥成立，皆其力也"⑤。同时期的霍实"弱冠治炉冶，拮据惟勤，阅历寒暑，虽劳苦莫之辞，已俶起家"⑥。还有同时期的霍福田率其子霍权艺、孙霍从规

---

① 〔清〕屈大均：《广东新语》卷十五《货语·铁》，第 409 页。

② 〔清〕屈大均：《广东新语》卷十六《器语·锡铁器》，第 458 页。

③ 详见申小红：《族谱所见明清佛山家族铸造业》，第 108～111 页；参阅罗一星：《明清佛山经济发展与社会变迁》，第 57～63 页。

④ 《李氏族谱》卷五《世德纪·靖山公传》。

⑤ 《李氏族谱》卷五《世德纪·季泉公传》。

⑥ 《南海佛山霍氏族谱》卷九《大明十三世祖诰赠奉政大夫庐州府同知平居公墓志铭》。

等从事"冶铸"。①

　　小作坊是家庭的协作分工，由父兄组织，子弟出力。作坊主也是劳动者，并操心出力比他人更多。"十指上汗血犹鲜"，"虽劳苦莫之辞"，就是他们瘁心操劳的描述。这种作坊规模不大，一般是五至十人。从各种族谱中可知，李善清作坊有兄弟七人，李潭作坊也是兄弟子侄七人。② 黄妙科作坊只有四至五人。③ 小作坊的劳动所得为兄弟子侄共享。李挺干兄弟"所办悉归同釜，衣无常主，儿无常父，有长枕大被之风"，作为父兄的家长还要"代治诸弟婚娶"。④ 随着兄弟子侄的成家，作坊也常常分为数个，各自经营。晚年分家，"析其业为四，均诸子"⑤。又如黄妙科的作坊后来也分成四个作坊，三个儿子和自己各得一个。⑥ 因此，小作坊的规模和资金积累十分有限。

　　小作坊的投资不多，经营成败关键在于要有能独立操作的手艺人。因此投资者多是学成出师的手艺人。嘉靖、万历年间，"镜源公（李上林），少力贫，赁佣为食，既而躬自鼓铸。性忠实，平心率物，器无饰窳，价无饰售，而货因以大拓"⑦。由于小作坊资金微薄，追加非易，因此很易破产，时兴时灭。后来的小作坊常常不是原来的小作坊的延续发展。如李善清作坊，后因平息族人与街坊无赖子的讼事，"公亦出金钱餍无赖子意，事才得解，而公之家罄矣"⑧。由上可知，佛山冶铁业小作坊成员多由亲属组成，他们之间的关系是依靠宗法维系的，家长具有绝对的权威。兄弟子侄的劳作完全遵奉于家长的"指授"进行⑨，甚至子侄的作坊赚了钱，还得提供给父辈的作坊。如黄妙科的孙子黄玉韵，"生业以车模。及铸冶兴隆，积有千金，建大屋一所，置良田三亩八分。其有余银尽交祖父铸冶所用，迨后资本缺乏，并无悔恨，诚恐祖父不安故也"⑩。甘冒破产之虞，也要履行子孙的孝义，表现出浓厚的封建宗法性。

　　由于小作坊生产量有限，无法大批购入生铁等原材料，其产品亦只能小批小市，故此小作坊的原料购买和产品销售往往要通过牙商。牙商居于小作坊与市场之间，小作坊主就不得不受其盘剥。明代佛山盛行赊购方

① 《南海佛山霍氏族谱》卷十一《十四世祖行素公墓志铭》。
② 《李氏族谱》卷五《世德纪·靖山公传》、《世德纪·季泉公传》。
③ 罗一星：《明清佛山经济发展与社会变迁》，广东人民出版社1991年版，第58页。
④ 《李氏族谱》卷五《世德纪·我湖公传》。
⑤ 《李氏族谱》卷五《世德纪·超南公传》。
⑥ 《江夏黄氏族谱》卷三《以寿太祖小谱》，清嘉庆十八年（1813）刻本。
⑦ 《李氏族谱》卷五《世德纪·镜源公传》。
⑧ 《李氏族谱》卷五《世德纪·靖山公传》。
⑨ 《李氏族谱》卷五《世德纪·见南公传》。
⑩ 《江夏黄氏族谱》卷一《以寿太祖小谱》、卷五《十四世祖和平公行略》。

式，无论是原料还是产品。谁需求谁先付银订货。如家庭小作坊需要铁板，则先向铁商订货。例如嘉靖年间，小作坊主霍实先交了订银买铁，结果被牙侩欺骗。"有侩者市铁，负公几至百金。侩病将卒，人为其子危，言公必讼。公……竟置之。"① 又如小作坊主黄广仁交银与铁商钟瑞芝和陈二明"订期交铁"。前后共订契约"四纸"，共银三百一十两一钱。后二铁商逋欠铁块，黄广仁控宪，得断偿还。② 可见，小作坊主在经营上常受商人和牙侩的盘剥和欺诈，这是一方面。

另一方面，商人需要铁锅等物品，亦需先向冶铁作坊交银订货。例如崇祯年间，外省商人苏茂业，"以贩锅来广，凭店郭奉宇交银二百三十四两七钱七分与霍来鸣、何华生。华生陆续交明。来鸣尚欠五十二两三钱，赤贫无措，将别项铁器家伙物件央亲抵偿。已立收数付执，乃茂业执物细度，不免虚抬太过，不甘控宪"③。霍来鸣、何华生显然是经营家庭小作坊，他们从行店郭奉宇处得到苏茂业的订银，但其中霍来鸣"赤贫无措"，无法生产出足够的铁锅，以致引起一场官司。此时在佛山还出现一种专向家庭小作坊发放本银的大商人。崇祯年间，何太衡"家赀巨万，视弃数十金不啻九牛一毛。……而领其本者，殆遍佛山炉户"④。小作坊从何太衡处领得银本，开展生产，出售产品后，再还回银两本息。如梁超寰、陈葵庵就在后来"倾银还何太衡"。还银当然是本息一起还，因此何太衡显然是高利贷商人。但是，对于本少乃至无本的家庭小作坊来说，领本不失为开展生产的一个重要资金来源。

小作坊是同质的单位，由于分工不明显，自身规模也很难扩大，一个小作坊如果劳力增多，势必再分成几个小作坊。因此其发展呈现出同质单位规模扩张的发展模式，规模不大，数量极多。然而，正是利用这一群体优势，"数万家"小作坊在明代创造出"佛山之冶遍天下"⑤ 的辉煌成就。

（二）家族大作坊

冶铸大作坊是大姓望族之中的长老、富商、绅士创立的作坊，因财力

---

① 《南海佛山霍氏族谱》卷九《大明十三世祖诰赠奉政大夫庐州府同知平居公墓志铭》。
② 〔明〕颜俊彦：《盟水斋存牍》（一刻）卷四《讼债钟瑞芝等杖》，第56页。
③ 〔明〕颜俊彦：《盟水斋存牍》（一刻）卷四《讼债苏茂业等杖》，第57页。
④ 〔明〕颜俊彦：《盟水斋存牍》（二刻）卷一《勘合》之《人命何太衡简朴之等繇详署府》，第15页。
⑤ 〔清〕屈大均：《广东新语》卷十六《货语·锡铁器》，第458页。

雄厚，故规模一般较大，其内部分工一般比较明确。作坊主脱离具体劳动，只负责经营筹划，或者请别人来代为经理。劳动者或由子弟，或由家僮充当。正统年间，鹤园冼氏已有这种冶铁大作坊，由独占当时"锅业"鳌头的冼灏通主持，"公命诸弟侄经营其事惟谨"，满足了"各省巨商"的需求。[①] 其子冼靖继承父业，"督家僮营生，……其家日以饶，正统己巳黄贼作乱（指黄萧养领导的农民起义）攻其乡，公率子弟为兵，树栅液铁，以拒以战"[②]。从"公率子弟为兵（军器）""液铁"来看，其作坊颇具规模。又从"诸弟侄经理其事""督家僮营生"看，其劳动者显然是在家族中地位甚低的"家僮"。

佛山的家族大作坊一般都带有一种家庭役使性质。明正德二年（1507），石头霍氏也有这种冶铁作坊，据《霍渭崖家训》记载："凡石湾窑冶，佛山炭铁，登州木植，可以便民同利者，司货者掌之。年一人司窑冶，一人司炭铁，一人司木植，岁入利市，报于司货者，司货者岁终咨禀家长，以知功最。"[③] 石头霍氏经营"佛山炭铁"的作坊，虽然是霍氏尝产的一部分，每年由家长任命"司货者掌之"，而年终又由司货者把"岁入利市"咨禀家长，说明家长完全脱离于具体劳动过程。

细巷李氏是佛山冶铁业的主要家族之一。嘉靖年间，八世祖李壮自幼"治段氏业，精心淬虑，手口卒瘏，遂大拓厥室"。其后，他扩大作坊规模，"迩时子姓繁夥，阖室而爨六十余人。治家谨严，即再从弟侄，授之以事而督其成。有悍于诲者，挞之流血"[④]。至明末清初时，这个家庭已经能够铸造大炮。乾隆《佛山忠义乡志》记载："丙戌（1646）海寇披猖，（李）敬问树栅铸炮，简练乡勇，以捍村堡。"[⑤] 有能力铸炮，说明其作坊规模不小。

由于财雄势大，大作坊能够冲破牙行的中间盘剥，他们一方面直接与外省商人贸易，如冼灏通与各省巨商的贸易就在家中进行；另一方面直接插手矿山的开发，如东头冼氏的冼林佑就曾经亲自到高州经营矿山[⑥]。大作坊还往往设有自己的专用码头，如石头霍氏，自嘉靖以来就一直占有汾

① 《鹤园冼氏家谱》卷六之二《六世月松公传》。
② 《鹤园冼氏家谱》卷五《明处士兰渚公墓碣铭》。
③ 〔明〕霍韬：《霍渭崖家训》之《货殖第三》，〔清〕佚名：《涵芬楼秘笈》第二集，商务印书馆1926年版，第379页。
④ 《李氏族谱》卷五《世德纪·祖考同野公传》。
⑤ 〔清〕陈炎宗：乾隆《佛山忠义乡志》卷八《人物志》，第二十四页。
⑥ 《岭南冼氏宗谱》卷七《备征谱·名迹》，佛山市博物馆藏线装本。

水码头地。①

家族大作坊内分工明确，常有专人负责推销产品。上述鹤园洗氏的洗灏通就亲自负责推销，而督其子侄经营生产。又如李氏八世祖李白，"奉同野公（李壮）指授，往来樟江清源，千里外如出一手"②。李壮也亲自出马，"出入樟江，一时名辈咸乐与之游，海内莫不知有同野公"③。

由此可见，资本雄厚，分工明确，既可大规模生产，又可远距离推销，这是大作坊与家庭小作坊区别的标志。但是家族大作坊也可以是从小作坊积累发展起来，如李壮的大作坊就是从李广成的家庭小作坊发展而来的，可见两者既有联系又有区别。

大作坊数量不多，但地位重要。如上所述，明代官府有大量的军器和御用物品在佛山生产。崇祯年间广州府每年打造军器"需银六千三百八十两七钱八分二厘"④。而对于官府来说，由少数大作坊来承办军器生产，远比由众多的小作坊承办易于监督控制。因此，大作坊成为承办上供的首选对象。它们与官府有着特别密切的关系。例如崇祯年间，户部要补造锅铫，部限甚逼，檄如雨下。佛山炉户梁秀兰领银票往惠州买铁，铁皆成版，每块成二百余斤。梁秀兰"借票私带逾额"，为广海兵船以"接济"之罪名拘留。广州府推官颜俊彦斥兵船为"此时白日为昏，几同劫盗"⑤。梁秀兰能承领补造锅铫之事，远去惠州买铁，并逾额私带，据此笔者认为梁秀兰也是一个大炉户，其为家族大作坊的可能性是很大的。

明末清初南海陈子升说："佛山地接省会，向来二三巨族为愚民率，其货利惟铸铁而已。"⑥ 这二三巨族不是别人，就是洗、霍、李、陈。"洗氏为南海望族"⑦，陈氏"世泽绵长，邑称巨族"⑧。二三巨族主导冶铁，是佛山冶铁业的又一特点。明代中前期，主要是洗氏主导着佛山冶铁业，石头霍氏当时也有很大势力。明中叶后，李氏、佛山霍氏和陈氏在冶铁业中崭露头角。随着洗氏和石头霍氏的衰落，大概在明末时，李氏跃居第一，形成了李、陈、霍主导冶铁业的新局面。在康熙三十二年（1693）

---

① 〔明〕霍韬：《霍文敏公全集》卷七下《书·家书》，同治元年（1862）南海石头书院刊本，第223页。

② 《李氏族谱》卷五《世德纪·见南公传》。

③ 《李氏族谱》卷五《世德纪·祖考同野公传》。

④ 〔明〕颜俊彦：《盟水斋存牍》（二刻）卷一《公移》之《详造三限军器银两》，第13页。

⑤ 〔明〕颜俊彦：《盟水斋存牍》（二刻）卷一《诬指接济刘韬等》，第24页。

⑥ 〔清〕瑞麟、戴肇辰、史澄：光绪《广州府志》卷十五《舆地略七·风俗》，第279页。

⑦ 《岭南洗氏宗谱》卷首。

⑧ 《佛山纲华陈氏族谱》卷首《始开佛山宗门宣义公族谱序》。

《饬禁私抽设牙碑记》中有"佛山铸锅炉户李、陈、霍"① 的称谓，现存的道光年间佛山造大炮上又常有"炮匠李、陈、霍"的铭文②。这种已成为约定俗成的传统称谓，反映的就是这个事实。

第三节　佛山冶铸行业会馆

佛山冶铁业早在明嘉靖、万历时已进入兴盛期，清前期达到顶峰。③佛山冶铁包括铁锅、铁线、铁钉、土针、钟鼎、铁犁、铁锁、铁灶、铁链、铁锚、铁画、煎锅和接驳木纺机的铸件，甚至铁炮等种类。④ 随着冶铁业的不断发展，佛山形成了多个冶铁行业，乾隆十五年，佛山有炒铁行四十余所，"上资军仗，下备农器，其解人间之杂需更不可枚举"⑤。因炒铁产品销路广泛，商人因之获利"常至三倍"，为了维护炒铁行有序生产，佛山出现了炒铁业的行会组织——会馆。

一、会馆的历史作用

会馆是指旧时的同乡或同业人员在京城、省城或大商埠创建的一种机构。会馆最初是为士子服务的，而会馆之得名也与会试有关。这种新兴的机构在明嘉靖、隆庆（1522—1572）年间，率先出现于京城，创建的主要目的是为各地到京应试的士子服务。到了万历（1573—1619）年间，这种以士子、官宦为服务主体的地缘性社会组织，在繁华的城市中开始被工商从业者所效仿。

创建会馆的最初用意，是为在京仕宦、应朝官员、游历士绅及应试举子提供居停的场所。北京是首都所在，政府机构众多，官员数量庞大，加上各地到北京觐见的官员、游历的士绅及赴试的举子，数量就更为可观。为这些士绅提供初至居停场所的会馆源于北京，正是北京首都地位的客观需要。也正因为如此，明清时期北京的绝大部分会馆，都是由仕宦所建，

---

① 广东省社科院历史研究所等：《明清佛山碑刻文献经济资料》，第 24 页。

② 现存广州市博物馆、佛山市祖庙博物馆的道光二十一、二十二年佛山造城防炮上的铭文。

③ 罗红星：《明至清前期佛山冶铁业初探》，第 48 页。

④ 罗一星：《明清佛山经济发展与社会变迁》，第 198～201 页。

⑤〔清〕陈炎宗：《鼎建佛山炒铁行会馆碑记》，广东省社科院历史研究所等：《明清佛山碑刻文献经济资料》，第 76 页。

其目的是为士宦服务的，故这一类型的会馆可称为仕宦会馆。

明代中后期以来，随着商品经济的发展，各地经济交流日益扩大，流动人口不断增加，因而在一些工商业比较繁荣的城镇，出现了不少以工商业者为主体建立起来的会馆。"历观大江以南之会馆，鳞次栉比，是惟国家休养生息之泽久而弥厚，故商贾辐凑，物产丰盈，因以毕集于斯也。"①这些地区绝大部分会馆建立的目的是"通商易贿，计有无权损益，征贵征贱，讲求三之五之之术"②。其性质主要是为工商业服务的，因此可称为工商会馆。

会馆的设立，意在"迓神庥，联嘉会，襄义举，笃乡情，甚盛典也"③。具体说来，会馆的建立大致有以下几个目的：④

一是联络乡情，团结同乡。"商贾辐辏之地，必有会馆，所以萃其涣而联其情，非作无益者比。"⑤ 在中国，很早就形成了浓厚的乡土观念。建立会馆的目的，在于提供一个聚会场所以团结同乡。

会馆的建立，使远离家乡的经营者得以聚集有地，"庶几休戚相关，缓急可恃，无去国怀乡之悲"⑥，意义可谓甚大。为联络乡谊，会馆都设有客厅和厨房，以备同乡聚会宴饮之用。绝大多数会馆还建有专门的戏台以及楼亭馆阁、廊榭陂池、花园假山等娱乐和游览、休憩设施，用以改善聚会的环境和气氛。由于各有生计，同乡平时很少齐聚，因而往往借岁时、伏腊及圣诞之机汇聚于会馆，以笃乡情。会馆团结同乡的作用是十分明显的，以致往往有"垂白不相识面者，乃会归此地，不谋而合"⑦。会馆的建立，使同乡可以福美相推，阨乏相翼，无困于独，无败于群，紧紧地凝结成一个以地域为基础的利益整体。

二是祀奉本乡本土的神祇或先贤，以求赐福。由于风俗习惯和文化传统的差异，各地居民的信仰也不尽相同，它反映在会馆所尊奉的保护神具有明显的地域特色上。如江西会馆祀奉许真人、江淮会馆奉金龙四大王、福建会馆奉天妃、山陕会馆奉关帝、安徽会馆奉朱熹等。明清时

① 江苏省博物馆：《江苏省明清以来碑刻资料选集》，生活·读书·新知三联书店1959年版，第370页。

② 江苏省博物馆：《江苏省明清以来碑刻资料选集》，第24页。

③ 江苏省博物馆：《江苏省明清以来碑刻资料选集》，第340页。

④ 参见马斌、陈晓明：《明清苏州会馆的兴起——明清苏州会馆研究之一》，《学海》1997年第3期，第97～100页。

⑤ 苏州博物馆、江苏师范学院历史系、南京大学明清史研究室：《明清苏州工商业碑刻集》，江苏人民出版社1981年版，第325页。

⑥ 苏州博物馆、江苏师范学院历史系、南京大学明清史研究室：《明清苏州工商业碑刻集》，第325页。

⑦ 江苏省博物馆：《江苏省明清以来碑刻资料选集》，第367页。

期，对保护神的崇拜已成为人们的日常生活不可分割的一部分。特别是外出经营者，经常遇到各种困难、疾病甚至灾祸，限于当时的客观条件，依靠他们自身的力量往往不能克服，因而只能寄希望于通过祭祀的途径来得到神的庇护，以冀消灾免祸。正因为如此，有些会馆往往是先由同乡集资修建祠庙，然后才逐步扩建成为会馆的，并且会馆常常以祠庙相称。如江西会馆称万寿宫、江淮会馆称金龙四大王庙、福建会馆称天后宫等。各地会馆最主要的建筑无一例外皆为神殿，每月朔望香火不绝，岁时报赛惟虔，希望因此"则神听和平，隆福孔皆，数千里水陆平安，生意川流不息"①。

三是为同乡士商提供居停和贮货的场所。历来"凡弹冠捧檄贸迁有无而来者，类皆设会馆，以为停骖地"②。会馆的最初用意就是供往来同乡居停的。如光绪时的两广会馆，是因为士商往来于苏州，无处寄身，因此才兴建的。其目的是希望"自今以往，乡人至者，上栋下宇，得有所托"③。会馆一般都建有居室，以供同乡临时居住。此外，有的会馆还兼有贮存货物的功能。会馆的这一作用略同于旅邸，区别在于旅邸计日取值而会馆僦赁无所费而已。

四是兴办有利于同乡的各种设施，共襄善举。对遭遇困难的同乡提供帮助，是会馆团结同乡、增强凝聚力的重要手段，因而相当多的会馆都兴办各种善举。如对老弱失业者提供救济，对伤残病痛者给予医疗，对客死异乡者供给殡舍，对无力归葬者代为掩埋，等等。有的还设立义塾，为子弟提供教育机会，或兴建义渡、码头，方便经营者的运输往来。陕西会馆的普善堂、东越会馆的公善堂、新安会馆的积功堂、湖南会馆的泽仁堂等都是为同乡提供各种慈善服务的机构。不仅如此，一些会馆本身就是先襄义举，而后创建会馆的。

五是商议经营事宜，处理经营纠纷。"窃会馆为合郡士商理论之所，遇有争端，酌处劝息。设悖蛮不遵，有关风化之事，自应公同禀究。"④ 工商业者在经营过程中，难免会碰到一些经济纠纷，因此一些地域性行业会馆的建立本身就带有处理纠纷的意图。"为同业公定时价，毋许私加私扣。如遇不公不正等事，邀集董司，诣会馆整理，议立条规，借以约束。"⑤

---

① 江苏省博物馆：《江苏省明清以来碑刻资料选集》，第 351 页。
② 江苏省博物馆：《江苏省明清以来碑刻资料选集》，第 389 页。
③ 江苏省博物馆：《江苏省明清以来碑刻资料选集》，第 346 页。
④ 江苏省博物馆：《江苏省明清以来碑刻资料选集》，第 387 页。
⑤ 江苏省博物馆：《江苏省明清以来碑刻资料选集》，第 217 页。

综上所述，兴建会馆的具体目的是多种多样的。但无论是基于上述某一个或某几个目的而建立会馆，其最终目的仍然是为工商业服务的。提供聚会场所以团结同乡，其目的是要以同乡的集体力量来保护自身的利益；兴建祠庙，祀奉神祇，意在"以事神而洽人"，借助共同崇拜的偶像来维系和增进同乡的感情，并祈望获得神佑，取得生意上的成功。"然而钱贝喧阗，市廛之经营，不无参差，而奸宄侵渔之术，或乘间而抵隙。此非权量于广众稠集之候，运转于物我两忘之情，相勖以道，相尚以谊，不可也。会馆之设，义亦大矣哉。"① 团结同乡的目的，正是出于在经营中维护自身利益的迫切需要。至于兴办义举、提供居住和贮货场所以及商议经营事宜，更是直接为工商业者服务的。归根结蒂，会馆兴起的根本原因，是工商业经营的客观需要。以时人的话说，就是"惟思泉贝之流通，每与人情之萃涣相表里，人情聚则财亦聚，此不易之理也"②。

二、西家行与东家行

"行"是作为职业场所而存在，它依托于官府的政策规定而成立。经过一段时间，发展到一定程度，"行"中的富商、大户等为了更好地维护自身地位，控制本行业，调节行内的竞争矛盾，以获取更大的利润，就需要成立一个有利于自己管理的行业组织，这样"会"就应运而生了。它是从业者自发的组织，其目的完全是维护自身的商业利益，处理好本行业的相关事务。这些"会"的建立大多数是依托过去"行"的框架，成立处理相关业务的实体机构即会馆。其成员与"行"相比虽然没有太大变化，但它不再只是为应付官府答应产品的机构，其更关注自身的行业利益和行业发展远景，它的成立使行业之间、行业内部的联系更加紧密，其活动场所一般来说就是会馆、会所等。③

明清时期的中国冶铸生产组织经历了从家庭小作坊、家族大作坊发展到异姓宗族合作乃至形成手工工场的过程，清代中后期随着技术的进步和行业的分工而逐步细化和专业化。工艺技术的不断发展和完善促进了行业的兴盛，同时也使行业内部的生产组织不断进步和细化，而这些生产组织的发展又是形成行业组织的基础。冶铁生产技术的发展变迁，不仅仅是行业自身的发展，还带动了行业组织的变迁，影响到行会的发展。技术的不断变迁与分化，生产出各种不同的产品，也形成了各种各样的"行"与

① 江苏省博物馆：《江苏省明清以来碑刻资料选集》，第369页。
② 江苏省博物馆：《江苏省明清以来碑刻资料选集》，第351页。
③ 详见潜伟、刘培峰、刘人滋：《明清时期中国钢铁行业组织研究》，第12页。

"会"，它们技术相近，又各具特色，有着各自独特的管理方法和行业规范。

"行"逐渐从官方角色走向民间草根，因而"会"就发展成为从业者的行业组织，并以会馆为活动中心。这些相近的行业并不是孤立存在的，它们以技术特点为纽带，通过共同的祖师爷崇拜来加强彼此之间的联系。这样一来就容易形成一个有机整体，就有能力共同去处理、应对来自外部的竞争和解决自身面临的各种难题。

清乾隆年间，《佛山忠义乡志》的编纂者陈炎宗曾感叹佛山会馆众多："佛山镇之会馆盖不知凡几矣"[①]，这是明清佛山会馆兴盛的写照，他还进一步陈述建立炒铁行会和会馆的重要性："炒铁之为用至广，上资军仗，下备农器，其解人间之杂需更不可枚举。"[②]

由于经济条件、技术因素以及行业规模等因素，行业会馆、会所形成后，还会继续细化和分化。会馆成立后，由于相关行业众多，而且不同行业之间的发展力量又不均衡，因此一些规模较大的行业，依托自身高超的生产技术和雄厚的经济实力，就从大行业的会馆中独立出来，成立新的会馆，摆脱大行业的控制和管束，以便获取比较宽松的自由发展空间。

例如佛山炒铁行业会馆，在其馆址国公古庙里的碑文记载中，我们可以看到有铁线行、白铁线行、熟铁线行的区分，炒炼行中又分出旧铁行和熟铁行，说明当时存在总行会的同时，又以技术标准、产品特征等方面的细微差别，分化出更加精确的行业组织，以求取得本行业独立的经营管理权限等。这种现象在清道光年间（1821—1850）更为明显，如熟铁行会馆脱离于炒铁行会馆，铁锅行会馆脱离于铸造行会馆，等等。[③]

明清时期，佛山的行业会馆还呈现出生产者和管理者分设会馆的现象，即所谓的"西家馆"（也称西家行，相当于生产者协会）和"东家馆"（也称东家行，相当于管理者组织）。如铁锅行的东家会馆——全胜堂，位于祖庙铺凿石中街，成员达三十余家，理事由全行业公推的一些资方有代表性的人员来担任，主要处理同行业与官府之间的有关事务，在厘金政策未撤销之前，由全胜堂包缴行业的厘金等费用。其生产者则在道光十七年（1837年）成立了西家会馆——陶全堂，位于栅下铺司直坊，主要参与制定行规、协商工钱、维护自身权益等活动。据刘人滋的研究，东、

———————————

① 〔清〕陈炎宗：《鼎建佛山炒铁行会馆碑记》，广东省社科院历史研究所等：《明清佛山碑刻文献经济资料》，第75页。

② 〔清〕陈炎宗：《鼎建佛山炒铁行会馆碑记》，广东省社科院历史研究所等：《明清佛山碑刻文献经济资料》，第76页。

③ 详见位于今天佛山市禅城区新安街46号的鄂国公古庙里的《鄂国公古庙碑记》。

西家分设会馆的现象，成为明清佛山商业行会特别是冶铸行业发展中的一大特点。①

　　另外，即使是单纯从事商业贸易活动的商人也会成立自己的会馆，如售卖铁锅的商人在道光十年（1830年）成立铁锅行会馆。这时"会"的成立不仅可以依据原先的生产技术标准，还可以依据从业人员的不同身份而设立相应的会馆。如最为典型的铸锅行，分别成立了东家会馆、西家会馆和贩卖铁锅的商人会馆，其他如杂铁行与铁线行也有东、西家会馆之分（表4.4）。

表4.4　清代佛山冶铁业设立的行业会馆一览

名称	会馆/堂名	成立时间	店铺数	地址
铸造行	既济堂	乾隆四十四年（1779）	—	祖庙铺凿石大街
炒铁行	炒铁行会馆	乾隆十五年（1750）	40余家	丰宁铺丰宁里
杂铁行	日升堂（东家）	嘉庆六年（1801）	—	—
	锐成堂（西家）	嘉庆六年（1801）	—	—
铁锅/镬行	全胜堂（东家）	—	30余家	凿石中街
	陶全堂（西家）	道光十七年（1837）	—	栅下铺司直坊
铁线行	同庆堂（东家）	道光十五年（1835）	—	新安街
	同志堂（西家）	同治元年（1862）	—	—
铜铁行	利金堂	同治元年（1862）	—	—
赤线行	联胜堂	同治元年（1862）	—	—
打锁行	万兴堂	同治元年（1862）	—	—
土针行	□□堂	光绪十二年（1886）	30家	丰宁铺通胜街兰桂坊
熟铁行	熟铁会馆	道光十年（1830）	—	走马路
新钉行	金玉堂	嘉庆丙申[1]	—	新安街

　　1）民国《佛山忠义乡志》卷六《实业志·工业》记载："新钉行……嘉庆丙申建"，但嘉庆朝无丙申年。

　　资料来源：罗一星：《明清佛山经济发展与社会变迁》，第334～337页。

────────────

　　①　具体情况请参阅刘人滋：《明清时期广东佛山铁业研究》，北京科技大学硕士学位论文，2009年。

第四节　冶铸行业的神明崇拜

除了功能性的需求外，明清会馆自建成之日起，还有功利性的需求，具体表现就是奉祀乡土神明，从一尊神到多尊神不等。从会馆神明的设置中，我们可以总结出两个基本特征：第一，会馆多数最初仅设一神，其后渐渐附祀多神，如果说最初的一神仅仅作为整合的精神纽带的话，那么附祀神明的增加则包含了追求全面或多方面发展的进取性；第二，会馆神灵最初既然作为集体象征，便不可避免地带有附会因素和功利性的目的，正如"后世求福情胜，不核祀典。往往创为臆说，曰某事某神司主，其业某神主之。支离附会，其可笑如老君之为炉神，何可殚述"①。

佛山冶铸行业崇拜的对象主要包括祖师和水神这两大神明系统。祖师也称行业神，如佛山冶铁行的石公太尉、鄂国公等，除此之外还包括火神（祈求火温稳定）、炉神（祈求不出次品）和水神（防止火灾发生和水运顺畅）。火神如祝融、华光大帝、北帝等，炉神如太上老君、涌铁夫人等，水神如龙神、天后、洪圣、北帝、龟神等。由于在《北游记》② 中记载，玉皇大帝曾给水神北帝五百颗火丹去收服龟蛇二妖，故北帝也具备火神神性，成为佛山民众心目中兼备水神、火神神性的重要神明。

主体为民营性质的佛山冶铸行业与其他手工业一样，"在发展过程中势必会与商业资本相结合，走上了工商一体互相促进的道路"③，而其行业祖师爷等神明崇拜进一步夯实和强化了这个联系的纽带。

一、祖师崇拜

祖师爷崇拜也称行业神崇拜，是我国历史上曾经普遍流行的一种民间宗教信仰。一行多神与几行共一神的情况也是普遍存在的。某一行业的神明，少则一个，多则十几个④，一般视本行业的需要或所祀对象的特点而定。

---

① 李华：《明清以来北京工商会馆碑刻选编》，文物出版社 1980 年版，第 40 页。
② 〔明〕余象斗：《北方真武祖师玄天上帝出身志传》（简称《北游记》），上海古籍出版社1991 年版，第 45～47 页。
③ 潜伟、刘培峰、刘人滋：《明清时期中国钢铁行业组织研究》，第 2 页。
④ 孙丽霞：《浅析清代佛山的行业神崇拜》。

随着行会的出现，行业组织联系紧密，各行都依其职业特色，形成了一套自己独特的群体活动。其中各行业的神灵崇拜就是最具典型的活动，行业组织的领导者为更好地突出自己的权威和增强公信力，都把祖师崇拜当作最好的展现方式。

各行业为了加强本行业内部的团结，需要以行业神为旗帜来号召同业、统一精神、维护行规，这就促使行业神的地位越发隆崇。明清以来的工商业会馆、公所、行会都会在一些重大节日如神诞日来祭祀行业神，演戏酬神是神诞日的重要活动之一，仪式隆重，场面壮观。

祈福禳灾的心理是供奉行业神最重要的心理基础。如明清时期的佛山冶铸业祭祀火神、炉神，祈求保护炉温稳定，多出优良铁品；陶瓷业祭祀火神、炉神，则祈求窑温恒定、不出次品。这些都是典型的祈福心理。产品质量好，达到了预期目标，就会请人唱戏，酬谢神佑；如果产品出了质量问题，就会认为是得罪了神灵，也要请人唱戏，向神谢罪，这些都是典型的禳灾心理。而这两个行业又都与火以及防火有关，所以都祭祀火神、炉神以及北帝，因为北帝司水，水能灭火，表现出的也是一种禳灾心理。

祈福禳灾心理的产生，既源于人们追求幸福的愿望，又源于人们对无法掌控之事和对未知世界的恐惧与迷茫。慎终追远的宗法意识具体又表现为崇古、敬祖、重传统等意识，这些意识源远流长，表现在行业内部就是行业神崇拜。①

明清时期佛山冶铁行业的祖师爷（行业神）崇拜主要有以下几种神明。

（一）火神

火神也是中国民间俗神信仰中的神祇，但各民族、各地区祭祀的火神的形象和来历是不一样的。

（1）祝融。汉族一般都以祝融为火神，在南方又称之为"火德星君"（图4.3、图4.4）；但在南海神庙中，祝融却是掌管南海的"水神"。对此，屈大均《广东新语·神语》曾解释说："祝融，火帝也。帝于南岳，又帝于南海者。石氏《星经》云：南方赤帝，其精朱鸟，为七宿，司夏，司火，司南岳，司南海，司南方是也。司火而兼司水，盖天地之道，火之本在水，水足于中，而后火生于外，火非水无以为命，水非火无以为性，水与火分而不分，故祝融兼为水火之帝也。其都南岳，故南岳主峰名祝

---

① 详见申小红：《明清佛山民间的神祇崇拜》，《道学研究》2014年第1期，第89页。

融。其离宫在扶胥，故昌黎（按：韩愈）云：'南海阴墟，祝融之宅，海在南而离宫在北，故曰阴墟也。体阴而用阳天之道，故以阴为宅也。四海以南为尊，以天之阳在焉，故祝融神次最贵，在北东西三帝、河伯之上。'"①

图 4.3　南方火德星君木版年画

资料来源：佛山市博物馆藏，申小红摄，2017年 3 月。

图 4.4　石湾窑口处的南方
三气火德星君塑像

资料来源：申小红拍摄于石湾窑，2017 年 11 月。

火神满脸通红，双目圆睁，张嘴怒喝，模样倒是有些凶狠。虽然火神相貌不像有些佛像那样慈眉善目，但他却被人们奉为恩赐光明和财富、能够使家族繁衍兴旺的保护神。

（2）华光大帝。在明清时期的佛山，祭祀的火神主要是华光大帝（或称作华帝）。据乾隆《佛山忠义乡志》记载："（农历九月）廿八日，华光神诞，神为南方赤帝，火之司命，乡人事黑帝、天妃以祈水泽，事赤帝以消火灾。是月，各坊建火清醮，以答神贶，务极华侈，互相夸尚。"② 不仅如此，佛山还修建了多间华光庙。道光年间，佛山古镇的华光庙就有七

---

① 〔清〕屈大均：《广东新语》卷六《神语·南海之帝》，第 207 页。
② 〔清〕陈炎宗：乾隆《佛山忠义乡志》卷六《乡俗志》，第七页。

座①，而且乡志有明确记载："华帝庙，祀火神"②，到民国年间增至十一座③。

（二）炉神

（1）太上老君。明清时期的佛山炉神崇拜以太上老君为主，这大概是受《西游记》中太上老君炼丹炉故事传说的影响，所以被冶铸炉户当作炉神，也建有太上庙供人们膜拜。④

（2）涌铁夫人。在明清时期的岭南，特别是在广东地区的冶铁作坊中，涌铁夫人也曾被当作炉神来祭祀。据清初屈大均《广东新语》的记载："铁矿有神，炉主必谨身以祭，乃敢开炉。……其神女子。相传有林氏妇，以其夫逋欠官铁，于是投身炉中，以出多铁。今开炉者必祠祀，称为'涌铁夫人'。"⑤

（三）石公太尉

铸锅行业供奉石公太尉，又简称石公或太尉，名神毓，周宣王时人，长游关中，受业于关尹子，结庐于胥山。面对天旱不雨，赤地千里，他仿效成汤祷告于桑林，焚香祀神，结果雨落三尺，救民于水火。为此上帝封他为五雷之长，掌管威福击伐等事。⑥

明清时期的佛山古镇有三座太尉庙：一座在祖庙铺的太尉庙道，嘉庆二十二年（1817）建造；一座在栅下铺的司直坊，道光十七年（1837）建造，也是最出名的，是铁镬西家行陶全堂所在地；第三座在岳庙铺的永丰前街，咸丰九年（1859）建造。方志有载：

> 太尉庙，在祖庙太尉庙道。嘉庆丁丑建。一在栅下铺司直坊，道光十七年修。一在岳庙铺永丰前街，咸丰九年建。按镇内太尉庙三，其各街设龛供奉者尚不在此数，香火亦盛。牌位题：敕封石公太尉陶冶先师。石行及锡箔、皮金、铜锣、铁砧、铸镬各行皆祀之，亦不知

① 〔清〕吴荣光：道光《佛山忠义乡志》卷二《祀典》，第十三至十七页。
② 〔清〕吴荣光：道光《佛山忠义乡志》卷二《祀典》，第十三页。
③ 〔民国〕冼宝干：民国《佛山忠义乡志》卷八《祠祀二》，第十七页。
④ 〔清〕吴荣光：道光《佛山忠义乡志》卷二《祀典》，第十四页。
⑤ 〔清〕屈大均：《广东新语》卷十五《货语·铁》，第409页。另见〔清〕李调元：《南越笔记》卷五《铁》，商务印书馆1936年版，第73页。
⑥ 详见吕宗力、栾保群：《中国民间诸神》，河北教育出版社2001年版，第131～132页。

石公何神，封自何代，旧志谓即元坛庙石元帅，可以互参。①

铁镬行……西家堂名陶全会馆，在栅下铺司直坊，额题太尉庙。道光十七年丁酉建，光绪十三年丁亥重修。皮金、铜锣、铁砧、铁杂货、锡箔各行工人均奉祀太尉云。②

石公太尉不仅是铸造业行业的祖师爷，制陶业也把他当作自己的祖师（即陶冶先师）来崇拜，这表明了佛山冶铸行业与制陶业的关系，进一步证明两行业在技术上有着密不可分的渊源。另外，铸铜行业除了奉祀陶冶先师（太尉）外，还兼祀"炉头风火六纛大王"。③

（四）鄂国公

鄂国公即唐代开国元勋尉迟恭，佛山国公古庙即鄂国公庙（图4.5），位于今天的禅城区新安街46号。该庙是佛山炒铁行业神诞活动及祭祀祖师的重要场所，庙前原有的大戏台及大地堂为演出场所。它也曾被当作铁钉行的西家行会馆。

图4.5　位于佛山新安街46号的国公古庙

资料来源：www. ttx. cn／read-htm-tid-1429678-fpage-277. html。

---

① 〔民国〕冼宝干：民国《佛山忠义乡志》卷八《祠祀二》，第十六页。
② 〔民国〕冼宝干：民国《佛山忠义乡志》卷六《实业·工业》，第十五页。
③ 区瑞芝：《佛山新语》，第295页；孙丽霞：《浅析清代佛山的行业神崇拜》。

该庙始建于明代，但确切时间已不可考，清代历经康熙二年（1663）、乾隆三十年（1765）、道光十五年（1835）、同治二年（1863）及光绪十七年（1891）等多次修葺扩建，是佛山市现代唯一幸存的古代行业神崇拜的建筑。庙中所供奉的鄂国公即尉迟恭（字敬德），相传他是铁匠出身，所以后来的铁匠奉其为祖师爷和庇护炒铁行业兴旺发达的保护神。

"嘉庆丙申（按：嘉庆朝没有丙申年，道光十六年即1836年才是丙申年）鼎建"的佛山新钉行会馆也同样"向奉唐代鄂国公尉迟恭"，而且"神灵丕著，彪炳而今"。①

在神诞或其他重要时刻，炒铁行及其相关行业的负责人都会来鄂国公庙虔诚祭拜并观看酬神戏。同治年间的《修庙碑记》还详细记载了参与修庙的众多行业及其捐资数量，主要分为"行""会"以及店铺炉户等三类捐资主体。

庙里的石刻对联和许多石柱也镌刻着捐资修建者的名字，其中熟铁行捐资建造了正门的石刻，庙中石柱中的四根也分别由铁线行同庆堂、德源新钉店、熟铁联枝堂、甘信合店出资建造。

（五）四圣

陈炎宗在《鼎建佛山炒铁行会馆碑记》中对佛山炒铁行奉祀的四圣有记载："门庭之制，敞以宏堂，庑之模典而肃，恭奉四圣香火，用邀福于神，以佑人和。门左右有两小肆，收凭值以供祀典。"② 为了表达对四圣的虔诚恭敬，还将左右两小茶楼的租金用来祭祀四圣。

查有关史料，儒家有四圣，即伏羲、文王、周公和孔子；佛教有四圣，即佛、菩萨、缘觉、声闻；道教中也有四圣，也称北极四圣③，即天蓬大元帅、天猷元帅、翊圣元帅和真武元帅。这里的四圣应该是道教经典中的北极四圣，因为与其行业诉求如祈求炉温稳定、预防火灾等息息相关。④

明清时期佛山手工业、商业、服务业发达，行会众多，会馆林立。以冶铁、制陶、纺织业等为代表的手工业或商业都有自己的保护神或祖师爷，祖师爷的崇拜活动频繁而且形式多样，成为佛山民间民众信仰的重要

---

① 〔清〕陈如岳：《佛山新钉行会馆碑》，谭棣华等：《广东碑刻集》，广东高等教育出版社2001年版，第369页。

② 广东省社科院历史研究所等：《明清佛山碑刻文献经济资料》，第76页。

③ 《道藏》第六册，第606～607页。

④ 申小红：《佛山北帝崇拜习俗研究》，南方日报出版社2016年版，第81～82页。

组成部分。行业神崇拜一方面对佛山个行业的行业自律、自我监督、规范行业竞争、协调行业间的关系、团结行业内部等方面发挥了重要作用；另一方面，它丰富了佛山民俗文化活动的内容，对整合佛山社会文化生活、强化民众崇祖敬宗的社会心理以及延续某些民俗传统等方面发挥了重要作用。

二、水神崇拜

自古以来，水与人类的生产生活密切相关，水更是农业生产的命脉。传统社会时期，由于民众对发生在水网、河口、海岸地区的自然现象不理解，逐渐将其神化，同时这些现象也被人为地赋予了某种超现实意义，以至于形成诸神，受到人们的顶礼膜拜。对于无法驾驭水而又期待过上幸福生活的黎民百姓来说，传说中的水神自然就成了他们最为看重的神明之一。

旧时广大民众外出的交通工具以舟船为主，原材料及货物的运输大多非舟楫不可。地处水乡泽国的佛山水患频发。所以，作为水上保护神而存在的地方水神就受到老百姓的顶礼膜拜，以祈求神灵保佑他们的出行平安顺利。另外一个原因是，宋代以来佛山以鼓铸为业，成为岭南著名的冶铁中心，铸冶、陶冶等大部分都与火有关，拜水神以祈求防火患，以保生产安全。"以南方火地，以帝为水德于此，固有相济之功耶？抑佛山以鼓铸为业，火之炎烈特甚，而水德之发扬亦特甚耶？"①

在神话传说中，水神是十分重要的自然神，它是农耕文明发展的产物。佛山多雨水的自然条件以及河网纵横的交通现状，既给人们以福祉，也给人们带来了洪涝灾害。宋至明清以来，佛山冶铸行业的兴盛，再加上佛山处于南方，按照五行之说，处于火位，因此佛山的水神崇拜一方面要兼顾水上运输的安全，另一方面要考虑防止火灾发生，因为水能灭火。故佛山的水神信仰一开始就是广大民众自觉自愿的选择，而且是多元的，其崇拜也是相当盛行的，如真武帝君（祖庙）、妈祖（天妃庙）、南海昭明龙王（洪圣庙）、龙母（龙母庙）、龟神（龟峰塔）等。这些水神崇拜习俗的形成既反映了佛山民间信仰功利性的特点，也体现了佛山水乡的地域特色。

佛山的传统手工业行业，特别是冶铸行业、制陶行业等，除了整个行

---

① 〔清〕郎廷枢：《修灵应祠记》，〔清〕陈炎宗：乾隆《佛山忠义乡志》卷十《艺文志》，第五十一页。

业存在着供奉北帝神祇的现象之外，还把北帝当作水神来崇拜，另外还有龙神、天后、洪圣、龟神等水神。这主要是从事这些行业的人们，为祈求负责原料燃料输入、产品输出的船只以及人员的安全，从功利性的目的出发，在心理层面选择的保护屏障和精神寄托。

（一）龙神崇拜

神话故事中的龙是自然的水神，龙王当然也就具有水神的神格。民众奉其为呼风唤雨、造福万物的神物，往往通过举行仪式和建立庙宇来进行祭祀。

龙是中华民族的象征，是海内外华人一致认同的民族精神符号。在民间信仰中所说到的龙或龙神，一般指龙王。据传说，龙王"能幽能明，能细能巨，能短能长，春分而登天，秋分而潜渊"。[①]

"牛头鹿角鱼鳞身，蛇体鹰爪虾眼睛"，这就是人们想象中的龙的形象。为了祈求风调雨顺，在农耕文明时期的中国，几乎处处都建有龙王庙，江河、湖畔、海边更是如此，因为龙王掌管着风、雨、浪、天火等，威力无比。

《礼记·月令·仲冬》云："天子命有司，祈祀四海、大川、名源、渊泽、井泉。"[②] 在民间信仰中，这些水域也各有水神主宰，其中海神的影响较大。我国古人认为自己生活的大地是方形的，周围四面环海，故而将四周的海域称为"四海"。《山海经》中记载"四海"各有海神主宰，它们均是"人面鸟身"，且"珥两青蛇""践两青蛇"。[③] 汉代以后，四海之神逐渐被人神化，并多次受到朝廷加封。

《通志·礼略·山川》中记载东海神为广德王，南海神为广利王，西海神为广润王，北海神为广泽王，总称为"四海神君"。龙王信仰兴起后，四海之神又被称为"四海龙王"。随着地理学的发展，古人逐渐认识到中国周围并非四面环海，但由于历史的传承，四海祭祀与海神崇拜习俗流传下来，直到今天一些地方仍然保存这一习俗。

龙不仅象征祥瑞，它还被尊奉为司水之神，形成了影响巨大的龙神信仰。在古代，龙作为水神或行雨之神广受崇祀，据传说如遇天旱，"祈雨辄应"。到了唐代，由于受到佛教的影响，龙的行云布雨功能得到加强，直

---

① 〔汉〕许慎撰，〔清〕段玉裁注：《说文解字》第十一篇下《龙部》，上海古籍出版社1981年版，第1026页。
② 〔汉〕戴德：《礼记》，敦煌文艺出版社2015年版，第77页。
③ 周明初校注：《山海经》第八《海外北经》，浙江古籍出版社2000年版，第168页。

接导致唐代龙王与雨师形象的重合。龙王司雨的职能得到认可和加强，并拥有了专职权限，龙与水的关系进一步密切，龙成了中国各民族的水神。

传说中的佛山龙神，主要有龙王和龙母（图4.6）。龙母崇拜几乎遍布西江流域，有龙母庙近千座。从南朝的沈怀远《南越志》、唐代刘恂的《岭表异录》到清初屈大均的《广东新语》等都提到有关龙母的传说：龙母姓温，秦始皇闻其有功于国、有德于民，欲纳进后宫，夫人不从，后化为龙。自汉以后，历代对龙母封赠有加，甚至由"三天上帝"封为"水府元君"，农历五月初八是其诞日，香火鼎盛。

图4.6　清代佛山木版年画：悦城龙母坐像
资料来源：佛山市木版年画专题展览，申小红拍摄，2015年。

明清时期，佛山龙母庙里"男女祷祀无虚日"[1]。清咸丰年间，佛山顺德龙母庙还与天妃庙一起致祭。[2] 佛山南海黄竹岐和西樵蟠龙洞的龙母庙也十分出名。

---

① 〔清〕陈炎宗：乾隆《佛山忠义乡志》卷六《乡俗志》，第五页。
② 〔清〕郭汝诚等：咸丰《顺德县志》卷十六《胜迹》，清咸丰六年（1856年）刻本，第二十八页。

　　传统社会中，佛山民众除了建立神庙祀奉龙王、龙母以求雨或防水患外，在乡村还有以下习俗①：一是遇上大旱之年，邻近各村落就联合起来，把佛像抬到附近的龙潭，焚香祷告以求雨，或请巫师择日设坛建醮，摇铃、跳舞、念经等向龙神求雨；二是在夜间组织一群小男孩在龙王庙前的空地上舞"旱龙"来求雨。传承至今的端午节龙舟竞渡和舞"旱龙"等民间民俗活动，其求雨或祈祷风调雨顺的祈神祭祀活动，就是佛山龙神崇拜习俗的遗风，现在演变为民间民众的娱乐活动。

　　以"龙"为江河起源的神话，不止佛山独有。作为中华文明的起源地的长江和黄河，传说就是分别由一条青龙和一条黄龙所化。远古时，在须弥山外的青涧洞里，住着青黄两条孪生龙，他们疾恶如仇，常常与那作恶人间的东海之滨的"魍魉"作战。有一年"魍魉"二妖又在人间作怪，给人们带来痛苦与祸患，如来佛祖就派遣二龙来人间除妖。二龙竭尽全力与"魍魉"作战，最后打败了二妖，人间重获太平。但两条龙因元气大伤，筋疲力尽，导致无力游动，渐渐沉入地下，最后形成了现在的长江与黄河。

　　西江和北江是流经佛山的两条主要的江河，其起源也与龙的神话传说有关。在远古时代，传说珠江三角洲上住着金龙和银龙。有一天，两条龙急着赶路，不料狭路相逢，他们都希望对方让路，可是谁也不让，话不投机就打了起来，搅起的滔天巨浪给附近村庄带来了滔天洪水。村里的一对恩爱夫妻，大樵和云姐，就分别去劝说两条龙并成功地让他们和解。后来金龙走过的地方，变成黄色（混浊）的河流，即西江；银龙游过的地方，变成银色（清澈）的河流，即北江。

　　传统社会时期，龙作为司水之神，一直受到人们的顶礼膜拜。由于气候变化等原因，上一年风调雨顺，没准下一年就会出现旱涝灾害，人们认为造成这一切的原因都与司水之神的龙神有关。人们相信善龙、好龙会拯救人们脱离苦海，因此它们受到人们的讴歌和赞美；恶龙、孽龙给人们带来旱灾或涝灾，祸害老百姓，它们就会被人们诅咒和谩骂。

　　在佛山民间文学中，讴歌与纪念好龙的神话传说有不少②。例如《石湾大雾岗》：很久以前，南方持续的旱灾导致庄稼枯萎，眼看就要颗粒无收了。饥肠辘辘的穷苦老百姓遂向龙王祷告。龙王见百姓遭殃，就冒着触犯天条的危险，偷偷地降雨。庄稼得救了，老百姓有希望了。但龙王擅自降雨，触犯了天条，被罚下了凡间，用铁链锁住并被压在两座山下。后来，人们为了纪念龙王舍身救民的壮举，就把压在龙王身上的两座山改称

---

① 参见李小艳：《佛山的水神崇拜》，《中国民族报》2004 年 11 月 9 日，第 3 版。
② 参见李小艳：《水与佛山的信仰民俗》，《中国民俗学会 2010 年年会论文集》，山西太原，2010 年 11 月。

为大雾岗和小雾岗，此称呼也一直沿用到现在。

孽龙被鞭挞和诅咒，因为它们给百姓带来灾祸。这在一些民间文学中也有传说。例如，《石龙滩》讲的是古时佛山石湾有一条经常骤降暴雨、祸害百姓的乌龙，附近村里有个叫小钊的青年，为了替老百姓除害，勇敢地与之搏斗，最后同归于尽。天庭因此度化小钊成仙，乌龙则变成了一条石龙，横卧在石湾的沙滩上来保护堤岸。《石狮涌的传说》讲的是西江河畔神庙前一对吸收日月精华而成仙的石狮，获知一条孽龙在西江附近作祟，导致暴雨下个不停，河水泛滥，人们居无定所，颠沛流离。两只石狮就联手杀死了这条孽龙。后来石狮被天庭误解，分别被锁在佛山东平河两岸以镇水灾，最后就慢慢变成了两座山。

佛山是典型的水乡泽国，龙是佛山民间信仰中的重要水神，有水的地方就必然有龙神崇拜习俗。以佛山南海盐步为例，每年端午期间的"锦龙盛会"上，除了龙舟竞渡外，人们还在船头等处插上带有云龙纹的大令旗，以祈求整个活动顺风顺水，在岸边观赏的民众则手摇小令旗（图4.7），为龙舟呐喊助威。

图 4.7 现代佛山南海盐步"锦龙盛会"活动中所使用的云龙纹令旗
资料来源：申小红拍摄，2013 年。

另外，佛山的部分街道、河涌等的命名也与龙有关，因此带有"龙"字的地名景观很多。这既是对佛山自然环境的认知，也体现了佛山人的龙神崇拜的情结。如现在的佛山禅城区，带"龙"字的地名，在清乾隆年间有7处，道光年间有28处，民国初年有58处，占总数的50%以上。① 这些带"龙"字的地名表现出多姿多彩的命名形式，如青龙巷、登龙里、对龙巷、龙牌坊、龙楼坊、接龙大街、见龙坊、蟠龙大街、金龙街、后龙巷、龙见里、福龙里、会龙街、承龙街、聚龙里、西龙里、龙汇里、龙盆里、腾龙街、瑞龙里、迎龙里、遇龙坊、龙船涌、龙庆里、辅龙里、龙环里、宝龙巷、龙庆街、云龙里、应龙里、胜龙巷等。如今，不少街道等文化景观还沿用以前的名称，如禅城区栅下铺有青龙坊、龙蟠里、青龙巷、聚龙坊、见龙坊，富民铺有聚龙里、腾龙街、瑞龙里、见龙里、迎龙新街等；顺德区有现龙、龙涌、龙首、龙潭；南海区有回龙、龙头；高明区有龙珠、龙尾；等等。此外，龙的名称也用于桥名，如迎龙桥、跃龙桥、遇龙桥、现龙桥等。

带有龙字的地名、街道等文化景观并非只是佛山独有，在整个珠江流域都很普遍，这从另一个侧面反映了岭南水乡龙神崇拜习俗的兴盛与发达。

（二）天后崇拜

自唐宋以来，随着海上贸易运输逐渐增多，捕鱼、晒盐等行业日益发达，人们与海的接触也日益频繁。可是，海上风波不定，凶险难料，海浪、台风、海兽无情地威胁着人们的生命与生活。在这种情况下，可以专门保护某一海域的海神应运而生了，如天后等。地域性海神的出现既满足了普通老百姓精神上的需要，也有利于国家的长治久安，因此，这类神祇也得到了统治阶层的大力扶持。

据《三教搜神大全》《扬州天妃宫碑记》等记载，天后原来是位渔家姑娘，生于北宋初年的福建莆田湄洲屿，名叫林默。她心肠好，水性佳，常常救助在海上陷于困境的客商、渔民。28岁那年，林默在一次抢救海上遇险船民中不幸溺亡，莆田百姓在心理上和感情上都不愿接受这一残酷的事实，便说她升天了，变成水神了。为了纪念她，人们还专门修建了庙宇来祭祀她。后来传说她屡屡"显灵"，保佑商船、渔民，并且帮助南宋朝廷剿灭了海寇。明代郑和七下西洋的伟大航海壮举，也曾传说是因为她的庇护才得以多次化险为夷，所以明永乐皇帝对其极为重视，诏令在湄洲、

---

① 李凡：《明清以来佛山城市文化景观演变研究》，第130页。

长乐、太仓、南京以及北京建立天妃庙，并亲自撰写《南京弘仁普济天妃宫碑》的碑文。

自宋至清，帝王们对天妃娘娘的册封多达40余次，封号累计多达五六十字。她的地位也由当初的渔家女而为夫人、妃、天妃、圣妃，直至最后被封为天后。不仅民间民众四时致祭，而且朝廷也派遣大臣致祭，并将之纳入国家祀典的行列。

明清以后，人们又在天妃娘娘原先的神职上增加了抗御水旱、疫病之灾及赐财、赐子、赐福等"法力"，其影响也越来越广，其香火也由最初的莆田地区逐渐扩展到从南至北沿海一带广大地区，甚至远及东南亚。[①]

岭南特别是广东因靠近海边，再加上河道纵横，生存环境变幻莫测，使广东人在祈求自己的生命安全得到保障的同时，自觉自愿地接受了天后（图4.8、图4.9），并在日常生活中逐步形成了根深蒂固的天后崇拜习俗。

图4.8 广州南沙天后神像

资料来源：申小红拍摄，2015年。

人们膜拜天后一般来说有四种形式：一是船民行船时突遇灾难时的呼唤、膜拜，二是船民行船之前的祷告和安全抵达之后的酬谢，三是船民罹难或患病时的拜谒，四是天后春秋二祭（即农历三月二十三诞辰、九月初

① 魏子任：《中国古代的水神崇拜》，《华夏文化》2002年第2期，第32～33页。

九升天）的祭拜。其中第一种形式是临时性的，多在船上举行；后三种形式则是在天后（妃）庙（宫）举行。如每年天后春秋二祭那天，船民都要备上公鸡、鲤鱼、香烛、纸钱等祭品，纷纷将船只停靠在天后码头，举家登岸，朝拜天后，祈求天后保佑他们的船只航行顺利和一家老少平安。①

图 4.9　佛山南海西樵山天后宫

资料来源：申小红拍摄，2015 年 7 月。

佛山古镇三面环水、水网密布，水路交通对佛山经济极为重要，人们对祀奉水神特别虔诚。因此，在佛山民间，天后是一位十分重要的水神。"天妃司水，乡人事之甚谨，以居泽国也。"② 农历三月二十三日是天后娘娘的诞日。每年天后神诞，天后庙前张灯结彩，烧爆竹放烟火，演戏、建醮酬神，十分热闹，"其演剧以报、肃筵以迓者，次于事北帝"③。天后神诞在佛山诸神诞中的场面和规格仅次于北帝神诞，可见其在佛山民众心目中的重要性。明清时期佛山古镇就有六座天后庙：栅下藕栏、山紫铺中和里、通胜街（即今建新路）、富路坊口、水巷正街、忠义里。其中最早的一座建于明崇祯元年（1628）的栅下藕栏，即海口米艇头——明清时期佛

---

① 王焰安：《北江流域水神崇拜的考察》，《韶关学院学报》（社会科学版）2009 年第 10 期，第 6 页。

② 〔清〕陈炎宗：乾隆《佛山忠义乡志》卷六《乡俗志》，第五页。

③ 〔清〕陈炎宗：乾隆《佛山忠义乡志》卷六《乡俗志》，第五页。

山著名的冶铸场所以及冶铸原料、燃料及产品的集散码头，有其便利的运输条件与强烈的行业心理诉求。

栅下天后庙（图 1.10）又称天妃庙，明代称天妃宫，是古代铁器贸易和内外铁商祭祀其贸易贩运保护神的场所。广东铁矿丰富，佛山距广州仅16 公里，正处西北两江干流要冲上，凡循两江南下之船，必先到佛山，再达广州，这为佛山成为岭南冶铁业中心创造了有利条件。而栅下铺涌面宽阔，码头集中，历来是铸造业发展的理想地域。古时海内外长途贸易贩运的重要手段是水运，随着唐宋以来南海海上丝绸之路的不断发展，天后被奉为海上保护神。无论是将佛山铁货运销海内外的铁商，还是佛山的铁商和生产炉户，或其他手工产品的销售商号，无不虔诚奉祀天后，以求顺风顺水。

栅下天后庙还是明清时期佛山冶铸业兴旺发达以及"佛山之冶遍天下"的历史见证。清光绪二年（1876）重修栅下天后庙碑中记载了捐签的冶铸业炉户就有合利炉、成全炉、隆盛炉、泗成炉、益升炉等 33 户；还有双烧双模等铸造业单位。栅下铺司直坊还建有铁镬行会馆[1]。可见栅下实为佛山的铸冶中心。鸦片战争期间，置于虎门炮台的大炮均为佛山铸造，为抗击外来入侵发挥了重要作用。

（三）洪圣崇拜

据传说，南海神实际上是洪圣的前身，民间俗称南海神为"洪圣大王""洪圣爷"或者"洪圣公"（图 4.10），称南海神庙为"洪圣庙"。明清时期的佛山古镇有多座洪圣庙。[2]

关于洪圣的地方传说主要有以下两种版本：

其一，洪圣大王本名洪熙，是唐代的广利刺史。他廉洁爱民，精通天文地理，曾经设立气象观测所，使出海的渔民和商人都颇受其益。他逝世后受到人们的敬仰和供奉，成为民众心目中的海神。传说洪圣会预测天气情况，所以民间信奉洪圣的多数是水上人家，即以前的疍家。

其二，洪圣大王是一个屠夫。他每天杀牲，很不忍心，想放下屠刀，便拜一位老僧为师。老僧起先不肯收他，经苦苦恳求，老僧只好答应。有一天，二人来到波涛汹涌的海边，老僧叫洪圣把心肝挖出来，抛到海水里。洪圣毫不犹豫地照办了。当心肝掷下大海的一刹那，海上升起一朵五

---

① 〔民国〕冼宝干：民国《佛山忠义乡志》卷六《实业·工业》，第十五页。
② 〔清〕吴荣光：道光《佛山忠义乡志》卷二《祀典》，第 14～17 页。

146

图 4. 10　清代佛山木版年画：洪圣大王坐像

资料来源：佛山市木版年画专题展览，申小红拍摄，2015 年。

彩祥云，洪圣端坐于五彩祥云之中升仙而去。洪圣成为天神之后，看中了南海边的一块风水宝地，于是就同菩萨良马展开争夺。最后经过玉皇大帝的裁决，洪圣得到了这块宝地。

　　隋开皇十四年（594）隋文帝下诏建四海神庙祭祀四海。于是位于南海之滨珠江口的扶胥镇便建立了最早的南海神庙。传说唐贞观年间印度摩揭陀国贡使曾随身带来两棵波罗树，并种植于庙外，所以，南海神庙又有"波罗庙"的别称。《广东新语》也提到："何碫云：广州东去百里，有南海庙，祀南海之神。退之为南海庙碑，乃其地也。庙植波罗树，种自海外来。"①

　　至于庙内供奉的南海神，《岭南文化百科全书》中有三种说法："一说是尧被放逐到南方的儿子丹朱，丹朱生前是苗族的祖先，死后化为南海神，号'不廷胡余'；一说战国时，楚国强大，威慑岭南，楚人的始祖祝

①　〔清〕屈大均：《广东新语》卷十七《宫语·南海庙》，第473～474 页。

融成了南海神；再一说南海海神是祝赤，即祝融和南方赤帝的合称。"① 而《广东新语》中却说："南海之帝实祝融。祝融，火帝也。帝于南岳，又帝于南海者。……故祝融兼为火水之帝也。其都南岳，故南岳主峰名祝融。其离宫在扶胥。"② 也就是说，合火水为一神的祝融是南海之帝，其真正的宫殿在湖南省衡阳市的南岳祝融峰，广东省广州市的南海神庙则为其行宫。

自宋元以来，广东民间每逢农历二月十三日南海神诞期便会举行热闹的迎神赛会来纪念南海神。因此，民间谚语中有"第一娶老婆，第二游波罗"的说法。佛山洪圣崇拜的情况也大抵如此。

（四）龟神崇拜

龟是中国传统社会中的"四灵"之一，且是"四灵"中唯一的实有之物。崇龟习俗的内容包括龟的种类、龟的神性和龟的象征意义。在传统文化中，龟具有甲虫之长、阴虫之老、长寿、通神、避邪、力大无比、惩恶扬善、导气、引路、预测洪水等神性，是长寿、财富、祥瑞、圣贤、专制王权、权威、荣耀、为官清廉的象征。

龟崇拜起源于动物崇拜和生殖崇拜。龟崇拜的演变包括龟名、龟形和龟的文化含义的演变。龟具有通神使者、专制王权的象征、水神、护卫神、真武大帝、洪水预言家等文化含义。这些文化含义都经历了漫长的演变过程。龟崇拜的性质是不断变化的，最初是动物崇拜和生殖崇拜，然后是图腾崇拜，再后是灵物崇拜，图腾崇拜是其发展阶段，灵物崇拜是其神化阶段。中国崇龟习俗曾经在历史上占有非常重要的地位，传统社会的崇龟习俗曾经在民众生活中起着教化、警醒、教育、凝聚和鼓舞等重要作用。它是一种重要的民间信仰，是中华民族的优秀文化遗产。

龟神在佛山民间也是重要的水神，佛山人的祀龟习俗与一个神龟的传说有关：相传很久以前，高明每至盛夏，瘴气密布，水患成灾，蛇蝎遍地，民不聊生。人们无奈之下祈求神灵解灾救难。南海有只神龟，得知高明人民有难，便前往解救。它沿沧江而上，来到高明海口附近，施展神威法力，驱逐祸水、消除瘴气、杀灭蛇蝎，从此阳光明媚，万物复苏，人们安居乐业。神龟因精疲力竭而无力爬行，就睡在了江边，从此再也没能醒

---

① 岭南文化百科全书编纂委员会：《岭南文化百科全书》，中国大百科全书出版社 2006 年版，第 120 页。

② 〔清〕屈大均：《广东新语》卷六《神语·南海之帝》，第 207 页。

来。后来，睡着的神龟慢慢变成了一座小山，地方民众称之为龟峰山。①
明万历二十九年（1601），在当地进士区大伦的倡议下，士绅民众集资在
龟峰山上建造了一座灵龟塔（图4.11），以纪念这只神龟。灵龟解救了高
明老百姓，人们便视其为灵物，祀龟的习俗也从那时起一直延续至今天。

图4.11　佛山高明龟峰山上的灵龟塔及灵龟塑像
资料来源：申小红拍摄，2015年。

（五）火神、水神兼备的北帝崇拜

广大民众选择供奉灵验神仙，以求祈福禳灾，目的是希望神灵能够给
自己带来俗世的幸福。传说中的玄武所具有的北方神②、火神③和水神、战

---

① 参见李小艳：《水与佛山的信仰民俗》。
② 按照中国古代阴阳五行理论，玄武具有司北方、司冬等神职，详见申小红：《佛山北帝崇拜习俗研究》，第109～110页。
③ 玉皇大帝派遣北帝收服龟蛇二妖时，曾送给他500颗火丹，故北帝具备火神神职，详见〔明〕余象斗：《北游记》卷二《祖师下凡收二怪》，第94～97页。

神、司命神①等神职，满足了他们拜神的实用性和功利性等方面的需求。据道教教义，北方属水，龟为水母，所以，真武崇拜从最初产生时就有一定的水崇拜的性质。真武成为地位很高的神明，与道教对水的崇拜有密切的关系。《道德经》的第八章、六十六章、七十八章中是这样赞美水的："上善若水，水善利万物而不争"，"江海之所以能为百谷王者，以其善下之"，"天下莫柔弱于水，而攻坚强者莫之能胜，以其无以易之"。另外，北帝的形象初为龟、蛇合体，而龟和蛇都是中国民间信仰中十分重要的水神，也从另一个方面说明北帝是司水的神明。北帝的塑像为玄武大帝脚踏龟、蛇，寓意北帝镇住龟、蛇，禁止它们兴风作浪，从而保佑当地风调雨顺。经过宋元明三代乃至近现代，北帝被当作能够消灾祛祸、送子增福的全能神而被人们供奉膜拜，受官方祭祀，享万民香火。

随着时间的推移，在珠江三角洲民间信仰的诸神中，北帝的地位越来越隆崇。明清时期，北帝崇拜是珠江三角洲最主要的民间习俗之一，不仅供奉北帝的祠庙遍及各乡，而且普通民众的家中也普遍供奉着北帝神像或神位（图4.12）。

北帝坐像

北帝与群仙

图4.12　清代佛山木版年画：北帝

资料来源：佛山市木版年画专题展览，申小红拍摄，2015年。

明清时期的佛山北帝崇拜，以明朝景泰三年（1452）为分界点。景泰

①　详见申小红：《佛山北帝崇拜习俗研究》，第110～111页。

三年以前为祖堂〔龙翥（zhù）祠〕阶段，是民间祭祀阶段。景泰三年以后为灵应祠阶段，官方开始介入，北帝祭祀成功跻身于国家祀典的行列，成为官方宗教；同时它也是佛山民间的私祀，是民众近距离与传说中的北帝进行所谓的"人神交流"的契机和平台，是人们的精神支柱和心理寄托，是佛山民间信仰的重要组成部分。这是佛山北帝崇拜习俗的特殊方面。

《广东新语》中记载：

> 吾粤多真武宫，以南海佛山镇之祠为大，称曰祖庙。其像披发不冠，服帝服而建玄旗，一金剑竖前，一龟一蛇，蟠结左右。盖《天官书》所称：北宫黑帝，其精玄武者也，或即汉高之所始祠者也。粤人祀赤帝，并祀黑帝，盖以黑帝位居北极而司命南溟。南溟之水生于北极，北极为源而南溟为委。祀赤帝者以其治水之委，祀黑帝者以其司水之源也。吾粤固水国也，民生于咸潮，长于淡汐，所不与鼋鼍蛟蜃同变化，人知为赤帝之功，不知为黑帝之德。家尸而户祝之，礼虽不合，亦粤人之所以报本者也。①

据《南海县志》记载："真武帝君原称玄武，宋以后改为真武，形象为龟和蛇。在我国古代四神和二十八宿排列上，玄武位于北方，主水，因此又称北帝。广东多水乡，以水为始原，所以北帝庙又称为祖庙。"② 佛山为水乡泽国，北帝是司水之神，供奉北帝既是为了减少水患，同时也是为了防止火灾的发生。

康熙二十三年（1684）广东承宣布政使郎廷枢所撰的《修灵应祠记》云："帝之灵，其应如响，盖不特退贼一事为然，显赫之迹至不可殚述，若是者何也？岂以南方火地，以帝为水德于此，固有相济之功耶？抑佛山以鼓铸为业，火之炎烈特甚，而水德之发扬亦特甚耶？"③ 这里也讲到北帝为水德，是司水之神，而佛山地处南方，按阴阳五行的说法，南方为火地，且佛山冶铸行业发达，存在火灾隐患，因此祀北帝（图4.13）也是为了水火相济，以北帝的水德去克火。

正如在上文所说的那样，宋代以来，佛山成为岭南著名的冶铁、陶瓷中心，广大民众以铸造、制陶为业，希望生产出来的产品优良，所以存在着火神、炉神等神祇信仰，又加之这些行业有预防火灾及水运安全的需

---

① 〔清〕屈大均：《广东新语》卷六《神语·真武》，第208页。
② 南海市地方志编纂委员会：《南海县志》，中华书局2000年版，第1210页。
③ 〔清〕郎廷枢：《修灵应祠记》，〔清〕陈炎宗：乾隆《佛山忠义乡志》卷十《艺文志》，第五十一页。

图 4.13　佛山石湾陶冶行业会馆中的北帝崇拜

资料来源：申小红拍摄，2015 年。

求，而北帝司水，水又能灭火，故佛山人于宋元丰年间（1078—1085）建造供奉北方水神真武大帝的祖庙，并将北帝当作行业神来崇拜，以求防水防火，保一方平安：

> 真武帝祀著历代，盖即北方玄武之神，宋讳赵玄朗，易玄曰真，周礼所谓"兆五帝于四郊"，汉书所谓"黑灵元冥北郊兆也"。粤居天下之南，呜呼祀祀之以水镇火，亦以水济火也。愿事之敬则受镇济之福，事之嫚则适足以召火。①

明清佛山冶铸行业中，炒铁会馆中供奉的是四圣牌位："恭奉四圣香火，用邀福于神，以佑人和。"② 因冶铸行业有防火以及水运交通安全等需求，故这里所说的"四圣"应为"北极四圣"，即道教中的天蓬大元帅、天猷元帅、翊圣元帅以及真武元帅。

随着民间对真武崇拜的日益普及与高涨，真武元帅后来升格为玄武大帝、玄天上帝、北方真武大帝，成为与紫微大帝同格的大神。明景泰至清代以来，佛山祖庙因其"唯我独尊"的崇高地位成为一个集政权、族权和

---

① 〔清〕吴荣光：《石云山人文集》卷二《重建广州城西真武庙碑记》，南海吴氏筠清馆，清道光二十一年（1841）刻本，第三十九页。

② 〔清〕陈炎宗：《鼎建佛山炒铁行会馆碑记》，广东省社科院历史研究所等：《明清佛山碑刻文献经济资料》，第 76 页。

神权于一体的官祀庙宇，北帝便成为佛山广大士绅、民众的精神支柱。佛山祖庙和北帝崇拜在珠江三角洲、港澳及东南亚地区有着相当广泛的影响。传统社会中的统治阶层，特别是有明一代，为了加强统治、巩固政权，对北帝的推崇几乎达到了登峰造极、无以复加的地步，详细情况请参阅后面的有关章节内容。

中国民间信仰的一个重要的特点就是功利性，人们之所以奉祀各种神灵，是因为他们相信这些神灵能够帮助他们实现凭自己的能力无法达到的目的，佛山民间民众的神祇崇拜也不例外。佛山民众崇祀北帝、龙王、龙母，拜华光、天后等水神，也就是相信他们能够保护水上平安，带来风调雨顺，而这些愿望正好从一个侧面反映了佛山特殊的自然条件和社会环境。

明清时期，佛山古镇神庙、寺观众多，其祭祀系统以北帝庙（即祖庙，也称灵应祠）为中心，联系廿四铺（清代后期增至廿八铺）诸庙宇，构成了一个庞大的神明祭祀系统。

在佛山七星旗带水道图中（图4.14），我们可以看出，明清时期的佛山庙宇及祠堂，尤其是水神庙宇，或位于商业繁华地带，或处于风水学中的吉祥位置，或处于水路中的交通枢纽或急流险滩之处。这个神明系统"控制着佛山广大民众的精神信仰，控制着佛山古镇的各个铺区"①。正如美国著名的中国城市史研究学者施坚雅所指出的，"整个晚期帝国城市的一些寺院是联结几个街区的地域单位的中心"②。

明清时期，佛山祭祀水神的庙宇主要分布在古镇水道畅通的西部及东南部的栅下铺一带，祭祀的主要对象为北帝、天后、龙王、龙母等司水神明。水路乃佛山经济社会特别是明清冶铸行业发展的前提条件，水灾亦是制约佛山社会经济发展的瓶颈与障碍。因此，这些神明在佛山古镇各铺特别是从事冶铸行业的各铺皆有供奉，而且往往一铺之中同时供奉多位神明，为明清时期佛山经济发展提供信仰保障、心理安慰和精神支持。

水神崇拜习俗和道教的其他神灵崇拜习俗一样历史悠久，影响深远。新的神名不断创造出来，其神性也由地方性、局部性演变为大众化、普遍性，由自然崇拜演变为人为崇拜。

传统社会中，统治阶层和广大民众在复杂的自然现象面前束手无策，他们自觉或不自觉地选择水神来加以崇拜。上层社会为了稳定社会秩序，安抚民心，甚至会推波助澜，在客观上扩大了民间水神崇拜的基础，巩固

---

① 李凡：《明清以来佛山城市文化景观演变的研究》，第224页。
② ［美］施坚雅著：《中国封建社会晚期城市研究——施坚雅模式》，王旭等译，吉林教育出版社1991年版，第120页。

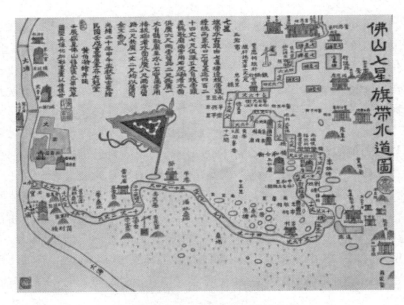

图 4.14　佛山古镇的七星旗带水道

资料来源：佛山画家张志华仿绘，申小红拍摄，2013 年。

了水神崇拜在广大民众心目中的地位。从民众的角度出发，他们也需要这样的保护神，这既是社会生活的需要，也是经济生活的需要，更是精神生活的需要。

　　水神崇拜习俗作为古代岭南文化乃至中华民族文化的重要组成部分，历代统治者的褒封推崇、地方官吏的岁时祭祀、民间善男信女的顶礼膜拜，使得神秘的水神崇拜习俗在中国沿海地区得到持续发展并且枝繁叶茂。

三、演戏酬神

　　戏剧的起源与古代社会的祭祀有关。无论是欧洲的神院戏剧，还是东方的民族戏剧，其起源都可以追溯到古代的祭祀活动中的巫觋以歌舞娱神。"巫之事神，必用歌舞。……古代之巫，实以歌舞为职，以乐神人者也。"①

　　从原始社会至历史时代的早期，"鼓乐歌舞仍然是沟通人神两界的重要手段"②。因此，鼓乐歌舞及晚出的戏剧成为后来庙会及娱神活动中的组成部分就不难理解了。

---

① 王国维：《宋元戏曲考》，《王国维戏曲论文集》，中国戏剧出版社 1984 年版，第 93 页。
② 童恩正：《中国古代的巫》，《中国社会科学》1995 年第 5 期，第 196 页。

在"神"权支配一切的传统社会里，人们祈雨贺晴、消灾祈福、求子生财等，都想依靠神明并求得神明的保佑，因而向神献戏就成为一种风俗。

早在汉代，佛山已有歌舞表演。佛山的戏剧文化从诞生起就与民间信仰结下不解之缘。佛山的民间信仰中的演戏酬神从唐代就开始，宋代开始出现土生土长的地方戏，至明清时期地方酬神戏达到最高峰。新中国成立后的佛山庙会文化活动仍保留着演戏酬神的风俗，演戏酬神成为佛山社区集体娱乐活动中一个不可或缺的项目。

酬神戏，也称作神功戏。演戏酬神是庙会文化活动不可缺少的一个环节。在传统社会的神庙信仰中，在广大民众的思想意识里，认为要想答谢神恩、获得神灵的欢心和保佑，除了献上丰盛的祭品和进行虔诚的礼拜外，还有演戏酬神、演戏媚神或演戏娱神这一重要途径；不但神诞日要演戏酬神，传统节日、婚嫁寿庆、祭祖、寺庙落成、神灵点眼开光、庙会、祈雨、五谷丰收、斋醮仪式等活动都要演戏酬神。

明清时期佛山庙会的酬神演戏，盛况空前，十分热闹，是佛山民众的盛大集会。据乾隆《佛山忠义志》记载：

> 三月三日，北帝神诞，乡人士赴灵应祠肃拜。各坊结彩演剧，曰重三会。鼓吹数十部，喧腾十余里。①

> （三月）廿三日，天妃神诞。天妃司水乡，人事之甚谨，以居泽国也。其演剧以报、肃筵以迓者，次于事北帝。②

> （九月）廿八日，华光神诞。……集伶人百余，分作十余队，与拈香捧物者相间而行，璀璨夺目，弦管纷咽。③

这种酬神演戏也不只是在神诞庙会之日才有，在冬季农闲时节，酬神演戏几乎没有间断，"自是月至腊尽，乡人各演剧以酬北帝，万福台中鲜不歌舞之日矣"④。酬神演戏成了佛山民众广泛参与的文化娱乐活动之一。

旧时的戏曲演出，以敬神为正宗，人随神娱。戏剧歌舞的功能既有原始娱神的遗存，又有后增的娱人的成分。

演戏敬神是民间神祇崇拜活动的重要组成部分。在民间民众看来，祈求和酬谢神佑，不仅需要供品，也需要娱乐，而将戏敬献给神就如同上供品一样，因而演戏献神就被称作"献戏"。

---

① 〔清〕陈炎宗：乾隆《佛山忠义乡志》卷六《乡俗志·岁时》，第四页。
② 〔清〕陈炎宗：乾隆《佛山忠义乡志》卷六《乡俗志·岁时》，第四页。
③ 〔清〕陈炎宗：乾隆《佛山忠义乡志》卷六《乡俗志·岁时》，第七页。
④ 〔清〕陈炎宗：乾隆《佛山忠义乡志》卷六《乡俗志·岁时》，第七页。

给神献戏前，一般还有一定的仪式或程序，如请神看戏的仪式；戏台前一般贴一张红纸或挂一个木牌，上书"某月某日早（或午）献某某戏一本"。戏是给神看的，也是给人看的，正所谓"心到神知""上供人吃"，酬神戏或娱神戏最终是娱人的，也可以说是人神共娱的，它不仅具有供品的性质，而且具备娱人的功能。

酬神戏也称作神戏、谢神戏、娱神戏、酬愿戏等，其中神诞日的戏被称作"寿戏"①。

出于对神表示尊敬的需要，在供奉神祇的地方，如神庙、会馆等里面，通常会建有演戏的戏台，而且戏台一般与供奉神祇的神殿相对，便于"神前献戏"，也便于神看戏，如佛山祖庙里上演酬神戏的万福台就建在灵应祠正门的对面，人们认为这样就会方便北帝神看戏。

在中国传统社会，地方少数强宗大族掌握着墟市的经济权，同时也垄断了墟市中代表性庙神的祭祀权，并以宗族联合体的形式维持着祭祀组织。南方地区"宗族、社区势力与庙会娱神活动有着密切的关系"，"地域纽带因血缘纽带依然强大，宗家之族在其中起了很大作用"。②

在广东，酬神戏泛指一切因神诞、庙宇开光、鬼节打醮、太平清醮及传统节日而上演的所有戏曲，佛山的酬神戏也不例外。传统社会里，广大民众为了酬谢神恩，以家族或宗族为主导，在佛山是以八图里甲、世家大族为主导，在传统节日里举行一连串的庆祝活动，如舞龙舞狮、放鞭炮，更会筹集资金聘请戏班演戏作为主要庆祝活动。

明清时期，佛山的神庙和会馆众多，各种神诞、酬神、迎神赛会等活动接连不断，如北帝诞、华光诞、普君神诞等，这些活动激发了民众对神功戏的需求，极大地促进了粤剧的产生与发展，佛山也因此成为粤剧的摇篮。

明清时期，除了祖庙以外的佛山其他庙宇、祠堂、会馆等地，也要在神诞日演戏，只不过先要在祖庙万福台表演，意味着得到了北帝神的许可和保佑，然后才可以在其他庙宇等地演出。所以，下文中的酬神戏的仪式等内容以在万福台的演示为主；等到了其他庙宇、会馆以后，有些形式会有所简化或者干脆取消。

建于清顺治十五年（1658）的万福台，就是为了上演粤剧（大戏）给北帝观看。清代以后，酬神戏的主体部分是在祖庙灵应祠对面的万福台上演神功戏，以酬谢北帝的保佑和庇护。

---

① 欧阳予倩：《中国戏曲研究资料初辑》，艺术出版社 1956 年版，第 24 页。
② 赵世瑜：《狂欢与日常：明清以来的庙会与民间社会》，生活·读书·新知三联书店 2002 年版，第 224、226 页。

佛山一年之中各种各样的祭祀活动中都离不开演戏酬神，神诞期间更是如此。神诞当天，各个庙宇、祠堂和会馆等处笙歌嘹亮，人烟辐辏。演出的剧目有例戏《八仙贺寿》《六国大封相》《跳加官》《天妃送子》等数十部。除了上演神功戏外，镇内各坊各社有的还大开宴席庆祝神诞，全城热闹，万人空巷，一连数日如此。

开戏之前，一般都要举行一定的仪式。笔者采访了一些高龄老人，根据他们的记忆和讲述，简单的仪式有三四种，或六七种，而繁复的仪式多达 12 种。① 简单的仪式，适用于其他规模较小的庙宇的法事或其他活动，主要有点燃红烛、焚香祷告、默立肃拜。明清时期的佛山八图里甲、世家大族都热衷于这类活动，他们代表部族民众给庙神及侍神敬香，这个简单的仪式意在恭请神明到戏台前落座看戏，所以前排座位一般是空着的，因为是给神准备的座位。座位底下都有红地毯，座位周围都用红色锦缎装饰。因祖庙前有一固定的戏台——万福台，而且就在北帝神像前面，所以北帝诞庙会活动中就没有这项仪式。

通过查证地方志、家谱等史料和拜访佛山史研究专家，再结合采访资料，我们发现，明清时期广东各地的各种神诞、醮会等神功戏仪式流程从几种至十多种②不等，只是在不同的地方、针对不同的醮事而有所不同。笔者整理出 19 种仪式，其具体内容如下：

a. 请神。到神像前肃拜，然后放鞭炮，鸣锣开道，恭请神祇到临时戏台前的空座位上。佛山祖庙因有固定戏台——万福台，所以只在神像前肃拜。

b. 拜祖先。仪式之一，祷告并请祖先看戏。因为佛山祖庙是庙、祠合一的建筑，所以要拜祖先。

c. 拜地方菩萨。社戏或寺庙开光时才有，主要是社神。

d. 拜戏神。在佛山是拜华光大帝。

e. 破台。如果搭建的临时戏棚或戏台之地未曾上演过粤剧，戏班便要破台。在未完成破台仪式前，台前台后所有人均不得开口说话；否则就会认为不吉利。

f. 丑生开笔。扮演丑生的演员以朱砂笔在后台墙面的红纸上书写"大吉"二字，而且"吉"字下面的"口"字是一定不能封口的，以求吉利；否则就会认为演员上台后唱不出声来。

---

① 根据笔者 2012 年的采访记录及录音整理，在此对粤剧爱好者麦虾（时年 79 岁）、蔡二妹（时年 80 岁）、霍荣贵（时年 83 岁）等 7 位高龄老人表示衷心感谢，衷心祝愿他们健康长寿！

② 陈守仁：《神功戏在香港：粤剧、潮剧及福佬剧》，三联书店（香港）有限公司 1996 年版，第 72～73 页。

g. 上香。在台口或附近区域点燃三炷香并虔诚祷告。

h. 上例戏。依次序为《八仙贺寿》（有的地方为《贺寿》）、《六国大封相》（简称《封相》，只于首晚演出）、《跳加官》（简称《加官》），另外还有一些备选剧目。

加官戏又分为给"神"加官的戏和给人加官的戏：

第一种，给"神"加官的戏。有时在演出前，有时在演出中间，只要听到祖庙万福台旁鞭炮一响，戏即停演。掌班的先讲明是给某庙某神加官，再唱加官戏。戏是由三个演员化装成"八仙"中的吕洞宾、韩湘子、何仙姑，先后上场，在前台走8字形，各唱一至三板以歌功颂德为内容的台词，同聚前台。此时，一位戴白面具的演员头戴相貌，身穿红袍，手持加官的黄布条，随音乐牌子登场，展示吉语，黄布正面写有"天官赐福"，反面写有"恭贺高升"或"指日高升"的字样（也有用丝绒绣字的），三位"神仙"面对黄布条施礼后即下场。

第二种，给人加官的戏。一般在正本戏开演前进行；如临时发现官宦、豪绅前来看戏，会在演出中间进行。台下备有桌椅、茶水和点心，供来看戏的官宦、豪绅享用，待他们入场时，戏班即放鞭炮，表示欢迎。加官戏开演时，掌班的在旁高呼："给某某大人加官！"此时一个演员扮作天官模样，头戴相貌，身穿红袍，口衔假面具，手持朝笏，随着小锣声的节奏快步上场至前台。他既不道白，也不唱戏，只面对台下官绅展示黄绸布正反两面上的"天官赐福""恭贺高升"字样，然后挂在桌前。被"加官者"当即给戏班发赏钱，掌班高唱某大人赏赐的数目，唱一声"谢赏"，演员施礼下场。若为官太太、贵夫人加官时，唱加官戏的演员就改穿凤冠霞帔，其程式大致如前。加官戏结束后，接下来就该演正本戏了。酬神戏的最后一场戏一般是演《天妃送子》（简称《送子》。平日只演简单的送子戏，称小送子；北帝诞时演足本戏，称大送子）。

i. 再拜祖先。仪式之一，给祖先上供品。

j. 贺诞。在神像前的神案上摆上金猪（即油炸后呈金黄色的全猪）三只，一大两小，猪头向神，还有时令瓜果、鲜花等，然后点燃三炷大香、两只大红烛，在值事的唱喏下，由宗族首领带头肃拜。

k. 还爆。上一年抢得爆首的八图里甲或世家大族，用做好的新椰爆或花爆，向神还愿。

l. 燃/抢花爆。点燃椰爆或花爆，各族奋力争抢爆首，以图吉利。因其具有喜庆的成分，后来被移至北帝诞的祭祀仪式中。

m. 遴选来年值事。在八图部族首领中摇签选出。

n. 放生。将事先准备好的活龟、活鱼投放到水池中。

o. 竞投胜物。向水池中的龟、鱼投放食物。

p. 颁胙。将祭神用的金猪肉等供品分给年长者、八图部族首领及出资者。

q. 封台。请戏师下戏台。

r. 送神。仪式如前，恭送至神像前。

s. 仪式结束，酬神戏才正式拉开帷幕。

酬神演戏的剧目都是传统的古装戏，从内容上来主要有五大类：忠孝节义的伦理戏，精忠报国的忠良戏，解民倒悬的清官戏，因果报应的宗教戏和男欢女爱的爱情戏。酬神演戏，要求对神明敬重，故一般以前四种戏为主，具有一定的伦理道德教化的意义。古代戏曲多以喜剧为结尾，表达了人们对邪不压正或好人一生平安的良好愿望。同时，它还将佛教的因果报应中的善有善报、恶有恶报的思想融入其中，寓教于乐，一举而多得，是传统社会中佛山民众接受伦理教育的另一种方式。

明清时期民间经常以歌舞、演戏等形式祭神、酬神，在这个过程中，各地也相应形成了社区的文娱活动。民间有人或组织自行集资筹办，百姓积极参加，自娱自乐，以他们各自喜欢的形式投入其中。酬神演戏实际上成为某一地区民间定期举办的纵情娱乐盛会，甚至出现"载歌载舞""举国若狂"① 的欢乐场面。由于酬神演戏并非出自官府的强迫，人们可以自由地抒发自己的情感，享受日常生活中所无法得到的一份快乐和内心的满足。

日本学者田仲一成指出："大宗族的较多出现，从地域上看，是在几乎所有村落都由宗族构成的江苏、浙江、江西、广东等江南地区，从历史时期上看，是在大地主宗族对村落的支配被强化了的明中叶以后。……从中国戏剧发展史的总体上来看，宋元以前，戏剧的主体是在市场地、村落等地缘集团中，进入明代以后，宗族对地缘集团祭祀戏剧起的作用增大，……从宋、元至明、清，可以说就是从地缘性的市场——村落祭祀戏剧，向血缘性的宗族戏剧收缩的历史。"② 这里所说的祭祀戏剧或宗族戏剧，在佛山地方实际上就是指酬神戏。

各种迎神赛会是乡民直接参与的娱乐活动之一。鲁迅曾在《破恶声论》中对迎神赛会这样评价："农人耕稼，岁几无休时，递得余闲，则有报赛，举酒自劳，洁神酬拜，精神体质两愉悦也。"社会学家乔启明亦言："我国农民，多无正当娱乐，迎神赛会，可说稍含娱乐性质。"迎

---

① 〔民国〕《滦县志》卷四《人民·风俗习尚》，民国二十六年铅印本，第七页。

② 〔日〕田仲一成著：《中国的宗族与戏剧》，钱杭、任余白译，上海古籍出版社1992年版，第321～322页。

159

神赛会是以仪仗、鼓乐、杂戏方式周游于街巷以酬神还愿，以及表达民间百姓祈福喜庆之愿的一项重要的娱乐活动。叶圣陶老先生曾对迎神赛会发出感慨："一般人为了生活，皱着眉头，耐着性儿，使着力气，流着血汗，偶尔能得笑一笑，乐一乐，正是精神上的一服补剂。因为有这服补剂，才觉得继续努力下去还有意思，还有兴致。否则只作肚子的奴隶，即使不至于悲观厌世，也必感到人生的空虚。有些人说，乡村间的迎神演戏是迷信又糜费的事情，应该取缔。这是单看了一面的说法；照这个说法，似乎农民只该劳苦又劳苦，一刻不息，直到埋入坟墓为止。要知道迎一回神，演一场戏，可以唤回农民不知多少新鲜的精神，因而使他们再高兴地举起锄头。迷信，果然；但不迷信而有同等功效的可以作为代替的娱乐又在哪里？"① 可见，各种娱神活动确实是乡民日常贫乏生活的不可替代的调剂品。

所以，这类活动在传统社会中起着调节器的作用。一方面，它是日常单调生活、辛苦劳作后的调节器；另一方面，它是传统礼教束缚下的人们（特别是广大妇女）被压抑心理的调节器（尽管她们自己往往未曾觉察这种心理）。更进一步看，这样一种调节器"起到了社会控制中的安全阀的作用"②。

---

① 转引自岳谦厚、郝正春：《山西传统庙会与乡民休闲》，《太原晚报》2012 年 3 月 6 日，http://roll.sohu.com/20120306/n336873568.shtml。

② 赵世瑜：《狂欢与日常——明清以来的庙会与民间社会》，第 135 页。

第五章　佛山传统冶铸行业的工艺设备

　　春秋战国时期，包括佛山在内的广东地区还处在楚国和扬越的管辖之下。① 当时北部的楚国与广东毗邻，其社会生产力相对来说是比较先进的，表现为铜、铁等生产工具的制造和逐步推广，这在农耕社会时期是非常了不起的成就。由于当时统治阶层严格限制普通民众的人身自由，他们不能随便离开居住地，再加上南岭山川的阻隔而导致通行不畅，所以，虽有战乱、天灾等突发情况，但南下广东的民众数量仍然有限，其中具备冶铸技术的工匠人数就更少。因此，广东的冶铸技术特别是铁器铸造与使用是有一个发展过程的，这在出土文物的数量上有所体现。②

　　在古代的文献中，有关铸造技术的专业术语记载较多。在先秦时期，就有"铸金""铸剑""冶人""冶工"等铸冶术语。铸造业在我国古代的金属加工工艺中占有突出的地位，并产生过巨大的社会影响。今天我们在生活中还经常使用的"模范""熔铸""就范"等词汇，就来源于古代铸造业的术语。《说文》中解释，"模，法也"，以木曰模，以金曰熔，以土曰型，以竹曰范。《梦溪笔谈》《天工开物》中用"外模"来指铸型。范即铸型，《荀子·强国》中有"刑范正，金锡美，工冶巧，火齐得"，而范"皆铸作器物之法也"。东汉王充《论衡·物势篇》中有记载："今夫陶冶者，初埏埴作器，必模范为形"，说的是铸造器皿，必有模样和型腔。《礼记·礼运》中有"后圣有作，然后修火之利；范金合土，以为台榭宫室牖户"。《周礼·考工记》中总结出世界上最早的铜合金配料规律，即所谓的"六齐"。《越绝书》中也有铸剑的记载："欧治子、干将凿茨山，泄其溪，

---

　　① 谭其骧：《中国历史地图集》第一册，中国地图出版社 1982 年版，第 10～11、31～32 页。

　　② 春秋战国时期，广东的铁器很少，仅在粤北始兴县白石坪战国遗址中出土过一件铁斧和一件铁锄。直到汉初吕后专权时，广东还不能自己冶铁和制造农具。

取铁英，作为铁剑三枚。"①

第一节　冶铸熔炉

　　熔炼金属，离不开熔炼炉等必要的工具和设备。无论中外，最早的熔炼工艺都是在地炉或半地穴式熔炉内进行的。约在前7—前6世纪的春秋时期，我国已经出现了立于地面的竖立炉；在前2—前1世纪的西汉时期，出现了很高的炼铁炉。

　　"凡炼铁依山为窑，以矿与炭相间乘高纳之。窑底为窦，窦下为渠。炭炽，矿液流入渠中者为生铁，用以模铸器物。复以生铁再三销拍为熟铁。以生熟相杂和用作器械，锋刃者为刚铁也。"② 短短几行字，就把从矿石到生铁、从生铁到熟铁、从熟铁到钢铁的工艺过程描绘得清清楚楚，这其中起着重要作用的就是熔炉。

　　熔炉，是用于熔化铜水或铁水的炉子。早期的炉子一般既能熔铜又能化铁，既可以冶炼又可以熔化（图5.1）。远在青铜时代，熔炉只能化铜。铁器时代初期，熔铁也是利用熔铜炉化铁的，并很快将其改成了化铁炉，都是就地取材的。以陶器做炉胎的称为陶胎炉，其他用泥石等材料筑建的称作泥炉。大口尊式陶胎熔炉及缸式陶胎熔炉因为炉腹较深，到周代后期逐渐被浅腹式的泥炉所替代。③

　　熔炼与冶炼是不同的工序。冶炼就是把矿石还原成金属，对金属中的杂质的要求不是十分严格。熔炼就是把冶炼还原出来的金属再次入炉加热，通过相关工序，去除杂质。所以说熔炼在很大程度上决定了铸造工序的结果和铸件的质量。

　　在铸造工序上，铸、冶一般分设，生铁回炉主要用熔炉，炼铁则用高炉。这种分野，在我国约完成于汉代，在西方国家则迟至19世纪初。这就是为什么我们有一个灿烂的青铜文化以及生铁铸造技艺在古代处于领先地位的主要原因之所在。④

　　铜矿的开采和青铜冶炼技术的发明和问世，是古代烧窑工匠丰富经验

---

　　① 以上引文转引自聂小武：《中国古代的主要铸造技术》，《金属加工：热加工》2008年第9期，第52页。

　　② 〔清〕顾炎武：《天下郡国利病书·福建备录》，第3069～3070页。

　　③ 参见李京华：《中原古代冶金技术研究》，第144～145页。

　　④ 参见凌业勤等：《中国古代传统铸造技术》，第66页。

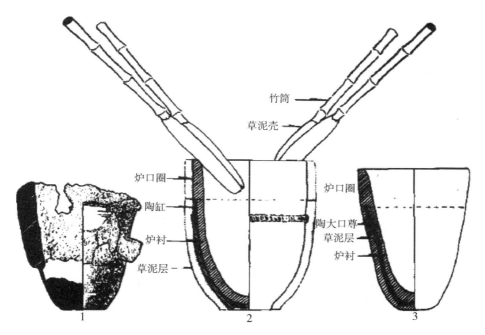

1—缸式陶胎熔炉；2—缸式陶胎熔炉复原示意；3—大口尊式陶胎熔炉复原示意

图5.1　商代熔炉与鼓风示意

资料来源：李京华：《中原古代冶金技术研究》，第145页。

的总结和延续：炼炉及其相关构件等都是陶质或近似陶质的，最原始的炼炉是源于或借鉴陶窑的。

按照业界的一般分类和学界的普遍共识，古代冶铸熔炉大致分为三种：一是地坑炉，有的称为块炼炉；二是坩埚炉（即陶胎炉）；三是竖立炉，用泥胎等混合材料筑建，也称高炉。[①]

也有学者将熔炉分得更细，功能更具体，大致有六类：一是块炼炉，是专业生产块炼铁的；二是排炉（也称反射炉），烟囱互通，用于生产含碳要求不高的大型铁器的；三是方型炼炉，内放坩埚，用于小件器物的生产；四是大圆形炉，是用于生产铁料的竖炉；五是低温炒钢炉，用于生铁炒炼成熟铁的；六是化铁炉，用于生铁再熔、浇铸铁器。[②]

按照不同历史时期和冶铸行业的发展阶段，传统社会时期佛山的冶铸熔炉也不外乎这些主要类型，现作一简介。

---

① 参见凌业勤等：《中国古代传统铸造技术》，第66～92页；田长浒等：《中国铸造技术史（古代卷）》，第91～99页；韩汝玢等：《中国科学技术史（矿冶卷）》，第556～581页。

② 参见凌业勤等：《中国古代传统铸造技术》，第75页。

一、地坑炉

地坑炉（图5.2），也称地炉，有的也称为块炼炉，一般就地取材，挖坑道并用黄泥、红泥等筑建。地炉一般由火膛、火道与火眼组成，燃烧木柴或木炭，利用坑道自然通风，以氧化铜矿石（包括孔雀石）为原料，在1083 ℃左右的炉温下，还原出金属铜。

图5.2　地坑炉

资料来源：田长浒：《中国金属技术史》，第147页。

这种窑有很长的通道和较大的地平差，起着抽风的作用，能够使炉火旺盛（图5-3）。早期冶炼青铜一般就是使用这种炉子。由于结构简单，基本上属于一次性熔炉，随拆随建，保留下来的遗迹很少，因而考古发掘极少见。

从较晚的块炼炉残留遗迹中发现，它通常是在地面上或岩石上挖一个坑，或依山靠坡，或就地为穴，用当地的泥石筑砌较矮的炉墙，炉口敞开，供装料和排出炉气，热量损失大。一般直径为20～30厘米，深30厘米，上面用砖或黏土加高，以增加炉子的有效高度，下部有孔，供送风和清理炉渣。炼好一炉之后要依据使用要求进行冷却，从炉子上部或下部取出金属块，然后修炉，再装料冶炼。它既可以自然通风，也可以人工鼓风，具体流程如图5.4所示。

因为冶炼铁矿的技术难度要比冶炼铜矿大，铜矿石放入地坑式的小炉内冶炼，可以炼出铜液，冷却后即可成为纯度较高的铜锭，而放入未经初炼的铁矿石，一般无法炼出铁水。因而，铁矿石必须经过地坑炉的初炼，再移到小高炉内复炼，所谓"百炼成钢"即是这个原理。

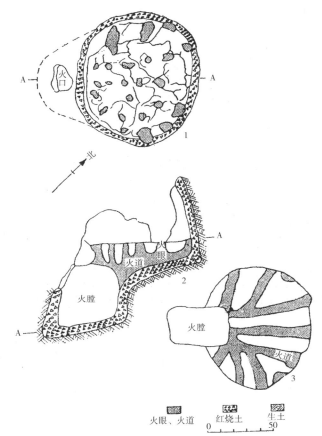

1. 地坑炉平面；2. 炉内结构平面；3. 火道平面

图 5.3　河南陕县庙底沟考古发掘的地坑炉平面示意

资料来源：凌业勤等：《中国古代传统铸造技术》，第 68 页。

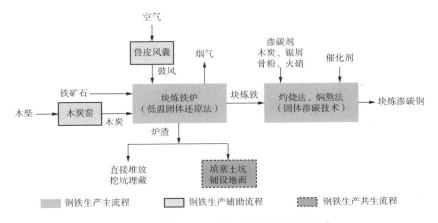

图 5.4　地坑炉——固体渗碳冶炼流程示意

资料来源：于冰、石磊：《中国不同历史时期的钢铁工业共生体系及其演进分析》，《资源科学》2009 年第 11 期，第 1909 页。

二、坩埚炉

坩埚炉是陶胎炉（图 5.5），约在前 15 世纪的商代中晚期开始出现并普遍使用，在今天的郑州商城、安阳殷墟、洛阳西周遗址和侯马东周遗址等均有出土，形状有小口尊、大口尊和陶缸等样式。

图 5.5　商代熔铜坩埚

资料来源：http://www.chnmuseum.cn/tabid/218/Default.aspx? Title = % E5% 9D% A9% E5% 9F% 9A&DynastySortID = 7&TextureID = 5&UseID = 2。

炼铁用的坩埚（图 5.6），铁水冷却后是留在锅底的，需要打碎后将其取出，因此炼铁的坩埚一般是无法保存的，只有熔铁后马上浇注的坩埚才能保存完整。从冶炼行业的角度来看，坩埚是冶炼过程结束后的一种生产废料。

这种外形如碗状、如头盔状的炼炉是冶铸使用的最原始的炉型，还原出来的是渣铁不分、呈团块状的坯铁。经过实验模拟得知，炼炉高度与直径比最好控制在 2∶1，有时在上部用砖或黏土加高，以增加炉子的有效高度，其工作原理与流程如图 5.7 所示。

风从鼓风器通过风嘴从上口直接鼓入，碎矿石和木炭分层或混装置于炉中，最高温度可达 1150 ℃。这种炉没有出渣口，炉渣和坯铁在重力的作用下流到底部结成渣底。冶炼结束后，趁热倒出金属液体进行浇注，再清理和维修炼炉，以备接下来的冶炼。或等冷却后敲碎坩埚，取出金属块，再加热锻打（图 5.8）。

由这种炼炉得到的渣铁不分的半熔融状态的固体团块，需要放在锻炉中进行加热锻打，把小块铁锻接成大块，通过锻打挤出其中的杂质，或者经冷却、破碎或分选后，再次锻打成铁砖或铁锭以备用。

图5.6　坩埚（出土于湖北武汉市黄陂区李家咀灰坑）

资料来源：湖北省博物馆，申小红拍摄，2014年11月。

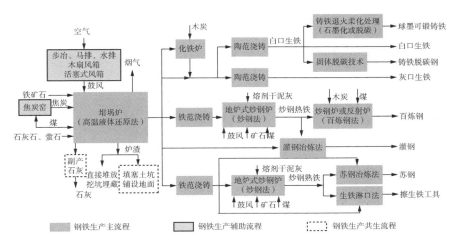

图5.7　坩埚炉——固体脱碳冶炼流程

资料来源：于冰、石磊：《中国不同历史时期的钢铁工业共生体系及其演进分析》，第1909页。

三、竖立炉

竖立炉，也称竖炉或高炉（图5.9），"中国高炉的出现和发展，是对

167

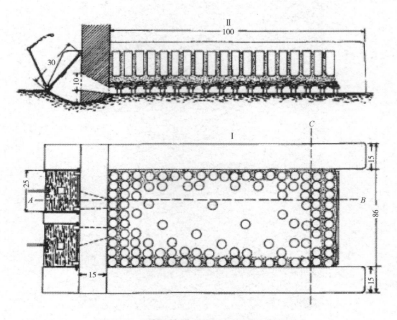

图5.8 坩埚炼铁炉的剖面和平面示意

资料来源：刘培峰、李延祥、潜伟：《传统冶铁鼓风器木扇的调查与研究》，《自然辩证法通讯》2017年第3期，第9页。

人类物质生活的重要贡献"[1]。大约4万年前，山顶洞人已经用赤铁矿作颜料和装饰品。赤铁矿是最容易还原的铁矿石，赤铁矿进入人类的日常生活，表明冶铁技术的发明和问世不过是早晚的事。

我国早在春秋晚期，就发明了铸铁冶炼技术。春秋战国之交，农业生产有着飞跃的发展。农业生产工具所以能够取得突出进步，是由于冶铁技术的两个重大发明，就是铸铁（即生铁）冶炼技术的发明和铸铁柔化技术的发明。正是由于这两个重大发明，使得铁农具很快广泛使用于农业生产，促使农业生产技术突飞猛进，生产量有很大的提高。全国各地冶铁工业普遍发展，留下了许多宝贵的冶铁遗址。

中国早期竖炉已具一定体量和合理炉型，可实现矿石还原和渣铁液态分离；后期通过调节高径比、炉身曲线和风口（图5.10），实现稳产；采用增加炉程、提高冶炼强度等促进间接还原，追求高产。炉型形成与演变受到鼓风条件、木炭强度和建炉材料等外部条件，"顺行、稳产"的技术追求以及冶炼工匠认识能力的共同制约与推动。竖立炉的工作原理如图5.11所示。

---

① 详见刘云彩：《中国古代高炉的起源和演变》，第18页。

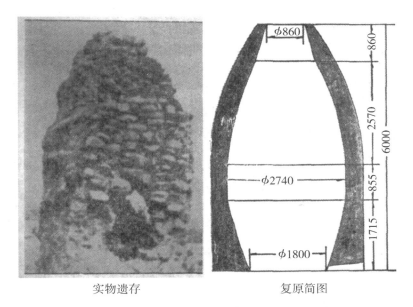

实物遗存　　　　　　　　　复原简图

图5.9　宋代高炉

资料来源：刘云彩：《中国古代高炉的起源和演变》，第23页。

 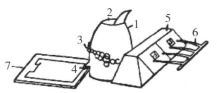

1.炉；2.炉口；3.束捆炉腰的铁链；
4.溜（出铁口）；5.鞲（长柜形木风箱）；
6.推拉杆；7.铸泻铁盘用的方塘

图5.10　元代陈椿《熬波图咏》中的化铁炉

资料来源：韩汝玢、柯俊：《中国科学技术史（矿冶卷）》，第581页。

　　屈大均在《广东新语》中对广东境内熔炉的外观、尺寸及构造也做了详细的描写，此种炉型也是佛山地方的冶铸熔炉（图5.12）："炉之状如瓶，其口上出，口广丈许，底厚三丈五尺，崇半之，身厚二尺有奇。以灰沙盐醋筑之，巨藤束之，铁力、紫荆木支之，又凭山崖以为固。炉后有口，口外为一土墙，墙有门二扇，高五六尺，广四尺，以四人持门，一阖

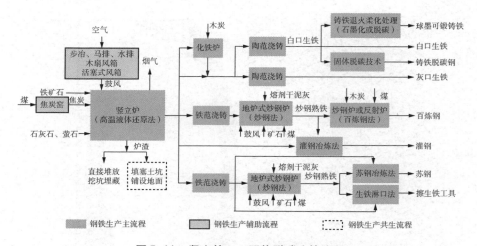

图5.11 竖立炉——固体脱碳冶炼流程

资料来源：于冰、石磊：《中国不同历史时期的钢铁工业共生体系及其演进分析》，第1909页。

一开，以作风势。其二口皆镶水石，水石产东安大绛山，其质不坚，不坚故不受火，不受火则能久而不化，故名水石。"① 佛山史研究专家罗一星博士认为佛山不具备建造熔炉的条件：无薪炭、无山崖、无铁力木和水石，达不到屈大均所说的建炉要求，此种大型炉只能是罗定的，而佛山只是小型炉。②

虽然到目前为止，佛山本地尚未发现保存下来的炉体，也没有出土相关的残存炉片来加以佐证，但笔者认为佛山有此类熔炉的可能性也是极大的，有些情况在前文中已有阐述：所有建造熔炉所需的原材料以及大部分燃料来自外地；佛山虽处珠江三角洲平原，但境内的小山丘还是很多的，有100座之多，又因炉座不是很高，依靠小山丘而建造熔炉，达到屈大均所说的"又凭山崖以为固"是完全可能也是可以的；特别是在浇注大型铸件如2.5吨重的北帝铜像时，金属材料的用量是很大的，而且需在较短的时间内一次浇注而成，显然，小型炉是达不到这些要求的，只有大型熔炉才能做到这一点。

只不过这些大型熔炉在多次反复使用以后，到后期基本上不能再用于熔炼时，就变成了一种生产废料；但又不能让这些废弃熔炼占据有限的生产和生活空间，只能敲碎填埋或重新筛制成制作熔炉的粉状材料。所以，这也是我们现在很难看到熔炼遗存的根本原因之所在。

---

① 〔清〕屈大均：《广东新语》卷十五《货语·铁》，第408页。
② 罗一星：《关于明清"佛山铁厂"的几点质疑》，第110页。

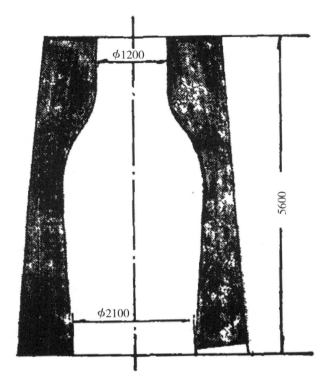

图 5.12 清代佛山高炉复原示意

资料来源：刘云彩：《中国古代高炉的起源和演变》，第 24 页。

第二节 熔炉的建造

中国传统社会从中后期开始，冶炼熔炉以竖立炉即高炉为主，其他类型的熔炉为辅。下面我们先来看看中国熔炉出现的历史背景和建造高炉的步骤与所需的材料。

一、熔炉出现的背景

（一）熔炉起源于炼铜炉

我国早期炼铜的原料是氧化矿石，其中包括孔雀石。从已经发掘的殷商和春秋时期的冶铜遗址中，发现铜矿石与赤铁矿石放在一起的，铜渣中的氧化铁含量很高，有的达到 40% 左右。[①] 这些遗物证实，在炼铜过程中，易还原的铁矿石曾经被带到炉内。这种伴生现象，可能是炼铜炉最早使用含铜铁矿石的原因。

纯铜的熔点是 1083 ℃，铜中含铁成分越高，熔点也就越高。炼铜炉在初始阶段的温度是较低的，原料中的铁不太可能被大量还原出来。

随着炼铜炉高度的增加和容积的扩大，矿料、熔剂在炉内经过充分预热后，炉温也逐渐升高，如果超过 1300 ℃，就有可能炼出生铁。我国古代对火的认识很充分，使用水平也很高，殷商时期陶窑火力已能达到 1200 ℃，炼炉温度当然可以更高。到西周或东周初年，炼炉温度可能达到 1300 ℃以上，这就使炼铜原料中易还原的赤铁矿炼出生铁成为可能。[②] 在湖北铜绿山遗址附近，曾出土含铁 5.44 % 的铜锭[③]，虽然年代可能较晚，但对于上述推论还可作为参考。

只有高炉产品数量和质量都达到相当水平，才会有铁农具出现。因此高炉出现于春秋初期或更早，是有可能的。例如干将、莫邪的故事，在战国时代的《庄子》《韩非子》和《荀子》等书中均已提及，说明这些故事由来已久。这些传说中有两点信息值得重视：一是欧冶子、干将同师学冶，既炼铜，也炼铁，炼铜用以铸铜剑，炼铁用以铸铁剑。二是"昔吾师作冶金铁之类不销"，"使童女童男三百人鼓橐装炭，金、铁乃濡，遂以成剑"。这说明该冶炼炉既可炼铜，也可炼铁。这些故事或传说也反映了高炉起源于炼铜炉。[④]

---

① 刘云彩：《中国古代高炉的起源和演变》，第 18 页。
② 刘云彩：《中国古代高炉的起源和演变》，第 18 页。
③ 冶军：《铜绿山古矿井遗址出土铁制及铜制工具的初步鉴定》，《文物》1975 年第 2 期，第 21 页。
④ 刘云彩：《中国古代高炉的起源和演变》，第 19 页。

（二）熔炉的容积逐渐增大

春秋战国之际，是我国由奴隶社会向封建社会的过渡时期。新兴的地主阶层以土地私有和耕战征伐为中心的富国强兵政策，需要大量的铜与铁，因而冶炼行业受到了政府的重视。秦统一后亦设铁官来统一管理。

前 119 年，西汉王朝颁布了盐铁官营的法令，全国设铁官 49 处。西汉政府认为"盐铁、均输，万民所戴仰而取给者"[①]，因此，在封建社会的上升时期，官营冶铁业"财用饶、器用备"[②]，高炉冶炼技术得到了较快的发展。

春秋时期高炉容积较小，产量也低，而燃料消耗却很大。到了战国时期，高炉冶炼技术有了进一步的发展。河北兴隆出土的战国中期的铁范，冶铸已很精良。湖南出土的战国铁铲，铲的厚度仅 1～2 毫米，外形细致端正，壁薄，显示了战国时期的铸铁技术水平。能铸造薄件，熔化的铁水一定是有足够的温度，说明战国时期的高炉冶炼技术水平远远超出了春秋时期的发展水平。

已经发掘的高炉遗址表明，到西汉时期，重要冶铁基地的高炉已经很大。河南巩义铁生沟遗址的高炉，直径 1.6 米；河南夏店遗址的汉代高炉，直径约 2 米；承德发现的汉代高炉，直径约 3 米。可见自战国到西汉这五百年间，高炉的建造向大型化方面发展，达到了当时送风机械所能容许的最高水平。

这期间高炉的鼓风设备是橐，其较完整的形象见于汉画像石。依据汉画像石推算，汉代橐的容积约 0.23 立方米，每分钟鼓风量 2～3 立方米。

随着炉子的扩大和增高，用橐鼓风，其风力显然不够。大约在西汉中期，经过多年的实践证明，3 米以上的大高炉并不能多出铁，因为鼓出的风已经吹不到炉心，中心的炉料就不能熔化，那么高炉就不可能正常生产。由于椭圆的短径比同样面积圆的半径短，工匠们在长期观察摸索之后创造了椭圆形高炉，从距离中心较近的两侧鼓风，解决了中心风力不达标的难题（图 5.13）。

河南鹤壁发现的汉代冶铁遗址中，有十三座椭圆形高炉，炉体宽 2.2～2.4 米，长 2.4～3 米，最大的一座炉缸（高炉下部叫炉缸）面积 5.72 平方米，其中一座残高 2.99 米，当初完整时一定更高。

---

① 〔汉〕桓宽：《盐铁论》卷一《本议第一》，上海人民出版社 1974 年版，第 3 页。
② 〔汉〕桓宽：《盐铁论》卷六《水旱第三十六》，第 79～80 页。

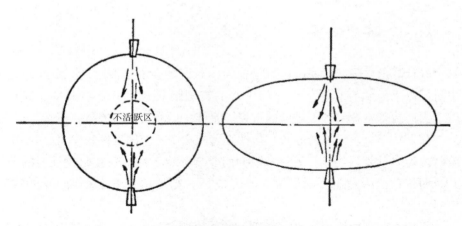

图 5.13　圆形与椭圆形高炉的鼓风效果对比

资料来源：刘云彩：《中国古代高炉的起源和演变》，第 20 页。

　　河南古荥镇遗址的汉代高炉，经复原，其尺寸如图 5.14 所示。古荥高炉体现了汉代冶铁技术的新水平：第一，它是椭圆形的，说明当时的人们已经认识到炉缸工作与送风机械之间的关系；第二，炉子下部炉墙向外倾斜，与水平方向所成角（在冶金上叫炉腹角）为 62°，如果炉墙是直壁，在风力不大的情况下，风量大部分就会沿炉墙上升，大部分煤气（鼓进炉内的风与碳燃烧生成的气体）就会顺着炉墙经过，不能在中心部分很好地发挥助燃作用，既浪费了煤气，也会消耗更多的燃料。

　　古荥高炉的炉墙外倾（图 5.15），这样一来边缘炉料和煤气的接触就较为充分，可以弥补炉气进入不了中心的缺陷。这种高炉下部炉墙外倾是高炉发展史上的一大飞跃，反映了人们对冶金炼炉认识的不断提高和深化。[1]

　　随着高炉高度的增加，煤气穿过高炉的阻力也就相应地增加。高度增加到 4 米以上时，用橐鼓风已经相当困难了，这也阻碍了高炉的发展。冶铸工匠经过长期的实践摸索，发现炉料粒度整齐能减少煤气通行的阻力，于是炉料整粒技术因此而诞生并发展起来了。在河南巩义铁生沟遗址中，还保留着经过破碎筛分后粒度整齐的块矿和筛分后留下的粉末。[2] 这种整粒技术在我国冶金发展史中作为一种成功的经验保留了下来。后来，在宋、元时期的冶铁遗址中，还能见到大量筛分后留下的矿石粉末。

　　由于古代炼铁炉渣中的二氧化硅成分过高，导致渣子较黏，给高炉的操作带来了不小的困难。西汉时期，我国工匠已发明了在炉料中加入一定

①　参见刘云彩：《中国古代高炉的起源和演变》，第 20 页。
②　河南省文化局文物工作队：《巩县铁生沟》，文物出版社 1962 年版。

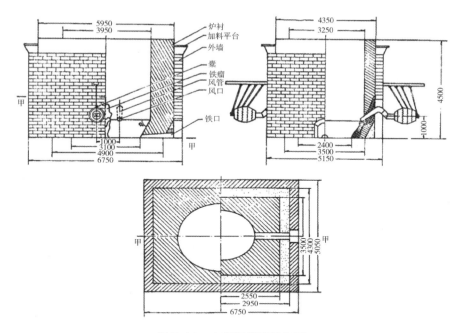

图5.14 古荥汉代高炉复原

资料来源：刘云彩：《中国古代高炉的起源和演变》，第21页。

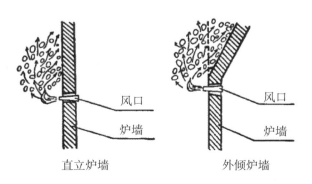

风口

炉墙

直立炉墙

风口

炉墙

外倾炉墙

图5.15 炉墙对煤气分布影响示意

资料来源：刘云彩：《中国古代高炉的起源和演变》，第21页。

比例的石灰石作为熔剂的方法，使炉渣中的二氧化硅和氧化钙结合，降低了炉渣熔点，改善高炉的操作环境。用石灰石作熔剂，还能降低生铁的含硫量，改善生铁的质量，这样炼出的铁和钢，含硫量都很低。巩义铁生沟遗址中也发现了石灰石。炼铁使用熔剂，是冶金史上的又一重大发明，为高炉的进一步发展奠定了技术基础。汉代高炉的生产水平，从古荥一座容积44立方米的高炉看，日产生铁约570公斤，一年大约可生产60吨。根据物料平衡进行推算，其具体生产指标如表5.1所示。上述指标是在2000

175

多年前的高炉上取得的，其技术成就也是极其伟大而且难能可贵的。①

表 5.1　生产指标一览　　　　　　　单位：公斤

炉料名称	木炭	矿石	石灰石
每炼 1000 公斤铁需要量	7850	1995	130

（三）熔炉新技术的发明与推广

高炉容积扩大，特别是椭圆形高炉出现以后，风口增多，送风的橐相应地增加，因此所需人力也相应地增多。以古荥 44 立方米高炉为例，有四个橐，需要 12 人同时操作；如果半数轮换，则需 18 人；如果一天两班轮换，仅鼓风一项就要 36 人。仅鼓风一项就占用了大量的人手，效率低下。这促使人们不断进行探索、寻找新的动力。

31 年，南阳太守杜诗在总结前人经验的基础上，"造作水排，铸为农器，用力少，见功多，百姓便之"②。经过 200 余年的发展，到三国时韩暨"乃因长流为水排，计其利益，三倍于前。在职七年，器用充实"③。水力鼓风的发展，节省了大量的人力，对冶金工业的发展产生了巨大的推动作用。

水力鼓风在魏晋南北朝继续使用，到宋朝还见于记载。元朝，水力鼓风已经少见，所以王祯说水力鼓风"去古已远，失其制度。今特多方搜访，列为图谱，庶冶炼者得之，不惟国用充足，又使民铸多便，诚济世之秘术，幸能者述焉"④。王祯本人并未见到水力鼓风设施实物，所以画的图有点毛病（图 5.16）。

宋代发明了结构较坚固的木风扇，风扇由木箱和木扇组成，刚性较皮橐好得多，操作起来也很方便，风量也较大，而且漏风较少。轻便的风扇，一人可同时操作两个；较大的风扇，二三人可操作一个。风扇在宋、元时代流行比较广泛，到清初尚有使用。

春秋以后，高炉上部形状的变化，还缺少完整的资料，保留下来的古

①　刘云彩：《中国古代高炉的起源和演变》，第 21 页。
②　〔南朝·宋〕范晔：《后汉书》卷三十一《郭杜孔张廉王苏羊贾陆列传第二十一》，中华书局 1965 年版，第 1094 页。
③　〔晋〕陈寿：《三国志》卷二十四《魏书二十四·韩崔高孙王传第二十四》，中华书局 1959 年版，第 677 页。
④　〔元〕王祯：《王祯农书》"农器图谱集之十四·利用门·水排"，农业出版社 1981 年版，第 348 页。

图 5.16　水排鼓风炼铁

资料来源：〔元〕王祯：《王祯农书》，第 347 页。

代高炉，上部多半毁坏。上部炉墙何时开始内倾，现在尚不清楚。但至迟至宋代，高炉内型（炉墙里边的形状）已发展到具有现代高炉的基本特征。现代高炉好像一个大腰鼓，两头细，中间粗。河北省矿山村发现的宋代高炉，仅存半壁，高约 6 米，外形呈圆锥形，很像现在的土高炉；炉底周圆小于炉腹，从炉腹至炉顶逐渐缩小。

高炉的上部叫炉身，炉身炉墙与水平面形成的夹角叫炉身角。现代高炉的炉身角一般在 80°～86°之间，高炉炉身内倾的意义和炉腹外倾的意义相近，能使煤气分布趋于均匀，炉料和煤气充分接触，极大地改善了矿石的还原和换热过程，节省了燃料；同时减少下降的炉料对炉墙的摩擦，有利于炉料顺利下降，能够延长炉墙的使用寿命。所以炉身内倾是技术上的重大创造，是高炉发展史上的又一次飞跃。

从汉代到宋代，由于鼓风设施的限制，高炉内径很难超过 3 米，炉子扩大的趋势在东汉以后已经停止下来。随着炼铁生产的发展，更多的小型高炉建立起来了。河南鲁山汉朝的小高炉，内径只有 0.87 米；安徽繁昌唐宋时期的高炉，内径约 1.15 米；黑龙江阿城 13 世纪冶铁遗址的高炉，炉缸内径约 0.9 米。

中国炼铁生产到明代加快了发展。这时，由于新式的木风箱出现，小高炉得到迅猛发展。《涌幢小品》详细描述了明政府的重要冶铁基地——河北遵化的高炉构造："遵化铁炉，深一丈二尺，广前二尺五寸，后二尺七寸，左右各一尺六寸，前辟数丈为出铁之所。"① 这里的"深"，是指从高炉炉底到炉喉（高炉上口叫炉喉）的高度，明代一尺相当于现在的0.933 尺，此炉内型高度合 3.73 米。炉前出铁场有好几丈长，可见高炉产量很大。"广"指面积而言，"广前二尺五寸"是说明出铁口面积 2.5 平方尺，由此推算出铁口的砌砖内径为 0.55 米。"后"是指渣口，"左右"指风口，按铁口的算法，得出渣口的砌砖内径为 0.57 米，风口的砌砖内径为0.44 米。

《广东新语》中对佛山高炉的描述反映了另一种类型的熔炉："炉之状如瓶，其口上出，口广丈许，底厚（周）三丈五尺，崇半之，身厚二尺有奇。"② 按上述方法推算，炉缸内径 2.1 米，炉喉内径 1.2 米，高 5.6 米，其形状和民国时期云南流行的大炉相似。

风扇的演变产生风箱。风扇推压时送风到炉内，拉开时无风，所以风扇多半成对，"一开一阖"，保证风量不断流入。风箱双向进风，往返都有风产生，风量的稳定性提高了。风箱是木结构，刚性强，由于只有活塞在木箱中往复运动，风箱较风扇和橐的运动部件少，能够做得更严密牢固，漏风较少，效率较高。风箱产生的风压可大到 300 毫米水柱。由于风压较高，炉料粒度可以小一些，而风向炉内穿透更深，炉缸温度因之升高，能炼出含硅较高的灰口铁，铸件可以更薄。风箱使高炉的产量成倍地增长，而且炉缸缩小后一扫大炉缸中心铁料流动不畅的弱点，高炉操作更有把握。

我国历来重视高炉的原料准备。汉代高炉要求整粒，而矿石破碎筛分相当费力。人们在实践中发现矿石经过火烧易于破碎，因而采用了焙烧的方法。焙烧矿石显然是为了改善矿石的冶炼性能，成为冶炼前的一道工序。

明代在提高冶炼水平上做了许多有意义的工作。水洗矿石选矿（图5.17）的广泛使用，是原料加工上的一个重要成就。

高炉冶炼所需的第二种熔剂——萤石的被发现，是冶铁发展史上的又一大进步。明代已经使用萤石炼铁。《涌幢小品》有这样详细的描述："遵化铁炉……俱石砌，以简千石为门，牛头石为心，黑沙为本，石子为佐，时时旋下。……妙在石子产于水门口，色间红白，略似桃花，大者如斛，小者如拳。捣而碎之，以投于火，则化而为水。石心若燥，沙不能下，以此救之，则其沙始销成铁；不然，则心病而不销也。如人心火大盛，用良

---

① 〔明〕朱国祯：《涌幢小品》卷四，中华书局 1959 年版，第 94 页。
② 屈大均：《广东新语》卷十五《货语·铁》，第 408 页。

砂鐵洗淘

图 5.17　淘洗铁砂

资料来源：〔明〕宋应星：《天工开物》卷下《五金第十四》，第 333 页。

剂救之，则脾胃和而饮食进，造化之妙如此。"① 这段生动的文字，叙述了炼铁炉用石砌成，经常用的矿石是小块的磁铁矿（"黑沙为本"），以萤石为辅助料（"石子为佐"）；描写了萤石的形状、特征和冶炼性能，指出萤石熔点很低，放到炉子里很易化成水，说明了萤石的作用在于消除炉子不顺（"沙不能下"）的弊端。没有丰富的高炉冶炼经验，对冶炼过程没有深刻的理解，是写不出这样的文字的。②

二、所需材料与步骤

"凡铁炉用盐做造，和泥砌成。其炉多傍山穴为之，或用巨木匡围，塑造盐泥，穷月之力不容造次。盐泥有罅，尽弃全功。凡铁一炉载土二千余斤，或用硬木柴，或用煤炭，或用木炭，南北各从利便。扇炉风箱必用四人、六人带拽。土化成铁之后，从炉腰孔流出。炉孔先用泥塞。每旦昼六时，一时出铁一陀。既出即叉泥塞，鼓风再熔。"③ 盐的主要成分氯化钠

① 〔明〕朱国祯：《涌幢小品》卷四，第 94 页。
② 刘云彩：《中国古代高炉的起源和演变》，第 21～25 页。
③ 〔明〕宋应星：《天工开物》卷下《五金第十四·铁》，第 312～313 页。

是中性物质，能够有效地使铁液脱硫，从而提高产品质量。

建造熔炉一般需要黄泥、黏土、草料、石英砂、泥砖、铁板以及铁力木、紫荆木等，根据不同的炉型来选择用料。

（1）泥质熔炉。泥质熔炉是以黄泥或黏土泥和稻草等充分混合后的材料为主要原料筑建的。混入稻草是为了增加炉体的韧度，避免炉体开裂，延长其使用寿命。其建造方法主要有两种：一是条筑式，将混合材料搓成泥条盘叠而成，泥条间用木条（相当于榫的作用）穿插衔接，并从内外拍打炉体，使其紧实。这种炉子的直径一般在 0.9 米左右，炉壁厚 4～6 厘米，其耐温性差，炉壁薄，易破损。二是堆筑式，就是在建造材料不变的情况下，增加厚度，先筑建炉衬（最里层），待干透后再堆筑第二层，干透后再堆建第三层。它的直径一般为外径 1.46 米，内径 1.14 米，炉壁厚约 16 厘米，其耐温性仍较差，尤其是清理炉渣、取出金属块容易弄坏炉体。①

（2）砂质熔炉。鉴于泥质熔炉的使用寿命短，在受到夹砂铸造耐高温的启示下，采用砂泥尤其是石英砂拌泥和稻草来作为炉衬，仍然采用堆筑方式建造，加厚炉壁，厚度一般为 9 厘米，内径一般在 0.53～0.65 米。但这种炉子的炉壁的韧性、密封性和保温性较差。

（3）综合材料熔炉。用黄泥（或黏土泥）和砂粒作为基本材料，骨胎是黄泥烧制的砖块，砂质炉圈，砂泥作炉衬，草泥作黏合剂，铁板用作加固层等。综合材料熔炉有两种类型：一是无砂泥圈式炉。炉壁用礓砂砖作骨胎，内外均糊上较厚的草泥，炉腔周面除了贴附一层铁板外，还加糊砂泥炉衬，炉口和炉座也夹铺一层铁板，炉基是经夯实后很厚的砂泥层。二是有砂泥圈式炉。炉壁共有四层，由里到外分别是砂泥炉衬层、砂质炉圈层、方形泥砖层、草泥层。砖缝之间用草泥作黏合剂，炉口方砖与草泥之间、炉缸方砖与草泥之间、方砖与砂圈之间都加铺一层铁板来加固，炉基的制作同上。②

下面以河南鲁山冶铁高炉遗址为例对建造高炉的步骤作一简要说明。

在建高炉之前，先挖一呈长方形的基础坑，该坑南北长 17.6 米，东西宽 11.7 米，深 1.8 米。然后，用经过细加工的灰白色土分层夯筑填平，形成坚实的夯土基础；在基础坑底部经过认真的防潮处理，最底部铺有一层厚 3～5 厘米的极为纯净的木炭颗粒，木炭层上又铺了一层厚 2～5 厘米的纯净的石灰层，隔一层厚约 10 厘米的黄灰色夯土层，又加铺了一层厚

---

① 参见李京华：《中原古代冶金技术研究》，第 147～148 页。
② 参见李京华：《中原古代冶金技术研究》，第 147～148 页。

度相同的石灰层，再往上即为灰白色夯土层。

为了建造高炉炉缸，在夯土基础中部又挖一长方形基槽，该基槽开口东西长 7 米，南北宽 5.1 米，深 1.8 米；基槽南北两侧向下分层内收；基槽做好后，用耐火材料土分层夯填，形成炉缸耐火材料土基床；而耐火土系用红褐色黏土加石英或砂石颗粒和木炭颗粒混合而成，粒度非常均匀，耐火土羼和也很均匀；耐火夯土层一般厚 5～10 厘米。

在高炉炉缸基床上，先是建成了一个内径长轴约 4 米、短轴约 2.8 米的特大椭圆炉缸，经过一段时间的冶炼后，最后一炉发生冻结。为尽量避免这种情况的发生，炉缸又改建成了一个内径长轴约 2 米、短轴约 1.1 米的较小的高炉。这样一来，鼓风就变得相当容易，产品的成品率也得以提高。

在炉缸基床的右前侧建有一条出渣沟，方向与炉基的方向一致，两侧壁及底部均用与高炉相同的耐火材料夯衬，厚 5～10 厘米。

在考古现场发现，炉基的西侧有一较大的炉前坑，在坑的东北部，也就是紧靠炉缸基床的位置，东西向顺放着一椭圆形特大积铁块，重约 30 吨。该积铁似乎是被翻进去的，所以底部在上。紧靠大积铁的南侧有一圆形遗迹，该坑显系经过高温火烧，南壁仍有大面积已烧结成琉璃状的残余壁面，该坑下部亦有一与坑径相同的大圆形积铁。在炉前坑的西南方向，发现一座窑基和一座 8 间相连的东西向的房基。[①]

明清时期的佛山铁炉，从史料的记载上来看，也是高炉，而且体量不小，具体见前文《广东新语》中的相关描述。

17 世纪，佛山地区高炉的生产有较详细的记载："铁矿既溶，液流至于方池；凝铁一版，取之。以大木杠搅炉，铁水注倾，复成一版。凡十二版，一时须出一版，重可十钧。一时而出二版，是曰双钧，则炉太王〔旺〕，炉将伤。"[②] 按上面的记录来计算，日产铁十二版，折合 2150 公斤，双倍则是 4300 公斤。可以看出，此时的高炉容积虽然只有汉代古荥的 42%，而产量较汉代高了 3.8 倍以上。由此可知，从汉到清初，高炉产量提高了 9～18 倍。中国高炉历史沿革如表 5.2 所示。

---

① 详见刘海旺：《中国冶铁史上又一重大发现：河南鲁山发现汉代特大椭圆冶铁高炉炉基及其系统遗迹》，《中国文物报》2001 年 4 月 25 日，第 1 版。
② 〔清〕屈大均：《广东新语》卷十五《货语·铁》，第 409 页。

表5.2　中国高炉历史沿革

时间	技术成就
约前 8 世纪或更早	出现世界上第一批高炉
前 3—前 1 世纪	发明石灰石作高炉熔剂；炉料破碎筛分，整粒入炉；出现第一批椭圆高炉，炉腹角约 62°；大的高炉有四个送风口
31 年	发明水力鼓风
至迟 4 世纪	高炉广泛用煤炼铁
至迟 11 世纪	高炉炉身内倾，炉身角度约 76°
1270 年前后	发明焦炭，使用焦炭炼铁
1510 年前后	发明第二种熔剂——萤石
1520 年前后	冶铁学专著《铁冶志》问世
1570 年以前	发明铁矿石焙烧
1637 年以前	发明活塞式风箱，风压达 300 毫米水柱

资料来源：刘云彩：《中国古代高炉的起源和演变》，第 26 页。

最原始的竖炉出土于河南洛阳的北窑，炉型主要有圆形和椭圆形，用草拌泥做成锅形炉底和炉圈，垒成筒形炉身，内壁以细泥为炉衬。汉代为鼎盛时期。为了提高炉温，改善鼓风设备，熔炉的容量逐渐缩小。从宋代起，出现了曲线炉膛，竖炉都是内加热式的。通过现代科技对洛阳北窑竖炉遗存物进行复原，可知其基本情况如下：炉底呈圆饼形，中部略向内凹，直径约 80 厘米，底厚约 35 厘米。炉体由数节炉圈组成，炉圈呈圆形，每节炉圈高约 30 厘米。每圈的上下边缘都有三角形卯榫数枚，用来严密扣合。炉圈的材料是砂粒、黏土和稻草的混合物，先制成条状，一层层盘砌成一节，烘干备用。炉圈内径 88～170 厘米，厚 3～5.5 厘米，每层之间用卯榫插接，即可组成炉体。炉口在炉身最高层炉圈的上口，以草拌泥为胎，厚约 3 厘米。整个炉子有四只风口，而且是多管送风，风口管呈直筒状向下倾斜。

湖北大冶铜绿山的炼铜高炉是由炉基、炉缸和炉身三部分组成的，其复原后的基本情况如下：炉基是在地面挖一个圆坑，填以石块、黏土夯实，并使之高出地面，直径约 120 厘米，高 20 厘米，底部设有风沟，呈"T"形。沟内高 60 厘米，横沟长 210 厘米、宽 45 厘米，竖沟长 80 厘米、宽 40 厘米。高炉两侧垒土墩作工作台，故竖沟为暗沟，横沟端有沟口。风沟是炉缸底下设置的通风沟道，防止炉缸因受潮而冻结，用石块支撑以承受炉体的压力。

炉缸架设在风沟上，其截面呈椭圆形，长轴直径 70 厘米，短轴直径

40 厘米，缸深 30 厘米。炉缸短轴前端炉壁的拱形门成为金门，是高炉前壁所设置的工作门，便于开炉时架炭点火、修炉时捣搪炉缸，当高炉的运行出现故障时可拆门进行处理。在堵门墙上设有出渣口、出铜液口。高炉是连续加料运行的，可间断清理炉渣和排放铜液。炉缸上部在长轴端点处设置风口。风口直径 5 厘米，向下倾斜角度 19°，中心线距缸底 30 厘米。风口的作用是供风增氧、提高炉温。有一对风口分置长轴两端，这样便于炉料接触空气，加快炉内不均匀体系的反应速度。

炉身是正截锥形（炉墙内倾），其炉身角度为 79°，炉身内倾能使空气分别趋于均匀，炉料和空气的接触较为充分，有利于矿石的还原和换热过程，节约燃料。整个高炉的炉底到炉顶高为 180 厘米。

三、耐火材料与熔剂

我国有 3000 年以上的悠久冶铸历史，在长期的生产实践中，逐渐形成了一套独特的造炉方法，并且就地取材，找到了一些价廉物美的耐火材料和熔剂。

古代炼铁竖炉使用的造渣溶剂主要有两种，一是石灰石，二是萤石。前者始见于汉代。如在西汉时期已经开始使用石萤石作溶剂，"使用石萤石作溶剂，可以降低炉渣熔点，改善炼炉操作，同时还可以脱硫，这说明当时已具备一定的造渣经验，在正常的情况下能使渣铁畅流，改善生铁质量，这是冶金史上的一项重大发明，为熔炉的进一步发展奠定了技术基础"[1]。

如郑州古荥镇出土了相当多的汉代熔炉炉渣，经检测其中的成分有石灰石。另外巩义铁生沟汉代冶铁遗址、繁昌唐宋冶铁遗址都出土过石灰石。石灰石的使用，是古代炼铁史上的一个重要事件，它对改善炉渣的流动性、增强其脱硫能力都有十分重大的意义。

冶铁中用到萤石作为溶剂大约始于明代中后期。时人朱国祯在《涌幢小品》卷四《铁炉》中谈到炼炉的尺寸后说："黑沙为本，石子为佐，时时旋下，用炭火置二鞴（bèi）扇之，得铁日可四次。妙在石子产于水门口，色兼红白，略似桃花，大者如斛，小者如拳，捣而碎之，以投于火，则化而为水。石心若燥，沙不能下，以此救之，则其沙始销成铁。"[2] 此"黑沙"显然是指铁沙矿，"色间红白，略似桃花"的石子就是萤石（氟

---

① 刘齐：《汉代的冶铁技术与画像石》，《咸阳师范学院学报》2011 年第 2 期，第 91 页。
② 〔明〕朱国祯：《涌幢小品》卷四，第 94 页。

化钙）。

最早的熔炼设备，无论是殷墟的将军盔，或者是郑州的大口陶尊，只能是草拌泥，因为炼炉本身就是相当耐烧的耐火熟料，所以考古发掘中还没有找到使用别的耐火材料的线索。耐火材料的使用，始于竖炉，这种炉子大，不可能烧成陶质，而且要承受大的料柱压力和耐 1300 ℃ 以上的高温，人们便不断寻找耐高温耐火的材料。

（1）石英砂与黏土混合料。我国现已发现最早的竖炉是洛阳北窑西周铸铜作坊出土的。大型炉（即竖炉）的炉圈就是用石英砂加黏土与草拌泥混成，炉衬也是用石英砂加黏土。经科学分析：熔炉壁材料含砂量 78.5%，含泥量 20.24%；炉壁外涂泥含砂量 75.5%，含泥量 23.87%。据岩相鉴定，炉壁衬料由石英砂和黏土组成。石英砂颗粒细小均匀，带有棱角，说明原料是经过人工粉碎、筛分、混料以及成型等工序的。

（2）红土、高岭土、石英砂。这是春秋时期湖北大冶铜绿山炼铜遗址的耐火材料。大冶一带红色铝矾土矿层很厚，高岭土素为陶瓷及铸造生产用的耐火材料，加上所惯用的石英砂，春秋时期所用的耐火材料比前代又向前迈进了一步。[①]

（3）熔炉材料种类丰富。汉代铁业兴盛，在熔炉的不同部位、不同层次，使用的耐火材料的种类是不同的。例如，炉基要求耐压、防止渗漏，最外层基坑底仅用黄泥；中层用红黏土加木炭末和碎铁矿混合料：炉基最外层则用黏土、小卵石加木炭的混合料。炉座和炉缸用同一种耐火材料，主要由细石英砂、木炭末、碎铁矿配合成的混合料。

经洛阳耐火材料研究所和郑州市博物馆对古荥汉代高炉炉衬材料的检测，他们认为，古荥高炉所用耐火材料一个突出的特点，是不同部位采用不同的材料，炉身使用砂质黏土，炉腹、炉缸和炉底采用炭末作为耐火材料的掺入料，是十分符合科学的。因为含炭的耐火材料，在惰性气体或还原性气氛中，不致被液态炉渣或铁水所润湿，有很好的抗侵蚀性能，是炉缸、炉底理想的耐火衬料。[②]

（4）耐火炉衬制作技术的进步。这主要是元明清时期，如元代人陈椿在《熬波图咏》中记载铸铁炉所用的耐火材料："瓶砂、白磲、炭屑、小麦穗和泥。"[③]瓶砂就是破瓦瓶、破缸捣碎后制成的砂状碎片；白磲是一种漂白土，有滑腻感，入水中即成粉末，吸水性强，体积能随吸水而胀大，但在加热后又可失去所吸之水分。

---

① 参见凌业勤等：《中国古代传统铸造技术》，第 90～91 页。
② 参见凌业勤等：《中国古代传统铸造技术》，第 91 页。
③ 〔元〕陈椿：《熬波图咏》第三十七图《铸造铁盘图》，上海通社 1935 年版，第 37 页。

《天工开物》五金篇铁条说："凡铁炉用盐做造，和泥砌成。"① 盐的主成分氯化钠是中性物质，是使铁水脱硫的有效成分。炼铁技术的发展带动了高炉耐火材料的进步。

第二节　鼓风设备

鼓风技术是用特制设备将一定压力的气流鼓入炉内，使燃料充分燃烧，提高炉温，从而提高冶炼效率的技术。鼓风设备是鼓风技术实施的物质基础。早期冶金可能使用自然风，后来随着对高温的需求而发展为强制鼓风。据现有考古发掘材料可知：最早用于强制鼓风的器具是扇和吹管，青铜时代早期已经出现较原始的鼓风设备，我国至迟在西周时就已使用一座炉配四具鼓风器的冶炼设备。②

真正的冶铁鼓风机械装置应该是伴随冶铁术的进步而发展起来的。春秋战国时期出现了关于机械的概念。《韩非子·难二》说："审于地形、舟车、机械之利，用力少，致功大，则入多。"③这就是说，古人认为机械是一种"用力少，致功大"的器械。现在一般意义上的机械应包括三个部分：动力装置、传动装置和工作机械。若以此衡量鼓风机械，最早的当属囊橐，此后相继有水排、木扇、活塞式木风箱等。不难看出，从最初的囊橐到后来的马排、水排再到木扇、木风箱，其机械结构以及机械原动力呈现出由简单到复杂再到小型化、简单化的发展脉络。之所以呈现这样的特点，是由当时的社会背景尤其是国家制度和经济发展的环境所决定的。④

中国古代的鼓风设备主要有早期的囊橐，最早的是皮囊。如果一座炉子用好几个橐，放在一起，排成一排，就叫"排囊"或"排橐"。用水力推动这种排橐，就叫"水排"。中期主要有风扇（即木扇）。后期随着技术的不断改进，出现了风箱。风扇大约发明于 10 世纪以前，如北宋时期的《武经总要》前集的行炉图，敦煌榆林窟西夏（1032—1227 年立国）的锻铁壁画以及元代王祯的《农书》中的水排图，都有风扇。活塞式的风箱最早见于明代宋应星的《天工开物》一书。

---

① 〔明〕宋应星：《天工开物》卷下《五金第十四·铁》，第 312 页。

② 参见王大宾、杨海燕：《中国古代冶铁鼓风机械沿革问题浅探》，《湖南冶金职业技术学院学报》2009 年第 1 期，第 1 页。

③ 陈奇猷校注：《韩非子新校注》，上海古籍出版社 2000 年版，第 888 页。

④ 参见王大宾、杨海燕：《中国古代冶铁鼓风机械沿革问题浅探》，第 1 页。

鼓风设备是传统冶铸工艺技术升级换代的重要保证。

一、囊 橐

《说文·橐部》："囊，橐也"，《广雅·释器》"橐，囊也"，二词常同义连用。明代马中锡《中山狼传》"乃出图书，空囊橐，徐徐焉实狼其中"的囊橐泛指袋子。

山东滕州宏道院汉画像冶铁图（图 5.18）所画悬吊的皮橐，呈球鼓（略扁）形，两端设排气管、进气门。图上一人站立而拉动皮橐，橐下仰躺一人将皮橐推回原位。此鼓风皮袋就是特大的中开口的有底橐，故称为"橐"（其复原图如图 5.19 所示）。

图 5.18 汉画像石左侧中的橐，一人平躺于地进行推移复位

资料来源：山东省博物馆：《山东滕县宏道院出土东汉画像石》，《文物》1959 年第 1 期，第 2 页。

"囊""橐"还是古代冶铁鼓风设备之称谓，但以用"橐"较多，指特制的大皮袋，两端收紧，中间鼓起。《墨子·备穴》："具炉橐，橐以牛皮。"橐上有把手，来回拉动着鼓风。又说："盆盖其口，毋令烟上泄，旁立橐，疾鼓之。"风通过橐前端所装管子［称作"籥（yuè）"］鼓入冶铁炉，促进炉中木炭充分燃烧，以提高炉温。因此，冶铁又称作"鼓铁"。

在我国科技史上，春秋战国是一个重要的工艺积累时期。经过高度发展的青铜文明，铁器制作在这一时期兴起，一些冶炼技术得到了很大的提高，如出现了块炼铁技术、退火工艺、铸铁技术、生铁脱碳技术、生铁柔化技术等。这一方面是由于发达的青铜冶炼技术为冶铁业的起步与发展提供了坚实的技术基础和生产经验，另一方面是由于春秋战国时期新的手工业制度对冶铁业的发展起到了助推作用。

至战国时期，"工商食官"这一制度逐渐被废除，私营工商业的发展迅速，这样就既保证了冶铁业发展所需的强大政策支撑，又使其发展与推广有足够的社会基础和动力。社会需求是冶铁技术发展的最终动力，冶铁技术的进步对鼓风技术改进提出了要求。对于此时鼓风技术的特点及鼓风设备似乎已早有定论，囊橐被认为是这一时期较为成熟的鼓风装置，至迟

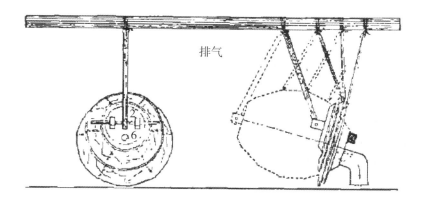

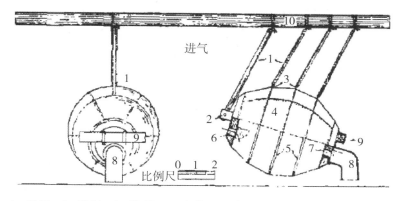

1. 吊杆；2. 拉杆；3. 铁环；4. 皮橐；5. 木环；6. 进气门；7. 排气门；
8. 排气管；9. 横木；10. 横梁

图5.19　囊橐——滕州宏道院出土汉画像石鼓风机复原图（王振铎复原）

资料来源：戴念祖、张蔚河：《中国古代的风箱及其演变》，《自然科学史研究》1988年第2期，第153页。

不晚于春秋时期。[①]

《左传·昭公二十九年》："遂赋晋国一鼓铁，以铸刑鼎。"孔颖达疏："冶石为铁，用橐扇火，动橐谓之鼓，今时俗语犹然。"《淮南子·本经训》："鼓橐吹埵（duǒ），以销铜铁。""埵"即籥管。高诱注："橐，冶炉排橐也。"陆机《文赋》："同橐籥之罔穷。"李善注："橐，冶铸者用以吹火，使炎炽。"汉赵晔《吴越春秋·阖闾内传》述吴王阖闾时铸干将、莫邪二剑，曾使"童女童男三百人鼓橐装炭"，可见当时冶炼规模，其必用多个风橐无疑。为了提高风力，可以用多个风橐。多风橐需并列安装，专

———————————

① 参见王大宾、杨海燕：《中国古代冶铁鼓风机械沿革问题浅探》，第2页。

称"排橐"。①

二、水　排

　　水排是我国古代一种冶铁用的水力鼓风装置。人类早期的鼓风器大都是皮囊，我国古代又叫橐。一座炉子用好几个橐，放在一起，排成一排，就叫"排囊"或"排橐"。用水力推动这种排橐，就叫"水排"（图5.20）。

1. 立水轮；2. 卧轴；3、4. 拐木；5、6. 偃木；7、8. 秋千索；9、10. 木簨（sǔn）；
11、12. 劲竹；13、14. 囊橐；15、16. 输风管；17、18. 吊杆；19、20. 熔炉

图 5.20　传统社会时期冶铸行业使用的立轮式水排

资料来源：李崇州：《古代科学发明水力冶铁鼓风机"水排"及其复原》，《文物》1959年第5期，第45页。

　　西汉末年，由于鼓风能力所限，稍微大一些的高炉经常发生事故，这说明改进的皮囊仍不能满足当时冶铁业发展的客观要求。在此情况下，水排和马排就应运而生了。据记载，建武七年（31），南阳太守杜诗在总结劳动人民实践经验的基础上发明了水排，造福民众："造作水排，铸为农

---

　　① 本小节引文转引自黄金贵：《"囊"、"橐"辨释》，《徐州师范学院学报》（哲学社会科学版）1994年第1期，第57～58页。

器,用力少,而见功多,百姓便之。"① 据同时期的水碓和翻车的结构推测,汉代的水排也是一种轮轴拉杆式的传动装置。因为它"用力少,见功多",所以大家都乐于使用。三国时期,韩暨②把水排推广到魏国官营冶铁作坊中,用于代替过去的马排、人排。此举不但节省了人力、畜力,而且鼓风能力比较强,促进了冶铁业的发展。水排在我国使用了很长一个时期,直到20世纪70年代,有一些地方还在使用。

我国古代水排构造的详细记述最早见于元代王祯的《农书》:"先于排前直出木簨,约长三尺,簨头竖置偃木,形如初月,上用秋千索悬之。复于排前植一劲竹,上带牵索,以控排扇,然后却假水轮卧轴所列拐木,自然打动排前偃木,排即随入。其拐木既落,牵竹引排复回。如此间打,一轴可供数排,宛若水碓(duì)之制,亦甚便捷"③。依水轮放置方式的差别,王祯把水排分成立轮式和卧轮式两种,它们都是通过轮轴、拉杆以及绳索把圆周运动变成直线往复式的运动,以此达到启闭风扇和鼓风的目的。因为水轮转动一次,风扇可以启闭多次,所以鼓风效能大大提高。

水排由"水轮→绳带传动→曲柄拉杆→鼓风器"所组成,在构造上具有动力机构、传动机构、工作机构三个主要组成部分。因此,水排实际上是一个自动机的雏形,在中国乃至世界科技史上都留下了浓墨重彩的一笔。欧洲直到12世纪初期才有"水排"出现在炼铁工场。

水力鼓风有十分重要的意义,它加大了风量,提高了风压,增强了风力在炉里的穿透能力。这一方面可以提高冶炼强度,另一方面可以扩大炉缸,加高炉身,增大有效容积。这就大大地增加了生产能力。足够强大的鼓风能力和足够高大的炉子是炼出生铁的必要条件。欧洲人能在14世纪炼出生铁来,和水力鼓风的应用是有一定关系的。水排的发明是人类利用自然力的一次伟大胜利。

三、木　扇

木扇是我国古代主要鼓风机械之一,而且也可能是中国独有的一种发明创造。④ 学界一般认为它是皮囊或囊橐之后,风箱(此处指活塞式风箱,下同)之前所使用的鼓风器。

---

① 〔南朝·宋〕范晔:《后汉书》卷三十一《郭杜孔张廉王苏羊贾陆列传第二十一》,第1094页。
② 〔晋〕陈寿:《三国志》卷二十四《魏书二十四·韩崔高孙王传第二十四》,第677页。
③ 〔元〕王祯:《王祯农书》,第348页。
④ 梅建军:《古代冶金鼓风器械的发展》,《中国冶金史料》1992年第3期,第44~48页。

到目前为止，广大学者对木扇的研究主要是从三个方面入手。如杨宽[①]、李崇州[②]、刘仙洲[③]、李约瑟[④]、华觉明[⑤]等人在复原水排的过程中讨论、分析了作为水排一部分的木扇的结构，并做出相应的复原。复原的过程也是一个不断发现新史料的过程，在这一方面贡献最大的是杨宽先生，他先后发现了《农书》《农政全书》《武经总要》和《熬波图》中的木扇图。李约瑟在《榆林窟》[⑥]一书中发现了西夏壁画《锻铁图》中的木扇。[⑦]随后，王静如[⑧]、戴念祖[⑨]、陆敬严[⑩]、华觉明[⑪]、张柏春[⑫]等学者探讨了木扇的使用性能、生产效率、操作方法及历史作用。图5.21是西夏壁画中的木风扇。

木扇起源于唐宋时期或者更早，之后经改进，逐渐取代了皮橐成为主要的鼓风器具。北宋曾公亮所著《武经总要》（1044）的行炉图绘有梯形的木扇。扇门上装有两根推拉杆，并凿有进气阀门，利用扇门的闭合、摆动进行鼓风。木扇虽然制作简单，坚实耐用，但送风量却很有限。木扇经进一步发展，便出现了双扇式风箱。双扇式风箱最早见于敦煌榆林窟西夏壁画锻铁图中。元代陈椿《熬波图咏》中也有双木扇式鼓风风箱[⑬]，结构与形状同西夏壁画中的风箱基本一样，呈梯形，高度仅为其一半左右，但箱体体积却明显增大，两扇扇门上分别设有两根拉杆，作业时需四人同时操作才能进行鼓风。从王祯在《农书》中记载的水排用木扇，可知在元代木扇已经相当普及。

① 杨宽：《我国古代冶金炉的鼓风设备》，《科学大众》1955年第2期，第73～74页；杨宽：《关于水力冶铁鼓风机"水排"复原的讨论》，《文物》1959年第7期，第48～49页；杨宽：《再论王祯农书"水排"的复原问题》，《文物》1960年第5期，第47～49页。

② 李崇州：《古代科学发明水力冶铁鼓风机"水排"及其复原》，第45～48页；李崇州：《关于"水排"复原之再探》，《文物》1960年第5期，第43～46页。

③ 刘仙洲：《中国机械工程发明史》，科学出版社1962年版，第51～54页。

④ 李约瑟：《中国古代对机械工程的贡献》，李约瑟著，潘吉星主编：《李约瑟文集》，辽宁科学技术出版社1986年版，第933页。

⑤ 华觉明：《中国古代金属技术——铜和铁造就的文明》，第330页。

⑥ 敦煌文物研究所编辑委员会：《榆林窟》，中国古典艺术出版社1957年版，第18页。

⑦ 李约瑟：《中国在铸铁冶炼方面的领先地位》，李约瑟著，潘吉星主编：《李约瑟文集》，第916～923页。

⑧ 王静如：《敦煌莫高窟和安西榆林窟中的西夏壁画》，《文物》1980年第9期，第49～58页。

⑨ 戴念祖：《中国力学史》，河北教育出版社1988年版，第531页；戴念祖、张蔚河：《中国古代的风箱及其演变》，第152～157页；戴念祖：《物理与机械志》（《中华文化通志·科学技术典》），上海人民出版社1998年版，第327～328页。

⑩ 陆敬严：《水排》，《寻根》1999年第1期，第6～8页。

⑪ 陆敬严、华觉明：《中国科学技术史（机械卷）》，科学出版社2000年版，第131页。

⑫ 张柏春：《中国传统工艺全集·传统机械调查研究》，大象出版社2006年版，第178页。

⑬ 〔元〕陈椿：《熬波图咏》第三十七图《铸造铁盘图》，第44页。

图 5.21　敦煌榆林窟西夏壁画中锻铁时所使用的木风扇
资料来源：刘培峰、李延祥、潜伟：《传统冶铁鼓风器木扇的调查与研究》，第
11 页。

　　水力鼓风机械的发明是冶铁炉鼓风装置上的重大革新。这之后，木扇
的发明和应用是冶铁炉鼓风装置上的又一次重大进步。它的第一个优点是
可以制造得足够大，再也不像皮囊那样要受到皮革大小的限制；第二个优
点就是结实耐用，这样就为冶铁熔炉的革新创造了条件。随着皮囊向木扇
发展，水排也逐渐进步并在一定范围内得到应用，成为与独立使用的木扇
并行使用的鼓风机械，它们的区别只表现在机械原动力不同和使用条件不
同两个方面。

四、风　箱

　　活塞式木风箱最初有可能出现于宋代。明代宋应星在《天工开物》
中记载了木风箱在明代被广泛应用于冶铁行业的情况，明代的《鲁班经匠
家境》一书中还有其形制。

　　明代成书的《天工开物》绘出了近 20 个拉杆活塞式木质风箱的画图，
宋应星虽然没有对它们做出相应的文字描述，但是这些画图为我们提供了
了解古代风箱的极好资料。从《天工开物》所绘风箱的外形及气瓣的不同
部位来看，可将它们大致分为四类（图 5.32）：第一类，见《冶铸第八》
篇中的"铸千斤钟与仙佛像"图，在风箱的拉杆面与其对面都有两个进气
瓣；第二类，见《冶铸第八》篇中的"铸鼎"图，在拉杆面有一个进气
瓣，其对面有两个进气瓣；第三类，见《冶铸第八》篇中的"铸钱"图，
拉杆所在面只有一个进气瓣，其位置在拉杆左下侧；其对面应该也有一个

气瓣；第四类，见《锤锻第十》篇中的"锤钲与镯"图和《五金第十四》篇的"熔礁结银与铅"图，在拉杆面没有进气瓣，另一面也未画出，但至少应该有一个气瓣。

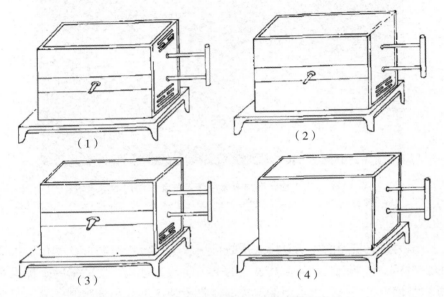

（1）　　（2）
（3）　　（4）

图 5.22　《天工开物》中所绘四类风箱

资料来源：戴念祖、张蔚河：《中国古代的风箱及其演变》，第 155 页。参见〔明〕宋应星：《天工开物》卷中《冶铸第八》、《锤锻第十》，卷下《五金第十四》，第 212～213、210～211. 216～217、256～257、322～323 页。

这四类风箱的内部结构及其工作原理大致如下（图 5.23）：当风箱拉杆从左向右推时，活塞左边突然造成局部真空，A、B 瓣被箱外气压推开，C、D 瓣被箱内气压关闭，空气从活塞右边气室进入输风管，同时将瓣 E 推向左边。当拉杆从风箱拉出时，A、B 瓣被关闭，C、D 瓣被推开，活塞左边的空气被推向输风管，同时将瓣 E 推向右边。在这四类风箱中，前三类可造成连续气流，且风力逐类减弱；只有第四类风箱的气流是间歇性的。显然，它们适宜各种温度的熔炼炉的使用。[①]

清代的文献中也有关于木风箱的记载，如清代徐珂《清稗类钞·工艺类·制风箱》中有对风箱的结构及其工作原理的描述，晚清吴其濬《滇南矿厂图略》还记载了一种箱体呈圆筒形的风箱。

中国的风箱一般都是活塞式的，且具备双作用工作原理。双作用活塞式风箱的箱体为木质，有方形和筒形两类。内部装置一个活塞板，箱内一

---

①　参阅戴念祖、张蔚河：《中国古代的风箱及其演变》，第 154 页。

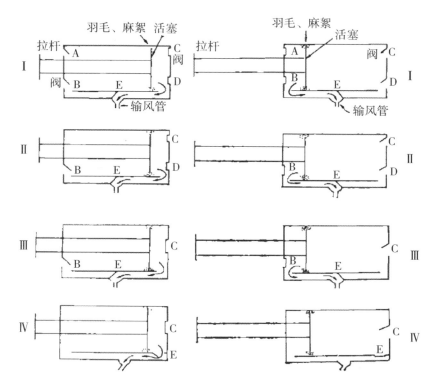

图 5.23 《天工开物》中所绘四类风箱工作原理示意

资料来源：戴念祖、张蔚河：《中国古代的风箱及其演变》，第 155 页。

侧下部有一个长方形风管，前、后开口都与箱内相通，中间有一个向外的出风口。出风口内部的一个单页双置活门，可使出风口与方管的一半相通，阻断出风口与方管另一半之间的空气流动。在气流推动下，方管两部分交替与出风口相通。

活塞板作前后往复运动时，都可以将空气压出，从而实现连续鼓风。筒形箱体可将所受内部径向压力转化为切向拉力，从而承受更高的风压。其制作工艺有板材拼合加箍和原生树干整体加工两种。后者制成的箱壁没有接缝、受力均匀，承压能力进一步提高，常用水力驱动，为大型冶炼炉鼓风。古代马达加斯加和日本等地也曾使用能连续供风的鼓风器，但它们都有两套气缸和活塞，本质上属于串联或并联鼓风。只有中国的风箱真正具备了双作用原理。

活塞式风箱效率高、操作简便，明清时期，与木扇共同成为冶铸行业主要的鼓风设备。直到 20 世纪，活塞式风箱仍然在乡村广泛使用，不仅用作手工业中的鼓风器，还普遍被家庭用作炉灶鼓风。

风箱工作效率较以往鼓风设备要高，且能适应小型化生产的需求，因此被广泛地使用，只是各地会根据实际需要对其加以改造利用。活塞式木风箱成为金属冶铸的有效鼓风设备，它的出现是世界科技史上的一件大事。欧洲直到 18 世纪后期才出现了利用活塞鼓风的鼓风机。

我国古代的冶铁鼓风机械包括皮橐、木扇、风箱和马排、水排等。按照机械的构成标准，前者属于简单机械，后者则属于严格意义上的机械，具备了机械的三个要素，二者的实质区别在于动力系统。皮橐和木扇可以单独使用，也可以作为工作机械通过加装动力装置和传动装置构成水排。也就是说水排本身不是独立发展的，它是随着皮橐和木扇的改进与转变而进步的。[①]

"技术的进步是多方面因素合力的结果，社会的需求和一种技术本身的适用性是决定其存在和推广的关键。冶铁技术的发展是包括鼓风在内的各项技术的发展，其进步是综合性的。"[②] 水排并没有取代人力鼓风的简单机械；相反，无论是在时间上还是在空间上，其推广和普及程度远不及皮橐和木扇，它并没有成为我国冶金史上的常用鼓风机械。

---

① 参见王大宾、杨海燕：《中国古代冶铁鼓风机械沿革问题浅探》，第 4 页。
② 张柏春等：《传统机械调查研究》，第 183 页。

第六章　佛山传统冶铸工艺技术

　　佛山是明清以来冶铸行业兴盛之地，是南中国的冶铸中心，也是人们心目中的铁都。其铸造工艺技术开创的年代已无从考证，最初只是用来生产各种日用品、艺术品等；到了近现代，其冶铸技术已经被推广到军事、民用、手工等行业，尤其是机器制造行业之中。

　　东晋曹毗《咏冶赋》中的著名诗句"冶石为器，千炉齐设"①，真实地描绘与再现了我国古代冶铸生产的情景。在我国古代金属冶铸工艺中，铸造占着突出的地位，具有广泛的社会影响，像"模范""陶冶""熔铸""就范"等习语，就是沿用了铸造行业的术语。

第一节　中国传统冶铸工艺技术概况

　　中国古代的铸造方法主要有石范、泥模、铁范和失蜡法等（图6.1）。具体到佛山地区，其传统冶铸工艺技术也不外乎这几种，尤其以泥模和失蜡法最为出名，其工艺也最精湛。

　　现将中国传统社会时期的几种主要范型工艺作一概述如下。

　　（1）石范，即用石头或石膏石制作的冶铸模型。首先在石头上凿刻出简单的器形图案，如鱼钩、小刀等，再把熔炼后的铜液倒入石范上的器形图案，冷却后便可得到简单的铸件。中国的冶铸工艺源远流长，在新石器时代晚期的龙山文化、齐家文化和甘肃火烧沟遗址出土了铜斧、铜刀、铜镰、箭镞等，还伴随出土了一些石范。经岩相分析，这些石范是泥质砂岩结构，并且经过了多次浇注。由于石头比较硬，且受早期技术和工具的限制，加工起来比较困难，所以用作石范的石头一般选取硬度不大也比较容

_____

　　① 〔宋〕李昉：《太平御览》卷八百三十三《资产部十三·冶》，中华书局1960年版，第3717页。

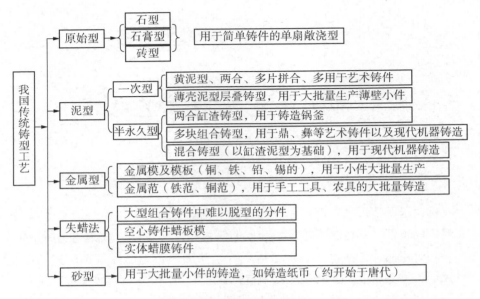

图 6.1　中国传统铸型工艺体系

资料来源：凌业勤等：《中国古代传统铸造技术》，第 122 页。

易加工的，如石膏石。但这种石头有一个最大的缺点，就是遇到高温时容易崩裂，而且也做不了比较复杂的型腔。所以石范只是最原始的铸造方法，很快就被泥质陶模所代替。再加上出土文物数量有限，也没有什么很复杂的工艺与造型，故本章后面的工艺技术部分中略去了对石范工艺的介绍。

（2）泥范，古称"陶范"，受制陶技术的启发，产生了泥型铸造，所以"陶""冶"两字并称。泥型有单面型、两合型或多块合成型，还可分为一次型和半永久型两类。商代早期泥型多为就地取材，将天然泥砂料用水调和制作铸型，经自然干燥或低温堆烧，铸型硬化后即可浇注，冷却后将泥型打碎，取出铸件。这种泥范属一次型铸范。

商中晚期泥范法不断改进，所用的泥沙料经过不断筛选和配制，如加入草秸和稻壳等做出的铸范在烘范窑进行焙烧（如佛山冶铸各行一般是在各自的陶窑内焙烧，有的在石湾龙窑内焙烧），窑温 850～900 ℃，烧制成表面光滑、质地硬而不脆并有较好透气性的铸范，可以多次使用，属半永久型铸范。这种铸范常被称为"陶范"。但"陶范"并未陶化，如果烧到1000～1300 ℃完全陶化时，质地会变成脆硬而不透气，不宜作铸范。因此，"陶范"可以理解为质地较好的泥范。

在造型工艺上，泥范铸造以分铸法为基本工艺，从而铸成复杂的器型，或者先铸器身，然后在上面合范，浇注附件；或者先铸附件，再在浇注器身时，将二者铸接成一体。春秋时期，先铸附件后铸器身这一工艺成为分铸法的主流。对于范芯的干燥、焙烧、装配，均匀壁厚使之能够同时凝固，预热铸型使它能顺利浇注等方面，商周时期已摸索出一套成熟工艺，不但为泥范铸造，也为后世的金属范和熔模铸造奠定了技术基础。前16世纪的商代早期，就能用泥型浇注并铸造出壁厚为2毫米的酒器，并逐渐发展出铸接和铸焊技术来铸造大型的乐器。唐宋时期，用泥范铸造大型和特大型铸件的工艺日臻成熟。沧州五代时期的铁狮子、北京大钟寺的明代大钟，都是世界闻名的巨大铸件。

泥范铸造的又一个杰出成就，是叠铸法的出现和广泛应用。叠铸是把许多范块或者成对的范片叠合装配，由一个共用浇道进行浇注，一次就可以得到几十甚至上百个铸件。我国最早的叠铸件是战国时期的齐刀币。叠铸法在汉代广泛用于钱币、车马器的生产，今天已发展到铸造缝纫机零件、汽车活塞环等。

（3）金属范，古称"铁范"。铁范铸造（即金属型铸造）的铸型材料不再使用石头和泥沙，而改用金属，耐用性更强，实现了从一次型向多次型的飞跃，这在铸造史上具有重要意义。1953年，考古学家在河北省兴隆县发现了铁范，证明早在战国时期就已经使用白口铁的金属型浇注生铁铸件。这批铁范包括锄、镰、斧、凿、车具等，范的形状和铸件吻合，壁厚均匀，利于散热；范壁带有把手，以便握持，又能增加范的刚度。可见在战国时期，我国宜应用金属型来铸造锄、镰和斧等常用工具，并在两汉以后得到较大发展。除铁制金属型外，战国和汉代也使用铜制金属型铸造钱币。由于金属型铸造生产效率高、产品质量好、使用寿命长、产品规格齐整，与铸铁柔化术配合使用，在古代农具铸造上发挥着重要作用，极大地推动了农业生产的发展和社会的进步。

用铁范铸炮是我国传统金属型铸造的一个创造。第一次鸦片战争时期，在浙江省炮局监制军械的龚振麟，为了赶铸铁炮，打击侵略者，首创用铁范铸炮并且取得成功。他所撰写的《铁模铸炮图说》，由魏源收入《海国图志》中，得以保存到现在。它是世界上最早论述金属型铸造的科学著作。书中总结了使用铁范的一些优点，如一范多铸，成本低，工效高（"用一工之费而收数百工之利"，"用匠之省无算"），减少表面清理和旋洗内腔的工作量，铸型不含水气，不出气孔，收藏、维护方便，如果战事紧迫这能很快投产以应急需，等等。

（4）失蜡法，也有称作出蜡法、走蜡法、脱蜡法或刻蜡法的。此法始于春秋战国时期，最早的文献记载见于《唐会要》，是我国独自发明的铸造方法。这种方法与现代的熔模铸造技术的基本原理相似，只是铸件精度达不到现代的水平。使用的蜡模材料有黄蜡（蜂蜡）、白蜡（虫蜡）、牛油及松香等，制壳所用材料主要是黏土。其做法是，用蜂蜡做成铸件的模型，再用别的耐火材料填充泥芯和敷成外范。加热烘烤后，蜡模全部熔化流失，使整个铸件模型变成空壳。再往内浇灌熔液，便铸成器物。用这种方法制造的铸件重的可达数吨，对于形状复杂、难以脱型的铸件一般都使用这种铸造方法。制作工艺主要有两种：一种是手工将蜡料压、捏、拉、雕成各种形状，完全不用模具即能制成复杂的图案；另一种则是把蜡料压成与铸件壁厚相同的蜡片，并裁剪成铸件的形状，贴在预先制好的泥芯上，再制出型壳。

（5）砂范。这种方法是伴随泥型一起产生的，但是在史料中的记载较少。明清时期已完全使用砂型铸钱币，并用于铸印，可批量生产小型铸件。

一次型泥模、半永久型泥模、砂型铸造、叠模和熔模等铸造工艺都离不开泥模，都属于金属铸造工艺的范畴。

第二节　佛山一次型泥模冶铸技术

从考古发掘来看，夏代已经能熔铸青铜。最初的铸型使用石范。由于石料不易加工，又不耐高温，因此，石范很快被泥范取代。商代早期以河南偃师二里头遗址为标志，已经用泥范铸造铜锛、铜铃等。盘庚迁殷以后，青铜冶铸技术达到鼎盛时期。为获得形状复杂、花纹奇丽的青铜铸件，冶铸工匠选取质地纯净、耐火度高的泥沙炼制泥范。

下面来看看一次性泥模冶铸技术的工艺技术。

一、泥料选制

泥料是铸型材料的主体，是铸造过程中消耗量最大的原料。因泥的可塑性好，耐高温，而且就地取材，方便易得，加之史前在长期的制陶实践中积累了泥料加工的丰富经验，泥型（包括泥芯和泥范，失蜡铸造亦属泥型）几乎被用来铸造所有器形。

（一）选料

虽然铸型和制陶在技术上有很多相通或类似的工序，但是铸型泥料的选择或者是其要求是不同于制陶泥料的，理论上需要具备如下工艺性能：

①一定的干强度，使泥模、泥型在搬运、焙烧和浇注过程中能承受一定的外力而不至于破损；②良好的可塑性，便于塑制形状复杂、纹饰细腻的泥模，并使得从泥模上翻印的泥范上的纹饰清晰；③一定的湿强度，能够保证在塑制或翻制泥模、从泥模翻制泥范的过程中，既能使泥模与泥范成形，又不改变其几何形状；④较高的耐火性，能够承受1200℃及以上的高温而不软化或溃散，使浇注时的铸型仍能保持原状；⑤较好的收缩性，使得铸型在液态金属凝固和冷却的过程中，能够随着金属的收缩而相应收缩，不致使铸件产生裂痕；⑥较低的出气性，铸型在浇注的过程中，如果产生大量的气体，气体就会进入液态金属中，导致金属铸件凝固后留下气孔，影响铸件的质量；⑦较高的透气性，在浇注时，能够使得铸型型腔中的气体顺利排出，不致混进入液态金属中而导致铸件产生气孔乃至报废。①佛山本地有大量的优质陶泥，如白泥、黑泥、灰泥和花泥等，它们是烧制各种陶器和制作泥模的上乘原料，基本能满足上述要求。

当然，以上这些要求只是一种理论上的要求，是一种理想状态。在实际铸造中，任何铸型材料都无法同时满足上述要求。无论铸型材料的选取、铸型工艺的设计、浇注系统的选择，还是铸造合金的配比、浇注温度的控制等，一般都会围绕这些要求来展开。

关于泥型泥料的选择，其粒度一般小于或等于100目，②而80%以上的组成成分都小于或等于200目，没有原生土那样大于100目的组成成分，也不像原生土那样，主要组成成分小于260目，更不像原生土的含泥量那样高。很显然，泥型材料处理的第一步便是筛选，除去较粗（大于100目）的组成成分，再经过淘洗，除去更细（小于260目）的组成成分。

所以铸型材料的粒度选择很重要。若粒度很细，其耐热性和稳定性就会变差，强度也会降低；若粒度较粗，复制性就会变差，更难以刻塑和翻制细如纤毫的泥模并翻制出泥范。

（二）羼和

羼和工艺是从制陶工艺直接传承过来的。新石器时代的陶器泥料中往往将砂粒、石灰石粒、稻草稻壳或熟料加以羼和，以提高陶器的耐火性和伸缩性，以免在烧制过程中发生破裂。另外，羼和料在特殊情况下也会起到防止半成品在干燥或烧制时发生开裂、降低黏土的黏性等作用。陶器中

---

① 参阅苏荣誉等：《中国上古金属技术》，山东科学技术出版社1995年版，第88页。

② 目是指每平方英寸筛网上孔的数量，物理学上用于定义物料的粒度或粗细度；目数越大，说明物料粒度越细；目数越小，说明物料粒度越大。

的羼和料一般高达 30% 左右，以砂粒为主，成为陶料中砂料的主要成分；其他种类的羼和料一般也是经过加工后才羼入陶土中的。

这些制陶的工艺技艺被铸型泥料处理工艺全部继承，以提高泥型的耐火性、高温强度和稳定性，相应地就会降低变形或开裂的可能性。

（三）练制

所谓的练制就是经过搓揉、摔打等工序，使得泥料组成成分更加均匀，更加紧密，从而提高其强度和韧性，使铸型不易变形、分层和开裂。练制工序结束后，要将泥料在某种特定的环境中放置一段时间，以进一步提高其物理性能，如同和好面后的饧面，使面团达到比较理想的状况。

二、工艺流程

我国自新石器时代晚期，就进入铜石并用时代。河北唐山等地出土的早期铜器，有锻打成形的，也有熔铸成形的，说明范铸技术在我国源远流长，很早就发展起来。

古代文献中有不少关于昆吾（夏代的一个部落，居住在今河南濮阳市境北）制陶、铸铜的记载以及禹铸九鼎的传说。从近年考古发掘来看，夏代已经能熔铸青铜。最初的铸型是使用石范。由于石料不容易加工，又不耐高温，在制陶术发达的基础上，很快就改用泥范，并且在长达 3000 多年的时间里，在随着近代机器制造业的兴起采用砂型铸造以前，泥范一直是最主要的铸造方法。

以铸造容器为例，先制成欲铸器物的模型。模型在铸造工艺上亦称作模或母范；再用泥土敷在模型外面，脱出用来形成铸件外廓的铸型组成部分，在铸造工艺上称为外范，外范要分割成数块，以便从模上脱下；此外还要用泥土制一个体积与容器内腔相当的范，通常称为芯，或者称为芯型、内范；然后使内外范套合，中间的空隙即型腔，其间隔即为欲铸器物的厚度；最后将溶化的铜液注入此空隙内，待铜液冷却后，除去内范、外范即得欲铸之器物。[①]

[①] 参阅中国文物网：《古代青铜器铸造工艺概述》，https：//www.sohu.com/a/167854229_740892。

（一）制造内模（范芯）

模亦称为"母范"，原料可选用陶或木、竹、骨、石各种质料，而已经铸好的青铜器也可用作模型。具体选用何种质料要视铸件的几何形状而定，并要考虑花纹雕刻与拨塑的方便。一般说来，形状细长扁平的刀、削，可以用竹、木削制而成；较小的鸟兽等动物形体，可以用骨、石雕刻为模；对于体形厚重、比较大的鼎、彝诸器，则可以选用陶泥，以便塑造各种形状（图6.2）。

图6.2　制模

资料来源：益运居：《古代青铜器铸造工艺概述》，http://www.sohu.com/a/22554958_124636。

从出土发掘的情况来看，陶范最为常见。陶范的泥料黏土含量可以多一些，混以烧土粉、炭末、草料或者其他有机物，并掌握好调配泥料时的含水量，使之有较低的收缩率与适宜的透气性，以避免在塑成后因为干燥、焙烧而发生龟裂现象。陶模的表面还必须细致、坚实，以便在其上雕刻纹饰。

泥模在塑成后，应该使其在室温中逐渐干燥，纹饰要在其干成适当的硬度时雕刻。对于布局严谨、规范整齐的纹饰，一般先在素胎上用色笔起稿而后再进行雕刻。高出器表的花纹则用泥在表面堆塑成形，再在其上雕刻花纹。

泥模制成后，必须置入窑中焙烧成陶模，才能用来翻范。

（二）制造外范

制造外范（图6.3）亦要选用和制备适当的泥料。其主要成分是泥土和砂。一般说来，范的黏土含量多些，芯则含砂量多些，颗粒较粗。且在二者之中还拌有植物质（如草木屑），以减少收缩，提高透气性。

图 6.3　制范
资料来源：益运居：《古代青铜器铸造工艺概述》。

1. 精心配泥

制范的泥土备制须极细致，要经过晾晒、破碎、分筛、混匀，并加入适当的水分，将之和成软硬适度的泥土，再经过反复摔打、揉搓，还要经过较长时间的浸润，使之定性（图 6.4）。如果是按照这种方法做好的泥料，工匠们在翻范时就能用得很顺手。

从模上翻范的技术性很强，是块范铸造工艺技术的中心环节。对于较简单的实心器物像刀、戈、镞等，只需由模型翻制两个外范即可，此种外范称为二合范。制造空心容器的范则复杂多了，其工艺流程简述如下：①在翻范以前，首先要决定外范应该分为几块及应该在何处分界。②翻外范的方法是用范泥往模上堆贴，再用力压紧。③对于芯的制作则有三种方法：一是已从模型上翻制好外范后，利用模型来制芯，即将模型的表面加以刮削，刮削的厚度即是所铸铜器的厚度；二是把模型做成空心的，从其腹腔中脱出芯，并使拖出的芯和底范连成一块，再在底范上铸耳，此种方法适用于大型器；三是利用外范制芯。①

---

① 参阅中国文物网：《古代青铜器铸造工艺概述》。

图 6.4　配泥

资料来源：益运居：《古代青铜器铸造工艺概述》。

2. 内外合范

将内模和外范按照铸型要求合在一起，中间留出型腔（图 6.5），以便浇注。

图 6.5　合范，内范与外模之间的空隙称为型腔，是准备浇注的器形厚度

资料来源：冠洋古美术：《中国古代青铜器铸造工艺》，http://blog.sina.com.cn/s/blog_7a6cfe890102v82x.html，2014 年 12 月 29 日。

（三）烘模浇注

已焙烧的且组合好的范可趁热浇注，否则需在浇注前进行预热。预热时要将范芯装配成套，捆紧后糊以泥砂或草拌泥，再入窑烧烤。预热的温度以 400～500 ℃为佳。焙烧好的型范需埋置于沙（湿沙）坑中以防止泥范崩裂引起的伤害，而且需要外加藤条或链条箍紧，以防止铜液将泥范胀裂。

泥范准备好后，将熔化的铜液（1100～1200 ℃为宜）注入浇口（图 6-6）。器物之所以要倒着浇注，是为了将气孔与铜液中的杂质集中于器底，使器物中上部细密紧致，花纹清晰。浇入铜液时应该掌握好速度，以快而平为宜，直到浇口与气孔皆充满铜液为止。

图6.6　浇注

资料来源：益运居：《古代青铜器铸造工艺概述》。

一次浇注成完整器形的方法叫"浑铸""一次浑铸"或者"整体浇铸"。商周器物多是以此方法铸成。凡以此方法铸成之器，其表面所遗留的线条是连续的，即每条范线均互相连接，这是浑铸的范线特征。

（四）脱模去范

浇注的铜液凝固冷却后，即可先去外范，捣碎内芯并从铸件中取出，清理铸件（图6.7）。

图6.7 脱模

资料来源：益运居：《古代青铜器铸造工艺概述》。

（五）打磨修整

铸件去陶范后还要进行修整、打磨，经过敲击、锯锉、錾凿等工序，除去多余的毛刺、飞边（图6.8），只有这样才算制造完毕。

图6.8 打磨修整

资料来源：益运居：《古代青铜器铸造工艺概述》。

打磨修整等工序完成后，铸品才算成型，或入库储藏，或交付使用。

为了获得形状高度复杂、花纹精细奇丽的青铜铸件，古代冶铸工匠采取了一系列重要的工艺措施，如：

在造型材料的制备上，就地取材，精选质地纯净、耐火度比较高的砂泥，予以练制。铸型表层所用的面泥，用水澄洗，得到极细极纯的澄泥，这种泥料有很好的塑性和强度，翻制铸范的时候能得到很高的清晰度和准确度。背泥则采用比较粗的泥料或杂以砂子、植物质，以减少澄泥的耗用量，增加铸范的透气性。所有泥料都要经过长期阴干，反复摔打，使它高度匀熟，不致在造型、干燥的时候开裂。

在造型工艺上，以分铸法作为基本工艺原则，获得复杂的器形：或者先铸器身，再在上合范浇注附件（如兽头、柱等）；或者先铸得附件（如鼎的耳、足等），再在浇注器身的时候铸接成一体。著名的四羊尊（湖南宁乡出土）就是使用分铸法铸成的。这个方法的起源可以上溯到二里岗期（商代前期），到小屯期（商代后期），其基本型式已经大体具备。春秋时期，先铸附件后铸器身成为分铸法的主流，新郑彝器和战国时期的鼎、壶等类多半是这样铸成的。运用简单的工艺原则成功地解决复杂的工艺问题，执简御繁，平凡的劳动中显现出独具的匠心，这是古代劳动人民的卓越创造，也是了解商周青铜器铸造技术的一个关键。把像四羊尊这样复杂的器物误认为失蜡铸件，是不符合实际的；把商周青铜器说得神秘莫测，不可逾越，那更是错误的。

此外，在范芯的干燥、焙烧、装配，均匀壁厚使它达到同时凝固，预热铸型使它能顺利浇注等方面，商周时期都已经摸索出了一整套成熟的工艺，不仅为后代的泥范铸造，也为金属型和熔模铸造，奠定了技术基础。

三、佛山铁锅及其工艺

中国铸铁锅分广锅和印锅两大类。广锅以广东、湖南、江苏、安徽、河南、四川等省产品为代表，印锅以北方各省为代表。广锅壁薄体轻，表面光洁，深受消费者欢迎，产量约占全国的60%；其中四川省产量最多，占全国产量的七分之一。广东省是广锅的发源地，虽然产量仅占全国的3%～4%，但是铸造工艺精良，技术先进，仍然为海内所倚重，在全国铸铁锅行业中的影响很大。大约自清中叶开始，其铸造工艺技术已辗转传入湖南、四川和台湾等省。[1]

---

① 详见广东省地方史志编纂委员会：《广东省志·二轻（手）工业志》，广东人民出版社1995年版，第459页。

广东省生产铁锅的历史一般可远溯到前 5 世纪。广州市象岗山南越王赵眜墓中出土的三脚釜和铁鼎，距今有 2100～2200 年。东晋时开始有双耳、敞口和大肚等多种造型的铁锅；唐代佛山更以脱蜡铸件技艺精良而名播宇内。由于宋代煤炭开采日益广泛，再加上森林面积日益缩小，煤炭成为北方广泛使用的一种燃料。[①] 在南宋后期发明并推广使用焦炭，这是冶金史上划时代的发明和革新。

关于锅的作用，明代宋应星曾说过"凡釜储水受火，日用司命系焉"[②]。锅是日常生产生活不可或缺的必备器物，除了家用炒菜做饭外，在熬盐、熬糖、煮酒、煮茧、印染等手工行业又是重要的生产设备，每年的消耗量很大，更换的频率比较快，因而其需求量也是非常巨大的。

（一）铁锅的主要种类

铁锅，南方俗称铁镬，与古代的釜的功能相近。铸铁锅最早出现在西汉，河南南阳瓦房汉代冶铸遗址中出土过釜范和铁釜。历史上有不少铸锅业中心，其中，明清时期较为出名的铁锅产地要数佛山。佛山铁锅不易生锈，不吸油，光滑美观，深受人们喜爱。古人曾有感叹："佛山俗善鼓铸，……镬以薄而光滑为上，消炼既精，工法又熟，乃堪久用。"[③] 这是对佛山铸造铁锅行业优秀传统技艺的充分肯定。

佛山铁锅种类繁多，有单烧、双烧、牛锅、糖围、鼎锅等。按照用途来划分，可分为生产用锅和生活用锅。生产用锅包括煮盐的牢盆、煮茧用的缫丝锅、熬糖用的糖围、蒸酒用的蒸锅和印染用的煮锅等；生活用锅包括老百姓日常家用烧菜做饭用的锅、军队的行军锅和寺庙用的千僧锅等。

屈大均的《广东新语》中这样描述铁锅："大者曰糖围、深七、深六、牛一、牛二，小者曰牛三、牛四、牛五。以五为一连曰五口，三为一连曰三口，无耳者曰牛，魁曰清。"[④] 宋应星的《天工开物》也有对铁锅的记载："大小无定式，常用者径口二尺为率，厚约二分。小者径口半之，厚薄不减。"[⑤]

① 漆侠：《宋代社会生产力的发展及其在中国古代经济发展过程中的地位》，《中国经济史研究》1986 年第 1 期，第 29～52 页。
② 〔明〕宋应星：《天工开物》卷中《冶铸第八·釜》，第 204 页。
③ 〔清〕范端昂：《粤中见闻》卷二十一《粤中物·铁》，第 245 页。屈大均的《广东新语》卷十五《货语·铁》中亦有类似表述。
④ 〔清〕屈大均：《广东新语》卷十五《货语·铁》，第 409 页。
⑤ 〔明〕宋应星：《天工开物》卷中《冶铸第八·釜》，第 204 页。

（二）铁锅的铸造工艺

佛山铁锅的生产采用烘模技术，其基本方法与《天工开物》的记载相仿。先用当地特有的红山泥制模，再对泥模进行烧制，一锅一模。工艺主要分为制模、熔铁、浇铸等主要工序。一般泥模主要有两层：外层使用泥土、粗砂与稻草、木糠等混合而成，质地松软粗糙，色泽橙红，透气性极佳；内层光滑细致，使用极其细腻的黏土和细砂调和而成，呈暗灰色，在一些位置还雕刻花纹；中间颜色较暗的层次实际是内层与外层之间的一个过渡混合渗透层，是在进行高温烧制时形成的。

现结合《大英图书馆特藏中国清代外销画精华》第二卷中的《佛山手工制造业作坊组图》①中有关佛山铸造铁锅的工艺，比照佛山传统冶铸工艺，将其主要工序简述如下。

1. 制作泥模

第一道工序——制作泥模，这是整个过程中的关键。佛山铁锅之所以质量上乘，泥模铸造是关键，而关键的技术是烘模，即所谓的烘范。就是将泥范放入高温炉加盖烘烧或烘窑内烘烤，炉内以木柴或木炭为燃料。高温使铸型脱水，强度增加，又能烧掉易产生气体的有机物和其他杂质，使泥模中的稻草、木糠碳化，提高其透气性，避免铸件产生气孔，以达到铸件金属组织均匀和提高铸件表面光洁度的目的。

制作泥模之前，先要准备泥料等物品。

（1）舂泥与筛泥（图6.9），以备外模（即上模、面模）和内模（即下模、背模）之用。泥料以当地的黏土如红山泥、紫泥、黄泥或白泥等为主，另外还需准备糠灰等物料。

红山泥、紫泥。红山泥是一种暗红色的含有机胶质黏土，紫泥是一种灰黑色含有机胶质的黏土，它们的黏性、韧性都很强，耐火度也较高，约1480℃，主要用于制作面模。平时应将其储存在潮湿阴暗之处，防止水分蒸发。

黄泥，是一种浅黄色的瘦黏土，晒干舂筛后备用，主要用于制作背模。平时应密封防潮储存。

谷糠、稻壳和稻芒。谷糠和稻壳经充分燃烧后的灰料，用于面模涂料

---

① 王次澄等：《大英图书馆特藏中国清代外销画精华》第二卷，广东人民出版社2011年版，第166～185页。

图 6.9　舂泥、筛泥

资料来源：王次澄等：《大英图书馆特藏中国清代外销画精华》第二卷，第 168 页。

层和分型剂，耐火度为 1670～1690 ℃。稻芒，即稻子壳茫，质轻性韧，掺入黄泥中起联结作用，以增加泥料的强度。

缸瓦碎片。是黏土性耐火熟料，经加工成粒度均匀的碎粒，作为中间层的粒料，耐火度为 1700 ℃。

煤灰。即煤炭燃烧后的煤灰，经加工后筛去细末，留下颗粒度 1.5～5 毫米的灰粒，通常会分成两组，细的 1.5～3 毫米，粗的 3～5 毫米。

焦炭屑。煤炭干馏后的产物，耐火度高，导热性好，热膨胀小，稳定性好，是一种碳素耐火材料。

松烟灰。松树根经燃烧后收集的烟灰，耐火度高，且有一定的黏性，主要用作涂料。[1]

舂泥。黏土采挖后制成方砖，晒干备用。制作泥模之前，将所需方砖捣碎，即所谓的舂泥，然后放入泥池中，加水浸泡。

筛泥。将泡软化的泥砂移至另外一水池旁，再经筛选淘洗，除去粗砂和杂质，最后只剩下细砂泥。这是中国传统的泥砂淘洗法，这道工序在陶瓷行业中的应用也是比较普遍的。

（2）造模坯、车上模（图 6.10）。上模（面料）是以红山泥或紫泥为主的泥型坯，其配比一般为粗糠灰 12.5 公斤，细糠灰 23 公斤，浓红山泥浆或浓紫泥浆 35 公斤，清水 3 公斤。配制方法为：将备用的浓泥浆放入事先准备好的泥池中，加清水搅成泥浆，掺入糠灰再反复踩踩，直到泥料物料充分混合，再放置一段时间（4～8 小时）备用。

车上模主要是在工作台上用车规等工具对泥料进行加工制作。其方法是采用类似制陶坯的陶车，在一个可以旋转的圆盘上，用一个铁质弧形刮

---

[1]　参见凌业勤等：《中国古代传统铸造技术》，第 484～487 页。

削器，将泥模加工成如铁锅状的半球形体。①

图 6.10 造模坯、车上模

资料来源：王次澄等：《大英图书馆特藏中国清代外销画精华》第二卷，第 170 页。

（3）上色、车下模（图 6.11）。上色，主要是上涂料。下模（背料）是以黄泥为主的泥型坯，其配比一般为黄泥 50 公斤，稻芒 4.5～5 公斤，清水 44 公斤。配制方法为：将备用的黄泥干料放入事先准备好的泥池中，加清水浸透，搅成泥浆，掺入稻芒再反复踩踩，直到泥料物料充分混合，再放置一段时间（4～8 小时）备用。

车下模主要是在工作台上用车规等工具对泥料进行加工制作。

图 6.11 上色、车下模

资料来源：王次澄等：《大英图书馆特藏中国清代外销画精华》第二卷，第 172 页。

---

① 王次澄等：《大英图书馆特藏中国清代外销画精华》第二卷，第 171 页。

　　（4）合模、探模（图6.12）。上下模中间还需要一层中间粒料，即面模和背模之间的粗料。其配比为：细粒煤灰渣（1.5～3毫米）15公斤，配浓紫泥浆5.4公斤、清水1.5公斤；粗粒煤灰渣（3～4毫米）3.9公斤，配浓紫泥浆各5.4公斤，清水4.5公斤。制作方法：首先调制浓的紫泥浆，再将煤灰渣粒混入泥浆中，充分搅拌、踩踩后备用。

　　合模是将内外两模拼合；探模则是在拼合后看看上下模之间的空隙是否均匀，是否合乎浇注要求和规格。

图6.12　合模、探模

资料来源：王次澄等：《大英图书馆特藏中国清代外销画精华》第二卷，第174页。

　　（5）落模、烧模（图6.13）。落模是将干透的泥模放入烘炉内。烧模是将泥模加热。这个工序主要是烘烤泥模，其目的是要让泥模脱水、干硬，为后面的浇注工序做好准备。

图6.13　落模、烧模

资料来源：王次澄等：《大英图书馆特藏中国清代外销画精华》第二卷，第176页。

正是这种烘范工艺保证了佛山铁锅产品质量的优秀，为其远销全国和海外打下基础，并使得佛山铁锅赢得"官准专利"的保障，为铁锅产品的规模化生产带来契机。

（6）模红、出模（图6.14）。模红，当烘烤的泥模变成红色时，表明它达到了预定的温度，故佛山传统铸造方法称为红模铸造法。出模，泥模变成红色后，要及时取出，否则继续烘烤就会导致泥模瓷化，影响其透气性，从而影响产品的质量。

图6.14 模红、出模
资料来源：王次澄等：《大英图书馆特藏中国清代外销画精华》第二卷，第178页。

2. 熔铁

第二道工序——熔铁。要使用化铁炉熔化铁水，将木炭、生铁或废旧铁锅碎料（图6.15）放入化铁炉内进行熔化浇注。铁料要求匀薄，便于熔化成铁水，使用风箱进行鼓风。古代的化铁炉有效容积都非常小，宋应星曾有"一炉所化约十釜、二十釜之料。铁化如水"[①]的说法。即一炉每次一般可熔化铁水一二十斤，可铸单烧10多只、双烧8只、鼎镬24个，每开一次炉可连续化铁800斤左右。由此推算，一个化铁炉进行一次生产，可铸造铁锅单烧400只、双烧320只、鼎镬120个。同时，每个泥模只能浇铸铁锅一次，可见铸锅所用泥模的数量相当巨大。

---

① 〔明〕宋应星：《天工开物》卷中《冶铸第八·釜》，第204页。

图 6.15　收破旧铁镬（锅）料

资料来源：王次澄等：《大英图书馆特藏中国清代外销画精华》第二卷，第 166 页。

3. 浇铸

第三道工序——浇铸，也叫落铁水，需在泥模出炉后仍带有余温的情况下马上进行。将泥模水平放置于平整的地面上并固定好，从泥模的浇注口注入铁水。因锅身边沿的泥模是密封的，故浇注口只能在泥模顶部。在此过程中要防止模型摇摆和铁水溅射。待冷却后，以手锤等工具小心敲碎模型，取出铁锅。在佛山城区出土的泥模实物中还未发现浇铸口泥模的遗存。

佛山博物馆藏有一口本地铸造的牛锅，高 20 厘米，口径宽 38 厘米，重 3.8 千克，底部有三足，锅身有两锅耳，锅耳上有三个圆孔，锅身较厚重。经检测，此铁锅的生产采用的是烘模技术，其基本方法与《天工开物》的记载相仿。根据铁锅自身的形状，竖立放置浇铸铁水的做法不可行，铁水因重力作用，很难充分到达铁锅边沿填满泥模中的空间，加上模内空气也会聚集到密封的边沿处，难以排出，进而造成浇铸不足而出现锅体残缺等现象。经研究，发现铁锅的底部较其他部位要厚，且有明显的打磨痕迹，这表明是从上模顶部预留的浇口（即铁锅底部所在位置）进行浇铸的，浇注完成，冷却脱模后必须清理浇口处多余的部分，这就是打磨痕迹的由来。

"模既成就干燥，然后泥捏冶炉，其中如釜，受生铁于中。其炉背透管通风，炉面捏嘴出铁。一炉所化约十釜、二十釜之料。铁化如水，以泥固纯铁柄杓从嘴受注。一杓约一釜之料，倾注模底孔内，不俟冷定即揭开盖模，看视罅绽未周之处。此时釜身尚通红未黑，有不到处即浇少许于上补完，打湿草片按平，若无痕迹。凡生铁初铸釜，补绽者甚多，惟废破釜铁熔铸，则无复隙漏。"①

（1）落铁水，即浇注，直到浇口、冒口处的铁水与口沿齐平才停止（图6.16）。

图6.16　落铁水（浇注）

资料来源：王次澄等：《大英图书馆特藏中国清代外销画精华》第二卷，第180页。

（2）待冷却后，去掉泥模，取出铁锅（图6.17）。

图6.17　去模拣铁锅

资料来源：王次澄等：《大英图书馆特藏中国清代外销画精华》第二卷，第182页。

（3）修整打磨，修补下货（图6.18）。"下货"即下等货，指有残次缺陷的铁锅。修补下货，就是修补这些残次品。

———————————

① 〔明〕宋应星：《天工开物》卷中《冶铸第八·釜》，第204～205页。

图 6.18　修整、打磨

资料来源：王次澄等：《大英图书馆特藏中国清代外销画精华》第二卷，第 184 页。

当时，人们利用音质的不同辨别产品的好坏。屈大均描述："以黄泥冢油涂之，以轻杖敲之如木者良，以质坚，故其声如木也。故凡佛山之镬贵，坚也。"① 由于在炽热的泥模中注入铁水，锅模内壁光滑，外壁松散，通气性良好，其铸件很少有气孔、渣孔、浇不足、缩松等缺陷，铸成的铁锅金属结晶细密，结构均匀，质量很高，成品率也很高。有时一个炉一次所浇注而成的全部都是正品，铸造行称之为"全镬"，照行规要设酒宴贺。而质量有缺陷的铁锅，还要进行修补加工后再交付买家。②

以上这些工序主要是针对家用普通铁锅的。对于一些特大型锅，如前文所提到的牢盆、糖围等，在铸造之前，一般需要先制作一个很大的泥芯，这是铸造时必须采用的重要工序。当然，古代的大铁锅也是采用我国传统的泥型法铸造的，外面的铸型都是由若干泥制外范块组合而成，这从现存的古代大铁锅的外形可以得到证实，因为铁锅外表都留有明显的范缝痕迹。

内范是一个很大的泥芯。铸造时，如何固定好泥芯，就成了首先要考虑的重要问题。基于此，古代在铸造大铁锅时，会采用如图 6.19 所示的铸造工艺方案，才能保证内范（泥芯）的稳固。但这样一来，就要考虑另一个重要的铸造问题，那就是浇注时，泥芯的出气是否会造成铸件出现气孔。为了保证铸件的质量，避免出现气孔，泥芯的阴干、烘透就成了解决问题的关键所在。同时，外范也要干透。另外，因为古代熔铁炉的容积比

---

① 〔清〕屈大均《广东新语》卷十五《货语·铁》，第 409 页。

② 《清代佛山铁锅享誉中外的秘密》，http://www.csteelnews.com/special/602/605/201209/t20120903_73407.html。

较小，所以须采用多个熔炉同时作业。而且，为了提高铁水的质量，在用生铁熔化时，最好再加一些破铁锅等再生铁，这样可减少杂质，延长炉料渗碳时间，有利于提高铁水的质量。在浇注时，为了避免出现气孔、渣孔或浇不足等状况，铁水需从铸件上部的多处浇口同时注入，一气呵成。

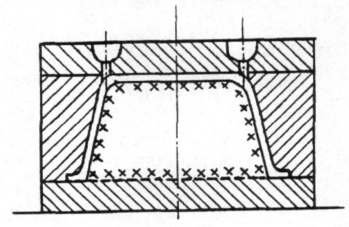

图6.19 古代大铁锅的铸造工艺示意

资料来源：王福谆：《古代大铁锅和大铁缸》，《铸造设备研究》2007年第5期，第53页。

　　《天工开物》中对明代泥范铸造铁锅的工艺已有记述：铁锅"常用者径口二尺（约62厘米）为率，厚约二分（约0.62厘米）。小者径口半之（约31厘米），厚薄不减。其模内外为两层，先塑其内，俟久日干燥，合釜形分寸于上，然后塑外层盖模。此塑匠最精，差之毫厘则无用。模既成就干燥，然后泥捏冶炉，其中如釜，受生铁于中"。当然，宋应星记述的主要是人民生活中常用的中小型铁釜（锅）的铸造，但最后也谈到了大寺庙中使用的"千僧锅"："海内丛林大处，铸有千僧锅者，煮糜受米二石，此真痴物云。"[①] 文中虽然没有对"千僧锅"的铸造技艺作进一步阐述，但前述的铁（釜）锅铸造技术显然可以作为参考。

　　从唐宋时期开始，用泥范铸造大型和特大型铸件的技术就取得了长足的发展和进步。例如沧州五代时期的铁狮、当阳北宋的铁塔、北京大钟寺明代的大钟，都是世界闻名的巨大铸件。《天工开物》中记述了两种浇注大件的方法：一是用多个行炉相继倾注（如千斤以内的钟），二是用多个熔炉槽注（如万钧钟）。在传统冶铸工艺技术条件下，这应当说是一种巧妙而又需要熟练的技巧和很好的组织协同的工艺技术。即使在今天，要成功地浇注三四十吨的大铸件，也不是一件轻而易举的事。

---

① 〔明〕宋应星：《天工开物》卷中《冶铸第八·釜》，第204、205页。

（三）铁锅的外销情况

佛山冶铁业历史悠久，铁制品种类繁多，其中尤以铁锅最为有名。佛山铁锅业是在明代进入鼎盛时期的，这和明代开国皇帝朱元璋有很大关系。

明代开国之初，废除元代制定的落后的工匠制度，后来又放松了民间开矿冶铁的限制，这些政策对明代佛山铁锅业的崛起极为重要。更有意义的是，朱元璋在历史上第一次把佛山铁锅推上国家外交舞台。据史书记载，洪武年间就以佛山铁锅馈赠外国使节。他选择佛山铁锅作为"国礼"，是他的和平外交思想的体现。这位从战火中走来的开国皇帝，特别珍惜和平，开国之初就立誓要与各国"共享太平之福"。在《皇明祖训》里，他把日本、朝鲜、安南、占城、琉球、暹罗、爪哇等十五国列为"不征之国"①，告诫后世子孙不准无故侵犯。当这些邻国之间发生纠纷时，他还委派钦差尽力从中斡旋。

当时中国是亚洲最富强的国家，作为"天下共主"，朱元璋在与上述诸国的官方贸易方面始终坚持"厚往薄来"的原则，认为"薄来而情厚则可，若其厚来而情薄，是为不可"②。而佛山铁锅在当时对上述诸国来说，就是十分贵重的物品。因为其中有些国家因铁矿贫乏，对中国铁器十分仰慕，像吕宋"凡华人寸铁厚鬻之"。有些国家如日本，则因冶铁技术不发达，渴求中国铁锅，史称"铁锅彼国虽自有而不大，大者至为难得，每一锅价银一两"③。可见对这些国家来说，铁锅是何等珍贵。而国内铁锅又以佛山所产最为精良，品种齐全，朱元璋选择佛山铁锅作为"国礼"相赠，正是为了实践他"厚往薄来"的外交思想。制作精良的佛山铁锅，无疑寄托着朱元璋与诸国和睦相处的良好愿望，也承载着泱泱大国物饶技精的无上荣光。④

从明成祖永乐三年（1405）开始，佛山铁锅又随着郑和船队七下西洋，驰骋于万顷波涛间，充任国家形象的"宣传大使"。关于郑和下西洋的真实动机，至今学术界仍在热烈争论，尚无定论，但宣示中国富强、推动海外贸易无疑是郑和船队肩负的使命之一。当年的佛山是郑和船队重要

① 〔明〕朱元璋：《皇明祖训》首章，《四库全书存目丛书》第264册，北京图书馆出版社2002年版，第167～168页。
② 〔明〕夏原吉、杨荣：《明太祖实录》卷八十九，"中央研究院"历史语言研究所1962年版，第三十七页。
③ 〔明〕戴璟等：《广东通志初稿》卷三十《铁冶》，第七至八页。
④ 参阅郝伟：《明清外交风云里的佛山铁锅》，《佛山日报》2012年8月25日，第四版。

的物资供应基地，远赴重洋的船队携带着大量佛山铁锅。"铁器出洋获利数倍"①，佛山铁锅给郑和船队带来了巨大的经济收益，同时也带给沿途居民开启了崭新的日常生活。根据资料记载，船队所到之处的鸡肉、蔬菜，经中国厨师用铁锅烹调，味道鲜美，不同平常，让当地的王公贵族和普通百姓大为惊奇。他们相信是中国铁锅带来了美味，于是中国铁锅成了他们厨房必备的炊具。可以想象，佛山铁锅带给他们的不仅是美的享受，还有美好的"中国印象"。从此佛山铁锅名播西洋。

明永乐以后，广东的铁锅不但销往长江流域和北方各省，还出口南洋和中东等国。清朝年间，"内地铁货出洋，以锅为大宗。其往新加坡、新旧金山等处，由佛山贩去者50余万口，由汕头贩去者约30万余口，由廉州运往越南者约4万余口"，成为当时广东"利布四方"的大宗出口工业品之一。② 佛山的冶铸技术也进一步提高，生产规模更大。佛山一镇就有铸铁炉100多座，锻铁炉数十座，从业数千人，品种有单烧、双烧、牛锅、鼎锅多种，直径从0.8营造尺至1米，成为专供人口辐辏的公共场所使用的炊具，"海内丛林大处，铸有千僧锅者，煮糜受米二石"③；华南三大名寺的韶关南华寺、肇庆庆云寺和潮州开元寺，至今仍然保存有这种大锅。清廷修缮宫室，调集民夫上万，都要佛山提供这种大锅作炊具，故世有"诸所铸器，率以佛山为良"④ 之说。清人何若龙有《汾江竹枝词》云："铸犁烟杂铸锅烟，达旦烟光四望悬，漫道江楼金漏水，辛勤人自不曾眠。"⑤ 梅璿枢步其韵曰："铸锅烟接炼锅烟，村畔红光夜烛天。最是辛勤怜铁匠，拥炉挥汗几曾眠?!"⑥ 这反映出当时佛山铸锅业之兴盛和冶铸匠人的辛苦。

佛山冶铁业的发展与明清珠三角经济乃至全国经济发展紧密相关，首先根植于珠江三角洲商品经济的高度发展，珠江三角洲大面积种植甘蔗、养殖蚕桑，因此需要大批铁锅进行煮糖、缫丝煮茧；铁锅还是家庭重要的炊具，清代人口激增，对铁锅的需求不容低估；其次与广东手工业发展相联系，珠江三角洲河网纵横，广东造船业所需的大量铁钉、铁链、铁锚、铁线皆取给于佛山冶铁业，广东不少盐场煮盐所用铁锅的需求也很大；最

① 〔清〕阮元、伍长华等：道光《两广盐法志》卷三十五《铁志门》，第十七页。
② 转引自《二轻（手）工业志·铁锅》，http://info. huizhou. gov. cn/books/dtree/showSJBook-Content. jsp? artId = 48802&bookId = 10751&partId = 3796。
③ 〔明〕宋应星：《天工开物》卷中《冶铸第八·釜》，第205页。
④ 〔清〕屈大均：《广东新语》卷十五《货语·铁》，第409页。
⑤ 〔清〕陈炎宗：乾隆《佛山忠义乡志》卷十《艺文志》，第三十页。
⑥ 〔清〕吴荣光：道光《佛山忠义乡志》卷十一《艺文志下》，第五十二页。

后，清代广州成为国内外贸易中心地，为佛山铁器打开了广阔的销路和市场。①

佛山的铁制品作为"广货"的重要组成部分，成为各地商人辗转运输的大宗商品之一。乾隆《佛山忠义乡志》中记载：佛山生产的"（铁）锅贩于吴越荆楚而已，铁线则无处不需，四方贾客各辈运而转鬻之，乡民仰食于二业者甚众"②。

佛山铁锅甚至漂洋过海，打入国际市场。据广东布政使杨永斌奏称，"雍正七、八、九年造报夷船出口册内，每船所买铁锅，少者自一百连至二三百连不等，多者买至五百连并有至一千连者，其不买铁锅之船，十不过一二。查铁锅一连，大者二个，小者四五六个不等，每连约重二十斤。若带至千连，则重二万斤。"③

此后几百年间，来华购买佛山铁锅的洋船络绎不绝，所购数量越来越多，有些外国人为了方便铁锅等商品的贸易，甚至直接到佛山购置房产。清雍正九年（1731），广东官员向皇帝报告说，来佛山买铁锅的外国商船，每船所装铁锅少者 2000～4000 斤，多者达一二万斤。当时佛山每年有多少铁锅出口已不可考，只知道在佛山冶铁业已经大大衰落的光绪年间，每年销往外国的铁锅仍达二三百万斤。在中国古代，铁"上资军仗，下备农器"，是重要的战略物资。质量精良的佛山铁锅大量出口，引起雍正皇帝的忧虑，他下达谕旨，要求"禁止铁锅出洋"；但由于海外市场需求强烈，虽禁而未能止，反而铁锅走私活动更加猖獗。乾隆年间清廷又禁绸缎、锦、绢出口。西方列强自然对清廷的一系列贸易禁令不满，竟试图借助鸦片摆脱他们在对华贸易中的劣势。清乾隆三十七年（1772），佛山开始遭受英国大量输入鸦片之害。

清道光二十年（1840），改变中国历史的鸦片战争爆发。此后，随着一系列不平等条约的签订，佛山冶铁业遭遇巨大冲击，佛山铁锅也退出外交舞台，最终湮没在历史的风尘之中。佛山铁锅在明清外交舞台上的风光登场与黯然离场，正是古老的中华帝国由盛而衰的缩影。小小的铁锅盛满民族的光荣与梦想、屈辱与反抗，五味杂陈，至今仍令人感慨，难以释怀。④

铁锅多自产自销，大体上有三种形式：一是门前设店，后门设坊，称为"坐锅"，顾客上门买锅。二是作坊主自己或交小贩挑往附近墟镇摆卖以及游村串巷销售，每担装锅 20 口，大小规格配套，卖完之后再回到作坊

---

① 罗红星：《明至清前期佛山冶铁业初探》，第 48～49 页。
② 〔清〕陈炎宗：乾隆《佛山忠义乡志》卷六《乡俗志·物产》，第十页。
③ 〔清〕鄂尔泰等：《雍正朱批谕旨》第九册，北京图书馆出版社 2008 年版，第 417 页。
④ 郝伟：《明清外交风云里的佛山铁锅》。

结账进货，称为"行锅"。这种形式最受群众欢迎，卖锅人往往带有风箱火炉，兼营补锅和以旧换新业务，买锅和补锅的钱还可用粮食和农副产品抵偿。三是成批装运至城市，由专业锅行营销。

每当提及广东佛山，人们很自然就会想起著名系列武打电影《黄飞鸿》，黄飞鸿与他的"佛山无影脚"闻名中国大江南北，甚至海外诸国。殊不知，在黄飞鸿生活的清代，广东佛山的铁锅已经享誉中外，畅销多国。

佛山最有影响、最为兴盛的海外贸易当然是铁器贸易。随着明隆庆年间海禁渐开，广东沿海的商舶贸易日益活跃。明朝中叶以后，因铁器出洋获利数倍，铁锅与丝、棉、瓷器等中国商品也大量出口东西洋，以换取白银。康熙二十三年（1684），康熙皇帝下旨，开放自顺治十二年（1655）开始的海禁，自此，佛山铁锅如潮水般销往海外。

铁锅除日用煮饭炒菜之外，主要用于制糖和煮盐。珠江三角洲地处热带边缘，特别适宜甘蔗生产。据史料记载，当地煮糖用的锅"锅径约四尺，深尺许，载汁约七百斤"，每年榨糖的季节，"至其煮糖之法系用一灶，坐锅三口"，[①]"上农一人一寮，中农五之，下农八之十之"[②]，而且要经常更换旧锅。这个数量相当巨大，如果没有发达的铁锅业提供生产工具，制糖业就不可能发展壮大。另外，煮盐也需要大量铁锅。

当地发达的丝织行业也与铁锅行业有密切关联。在缫丝环节中，大量蚕茧的煮制需要数量众多的铁锅，丝织行业的发达程度也从侧面反映了当时铸锅行业的兴盛。与此同时，铸锅业还利用自身的高超技术，铸造其他产品。在光绪季年，仿铸织布机、织袜机亦足敌外货。而炒制茶叶和当地特色的蒲扇制作过程中也大量使用铁锅。

佛山铸锅行业凭借其高超的烘模铸造技术，生产出大量铁锅，与制糖、制盐、制茶、丝织等行业相互促进、共同发展，从而带动了整个地区的繁荣。可以说，铸锅行业的兴盛，使佛山有了巨大的发展动力，进而成为历史上著名的工商重镇。表6.1是民国时期佛山铁镬行业一览。

① 〔民国〕邹鲁、温廷敬：《续广东通志》第三十六册《物产六》，第十七页。
② 〔清〕屈大均：《广东新语》卷二十七《草语·蔗》，第690页。

表 6.1　民国佛山铁镬行业一览

开办年代	炉号/厂名	店名	炉主/厂主	用工人数	主要产品	经营年代
100 年以上历史	永隆		陈、刘、吴、霍四姓合营	30 人（1921 年统计）	铁镬	1934 年歇业
1921 年前	生源	胜和	区景星、区振民		铁镬	至 1956 年参加合营
	奕裕	二隆	陈宗泰、陈炽南		铁镬	抗战胜利后歇业
	钰全	和隆	卢流、卢用、关南、关瑞初			至 1949 年
	遂成					抗战期间歇业
	昌盛					1923 年歇业
	华信					抗战期间歇业
	信昌		陆明生			
	泗盛					至 1928 年左右歇业
	冠华隆					至 1938 年左右歇业
1931 年前	永全		邓益三		糖镬、酒镬	至 1956 年参加合营
1932 年	永顺		麦杰臣等	24 人	糖镬、酒镬	
1932—1933 年	永祥		麦竞生	约 25 人	铁镬	
1940 年	永昌		文七	约 25 人	铁镬	
1944 年	合兴	福昌	麦杰臣、江天养	28 人	坑镬	至 1949 年 6 月
	天和	永祥	麦竞生、陈福芝	约 50 人	佛镬	至 1948 年底
	协昌	二隆	陈衍、杨荫棠	28 人	坑镬	至 1949 年 3 月
不详	合和		区振民		铁镬	

资料来源：《佛山文史资料》第十一辑，第 71～72 页。

221

时至今日，中国产的铁锅在国外影响犹存。现在日本人仍将做中餐使用的铁锅称为"中华锅""广东锅"。1986 年 9 月，联合国世界卫生组织向各国推荐使用中国铸铁锅，因其有利于人体对铁质的吸收，是天然的"补血剂"，全球出现了"中国铁锅热"，给中国铁锅生产带来了新的活力，铁锅生产技术领域出现许多新事物，如陶瓷铸型、改进型的单缸和双缸铸锅机、减震方便低噪音吹冷装置、铸锅机上型旋转喷涂料、下型倾斜和吸附式取锅工艺、小型移动式生铁破碎机、底座可升降的机动车型台以及铝铁复合材料铸锅等。

四、佛山非一次型泥模工艺简介

商周青铜器中，礼、乐、兵、车四类占了绝大多数，生产工具为数很少，许多明器（陪葬器物）铸成后就埋置地下。这种情形极大地阻碍了社会生产力的发展。以致在长达 1000 多年的时间里，泥范铸造基本上停留在一次型的阶段，到春秋时期才用多次型（即非一次型泥模，也称半永久型泥型）铸造青铜工具，如锄、镢等。

非一次型泥模（半永久型泥模），也称作硬型、缸渣型或一模多铸型泥模，其制作时所使用的材料以及工艺步骤与一次型泥模大致相同，只不过与一次型泥模相比，它能重复使用多次，省去了大量的造型和制作的时间和工序，且其制作使用的材料与工艺要求更加讲究，如选用的材料，除了泥砂外，还必须加入其他耐火材料，如耐火泥、缸瓦渣、焦炭粉等；另外，它的适用范围比一次型泥模更广。

下面来简单了解一下半永久型泥模对混合材料的性能要求：①混合材料要有一定的耐火度。如铸铁时要求的耐火度为 1250 ～ 1350 ℃，铸钢时要求的耐火度为 1350 ～ 1550 ℃。这就要求混合材料在多次浇注后不黏砂，不被烧焦，不破坏型腔。②混合材料在高温时的膨胀系数要小。为了避免泥模变形或开裂，要求其膨胀系数越小越好。③混合材料的抗压性要高。泥模必须经受得住液态金属的动压力和静压力的反复作用，并在多次搬移过程中，仍能保持完好无损。④出气量要低，透气性要好。⑤可塑性要好。

泥模造型的最大特点就是造型材料的丰富多样，可以就地取材，也可以废物利用（如缸瓦渣、耐火砖末等）。①

---

① 参见凌业勤等：《中国古代传统铸造技术》，第 144 页。

第三节 佛山传统熔模冶铸工艺

传统的熔模铸造工艺一般称为失蜡、出蜡、捏蜡或拨蜡。失蜡法指使用易熔化的材料，如黄蜡（蜂蜡）、动物油（牛油）等，先制成欲铸之器物的蜡模，在蜡模表面用细泥浆不断浇淋，在蜡模表面会形成一层泥壳，然后再在泥壳表面涂上耐火材料，使之干透、硬化，即可做成铸型。再烘烤此铸型，使蜡油熔化流出，从而在铸型内部形成型腔，最后再向型腔内浇铸铜液，凝固冷却后即得无范痕且光洁度很高的精密铸件。《唐会要》中记载，开元通宝已经使用蜡模铸造，这是失蜡法铸造的最早文献记载。[①]宋代赵希鹄《洞天清禄集》记述了这一工艺："古者铸器必先用蜡为模，如此器样，又加款识刻画。然后以小桶加大而略宽，入模于桶中。其桶底之缝，微令有丝线漏处，以澄泥和水如薄糜，日一浇之，候干再浇，必令周足遮护。讫，解桶缚，去桶板，急以细黄土，多用盐与纸筋，固济于原澄泥之外，更加黄土二寸留窍中，以铜斗泻入，然一铸未必成，此所以为贵也。"[②] 这是我国古代关于出蜡法具体操作的最早记载。

到了元代，失蜡法受到官府的特别青睐，工部所属诸色人匠总管府下设"出蜡局提举司，……掌出蜡铸造之工。至元十二年，始置局，延祐三年，升提举司"[③]，这是关于出蜡法的最早命名，元代用此法造过不少佛像。

明代出蜡铸造又有了一定程度的发展，文献中有关于铸造万钧大钟的详细步骤，与铸鼎的方法基本相同。如《天工开物》卷中《冶铸第八·钟》中就有比较详尽的记载：

第一步：挖坑筑模，作模骨。"凡造万钧钟与铸鼎法同，掘坑深丈几尺，燥筑其中如房舍，埏泥作模骨，（其模骨）用石灰、三和土筑，不使有丝毫隙拆。"

第二步：模骨干透，作蜡模。"干燥之后以牛油、黄蜡附其上数寸。油蜡分两：油居什八，蜡居什二。其上高蔽抵晴雨。夏月不可为，油不冻结。油蜡墁定，然后雕镂书文、物象，丝发成就。"

第三步：制作澄泥，涂蜡模。"然后春筛绝细土与炭末为泥，涂墁以

① 〔宋〕王溥：《唐会要》卷八十九《泉货》，中华书局1955年版，第1624页。
② 〔宋〕赵希鹄：《洞天清禄集》，商务印书馆1985年版，第12页。
③ 〔明〕宋濂等撰：《元史》卷八十五《百官一》"出蜡局提举司"，第2144～2145页。

渐而加厚至数寸，使其内外透体干坚。"

第四步：干透铸型，熔蜡模。"外施火力炙化其中油蜡，从口上孔隙熔流净尽，则其中空处即钟鼎托体之区也。"

第五步：量好配比，浇铸型。"凡油蜡一斤虚位，填铜十斤。塑油时尽油十斤，则备铜百斤以俟之。中既空净，则议熔铜。"

当然，如果浇注大型铸件，就得筑造多座大型熔炉，各炉同时进行熔炼，并且还要在熔炉底下开挖具有一定坡度的槽道，直通铸型的浇注口，方便铜液直接灌注。千斤以下就要多做几个小熔炉（行炉），而且要注意节奏和控制时间。"凡火铜至万钧，非手足所能驱使。四面筑炉，四面泥作槽道，其道上口承接炉中，下口斜低以就钟鼎入铜孔，槽傍一齐红炭炽围。洪炉熔化时，决开槽梗，先泥土为梗塞住。一齐如水横流，从槽道中枧（jiǎn）注而下，钟鼎成矣。"

有时需要两人或多人抬着轮流浇注。"凡万钧铁钟与炉、釜，其法皆同，而塑法则由人省啬也。若千斤以内者则不须如此劳费，但多捏十数锅炉。炉形如箕，铁条作骨，附泥做就。其下先以铁片圈筒直透作两孔，以受杠穿。其炉垫于土墩之上，各炉一齐鼓鞲（gòu）熔化。化后以两杠穿炉下，轻者两人、重者数人抬起，倾注模底孔中。甲炉既倾，乙炉疾继之，丙炉又疾继之，其中自然黏合。若相承迁缓，则先入之质欲冻，后者不黏，衅所由生也。"

有时也可以重复使用模具。"凡铁钟模不重费油蜡者，先埏土作外模，剖破两边形或为两截，以子口串合，翻刻书文于其上。内模缩小分寸，空其中体，精美而就。外模刻文后以牛油滑之，使他日器无粘糯，然后盖上，泥合其缝而受铸焉。巨磬、云板，法皆仿此。"[①]

在上述文字里，宋应星详细地谈到了出蜡法的全过程，从挖筑浇注坑、制作芯骨和芯子、作蜡样、蜡料配比、用铜量，到设炉鼓铸的具体操作，都一一作了描绘，是我国铸造工艺最为详尽的记载，对我们了解明代，乃至更远的商周时期大型铸件的浇注方法具有重要的借鉴与指导意义。

清代内务府造办处等也设有专职工匠，现存故宫博物院、颐和园的铜狮、铜象、铜鹤、狻猊等，都是有代表性的艺术价值很高的失蜡铸件；颐和园铜亭的某些构件也是用失蜡法铸成的，亭壁镌刻有拨蜡工杨国柱、张成、韩忠、高永固四位匠师的姓氏，可作佐证。

以上事实说明失蜡法在我国有悠久的历史，具有自己的工艺特点和艺

---

① 以上引文出自〔明〕宋应星：《天工开物》卷中《冶铸第八·钟》，第202～203页。

术风格。但是，这一传统工艺在很长时间内只在很狭窄的范围里应用，主要是用来铸造用一般方法无法得到的艺术铸件和仙佛神像等，未能向现代精密铸造工艺转化。只是在中华人民共和国成立后，熔模铸造车间才得以成批建立，并逐步实现了机械化和自动化。

一、两种工艺

古代熔模铸造工艺，或者说蜡模制作工艺主要有两种，一是失蜡法，二是贴蜡法，两种方法各有特点，尤以失蜡法使用最为广泛。

（1）失蜡法。失蜡法又称为拨蜡法、捏蜡法、脱蜡法。此法是采用可塑性好的蜡料，用手或简单的手工工具，将蜡料压、捏、拉、塑、雕成形。蜡模形状全凭雕塑者创造。由于不用模具，避免了造型时起模的困难，还可由雕塑者制作多种多样的形制和艺术珍品。

清代的张埙曾说过，"汉印多拨蜡"[①]。一些带兽钮的汉代印章，钮制细小，形体复杂，又没有明显的錾、凿痕迹，极有可能是用失蜡法铸造的。1978年湖北随县出土的曾侯乙尊盘和1979年河南淅川出土的楚国铜禁，经行内专家研究，一致认为它们都是失蜡法的杰作，说明中国在春秋时期已经发明和使用这种技术。

《印典》中记载："用洁净细泥，和以稻草烧透，俟冷，捣如粉，沥生泥浆调之，涂于蜡上，或晒干，或阴干，但不可近火。若生泥为范，铜灌不入，且要起棄。深空也。熟泥中，粘糠秕、羽毛、米糈等物，其处必吸。铜不到也。大凡蜡上涂以熟泥，熟泥之外再加生泥，铸过作熟泥用也。"[②]广州南越王墓出土的三枚金印就是失蜡法制作的精美典范（图6.20）。

前文已经说过，宋代赵希鹄著的《洞天清禄集》里具体地记述了这一工艺，是用蜡刻画成模，放在桶状的容器里，经用澄泥浆多次浇淋以后，撤去桶板，再加敷含有盐和纸筋的细泥和背泥，做成铸型，然后出蜡，浇注。这种方法用于小型铸件，和明清时期失蜡铸印工艺比较接近。

现代熔模铸造多数也用于小型铸件；若铸件过大，精度不容易保证。古代熔模铸造多用于艺术铸件如佛道造像，或钟、鼎等，精度要求不像现代机械零件那样严格。因此，如《天工开物》所记述，有用失蜡法来铸万钧钟的。现存北京大钟寺清代"乾隆朝钟"重3108公斤，钟体铸有22条神态各异的飞龙，其须眉细如发丝，张牙舞爪，栩栩如生，为传统失蜡法

---

① 〔清〕桂馥：《续三十五举》，商务印书馆1917年版，第17页。
② 〔清〕朱象贤：《印典》卷七"泥"，浙江人民美术出版社2011年版，第244页。

铭文从左至右为：泰子、文帝行玺、右夫人玺

图 6.20　西汉南越王墓出土的金印及铭文

资料来源：广州市文物管理委员会等：《西汉南越王墓》（下），彩版第 2 页。

铸造的大型精品。这在现代熔模铸造技术中是没有先例的，可见中国古代传统失蜡法的水平之高。

广东佛山老艺人唐煊熟谙传统失蜡法，所用工艺和《天工开物》所载酷似。1932 年起，他先后以此法铸造伍廷芳铜像、广州越秀古国铜鹤、雕塑家潘鹤的作品"艰苦岁月"等。1979 年在佛山球墨铸铁研究所率领其弟子潘鹄等，复制了曾侯乙墓所出下层第 62 号大甬钟。该所还刊印了题为《用传统的蜡模精密铸造青铜艺术铸件》的技艺总结。

（2）贴蜡法。贴蜡法是先把蜡料压成与铸件壁厚相同的蜡片，然后剪裁成铸件需要的形状和大小，贴在预先制成的内范（泥芯）上，形成器物的厚度，如果表面有纹饰，可用纹饰模板压印在蜡片上。这种制蜡模方法是用模板制纹，比失蜡法手工塑蜡模简单、快捷，适用于成批量或大型铸件的铸造，如钟、鼎等。

传统的熔模铸造和现代熔模铸造汽轮机叶片、铣刀等精密铸件，无论是所用蜡料、制模、造型材料，还是工艺方法等，都有很大不同。但是，它们的工艺原理是一致的，而且现代的熔模铸造是从传统的熔模铸造发展而来的。

二、蜡模材料

以失蜡法为例。失蜡铸造是熔模铸造法中的一种精密铸造的方法，它是将易熔材料（古代用石蜡）制成模型，再用造型材料包覆住蜡模，待造型材料硬化后，再将蜡模熔化掉，得到整体无分型的铸型，原来蜡模的位置就会形成一个内腔，即可浇注。这种方法避免了因合范不准而造成的误差，用这种方法铸造的铸件造型复杂、尺寸精准，而且表面光洁度很高。这种方法起源很早，流传到现代，又赋予了它新的生命力。

传统使用的蜡模材料主要有黄蜡（蜜蜡）、白蜡（虫蜡）、牛油（硬脂）、松香（松脂）以及菜油等，其物理性能见表6.2。

表6.2　蜡模材料的物理性能

材料	熔点/℃	软化点/℃	比重	灰分/%	抗拉强度/（kgf/cm²）	延伸率/%	收缩率/%
黄蜡	63～67	约40	0.91～0.93	≤0.04	2.9～3.0	4.0～4.2	0.78～1.0
白蜡	80～82	—	0.92～0.95	0.036～0.57	11.5～13	1.0～2.2	0.8～1.2
牛油	54～57	约35	0.86～0.89	≤0.02	>2.0	2.8～3.0	0.66～0.69
松香	89～93	52～66	0.9～1.1	≤0.04	—	—	0.07～0.09

资料来源：凌业勤等：《中国古代传统铸造技术》，第152页。

下面来看看蜡料的处理方法。

（1）失蜡法（也称拨蜡法）的蜡料处理。依据《印典》的记载，"拨蜡之蜡有二种：一用铸素器者，以松香熔化，沥净，入菜油，以和为度，（油量）春与秋同，夏则半，冬则倍；一用以起花者，将黄蜡亦加菜油，以软为度，其法与制松香略同。凡铸印，先将松香作骨，外以黄蜡拨钮刻字，无不尽妙"[①]。

现代熔模对蜡料的要求是：①熔点较高（70～80 ℃）；②软化点（热稳定性）适中（35～40 ℃）；③流动性及成型性好，有适当的黏度；④膨胀系数和收缩率小（小于1%）；⑤灰分少；⑥焊接性、涂挂性好，并有适当的强度和硬度。

（2）贴蜡法（也称水蜡法）的蜡料处理。依据《天工开物》的记载，其配料为牛油80%，黄蜡20%，显然混合料的软化点较低。后来经过铸匠的不断摸索，发现在不同的季节加入不同比例的松香，可以调节混合料的

---

① 〔清〕朱象贤：《印典》卷七"蜡"，第244页。

软硬度。其调制方法是先将牛油或植物油（菜油）加热，屡入蜂蜡或白蜡，根据季节加入定量的松香，搅拌均匀。这种混合料在常温下硬而脆，需要使用的时候将其放入温水中使之变软，再用圆滑的木棒擀成厚薄均匀的蜡板，然后根据实际需求裁成蜡条备用，以贴附在泥芯上；或者在其半熔融状态下，涂挂在泥芯表面，挂蜡层的厚度就是铸件的厚度。

在此法中，松香是调节蜡模软硬度的关键，不同的季节，其在混合料中的加入量是不同的。从现代实验中我们可以看出，蜂蜡或白蜡的软化点在 $44 \sim 45\ ℃$ 之间，如果屡入 10% 的松香，软化点会提高到 $50\ ℃$ 左右。所以，夏季制作蜡模，必须增加松香的用量；冬季则相反。另外，随着松香用量的增加，热膨胀系数会减小。如不加松香时，其热膨胀系数为 7.3%；当松香增加到 30% 时，蜂蜡混合料的热膨胀系数为 3.5%，白蜡混合料的为 2.6%。松香的加入量越多，混合料的热膨胀系数就会越小，这是因为松香本身的热膨胀系数接近零。所以，松香是蜡料软硬度、软化点和热膨胀系数的调节剂。[①]

三、制型材料

传统失蜡法所用的制型材料主要是黏土，即古代所谓的澄泥、绝细黏土、焦泥等。

澄泥：黏土在水中经过多次清洗，过滤除去杂质后，沉于池底的细腻泥。古代青铜器的表面光亮，同使用这种泥有关。

焦泥或熟土：将绝细黏土混合稻芒，烧透，待冷却后，捣细成粉，过筛备用。

造型混合料一般分为三种：①表土，即紧贴蜡模而形成的铸表层黏土，必须是熟泥，否则浇注时"铜灌不入，且要起窠（空隙）"。现代铸造工艺中，所用熟土是将黏土与细粒石英砂按 2∶1 配比混合，加入适当清水，塑成砖块状，入火烧至橙红色，冷却后捣碎过筛备用（约 200 目筛，相当于 AFS 粒度指数 172）。②中层土，失蜡法铸型的中间层，颗粒度略粗于表土（相当于 AFS 粒度指数 109）。③外层土，型壳外层的填充土，或型芯的中心部分，采用粗粒砂土（相当于 AFS 粒度指数 75）。

其他材料：为了解决铸造器物的光洁度与铸型强度之间的矛盾，需在造型的黏土里加入稻壳（谷糠）、锯末（木屑）或植物纤维，使表土有很好的湿强度，焙烧后的透气性好，又不至于产生龟裂。由于稻壳（谷糠）、

---

① 凌业勤等：《中国古代传统铸造技术》，第 151 ～ 153 页。

锯末（木屑）的粒度不匀，会影响铸成器物的表面光洁度，故表土中还要加入植物纤维，其含量占混合料的 7%～10%。

对于大型而又复杂的铸件，制型材料除了要有良好的透气性和耐火度外，还需添加耐火砖粉。

四、工艺流程

传统熔模冶铸的主要工艺流程如下：

（1）制泥芯。为了减轻铸件重量，节约资源和成本，一般的铸件会做成中空的，因此需要先制作泥芯。泥芯中还要安放芯骨，如果是有角度或弧度的泥芯，还要用铁丝进行局部加固。如南京紫金山古天文仪器浑仪铜龙柱爪部出现铁锈，就是内部所安置的铁丝外露的缘故。

（2）制蜡模。铸件采用贴敷蜡板的方法，可以节省蜡料。一般是根据铸件的形状，将蜡板裁成若干块，置于温水中，待蜡板在温水中变柔软后，马上贴附在泥芯上，并直接用手按捏各个部位，使蜡板之间不留缝隙，然后再压平蜡板表面。铸件的细部则由铸造工匠精雕细刻。

为了防止泥沙等掉入铸型，在浇冒口相对应的地方也要安放蜡条。有时为了透气，在铸型中也安放蜡线。蜡模上还须插入芯撑，使型芯不发生位移。芯撑的数量和位置非常重要。如果过密，就会增加铸件的加工量，起激冷作用，会影响铸件的质量。芯撑的位置应该选择在素面无纹的地方。芯撑的材料应该与铸件的材料相同，长度以能撑住铸型和型芯为宜。

（3）制泥型。①蜡模挂泥浆。表土使用上文中所说的细熟泥，加入植物纤维或纸浆、锯末，用清水调匀，在蜡模表面挂泥浆，泥浆的厚度为3～5毫米，待完全阴干后，检查有无裂痕，如有裂痕要重新挂泥浆。②覆盖中层泥土。对于中层土的要求不高，可加稻壳、植物纤维等调匀，其厚度5～10毫米。③覆盖外层泥土。外层糙土，用颗粒较粗的黏土泥砂，适量使用加固材料，使焙烧后有足够的强度和韧性。

（4）熔蜡模。泥型塑成后，要放置于自然通风之处3～7天，待完全阴干后，低温（约80℃）加热泥型，使蜡模熔化，蜡料流出流尽。

（5）烘泥模。烘泥模即焙烧泥型，温度控制至为重要，待温度渐渐上升至950℃时，其效果最好。当泥型呈砖红色时，表明火候已到，此时外层疏松，内层致密，可以看到针孔和纤维痕迹。如果升温过急，会导致泥型收缩过快，容易发生龟裂现象。

（6）浇注。浇注之前，还需将泥型预热，其温度约为100℃，为的是使金属液体在泥型内的填充性能良好。金属液体从浇口注入，边浇注边观察浇口和冒口的情况，待看见金属液体与冒口齐平时，立即停止浇注。

（7）修整。浇注结束后，用一根截面平滑、直径与浇口和冒口大小相等的木杵或金属杵，将浇口和冒口处轻轻压平，再让其自然冷却。为了保证铸件的质量，千万不要人为降温。待完全冷却后，去掉泥型和泥芯，取出铸件，擦洗干净，打磨修整，整个流程就宣告结束。

现代失蜡法工艺流程与传统工艺流程大同小异。

五、佛山神像的制作

佛山传统熔模铸造工艺的代表作主要是佛道造像和礼神器物等，其工艺技术较为复杂，现以北帝神像为例作一简介。

明景泰元年（1450），朝廷敕令铸造北帝铜像。至景泰三年（1452），陆续铸造成三尊神像，一为北帝大铜像（也称北帝帝王神像），一为北帝武神小铜像（图6.21），一为北帝文神小铜像。

大铜像位于佛山祖庙正殿的紫霄宫内。该造像身着文官彩袍，面带微笑，跣足端坐，是中国现存最大的明代真武大帝铜像，重约5000斤，高九尺五寸（约合3.04米），取"九五之尊"之意，宽约1.63米，现存祖庙。

北帝大铜像

北帝武神小铜像

图6.21　祖庙大殿神龛里的北帝铜像

资料来源：申小红拍摄，2015年。

小铜像（又称"行宫"）二尊，均是高约0.8米，宽约0.52米，重约500斤。一尊是武神小铜像，位于祖庙紫霄宫西侧的神龛内，高0.8米，通体贴金，身披铠甲，足踏龟蛇，左手中指、食指并拢指天，右手握剑

（现剑已遗失），造型威武。该铜像现存祖庙，主要用于北帝的巡游活动，一方面供沿途民众瞻仰与膜拜，另一方面是神向世人宣示其主权和领域范围。另一尊为文神小铜像，供佛山土著八图部族借用，轮流在各自的宗祠中祭拜，因北帝神是佛山民众心中的"大父母"，其眉慈目善的样子非常具有亲和力。文神小铜像后被南海叠滘乡请去建醮会，之后久未归还，最后被安放在叠滘乡新建的庙宇之中，被永久地留在了那里，造福一方民众。①

传统社会时期的佛道造像，按照其高度或体量来划分，主要有三大类：一是特大型佛道像，二是大中型佛道像，三是小型佛道像。②

特大型佛道像一般高达几十米乃至几百米，重达十几吨或几十吨，故铸造完工后不需搬动，一般也是无法搬动的。按照宋应星所记述的工艺，铸造佛道像与钟鼎的方法大致相同，但钟鼎不能拼接分铸，而佛道像是可以一节节分段铸造的："凡铸仙佛铜像，塑法与朝钟同。但钟鼎不可接，而像则数接为之。"③

特大型佛道像的造像工艺一般来说有三种：第一种是先塑造原样大小的泥像，再分段制作外型和泥芯，制出一段，浇注一段，属于块范制作法（图6.22）；第二种是先用木料雕刻出原样大小的木像，再制作外型和分段制作泥型；第三种是分段铸造佛道像的各个部分，然后再按照顺序铆焊成整体佛道像。

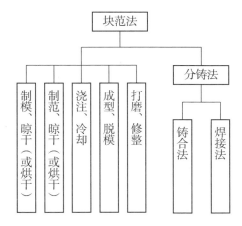

图6.22 块范法

资料来源：参阅益运居：《古代青铜器铸造工艺概述》。

---

① 据康熙《灵应祠志》记载："圣像三尊，一尊被叠滘乡迎去建醮后乃久假不归，即今叠滘所建庙宇奉祀二帝圣像是也。然神护国庇民，均属一体，事远亦不深究，亦当书之，不忘始末，以传示于后世也。"〔〔清〕吴荣光：道光《佛山忠义乡志》卷二《祀典》，第九页〕

② 具体内容请参阅凌业勤等：《中国古代传统铸造技术》，第458～470页。

③ 〔明〕宋应星：《天工开物》卷中《冶铸第八·像》，第205页。

第一种工艺的主要步骤：①制作佛道像的泥像。先用碎砖、碎石和干土夯筑基础平台，要求干燥平整。再在基础平台上竖起铁架，制作泥芯骨架，中间填充瓦砾并夯实，外面敷挂造型混合物料，待半干后再精雕细琢，塑造泥像。可以将衣折、飘带、手臂以及其他附带物制作成蜡样，再安装在泥像相应部位。塑好的泥像周身再薄涂一层蜡，以免与外型黏结。②分段制作外型。以第一段莲花座为例。在制作外型之前，先在佛像表面覆盖一层纸遮挡，再造外型，通常一圈分成若干小块，以人工能搬动为宜，拆下外型分块阴干后，烘焙干透备用。③刮制泥芯。拆下外型，露出泥像，用传统的刮皮造型法，将泥像表面均匀地刮掉一层，刮掉的厚度恰好是要浇注的佛像的厚度。④组装外型。将已经烘干的分块外型按照顺序安放在原来的位置，将分块之间的缝隙填充修平，再在外型周围加筑土台。⑤熔炼与浇注。将可移动的行炉沿外型周围安放在土台上，熔炉的注嘴对着型腔，然后装料鼓风熔炼，金属熔化后，就会自动从注嘴流入型腔。其余各段均按此方法依次完成（图6.23）。

第二种工艺的主要步骤：①制作一尊木质佛像，安放在翻砂现场。②分段制作外型。按照设计要求在木像上分段画线，将准备好的混合物料敷挂在木像周围，制作分块外型，小心拆下后阴干，然后烘焙干透备用。③在浇注现场制作分段泥芯，烘焙干透备用。④组装外型，使泥芯与外型之间的空腔（即佛像的厚度）与设计要求的一致。⑤在铸型周围加筑土台，安装熔炉，熔化金属，浇注。其余各段也按照此法依次完成。

上述两种方法虽然都是分段铸造，但第一种方法是刮皮造型法，将泥像刮去一层后直接用作泥芯；第二种方法是外型与泥芯均采用分段造型的方法。

第三种工艺的主要步骤：①采用传统的分铸法，所有构成部分都分开铸造。②脱模修整后将所有铸件搬至佛堂或寺庙，准备组装。③将各部分拼接后用铁脚铆焊，通常为了美观起见，焊接位置一般是在佛像的背后。此种工艺以四川峨眉山万年寺里的普贤骑象像为代表。普贤菩萨像是用铜整体铸造的，莲花座是单独铸造的，大象也是单独铸造的，象鼻和大象四只脚所踏的莲花座也是单独铸造的。待所有铸件脱模修整后，再搬至海拔千米的万年寺进行铆焊安装。完工后再加盖大殿，最后是整体打磨修整、给菩萨贴金、给大象刷白漆等工序。

大中型佛像，一般指十吨以下的佛像；不像特大型佛像，动辄十几吨或几十吨。此类佛像很少采用分段铸造方法，通常是采用浑铸法，即采用一次型泥模铸造。如果铸件的构造比较复杂，如一尊佛像的头冠上有镂空纹饰，身上有飘带、璎珞等配饰，那么这些部分就要采用失蜡法铸造。

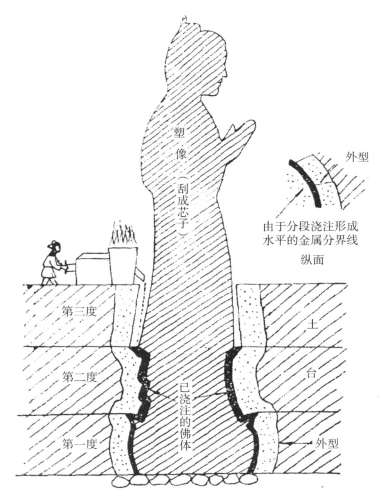

图 6.23　佛道造像工艺示意

资料来源：凌业勤等：《中国古代传统铸造技术》，第 460 页。

小型佛像，其铸造工艺一般也离不开泥模铸造和熔模铸造，有时是上述两种工艺中的一种，有时是两者兼而有之。

第四节　佛山传统金属范型工艺

金属范型铸造又称硬模铸造，它是将液体金属浇入金属铸型，以获得铸件的一种铸造方法。铸型是用金属制成，可以反复使用多次（几百次到几千次）。金属范型铸造所能生产的铸件，在重量和形状方面还有一定的限制，如对黑色金属只能是形状简单的铸件，铸件的重量不可太大；壁厚也有限制，较小的铸件壁厚无法铸出。

一、范型制作

春秋中晚期，中国工匠发明液态生铁后不久，铸造技术也有了突破性的提高，其中金属范型铸造技术就是一项重大的发明创造。在战国时代，我国就使用金属范型大批量地铸造农具、手工具和车马饰件，在世界铸造技术史上处于遥遥领先的地位。

（1）分型面。对于金属范型的制作，首先是要确定金属范型的分型面，这是能否成功制作完美铸件的关键所在。以制作两合型宽面锄为例，金属范型的外形轮廓要设计成同铸件一样的形状，上宽下窄。这样可以节省铸型所用金属材料，减轻重量，便于操作与掌控。把上半型设计成平板，铸型腔完全在下半型内，这样浇注的薄壁锄板的铸件，既不会产生错箱飞翘的现象，又可使铸件两面的光洁度都很高。从热应力方面来说，各点受热均匀，铸型的使用寿命才能延长。

（2）制铁芯。在金属范型制作过程中，铁芯子的制作尤为关键。如宽面锄，把形成锄柄孔的铁芯子设计成四角锥形，这样一来两侧铸壁厚薄均匀，又会形成柄孔。

（3）制浇口。浇口的形貌也是铸造过程中的关键。浇口一般都设计在铸件的端头或柄孔处，形状或为扁嘴型，或为椭圆形，上大下小，外宽内窄，这样在浇注结束后，很容易处理和修整浇口。

古代金属范型铸造的产品，战国时期主要有锄、铲、镰、斧、凿、马车或车具；到了汉魏时期，品类和质量都有了大幅度的改观，主要有铲、锄、镰、斧（三种）、凿、犁铧、犁壁、耧铧、锸、锤（多种）等，说明金属范型成为汉魏至南北朝时期批量生产的重要工艺。①

二、工艺过程

金属范型特别是铁范的使用，使铸造铁器的质量及效率均有不同程度的提高。从南阳瓦房庄发掘出的各种模具及范型来看，其工艺过程大致如下：

（1）制作泥模。制模工匠就地选取黄黏土，羼入35%左右的细砂，加

---

① 参见凌业勤等：《中国古代传统铸造技术》，第164～166页。

水调泥，制成模版，待稍干后，精工细雕地挖制模面，严格按照尺寸要求，塑制不同模面上的各个部位的形体。模面制妥后，涂上涂料晾干。

（2）合模烘烤。在浇铸之前，先合模，糊上加固泥，再将铸模送入窑中烘烤。

（3）取模浇注。铸模烘烤到规定的温度之后即可停止，将之取出烘窑，并乘热浇注。在浇注时要注意浇口、冒口处的情况，一般要求注入的金属液体（铁水）与浇口、冒口齐平，以适应模腔的收缩。

（4）脱模修整。待铁水在模腔中凝固到一定程度之后，去掉加固泥，剥离泥模，再处理掉浇口处多余的铁，即可获得铁质的铸范。

（5）合范浇注。把铸出的铁质上范、下范进行合范，再将铁范芯插入范腔中，并用特制铁工具或铁丝、铅丝将铁范捆扎并夹固，以免浇注时因铁水的热胀作用而开裂。合范后，一般会入窑烘烤，出窑后要趁热浇注铁水。

（6）脱范修整。待铁汁凝固冷透之后，打开铁范，并处理掉浇口、冒口处多余的铁，便能获得铸成产品。

下面以犁铧的金属范型铸造工艺（图6.24）为例作一直观探讨。一副铸造犁铧的金属范型一般共有三件，即上型、下型和铁芯。①上型的制造：用泥型1和2合模浇注铁液冷却后，取出即为上型铸件3，3Ⅰ表示上型型腔，3Ⅱ表示上型外表面。②下型的制造：用泥型4和5合模浇注铁液冷却后，取出即为下型铸件6，6Ⅰ表示下型型腔，6Ⅱ表示下型外表面。③铁芯的制造：用泥型7和8合模浇注铁液冷却后，得到铁芯9。④铸成：将铸型3、6和9合模，浇注铁液冷却后即可得犁铧10。[①]

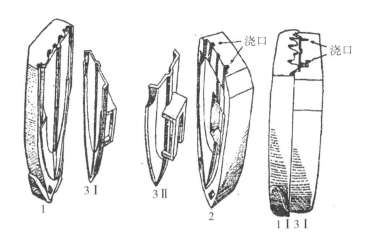

（1）上型的制造

①　参见凌业勤等：《中国古代传统铸造技术》，第167页。

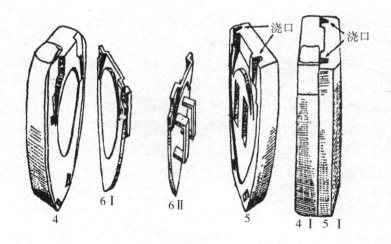

浇口

浇口

6Ⅰ   6Ⅱ   4   5   4Ⅰ5Ⅰ

（2）下型的制造

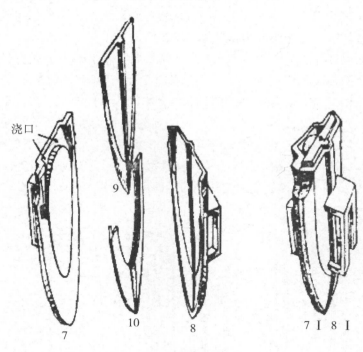

浇口

9

10   8   7   7Ⅰ8Ⅰ

（3）铁芯的制造

图6.24   传统金属范型铸造犁铧的工艺

资料来源：凌业勤等：《中国古代传统铸造技术》，第168～169页。

三、佛山大炮及其工艺

洪武元年（1368）到宣德九年（1434）是明朝社会经济恢复时期，商品经济极其微弱，因此占主导地位的官府铁业主要是为封建政府的官工业制造部门如武器制造、各类官船、御用器皿、修理宫殿等提供原料。如最大的官营铁厂遵化铁冶厂生产的钢铁均由工部"差委武功等三卫千百户等官领运，自铁冶起直抵京城"[1]，以供军器局和宝源局之用。洪武十一年（1378）光军器就需甲胄（图6.25）一万三千余，马步军刀二万一千，弓三万五千，矢一百七十二万。[2]

图6.25　明代铁甲胄

资料来源：一羽：《略谈中国的冶炼技术》，《中国科技信息》2004年第8期，第59页。

而造官船需要更多的钢铁作为原料，其中以漕船和战船为最多。像永乐时期年造浅粮船三千余只，天顺以后达一万多只。至于郑和下西洋所乘的宝船，更是以体积庞大而著称。由于以官工业需要而定，官铁矿需者多开，反之罢闭，因而铁产量处于不断变化之中。

入清以来，佛山的"答应上务"中又增加了大炮的铸造。从现存大炮炮身的铭文中可以看出，佛山本地铸造大炮的工匠主要是明清以来从事冶

---

① 〔明〕陈子龙等：《皇明经世文编》补遗卷二《遵化厂夫料奏》，第692页。

② 〔清〕龙文彬：《明会要》卷六十一《兵四》，中华书局1956年版，第四十四页。

铸行业的冼、霍、李、陈等大家族，

（一）佛山大炮历史

鸦片战争期间，中国军队对付英军的重型武器——炮台岸炮大都产自佛山。当年的这些重炮如今还有很多存世，如虎门林则徐抗英纪念馆、虎门鸦片战争博物馆、虎门炮台旧址、佛山祖庙公园、广州博物馆、新会崖门古炮台等地都可以看到近两百年前佛山制造的巨炮。

在虎门鸦片战争博物馆，威远炮台上一排排威严的巨型岸炮依次排列。这些大炮都是佛山铸造的，炮口的铭文清晰地标注"道光二十年佛山制造""八千司马斤大炮，佛山制造"（图6.26）。所谓"司马斤"是我国传统的重量单位，只是后来改用公制才停用，而香港和台湾地区沿用了旧制。八千司马斤相当于现在的9600斤。当时中国沿海地区的大炮主要由佛山制造；除了虎门炮台之外，清朝广东很多关防要地的大炮都是佛山制造的。这是因为佛山自古以来都是岭南重要的铸造中心，其制造技术一流，有"佛山之冶遍天下"之说。明清时期，佛山铸造行业兴旺发达，不仅生产铁镬、刀剪、斧头、锁链、锄头、镰刀、犁耙等普通工具，佛山还是华南最大的军火制造基地，能够制造外形威猛，重量达几千斤，甚至超过万斤的巨炮。

（二）铸造工艺简介

传统社会时期的大炮铸造经过了泥模型、木模型、刮板造型和金属模型等几个阶段。

首先看看泥模制作大炮的工序，一般有四道：

（1）制作泥炮。混合物料按一般泥模的要求即可，炮芯用钻孔铁管一根，其表面紧密地缠绕一圈圈的草绳，敷挂混合泥料成炮型后，经过几日阴干，然后在低温下烘焙干透，并进行缺陷或裂缝的修补。

（2）制作泥型。以泥炮为模，分段翻制出两开或多瓣的泥型。混合物料分面料与背料：背料粒度宜大，以利于透气；面料粒度宜小，以利于铸件的光洁度。制成后要充分阴干，时间上一般要半个月。然后轻轻脱型，进行烘焙，再在上面雕刻文字和图案。炮头和轴耳等部分需要单独造型，方法与制作炮身相同。

（3）制作泥芯。泥芯是形成炮膛的关键部件，要求面料极细，有利于内膛表面光滑。泥芯务必阴干后再烘焙。具体操作是先在铁管或铁柱上缠

图6.26 佛山祖庙内的铁铸大炮、铭文及说明

资料来源：申小红拍摄，2017年8月。

绕草绳，再敷挂背料，然后再黏挂细泥，待稍干后涂刷松烟，充分阴干烘焙后备用。

（4）合型浇注。在合型前，先要做好以下准备工作：备好合适的泥芯撑、浇口杯、涂料和榫卯等物料。合型时，用榫卯将各分块层层榫合，待炮身铸型装配好以后，再装上炮头、轴耳等铸型，固定好浇口杯，竖向用铁筋，横向用铁箍多道，使铸型紧紧叩合，避免浇注时渗漏、胀模或发生其他情况。

其次来了解一下木模和刮板造型制作大炮的工艺。

木模造型多数是制成两半分型的，刮板造型一般仅用于形状比较简单的旋转体，如炮身，故刮板造型是一种简捷的制作大炮的工艺。

造型的具体操作同干砂型的做法大致相同。泥砂的混合料分三层或四层，先刮背料，再刮面料。每刮一层，等阴干后再刮下一层，并拍打使其紧实。阴干2～3天后即可脱模（即拆开分块）。将表面烘干后再刮一层细面料，涂刷松烟，然后烘焙干透，待冷至70～80℃时，再补刷一层涂料，即可拆下芯子，再合型，安置好浇口、冒口，等待浇注。

无论是泥型、砂型还是金属型，圆管形铸件均以竖立浇注为主。这是因为可以利用金属液体自身的重量，在重力的作用下，使炮身填型充分，并且在冷却后容易脱模。①

鸦片战争爆发以后，"素有巧思"的浙江嘉兴县县丞龚振麟，被两江总督裕谦调到宁波军营。当时，火炮是对付敌舰的利器，前线急需，龚振麟受命赶制火炮。

中国传统的铸炮工艺都用泥模，即用水和泥，制成模具，然后范金倾铸，层层榫合。泥模必须烘得干透才行，否则外表虽干，里面湿润，一遇金属熔液，潮气自生，铸成的火炮就有蜂窝，施放时炮筒容易炸裂伤人。烘干泥模往往要一个月之久，如果碰上雨雪阴寒天气，则需两三个月。况且一具泥模只能铸造一尊火炮，不能再用，属于一次性泥模。

由于战况紧急，必须改革传统铸炮工艺，迅速赶制出一批火炮，支援前线。龚振麟冥思苦想，彻夜难眠。他几经试验，终于发明了铁模铸炮法。

铁模铸炮法是以铁为模，视其长短可分多节进行。铸炮时，先将铁模的内侧刷上两层浆液：第一层浆液是用细稻壳灰和细沙泥制成的，第二层浆液是用上等极细窑煤灰调水制成的。然后两模相合，用铁箍箍紧、烘热，每一节都如此，最后浇铸金属熔液。待浇足熔液，冷却成型以后，即可按模瓣次序剥去铁模，如剥掉竹笋外壳一样，逐渐露出炮身。然后剔除炮膛里的泥胚胎，再对炮膛进行修整打磨，使其光滑。

同传统泥模铸炮相比，铁模铸炮的优越性在于：工艺简便易行，节省

---

① 参阅凌业勤等：《中国古代传统铸造技术》，第578～579页。

模具原料，不受气候条件限制，缩短了制造周期，降低了生产成本，尤其是解决了蜂窝难题，提高了火炮铸造质量。同仁们称赞说："其法至简，其用最便，一工收数百工之利，一炮省数十倍之资。且旋铸旋出，不延时日，无瑕无疵，自然光滑，事半功倍，利用无穷，辟众论之异轨，开千古之法门，其有裨于国家武备者，岂浅鲜哉！"[①]

龚振麟一边铸炮，一边总结铸炮经验，撰写出了《铸炮铁模图说》一书，分送中国沿海各军营，对此项技艺加以推广。龚振麟发明的铁模铸炮法早于西方30年，这是中国近代少有的一项领先世界的科技成就；《铸炮铁模图说》是世界上最早论述铁模铸造法的科技文献之一。

第五节　佛山传统叠模铸造技术

叠模铸造工艺技术的出现和发展是我国古代泥范铸造的又一个杰出成就，一经出现就得到广泛应用。叠铸技术就是把许多个范块或成对范片叠合装配，由一个共用的浇道进行浇注，一次得到几十甚至几百个铸件。这种方法在战国时已经发明[②]，它主要适用于小型铸件的大量生产。

我国最早的叠铸件是战国时期的齐刀币，是用铜质范盒翻制出具有高度对称性和互换性的范片，每两片合成一层，多层叠浇而成。到了汉代，叠铸技术广泛用于钱币、车马器的生产。近年来，在陕西、河南、山东等省，这种铸范和烘窑多有出土。它们结构巧妙，制作精细，为便于清理铸件，内浇口厚度只有2～3.5毫米。用这些铸范浇出的铸件，表面光洁度达到五级（光洁度共分14级），金属精确率可以达到七级即90%，其工艺水平和佛山近代所用方法非常接近。

铸范的设计也相当科学，范腔之间的泥层很薄，为使范面紧凑，尽可能减少吃泥量，有些范的直浇口制成扁圆形，合范用的榫卯定位结构也按此原则予以布置。范的外形与范腔相吻合，不少铸范削去角部，使边厚尽可能一致，不但可以减少范的体积和用泥量，而且使散热更加均匀，提高铸件质量。范芯的制造，除自带泥芯外，形状简单的用泥条捺入芯座内；复杂的，如车泥芯，用泥质对开式芯盒制成。范块采用对开式垂直分型面，两堆铸范共用一个直浇道，使金属实收率更高，浇注时间更少，说明

---

① 〔清〕魏源：《海国图志》卷八十六《铸炮铁模图记·铸炮铁模图说》，岳麓书社1998年版，第2033～2034页。

② 梓溪：《谈几种古器物的范》，《文物参考资料》1957年8期，第45～48、51页。

叠铸技术有了进一步的发展。

到了近代，随着大机器生产的出现，大批小型铸件（如活塞环、链节等）的需求才得以满足。由于叠铸技术生产率高，成本比较低，可以节省造型时间和浇注面积，目前的应用领域仍然很广泛。

一、材料选择

叠模铸造工艺是我国自汉代开始大范围推广使用的工艺技术，主要原理是薄壳泥型的叠型串连浇铸，是中国传统工艺中的独特创造与发明。

佛山是明清以来中国冶铸行业兴盛之地，是南中国的冶铸中心，也是人们心目中的铁都。因为没有相关的地方文献资料的记载，故其铸造工艺中的薄壳泥型叠铸技术开创的年代已无从考证，但相关工艺技术还完整地保留并传承至今。最初只是用来生产各种日用品，如铁锁、水煲和一些小的艺术品。到了近现代，该技术已经被推广到机器制造行业中，如各类缝纫机零部件、纺织机零部件、直径300毫米以内的铸铁齿轮、汽车活塞环、理发剪等。由于制作泥型的砂粒较细，铸件表面的光洁度可达四级至五级，精确度可达七级，铸件一般不需要再加工，可直接装配，省去了很多的工作量。

做好薄壳泥型叠模最为关键的步骤就是正确选用造型材料：一是泥料，这是主要的造型材料；二是木屑，起透气和保持光洁度的作用；三是扑粉，目的是让铸件与泥型之间不粘连。木屑和扑粉都是附加材料。

（1）泥料。在传统社会时期，佛山叠模工艺中所选用的泥料一般是从水田或河岸边约30厘米深的地层中采挖的泥土，其颜色浅黄。化验结果表明，其含砂量20%，含水量3%，其化学成分分别为二氧化硅（SiO_2）70.6%，三氧化二铝（Al_2O_3）19.012%，三氧化二铁（Fe_2O_3）4.218%，氧化钙（CaO）1.2%，氧化镁（MgO）0.0776%。[①] 这表明，佛山地方所使用的泥料是一种高热情况下稳定性很好的瘦黏土，很适合制作薄壳泥型叠模。

（2）木屑。木屑是必用的屪和料，一般有软木屑和硬木屑两种。软木屑高温燃烧时容易碳化，能增强铸型的透气性，故通常用作背料，如杉木等软材锯末；硬木屑在高温条件下也不容易烧掉，可保持铸件的表面有良好的光洁度，故用作面料，如果木等硬材锯末。

（3）扑粉。一般采用含挥发物约28%的松炭粉和银灰色的石墨粉混合

---

① 凌业勤等：《中国古代传统铸造技术》，第137页。

制成，相当于铸件和泥型之间的涂料，但不是调成糊状，而是干粉，这有别于砂型工艺中的挂浆工艺。

二、制作工艺

薄壳泥型的制壳操作的大部分工艺步骤与砂型工艺基本相同，但不同的操作步骤有如下几点：

（1）夯实填充材料。在模板框（型板）中先填面料，后填背料，保持均匀、平整、紧实，再用工具从模板框边缘开始捣实，湿压强度保持在80～85。

（2）取出薄壳泥型。型板的拔模斜度约为1：20，起型时不用刷水，更不要用力敲打型板框，只需将铸型轻轻倒置，靠重力作用让薄壳泥型缓缓滑下。

（3）制作浇注系统。在模板框（型板）上直接做成内浇口，用芯头构成总的直浇道，每一内浇口通向直浇道。浇口杯另用混合料制作并烘干备用。

（4）喷撒扑粉。这比砂型工艺的要简单，下泥料前，在型板上喷一薄层分型剂（煤油掺入其他油类），再撒一层干涂料（石墨粉20%，松炭粉80%）。薄壳制成后，涂料已紧贴壳面。

（5）烘烤泥型。一般在烘窑（图6.27）内进行，因为其内部热力分布均匀，且进出窑的输送方式已经比较完善了。在入窑前，将薄壳泥型叠好，用铁丝或铅丝捆绑紧实，然后按要求放置在窑内。烘烤分两阶段进行。先是低温烘烤，目的在于蒸发泥型中的水分。然后是高温烘烤，目的在于使泥型中的木屑碳化，并烧去部分有机物和杂质，不至于在浇注时产生过多的气体，以提高泥型的透气性；同时也是为了使泥型定性，提高铸件表面的光洁度。经高温烘烤焙烧的泥型从窑内取出后趁热浇注，这样方能保证小铸件的质量，不至于留下无白口和浇不足的缺憾。

浇注、出型与砂型铸造工艺基本相同，这里不再赘述。

三、钱币制作工艺

传统社会时期，佛山的叠铸技术应用范围不是很普遍，主要应用于小型铸件的批量生产。由于史料的缺失，我们无法知晓其具体而完整的工艺流程，但是从铸造钱币的工艺流程中可以窥见一斑。现以铸钱为例，对薄壳泥型叠铸工艺过程作一简要而直观的说明。

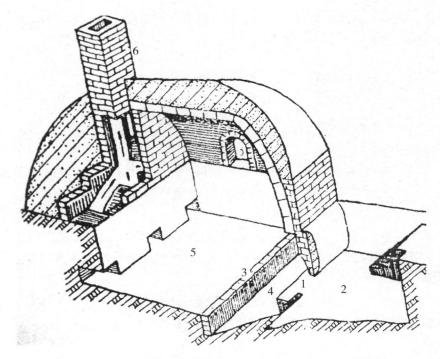

1. 窑门；2. 窑道；3. 砖台；4. 火膛；5. 窑室；6. 烟囱

图 6.27　古代烘窑结构

资料来源：凌业勤等：《中国古代传统铸造技术》，第 135 页。

（1）制作样钱。样钱，也叫母钱，有蜡样、木样、牙样、铅样或锡样。在雕工雕琢完成后送呈朝廷，一般由皇帝亲自审核批准。

（2）制作母范。母范即模板（图 6.28），古人称作范盒，在金属板上铸刻钱文（阳文）。每枚钱型之间以内浇口同中央直浇道相连。模板有边缘，其高度实等于每片泥型的吃砂量。母范也有用陶范的（图 6.29）。

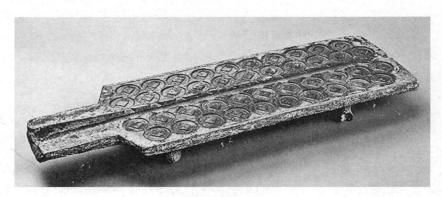

图 6.28　西汉铁范

资料来源：佚名：《渐进的西汉钱范》，《苏州日报》2013 年 12 月 20 日第 4 版。

图 6.29　"大泉五十"陶范

资料来源：http://www.wenwuchina.com/article/201814/307217.html。

（3）制作泥型。这道工序又有三个主要步骤，具体如下：

1）制型材料。古代陶范用料，虽无资料可查，据观察和检测出土陶范，不外乎使用新黏土、旧黏土（破碎用过的范土）、细砂、粗砂、草秸、草木灰等。

2）制型操作。薄壳泥型不同于砂型之处，在于其本身薄，在高温焙烧时物料碳化后，有很多孔隙，透气性良好，一般不通气眼，只有很厚的铸型；在模的周边要打气眼，但不要紧贴模型打。浇注系统除浇口杯外，模板已经提前准备好了。

3）烘干。这是薄壳泥型叠铸工艺的一个关键环节。古代烘窑，以河南温县烘窑遗址为例（参见图 6.27），它呈东西向，建在距地表 1.5 米深的长方形土坑内。窑口距地表 0.7 米深，窑通长 7.4 米，宽 3 米。窑道近方形，长 2.7 米，宽 2.34 米。窑道东壁挖成拱形窑门。窑分三部分：火膛、窑室、烟囱。窑门内为火膛，平面作梯形，比窑室平面低 50 厘米，是烧火的地方。窑的后壁有三个方型烟洞，残高 30 厘米，边宽 26 厘米，中间烟囱直立，两边烟囱有弧形，向中间靠拢。此烘窑已经有 2000 年的历史，其设计和构造十分科学，说明当时薄壳泥型铸造已达到相当高的水平。

4）浇注和碎型。为保证质量，泥型出窑时，要立即趁热进行浇注；冷透后打碎泥型，取出小型铸件。[1]

汉代以前铸钱所采用的范铸法技术，与现代的常规砂型铸造的不同之

---

[1]　参见凌业勤等：《中国古代传统铸造技术》，第 134～136 页。

处，除耐火材料不同外，模具的设计也不相同。如果采用现代常规砂型铸造工艺铸造古代钱币，其模具一般都会做成正、反两个面，分别在正、反两个模面上造型，然后对合起来进行浇铸。汉代以前的范铸法铸钱却非如此。根据对各地出土汉代以前的钱模及钱范上留下的榫、卯（或者称之为子母扣）的研究后得知，其制泥范所使用的模具都只有一个面（图6.30）。

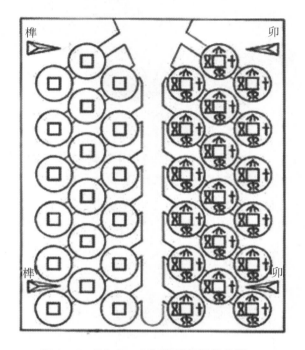

图6.30 "大泉五十"叠模铸造结构原理

资料来源：董亚巍：《古钱币铸制技术中金属模及金属范的发展概略》，《湖北钱币专刊》2001年第5期，第19页。

图6.30中，正中间为水口，在四角的四个榫卯中，左边两个为榫，右边两个为卯；以水口为中心线，两边的榫与卯都与水口中心垂直并等距离；水口两边每一枚钱的中心点也都会与水口对面同位置钱的中心点等距离。左边的钱全部没有铭文，右边则全部有"大泉五十"铭。毫无疑问，从逻辑上讲，如果在这一个钱模上无论夯制出多少泥范来，其泥范中的钱币都是一面有铭而另一面无铭。关于这种设计方式，我们似乎难以理解。其实从范面的设计中可以看出，当将任意两块泥范的范面对合起来时，凡有铭文的钱全部与无铭的钱对合；无铭的钱，又会全部与有铭的钱对合；榫正好与卯对合，而卯也正好与榫对合。也只有在这样对合的前提下，才可能铸出与出土的钱那样一面有铭一面无铭的钱币来。

为了在此工艺基础上提高工效，人们制模时在模面上采取一模多腔，即尽量在一个模面上多设置钱的数量，一个模面上可做出几十枚甚至上百枚钱。咸阳市博物馆的展柜中有两块石质钱范，每块范上约有百枚钱；因钱在范上是被一行行串起来的，因此，业内将这种铸钱工艺称为"串铸"。但是，如果在一个模面上欲安置更多的钱，势必需要增大范面的面积，这会造成泥范在阴干、焙烧的过程中，变形、裂缝的概率随之增大，从而造成陶范废品率的增高。因此，"串铸"钱的泥范面积是有限的，不可能无限大。

陶质模具与金属模具在制范使用过程中有两个明显的区别：其一，陶质模具表面的光洁度不耐久，估计一套新陶质模具使用过数十次以后，其模表面钱的形象就会越来越模糊；其二，由于陶质模具几乎百分之百地具有吸水性，所以在制范的过程中，经常需要停下来烘烤陶模，只有在将陶模表面已经饱和了的自由水烘干的前提下，才能够进行下一步的夯制泥范的工序；否则，夯制好了的泥范就会被黏死在陶模表面而不容易剥离。陶质模具的这两大缺点很难从根本上得到解决。

金属模具从根本上解决了陶质模具的这两大缺点。金属模具的表面硬度远远大于陶质模具，可以长期使用，即使使用数十万次，其表面也不会模糊；由于金属模具不存在吸水率问题，只要在每次制泥范前涂一层脱模剂（如灰粉），就可以保证不停地有泥范被夯制出来；又由于金属模具的体积都较小，在其上夯制出的泥范的体积亦小，相对"串铸"用的大体积泥范而言，不容易变形。因此，在古代铸钱工艺中，金属模具工艺取代陶质模具工艺，是中国古代科学技术进步所带来的革新。[①]

第六节　佛山传统砂型铸造工艺

砂型铸造，就是在砂型中生产铸件的铸造方法。由于砂型铸造所用的造型材料价廉易得，铸型制作简便，对铸件的单件生产和批量生产都有很好的适应性，长期以来它一直是铸造生产中的基本工艺。

砂型铸造所用的铸型一般由外砂型和型芯组合而成，为了提高铸件的表面质量和光洁度，常常会在砂型和型芯表面刷一层涂料。涂料的主要成分是耐火度高、高温化学稳定性好的粉状材料和黏结剂；当然，这些涂料还要添加便于涂刷的载体，如水、黏土或其他溶剂等。

良好的型砂应具备下列性能：①透气性型。高温金属液浇入铸型后，

---

① 参见董亚巍：《古钱币铸制技术中金属模及金属范的发展概略》，第18～22页。

型内充满大量气体,这些气体必须由铸型内顺利排出去,型砂这种能让气体透过的性能称为透气性。透气性差会使铸件产生气孔、浇不足等缺陷。铸型的透气性受砂的粒度、黏土含量、水分含量及砂型紧实度等因素的影响。砂的粒度越细、黏土及水分含量越高、砂型紧实度越高,透气性则越差。②强度。型砂抵抗外力破坏的能力称为强度。型砂必须具备足够高的强度才能在造型、搬运、合箱过程中不引起塌陷,浇注时也不会破坏铸型表面。型砂的强度也不宜过高,否则会因透气性、退让性的下降,使铸件产生缺陷。③耐火性。高温的金属液体浇进后对铸型产生强烈的热作用,因此型砂要具有抵抗高温热作用的能力即耐火性。如造型材料的耐火性差,铸件易产生粘砂。型砂中 SiO_2 含量越多,型砂颗粒越大,耐火性越好。④可塑性。指型砂在外力作用下变形,去除外力后能完整地保持已有形状的能力。造型材料的可塑性好,造型操作方便,制成的砂型形状准确、轮廓清晰。⑤退让性。铸件在冷凝时,体积发生收缩,型砂应具有一定的被压缩的能力,称为退让性。型砂的退让性不好,铸件易产生内应力或开裂。型砂越紧实,退让性越差。在型砂中加入木屑等物可以提高退让性。①

一、材料选择

制造砂型的基本原材料是铸造砂和型砂黏结剂。最常用的铸造砂是硅质砂。硅砂的高温性能不能满足使用要求时则使用锆英砂、铬铁矿砂、刚玉砂等特种砂。为使制成的砂型和型芯具有一定的强度,在搬运、合型及浇注液态金属时不致变形或损坏,一般要在铸造中加入型砂黏结剂,将松散的砂粒黏结起来成为型砂。传统社会时期应用最广的型砂黏结剂是黏土,现代工艺采用各种干性油或半干性油、水溶性硅酸盐或磷酸盐和各种合成树脂作型砂黏结剂。

砂型铸造是一种以砂作为主要造型材料来制作铸型的传统铸造工艺。砂型一般采用重力铸造,有特殊要求时也可采用低压铸造、离心铸造等工艺。砂型铸造的适应性很广,小件、大件,简单件、复杂件,单件、大批量都可采用。砂型铸造用的模具,以前多用木材制作,通称木模。此外,砂型比金属型耐火度更高,因而如铜合金和黑色金属等熔点较高的材料也多采用这种工艺。②

传统砂型铸造中所用的外砂型按型砂强度不同分为黏土湿砂型和黏土

---

① 参见凌业勤等:《中国古代传统铸造技术》,第 335 ~ 340 页;《砂型铸造》,https://baike.so.com/doc/5425444 - 5663664.html。

② 具体内容参阅《砂型铸造的工艺分析》,http://www.doc88.com/P-7758760830142.html。

干砂型两种。另外，现代工艺中还有化学硬化砂型。

（一）黏土湿砂型

黏土湿砂型是以黏土和适量的水为型砂的主要黏结剂，制成砂型后直接在湿态下合型和浇注。湿型铸造历史悠久，应用较广。湿型砂的强度取决于黏土和水按一定比例混合而成的黏土浆。型砂一经混好即具有一定的强度，经春实制成砂型后，即可满足合型和浇注的要求。因此型砂中的黏土量和水分是十分重要的工艺因素。

黏土湿砂型铸造的优点是：①黏土的资源丰富、价格便宜；②使用过的黏土湿砂经适当的砂处理后，绝大部分均可回收再用；③制造铸型的周期短、工效高；④混好的型砂可使用的时间长；⑤砂型春实以后仍可容受少量变形而不致被破坏，对拔模和下芯都非常有利。其缺点是：①混砂时要将黏稠的黏土浆涂布在砂粒表面上，需要使用有搓揉作用的高功率混砂设备，否则不可能得到质量良好的型砂；②由于型砂混好后即具有相当高的强度，造型时型砂不易流动，难以春实，手工造型时既费力又需一定的技巧，用机器造型时则设备复杂而庞大；③铸型的刚度不高，铸件的尺寸精度较差；④铸件易于产生冲砂、夹砂、气孔等缺陷。

（二）黏土干砂型

制造这种砂型用的型砂湿态水分略高于湿型用的型砂。砂型制好以后，型腔表面要涂以耐火涂料，再置于烘炉中烘干，待其冷却后即可合型和浇注。烘干黏土砂型需很长时间，要耗用大量燃料，而且砂型在烘干过程中易产生变形，使铸件精度受到影响。黏土干砂型一般用于制造铸钢件和较大的铸铁件。自现代化学硬化砂得到广泛采用后，黏土干砂型已趋于被淘汰。

二、型芯类型

为了保证铸件的质量，砂型铸造中所用的型芯一般为干态型芯。根据型芯所用的黏结剂不同，型芯分为黏土砂芯和油砂芯两种。现代工艺中又增加了两类砂芯，即树脂砂芯和玻璃砂芯。

（1）黏土砂芯。即用黏土砂制造的简单的型芯。新制砂芯时，应首先了解其工艺特点和要求，确定主要操作方法，然后检查芯盒是否符合工艺要求。

（2）油砂芯。即用干性油或半干性油作黏结剂所制作的型芯，应用较广。油类的黏度低，混好的芯砂流动性好，制芯时很易紧实。但刚制成的型芯强度很低，一般都要用仿形的托芯板承接，然后在 200～300 ℃的烘炉内烘数小时，借空气将油氧化而使其硬化。这种造芯方法的缺点是：①型芯在脱模、搬运及烘烤过程中容易变形，导致铸件尺寸精度降低；②烘烤时间长，耗能多。

三、工艺流程

制造砂型的材料称为造型材料，用于制造砂型的材料习惯上称为型砂，用于制造砂芯的造型材料称为芯砂。通常型砂是由原砂（山砂或河砂）、黏土和水按一定比例混合而成，其中黏土约为 9%，水约为 6%，其余为原砂。有时还加入少量煤粉、植物油、木屑等附加物以提高型砂和芯砂的性能，其工艺流程如图 6.31、图 6.32 所示。图 6.33 所示为佛山红模铸造工艺市级非遗传承人、佛山高明某福煌五金制品实业有限公司董事长庞耀勇在演示砂型铸造工艺关键的流程步骤。

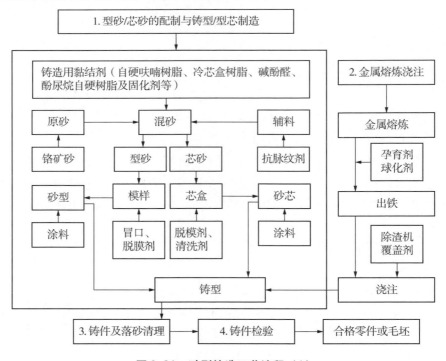

图 6.31　砂型铸造工艺流程（1）

资料来源：《砂型铸造工艺流程情况介绍》（2014 年 11 月 19 日），http://www.zwzyzx.com/show-265-85517-1.html。

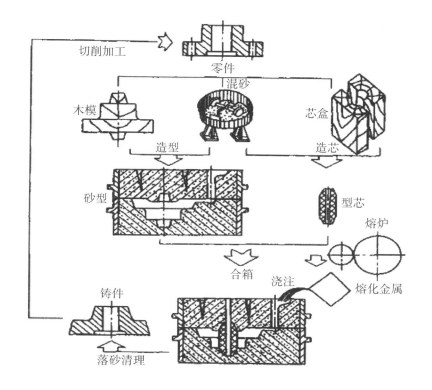

切削加工

零件

混砂

木模

芯盒

造型

造芯

砂型

型芯

熔炉

合箱

浇注

熔化金属

铸件

落砂清理

图6.32　砂型铸造工艺流程（2）
资料来源：《砂型铸造的工艺分析》。

四、适用范围

目前，国际上，在全部铸件生产中，有60%～70%是用砂型生产的，而且其中70%左右是用黏土砂型生产的。其主要原因在于，砂型铸造较之其他铸造方法成本低、生产工艺简单、生产周期短。所以像汽车的发动机气缸体、气缸盖、曲轴等铸件都是用黏土湿砂型工艺生产的。当湿砂型不能满足要求时再考虑使用黏土干砂型或其他砂型。黏土湿砂型铸造的铸件重量可从几公斤直到几十公斤，而黏土干砂型生产的铸件可重达几十吨。因砂型铸造具有以上的优势，所以，其在铸造产业中应用越来越广泛，并将扮演着越来越重要的角色。

但是，砂型铸造也有一些不足之处：因为每个砂质铸型只能浇注一次，获得铸件后铸型即损坏，必须重新造型，所以砂型铸造的生产效率较低；又因为砂的整体性质软而多孔，所以砂型铸造的铸件尺寸精度较低，表面也较粗糙。

（1）制模　　　　　　　　　　　（2）放入底模砂箱，压实

（3）合上面模砂箱，压实，留浇口和冒口　　　（4）浇注

图 6.33　砂型铸造工艺关键的流程步骤

资料来源：庞耀用提供，2017 年 11 月。

传统砂型铸造工艺都是纯手工制作，所以我们有必要了解一下传统砂型造型方法的特点与适用范围（表 6.3）。

表 6.3　传统砂型造型特点与适用范围一览

造型方法		特点	适用范围
按照砂箱特征来划分	两砂箱造型	铸型由上箱和下箱组成，操作简便	是砂型铸造中的基本方法，适用于各种大、小铸件的单件和批量生产
	三砂箱造型	铸型由上、中、下三箱组成，中箱的高度须与铸件两个分型面的间距相适应，操作比较费时费力	主要用于手工造型中，生产有两个分型面的铸件

续表6.3

造型方法		特点	适用范围
按照砂箱特征来划分	地坑造型	利用工作间的地面砂床作为铸型的下箱，大铸件需在砂床下面铺设焦炭颗粒，并埋设出气管。此方法仅用上箱便可造型，缩短了制造专用下箱的准备时间，减少了制作成本，但其技术要求较高	在砂箱不足的情况下，常用于铸造数量不多的大、中型铸件
	脱箱造型	采用活动砂箱造型，在铸型合箱后可将砂箱脱出，继续下一个铸件的造型，所以一个砂箱制可作多个铸型。浇注时为避免出错，需用型砂将铸型周围压实填紧，也可在铸型上加套箱	常用于生产小铸件，因砂箱无箱带捆绑，所以这种工艺的砂箱一般小于40厘米
按照模型特征来划分	整模造型	模型是整体，分型面是平面，铸型型腔全部在半个铸型内。其造型简单，铸件不会错箱	适用于铸件最大截面在一端且为平面的铸件
	挖砂造型	模型虽然是整体的，但铸件的分型面为曲面，为了取出模型，造型时要用手工挖出阻碍取模的型砂。其造型费时费力，生产效率低	适用于单件或小批量生产，且分型面不是平面的铸件
	假箱造型	为了克服挖砂造型的缺点，在造型前先制作一假箱，再在假箱上制作下箱，假箱不参加浇注。此种造型比挖砂造型简便，且分型面整齐	适用于成批生产、需要挖砂的铸件
	分模造型	将模型沿截面最大处分为两半，型腔位于上、下两个半型内。其造型简单，节省工时	常用于铸件最大截面在中部或最大截面是圆形的铸件
	活块造型	铸件上有妨碍取模的小突台或筋条时，制作模型时将这些地方制成活动部分。造型取模时，先取出主体模型，然后再从侧面取出活块。其造型费时费力，且工艺技术要求很高	适用于单件或小批量生产带有突出部分且难以取模的铸件

续表6.3

造型方法		特点	适用范围
按照模型特征来划分	刮板造型	用刮板代替木模造型，可大大降低模型成本，节约木材，缩短生产周期，但生产效率低，工艺技术要求高	适用于有等截面或回转体大的中型铸件（如飞轮、齿轮和弯头等）的单件或小批量生产

资料来源：《砂型铸造的工艺分析》。

　　传统砂型对模型的要求不高，一般采用成本较低的木模；对于尺寸较大的回转体、等截面较大的铸件，还可以采用成本更低的刮板造型方法。尽管其生产效率较低，但工艺技术要求较高，在现代生产中难以完全以机器造型来取代，尤其是单件或小批量铸件的生产。

　　这种造型方法的适用范围广泛，不需要很复杂的设备，而且造型质量一般都能满足工艺要求，所以在今天的航空、航天和航海等领域这项工艺技术仍然很重要。

第七节　佛山传统炒铁工艺技术

　　炒铁是中国古代的一种冶铁工艺，因在冶炼过程中不断搅拌、翻炒与锻打而得名。这种工艺是在西汉时期发展起来的，它以生铁水为原料，通过鼓风、搅拌和锻打使其脱碳，既可将生铁直接炒成熟铁，再经过渗碳锻打成钢；也可有控制地把生铁含碳量炒到一定的程度，再锻打成钢。这种工艺在古代称作"炒铁"或"炒熟铁"。

一、炒铁工艺

　　生产工具的问世及其进化对人类社会物质文明的进步起到了重要的推动作用，这其中更离不开因炒铁工艺而制造的工具以及其他产品。

　　前文中所提到的块炼铁，因其质地差、产量低，且需毁炉取铁，作为兵器等铁料的来源，显然难以适应和满足人们日益增长的需要。从战国到西汉，铸铁脱碳成钢的技艺逐渐成熟，但都是将成形的生铁铸件加以柔化处理，内部仍然存留孔洞性的铸造缺陷，属于白心韧性铸铁系列，不像后来出现的经过脱碳处理的成形铁板，可以作为铁料或钢料来使用并通过锻打改变其性状。冶铸工匠经过长期的铸铁脱碳热处理工艺的实践，知道生铁经过长时间氧化性退火，可以改变其性质甚至质地，和块炼铁一样柔软，由此导致炒铁技术的发明。

"炒"是把从矿山挖出的矿石经过高炉冶炼后生成的铁水，浇铸成生铁块后再重新加工，经过锻打、拉拔等工序，生产出各式各样的产品。铸是把生铁重新入炉熔化，按产品的形状与大小，浇铸成锅、镬或铁灶等产品。如前文所说，炒铁铺（即打铁铺）为了招揽生意，也会在招徕顾客方面做文章。例如贴门联，突出其行业特点和工艺技术，如："炉拟炼金观火候，家称为冶著风声。""炼就安邦利器，镕成泊世奇方。"（图6.34）

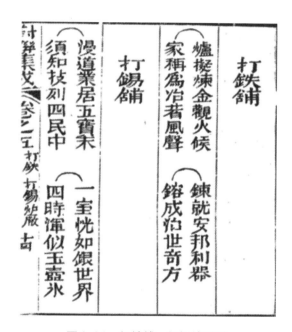

图6.34　打铁铺、打锡铺对联

资料来源：〔清〕黄载庄：《对联集成》卷五《打铁、打锡、炉厂、铁炉》，第十四页。

明代拥有世界上最先进的钢铁冶炼流程，已经到了规模化、量产化和生熟铁连续生产的地步，其钢铁产量与质量均为该时代的世界之最。《天工开物》中有相关的记载。该流程把炼铁炉与炒铁炉串联在一起，炼铁炉中的生铁水流入炒铁炉中，用柳木棍搅拌，使生铁水中的碳进行氧化，从而生成熟铁。这种连续生产的工艺，已初具组合化生产的系统思想，既提高了生产效率，又减少了能源消耗。

我们知道，常规的炼铁法只能炼出生铁，然后再将生铁锻打脱碳，又或者用熟铁入炉加温渗碳炼成钢（即灌钢法），整个工序就需要两次加热。然而在明代，中国工匠发明了炒炼炉，不需要冷却，直接趁热加工锻打，降低了燃料消耗量，并大幅度增加了产量。

《天工开物》里面描述的炒铁炉，实际上就是欧洲人在 18 世纪末发明的搅炼炉。差别在于：欧洲的搅炼炉通常使用熟铁棒或者钢棒搅炼，以烧去生铁中的碳，最后得到低碳熟铁；而中国工匠使用柳木棍搅拌，搅拌的同时柳木棍也会逐渐被烧去而变成碳，这样相当于往生铁水中混入了碳，或者说减缓了生铁去碳的速度。借助这个步骤，熟练的炒铁工匠比较容易控制成分，可以直接炒出含碳量低于生铁却高于熟铁的钢来，甚至有机会炒出中碳钢与高碳钢，此即称为炒钢。

此时中国铁的种类定义与后来有所不同。这时的炒铁炉，炒出来的所谓"熟铁"，是所有含碳量在 2% 以下的铁。也就是说，根据后世的熟铁（含碳小于 0.2%）与钢（含碳介于 2%～0.2%）的定义，这个"熟铁"同时包含了后世的熟铁与钢。只是因为温度不够，不管是炒钢还是炒熟铁，炒出来的都是半固态状钢块或铁块。

根据《天工开物》，明代炼铁炉都是开放式的炼铁炉，虽然有人力与畜力鼓风，但是其热效率利用不高，没有办法有效聚热与留热。

中国自古以来采用木炭炼铁。虽然在宋明之后改用煤炭炼铁，属于最先使用煤炭炼铁的国家，但其本质原因并不是技术的进步，而是由于北方林业资源日益枯竭，木炭的供应无法保证，只能大量采用煤炭炼铁。由于中国所产的铁矿石与煤炭的磷与硫含量都比较高，造成了铁产品质量的急剧下降。在枪炮方面，含硫太多的铁管性脆，性能往往比较差，容易炸裂，使用寿命短，也无法保证射手的安全。这也是明清时期中国枪炮技术的发展逐渐落后于西方的一个重要原因。

明代宋应星在《天工开物》中记载："凡治铁成器，取已炒熟铁为之。先铸铁成砧，以为受锤之地。"[①] 这里说到了炒铁所需的重要物件铁砧。铁砧需用熟铁铸成，作为炒制其他铁器的厚实的平台。"凡铁分生、熟，出炉未炒则生，既炒则熟。生熟相和，炼成则钢。"[②] 这里介绍了生铁、熟铁和钢铁的不同：出炉未炒的铁为生铁；生铁炒制后就会变成熟铁；生铁与熟铁掺和在一起，反复炒制、炼制就会变成钢铁。这其中的重要工艺就是炒制。

清代屈大均在《广东新语》中记载："其炒铁，则以生铁团之入炉，火烧透红，乃出而置砧上。一人钳之，二三人锤之，旁十余童子扇之，童

---

① 〔明〕宋应星：《天工开物》卷中《锤锻第十·治铁》，第 246 页。
② 〔明〕宋应星：《天工开物》卷下《五金第十四·铁》，第 312 页。

子必唱歌不辍，然后可炼熟而为镖也。"[1] 文中简要介绍了一座炒铁炉的用工规模以及炒铁的基本工序：先将熟铁团入炉中烧红，然后取出放在铁砧上，一人（通常是师傅）用夹钳将其固定好，另外的二三个人分别拿锤子按照师傅指点的地方进行锤打，旁边还有十余个小孩一边轮流给炉子和干活的大人扇风，一边还用唱歌的方式来缓解他们重复工作的枯燥，好一幅热火朝天的画面。

从以上文献中我们可以看出炒铁工艺所需的几大元素：一是设备，包括炒铁炉、风扇、铁砧、铁锤等；二是技术，这主要靠领头师傅的传授和徒弟的领悟；三是人工，一般一座炒铁炉所需人工约 15 人，才能维持日常的正常运转。

这里以铁锚（图 6.35）的锻打和炒制为例，对炒铁工艺作一简介。我国古代船舶用锚始为木和石质材料，后来发展到用钢铁材料。铁锚的创始年代学术界尚无定论，梁顾野王撰的《玉篇》已收"锚"字。故南北朝已有铁锚是可能的。隋唐五代时，铁锚逐渐推广。五代人卫贤所绘《闸口盘车图》中有一只小船，船头上倒扣一物，其四齿并列于一侧，与农具中的铁耙十分相似；两肩下削，外侧两齿，肩部呈弧状弯曲，应是铁锚之状。今见较早的铁锚实物是 1975 年在吉林市郊区出土的金代铁锚，高 22.5 厘米，三齿排列周边。[2]

图 6.35　铁锚

资料来源：佛山市南海区玄憬龙博物馆藏，申小红拍摄，2017 年 7 月。

我国古代关于铁锚锻造工艺的记载始见于明代宋应星的《天工开物》："凡舟行遇风难泊，则全身系命于锚。战船、海船有重千钧者。锤法先成

---

① 〔清〕屈大均：《广东新语》卷十五《货语·铁》，第 410 页。

② 王冠倬：《从碇到锚》，《船史研究》1985 年第 1 期，第 34 页。

四爪，以次逐节接身。其三百斤以内者用径尺阔砧，安顿炉傍，当其两端皆红，掀去炉炭，铁包木棍夹持上砧。若千斤内外者则架木为棚，多人立其上共持铁链，两接锚身，其末皆带巨铁圈链套，提起捩转，咸力锤合。合药不用黄泥，先取陈久壁土筛细，一人频撒接口之中，浑合方无微罅。盖炉锤之中，此物其最巨者。"① （图 6.36）

图 6.36　锤锚

资料来源：〔明〕宋应星：《天工开物》卷中《锤锻第十·锚》，第 255 页。

宋应星在此段文字里详细谈到了铁锚加工的全过程，从中可以看出铁锚是用分段结合法锻造的，在加工过程中，使用了简单的提升机械，其中的"黄泥"是造渣熔剂，也是覆盖剂。无论中外，铁锚都是炉锤中最为巨大的铁件，它的出现，一方面反映了航运技术的发展与进步，另一方面也表明了钢铁热加工技术的进步与成熟。

当然，炒铁过程中的铁耗情况也是客观存在的。宋应星在《论气·形气五》中说："凡铁之化土也，初入生熟炉时，铁华铁落已丧三分之一；自是锤锻有损焉，磨砺有损焉，攻木与石有损焉，闲住不用而衣锈更损

---

① 〔明〕宋应星：《天工开物》卷中《锤锻第十·锚》，第 251 页。

焉，所损者皆化为土，以俟劫尽。"①

由于时代的局限性，宋应星不了解铁在不同情况下的损耗原因，误认为铁的损耗"劫化为土"。他所说的"生熟炉"，当即指把生铁炒炼成熟铁所用的炉；"十耗其三"② 和"丧三分之一"，是指生铁炒炼成熟铁和经过锻打这个过程的损耗。

我国古代钢铁炒炼，主要有三种不同的工艺类型，即单室式炒炼、双室式炒炼和串联式炒炼。

（1）单室式炒炼。其基本特点是金属熔炼与燃料燃烧同在一个炉膛中进行。此法发明较早，沿用时间较长，汉代炒炼法皆属此类。这种单室式炒炉一般称"地炉"，筑炉于地面以下，状如缶形或直筒形，炉口与地面齐平。冶炼时先放木炭（煤炭），后放生铁，生铁需击碎，上面再盖以煤末。之后再点火、送风、封闭炉口。生铁接近熔化时，启开炉口，用铁棍或木棍不断地搅动金属。随着炒炼的进行，碳分不断降低，金属熔点升高，便黏结成一个海绵状固体块，趁热夹出锤击，排除杂质，并按照需求炒制而出的成品便是炒炼产品。南方称这种炒炉为"台炉"，筑炉于专门的炉台上，并有一个较大的加热兼炒炼空间。炒炉以砖砌成，状如鸡笼，炉底接近地平面，炒炼室是一个不规则的长方形空间，炉子正面设一炉口，在此进料、操作、出铁，并由此逸出废气；鼓风从炉底进入，并正对炉底正中；操作法与地炉大同小异。

（2）双室式炒炼，或叫反射炉（倒焰炉）炒炼。其基本特点是燃料燃烧与金属熔炼各占一个独立的空间。燃料燃烧产生的高温火焰流越过火墙（火道）进入熔炼室，并加热金属，炉气（废气）从炉门或专门设置的烟囱排出。因金属不与燃料直接接触，就减少了有害杂质磷、硫进入其中的可能性。1958 年，这种倒焰炉在我国南北许多地方都使用过。河南鲁山的炉子较为简单，两室左右相近，皆筑于地面以下，鼓风从燃烧室下部进入，后从炒炼室顶部进入炒炼室。西安的炉子又另是一个样，炒炼室筑于地面以下，燃烧室筑于地面以上，两室上下叠加，燃烧室底部正对炒炼室中心，风从燃烧室上部鼓入，再经由燃烧室底部火口直射到炒炼室中。燃烧室顶口用盖板封闭。③

（3）串联式炒炼。明代宋应星在《天工开物》中记载了串联式炒炼工艺（图 6.37）："若造熟铁，则生铁流出时相连数尺内，低下数寸筑一方

---

① 〔明〕宋应星：《野议 论气 谈天 思怜诗》，上海人民出版社 1976 年版，第 57 页。
② 〔明〕宋应星：《天工开物》卷中《锤锻第十·冶铁》，第 246 页。
③ 佚名：《土法低温炼钢》第六编《最简单的反射炉炼钢》，科技卫生出版社 1958 年版，第 17 页。

塘，短墙抵之。其铁流入塘内，数人执持柳木棍排立墙上。先以污潮泥晒干，春筛细罗如面，一人疾手撒挒，众人柳棍疾搅，即时炒成熟铁。其柳棍每炒一次，烧折二三寸，再用则又更之。炒过稍冷之时，或有就塘内斩划成方块者，或有提出挥椎打圆后货者。若浏阳诸冶，不知出此也。"① 此"污潮泥"很可能是造渣熔剂。这里谈到了串联式炒炼的全过程。此法的优点是生铁出炉后直接流入方塘炒炼，省去了生铁再加热的工序，从而节省了工时，降低了成本。

图6.37 生熟炼铁炉串联式炒炼、搅拌

资料来源：〔明〕宋应星：《天工开物》卷下《五金第十四》，第334～335页。

二、淬火技术

传统社会时期，我国冶铸工匠比较早就使用了淬火技术。其中做出过杰出贡献且在史料中有记载的，一个是三国时期的蒲元，另一个是东魏北齐年间的綦毋怀文。前者发明了用水淬火的技术，后者则发明了用尿、用油淬火的技术。当然，除了水淬、尿淬和油淬技术之外，古代工匠还发明了血淬、地溲油以及混合淬火剂。

---

① 〔明〕宋应星：《天工开物》卷下《五金第十四·铁》，第313页。

（一）水淬技术

《太平御览》所引姜维所写《浦元传》的文字中有关于水淬的记载："君（浦元）性多奇思，得之天然，鼻类之事出若神。不尝见锻功，忽于斜谷为诸葛亮铸刀三千口。熔金造器，特异常法。刀成，白言：'汉水钝弱，不任淬用，蜀江爽烈，是谓大金之元精，天分其野。'乃命人于成都取之。有一人前至，君以淬，乃言：'杂涪水，不可用。'取水者犹悍言不杂。君以刀画水，云：'杂八升，何故言不？'取水者方叩头首伏，云：'实于涪津渡负倒覆水，惧怖，遂以涪水八升益之。'于是咸共惊服，称为神妙。刀成，以竹筒密内铁珠满其中，举刀断之，应手灵落，若薙生刍，故称绝当世，因曰神刀。今之屈耳环者，是其遗范也。"[1]

上述这段文字是说浦元在斜谷（今陕西眉县一带）为诸葛亮制作军刀，他认为汉中之水淬火性能不佳，蜀江之水淬火效果好，遂派人前往成都取水。其中一人因中途不小心弄倒了取水器，损失80%的水，又害怕回去后被惩罚，便用涪水掺入，这也让浦元识别出来了。用成都的水淬火后的钢刀果然十分锋利，砍装满铁珠的竹筒如削草芥一般。《蒲元别传》是三国时期姜维的代表作，大概是因为蒲元随军作战的缘故，所以他也是少数能够在中国古代文人所编写的历史文献资料中留下自己姓名和故事的工匠之一。

按照上文中的记载，水淬技术中对水的选择是非常讲究的。例如同样是江水，汉水与蜀江的水就有天壤之别，汉水之水淬火性能差，蜀江之水反之。故事虽然有点夸张，但其基本原理与现代技术相符。因为不同地域的水来源不同，水中成分也必然有别，对炽热金属器物的冷却性能（即淬火性能）也就不一样。这是我国古代工匠选择淬火材料的最早记载。

此后有关选择水作为淬火材料的记载在史料中也是屡见不鲜的。如宋代周去非在《岭外代答》中记载："今世所谓吹毛透风，乃大理刀之类，盖大理国有丽水，故能制良刀云。"[2] 把大理刀吹毛透风之功归于丽水，说明丽水有良好的淬透性。如今在昆明本地还有传说，古代杨柳河之水淬火性能尤佳，周围数十里的冶铸工匠皆到那里运水淬火。明代李时珍在《本草纲目》中记载："观浊水流水之鱼，与清水止水之鱼，性色迥别，淬剑

---

① 〔宋〕李昉：《太平御览》卷三百四十五《兵部七十六》，第1589页。

② 〔宋〕周去非著，杨武泉校注：《岭外代答校注》卷六《器用门·舟楫附·蛮刀》，中华书局1999年版，第206页。

染帛，各色不同，煮粥烹茶，味亦有别。"① 这里谈到了不同的水质对鱼类的性状、淬剑染帛的质量和煮粥烹茶的味道的影响。

人们选择水作为淬火材料，是看中了水淬的优点：一是水在自然界的储量充足，易于获取；二是水在高温区（550～650 ℃）时冷却能力较强，可避免珠光体类型的变化，使刀剑之类的器物能够获得较高的淬火硬度。但水淬也有缺点，那就是在低温区（200～300 ℃）时其冷却能力也是较强的，容易产生较大的组织应力，使器物产生裂痕。在这种情况下，古代工匠通过探索，发明了油淬，它正好填补了水淬技术的短板，弥补了水淬工艺上的不足。

（二）油淬、尿淬技术

中国古代有关油淬、尿淬技术的记载始见于《北齐书·方伎列传》，綦毋怀文"造宿铁刀，其法烧生铁精以重柔铤，数宿则成刚。以柔铁为刀脊，浴以五牲之溺（按：尿液），淬以五牲之脂，斩甲过三十札。今襄国冶家所铸宿柔铤，乃其遗法"②。这里的"生铁精"是指优质生铁，"柔铤"指可锻铁料，"数宿"是指多次合炼，"宿铁刀"即灌钢刀。

这段文字记述了綦毋怀文制作锋利钢刀的三项技术或措施：一是炼制灌钢，即"烧生铁精，以重柔铤，数宿则成刚"；二是使用复合材料，即"以柔铁为刀脊"，以宿铁（灌钢）为刃，使宿铁刀刚柔相济；三是使用动物的尿液（是含有多种盐类的溶液）和油脂作为淬火剂，即"浴以五牲之溺，淬以五牲之脂"。因綦毋怀文采用了上述三种技术手段，故其制作的铁刀能"斩甲过三十札"。从文献的记载来看，綦毋怀文采用了尿淬和油淬技术是可以肯定的；但是否是同一工件依次经过从高温区到低温区的操作步骤，这一点还有待考证。

我们知道，油淬在低温区使工件冷却较慢，这是它的优点；但其在高温区也是冷却得较慢，很容易产生珠光体类型的转变。如果綦毋怀文在高温区使用尿淬，在低温区使用油淬，便与现代双液淬火技术原理相一致了，既避免了单一水淬、单一油淬的缺点，也综合利用了水淬和油淬的优点。古代工匠对油淬的认识也是比较明确的，《格物粗谈》中记载："香油

---

① 〔明〕李时珍：《本草纲目》卷五《水部·流水》，中国中医药出版社 1998 年版，第 165 页。

② 〔唐〕李百药：《北齐书》卷四十九《列传第四十一·方伎》，中华书局 1972 年版，第 679 页。

蘸刀，则刀不脆"①，这与现代工艺技术原理也是相符的。

（三）其他材料的淬火技术

除了上述的水淬、尿淬和油淬外，古代工匠还使用过其他的淬火剂，如动物血液、地溲油以及硝黄、盐卤和人尿的混合物等。

《新唐书》中记载："郁刃（按：即浪剑，浪人所铸），铸时以毒药并冶，取迎跃如星者，凡十年乃成。淬以马血，以金犀饰镡首，伤人即死。"②《蛮书》中也有类似记载："郁刃次于铎鞘。造法用毒药虫鱼之类，又淬以白马血，经十数年乃用。中人肌即死。"③ 说的都是毒药与马血作为淬火剂的情况。

地溲油的记载见于《格物粗谈》中："地溲油又如泥，色金黄、气腥烈，柔铁烧赤，投之二三次，刚可切玉。"④ 此地溲油可能是一种石油的原油，此"柔铁"应该是含碳量较高的铁碳合金。

另外在《续广博物志》中，记载了硝黄、盐卤和人尿的混合物作为淬火剂的技术："以硝黄、盐卤、人尿合置器内，取铁烧透，俟红时淬之。每淬一次则锤炼一次，如是百回，则纯铁百斤仅得宝剑双股，削凡铁如泥。"⑤ 此淬火剂的成分更为复杂。反复淬炼也是中国古代百炼钢的重要操作步骤之一，可进一步挤去杂质，使金属组织致密。如果控制得好，也可使晶粒细化，增强工件的机械性能。

三、拉拔工艺与佛山土针

金属拉拔，是用外力作用于被拉金属的前端，将金属坯料从小于坯料断面的模孔中拉出，以获得相应的形状和尺寸的制品。它是一种塑性加工方法。由于拉拔多在冷态下进行，因此也叫冷拔或冷拉。

我国古代的金属拉拔技术约发明于汉，当时主要用在黄金加工上，如

---

① 〔宋〕苏轼：《格物粗谈》卷下，《丛书集成新编》第43册《自然科学类·博物》，新文丰出版公司1984年版，第584页。
② 〔宋〕欧阳修、宋祁：《新唐书》卷二百二十二《南诏传》，中华书局1975年版，第6275页。
③ 〔唐〕樊绰撰，向达校注：《蛮书校注》卷七《云南管内物产第七》，中华书局1962年版，第205页。
④ 〔宋〕苏轼：《格物粗谈》卷下，第四十七页。
⑤ 〔清〕徐寿基：《续广博物志》卷八《制造·炼铁之法》，清光绪十三年（1887）刻本，第四十五页。

金缕玉衣中的金缕就是拉拔工艺的杰出代表作。大约在宋代或者明代，拉拔工艺便应用到了其他金属如铜、铁上。

中国的拉拔工艺先后经历了从打制金丝到拉拔金丝，再到后来的拉拔银丝、铜丝、铁丝和钢丝的发展过程，符合科学规律，且其每一个阶段出现的时间都早于西方国家。

我国古代关于拉拔工艺的详细记载始见于明代宋应星的《天工开物》，主要是有关铁针的拉拔工艺。清代之后，拉拔工艺有了进一步发展，其中又以广东最为盛行。屈大均在《广东新语》中有介绍。

清代佛山人陈炎宗在乾隆《佛山忠义乡志》中说："铁线有大缆、二缆、上绣、中绣、花丝之属，以精粗分，铁锅贩于吴、越、荆、楚而已，铁线则无处不需，四方贾客各辇运而转鬻之，乡民仰食于二业者甚众。"[1]可见此铁丝、铁条至少有五种不同的型号。

冼宝干在民国《佛山忠义乡志》中也说，铁线"亦佛山特产，法以生铁、废铁炼成熟铁；再加工抽拔成线。小者如丝，大者如箸。有大缆、二缆、上绣、中绣、花丝等名，以别精粗，式式俱备。销行内地各处及西北江。前有十余家，多在城门头、圣堂乡等处。道咸时为最盛，工人多至千余。后以洋铁线输入，仅存数家"[2]。这里详细谈到了铁线用料、加工方法、产品型号及其兴衰等情况。

拉拔工艺在佛山的代表作品为拉拔铁线、铁丝和土针等产品，现以佛山土针（图6.38）为例作一简单介绍。

在以农业和家庭手工业为基本社会生产形式的中国古代社会，针不仅是日常生活用品，而且是妇女从事手工劳动的重要生产工具，社会对针的需求量是非常大的。《管子》里讲齐桓公与管仲讨论治国之道时，就说到"一女必有一刀、一锥、一箴、一铢，然后成为女"[3]。这里的"箴"即指"针"，"铢"则为长针，说明"针"在当时已成为女工的必备品。

关于制针技术，明代宋应星在《天工开物》中有记载："凡针先锤铁为细条。用铁尺一根，锥成线眼，抽过条铁成线，逐寸剪断为针。先鎈其末成颖，用小槌敲扁其本，钢锥穿鼻，复鎈其外。然后入釜，慢火炒熬。炒后以土末入松木、火矢、豆豉三物罨盖，下用火蒸。留针二三口插于其外，以试火候。其外针入手捻成粉碎，则其下针火候皆足。然后开封，入水健之。凡引线成衣与刺绣者，其质皆刚。惟马尾刺工为冠者，则用柳条

① 〔清〕陈炎宗：乾隆《佛山忠义乡志》卷六《乡俗志》，第十三页。
② 〔民国〕冼宝干：《民国·佛山忠义乡志》卷六《实业·工业》，第十五页。
③ 〔春秋〕管仲：《管子》卷二十四《轻重乙》，第217页。

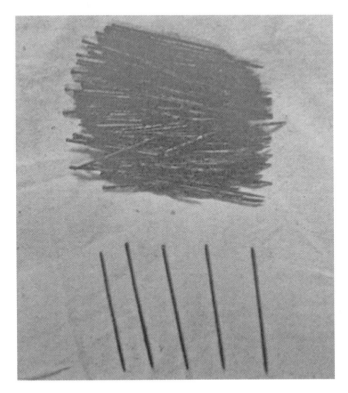

图 6.38 佛山土针（即缝衣针，针尾扁平，针眼较大，畅销大江南北）
资料来源：罗一星：《明清佛山经济发展与社会变迁》。

软针。分别之妙，在于水火健法云。"①

这一段所记载的制针过程，综合运用了拔丝、剪切、锉削、冷锻、钻孔、退火、表面渗碳处理、淬火等金属工艺，并用"外针"的氧化程度来测试渗碳针的火候即热处理的完善程度。"以土末入松木、火矢、豆豉三物"是固体渗碳技术，经淬火"入水健之"而成，松木碳是固体渗碳剂，豆豉、土末起填充剂的作用。这里详细谈到冷拔铁条制针的基本工艺过程，其中被锤为"细条"的料铁当与现代熟铁和下限低碳钢相当；作为模具的"铁尺"应为含碳量较高的铁碳合金。

另外，制针所用的钢丝是采用冷拔丝技术加工而成，这种技术在明清时期应用较广。屈大均在《广东新语》中说："诸冶惟罗定大塘基炉铁最良，悉是锴铁，光润而柔，可拔之为线。"②

明清时期的佛山也是当时制针业的中心城镇之一。清雍正年间，佛山冶铁铸造业达到鼎盛，佛山制针业也盛极一时。据文献记载，"佛山针行

① 〔明〕宋应星：《天工开物》卷中《锤锻第十·针》，第 251～252 页。
② 〔清〕屈大均：《广东新语》卷十五《货语·铁》，第 409 页。

向称大宗，佣工仰食以千万计"①，而且"行销本省各属，咸同以前最盛。家数约二三十，多在鹤园社、花衫街、莺岗等处"②。

---

① 彭泽益：《中国近代手工业史资料（1840—1949）》第二卷，生活·读书·新知三联书店 1957 年版，第 178 页。

② 〔民国〕冼宝干：民国《佛山忠义乡志》卷六《实业·工业》，第十五页。

第七章　佛山传统冶铸技艺的传承与发展

佛山旧城区的地下，有不少地方堆积着冶铸泥模，这些堆积从数十厘米至一二米不等，所覆盖的面积占城区面积的近一半。地面不够堆放，还向空中发展，把冶铸泥模堆成小土岗，称为墩。其中成为佛山大姓望族的祖坟地的，有十八个之多，民间称为"十八墩"。后来随着佛山城市的发展，城市建设需要推平大部分泥模墩，各族姓遂将祖坟迁走。故现仅存一个泥模岗，在孔庙旁边，已经改建成了泥模岗公园。

古代佛山城区地下冶铸泥模堆之多甚至影响本地水质，"铸锅者先范土为模，锅成弃之，曰模泥，居人取以培地筑墙并治渠井。土经金火，燥性不灭，渗引及泉，泉失其冽"①。

俗话说"冰冻三尺，非一日之寒"，这样深厚广阔的冶铸泥模堆积，绝非短期所为，有些早于宋代便已形成。由此可以进一步肯定，佛山在宋代形成市镇以前就有较为兴盛的冶铁业。冶铁业不同于其他手工业，它需要较大的生产场地，较大量的铁、柴炭、泥沙等原料。这在人烟稠密，商业兴旺，已成为中外著名的贸易商港的广州闹市是不适宜的。佛山则具备了原料补给方便、生产场地广阔、产销方便的有利条件，适合于冶铁业的发展。②

第一节　佛山主要冶铸遗址的地理分布

近30年来，佛山在建造防空洞或进行市政建设时，在中心城区多处地下数米或更深处发现了传统社会时期冶铸行业所废弃的大量泥模、铁渣、铁

---

① 〔清〕陈炎宗：乾隆《佛山忠义乡志》卷六《乡俗志·气候》，第二页。
② 陈智亮：《冶铁业与古代佛山镇的形成与发展》，朱培建：《佛山明清冶铸》，第162～163页。

屎堆等遗物。佛山本地人一般称呼炉渣为屎，如铁渣称为铁屎或铁屎堆，即废料的意思，而称呼废弃泥模堆为"墩""岗"，如"将军墩""泥模岗"等。以废弃泥模、炼铁废料来命名小山丘，说明冶铸遗址存在的年代比较久远。

从前文的阐述和相关史料的记载中我们了解到，佛山冶铁炉一般依傍河涌而建，星罗棋布，而且规模较大的冶铸炉户一般都有自己的专用码头。通过实地调查和查阅相关资料，我们发现佛山中心城区冶铸遗址的大致分布范围，即沿今天祖庙—佛山市政府—原南海县政府礼堂一线以南至汾江河、佛山涌、大塘涌等两岸的广阔地区，成片状分布，在明清时期占据了佛山镇（按：大致相当于今天除去南庄镇的禅城区范围）版图的一半以上，约9.2平方公里的范围。如果按照今天佛山市禅城区的版图来计算，其分布范围更大，如明清时期的佛山镇、石湾镇、海口约[1]一带就是铸锅行的专门区域[2]。一个铸锅行业就占据了这么大一片地方。而当时有七大冶铸行业，分布于不同的区域，而且每个行业又细分成若干行业，可以说当时佛山中心城区和周边地域的河涌两岸的广大区域分布着大大小小的冶铸行业，这是多么壮观的景象。如果放眼于今天佛山市五区范围，发现冶铸遗址的面积就更大，如近年来在五区范围内几乎都发现了冶铸遗址，尤以禅城区的遗址最多，面积也最大（图7.1）。[3]

1. 泥模岗冶铸遗址

泥模岗位于佛山祖庙西南面100多米处，是元、明以至更早时期的冶铁遗址（图7.2），范围包括今祖庙，面积1万多平方米。该岗高约5米，其上有厚达约2米的冶铁废弃泥模碎片和炉渣，底下是早期的废渣堆积（图7.3）。岗西是孔庙。该岗原名桑岗，明清时期，祖庙附近有许多铸造作坊，大量铸件脱模后的泥模被丢弃在这一带，慢慢堆积成山岗，故又名泥模岗。

20世纪70年代，佛山市博物馆曾在岗西麓挖土建池，从泥模堆积中出土时代相近的魂坛一批，内有一件嘉靖年间墨书文记，知此岗为聚居祖庙附近的霍氏宗族墓地。又据《佛山梁氏族谱·梁文慧传》记载，相邻的祖庙前多冶铸炉场，明初时才陆续迁走。因此，泥模岗堆积时间应在明代以前。

---

① "约"是明清时期的基层管理与自治单位，一个乡村或一种族姓为一约。

② 《康熙三十二年南海县饬禁私抽牙碑记》，广东省社科院历史研究所等：《明清佛山碑刻文献经济资料》，第25页。

③ 申小红：《佛山老城区现存冶铸遗址调查报告》，第137～143页。

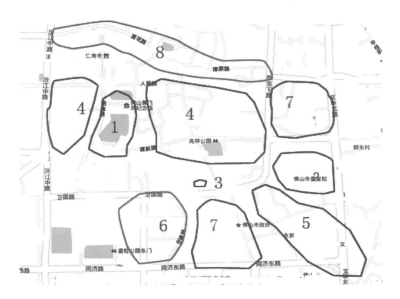

1.泥模岗；2.经堂古寺冶铁遗址；3.冼氏宗祠泥模墙；
4.东华里、祖庙片区及泥模墙；5.忠义路、普君南路、新风路一带；
6.普澜一路及普澜一街、二街一带；7.祖庙—市政府—南海桂园；
8.亲仁路—莲花路—燎原路

图 7.1　佛山老城区地下泥模分布

资料来源：申小红手绘，2006 年。

据《梁氏家谱》记载："时（按：宣德四年）祖庙门前明堂狭隘，又
多建造炉房。堪舆家言，玄武神前不宜火炎，慧（按：梁文慧）遂与里人
霍佛儿浼炉户他迁。"这说明祖庙门前冶铸炉户颇多，至明初才陆续迁走。
其冶铸所余的废弃泥模覆盖于附近的空地上，才形成现在的泥模岗。

1998 年 12 月，佛山市城建部门决定在此建公园，准备挖开山岗的一
侧建造台阶，发现地底下有冶铸泥模等物。市博物馆随即组织专家对泥模
岗进行现场发掘，经过样本采集、分析与研究，一致认为它们是铸造用的
泥模碎块、废弃的炉渣、铸造用的木炭和熔炉炉塞等。在泥模岗的旁边还
发掘出了一批陶器和瓷器等生活用品碎片，只有少量保存完整。

该遗址年代早、堆积厚、范围广（图 7.4），为研究佛山铸造业的历史
渊源、发展规模和传承脉络等方面提供了重要的依据。

2. 经堂古寺附近的冶铁遗址

经堂古寺（图 7.5）位于原佛山市委党校大院内。在离古寺浮图殿东
北角 50 ～ 60 米处的冶铁遗迹，有冶铁废渣熔结物，圆锥形，隆起地面约
30 厘米，其地下发现有大量的冶铸泥模及块状生铁废渣，厚度自 60 厘米
至 1 米不等。

（1）20世纪80年代之前的泥模岗

（2）20世纪90年代改造后至2011年 　　　　　（3）2012年改造后的泥模岗
间的泥模岗

图 7.2　佛山冶铁遗址泥模岗的历史变迁

资料来源：（1）佛山文物管理委员会：《佛山文物》（上篇），第 22 页；（2）申小红拍摄，2006 年 2 月；（3）申小红拍摄，2017 年 12 月。

3. 冼氏宗祠泥模墙

在 2009 年的佛山老城区冶铸遗址的调查中，我们发现了不少超过 100 年的古建筑，其主墙大多是用泥模筑成的，因为其坚固耐用，而且保温与隔音效果显著。

冼氏宗祠位于普君北路，始建于宋代，清道光十年重修。现仅存后殿，殿两侧及背后为围墙，大门、前殿、天井等遗迹仍可见。该宗祠左右两侧山墙自底部至顶部全部以片状冶铸泥模叠砌而成（图 7.6），厚 40 厘米；后墙下截为红色砂岩石块砌成，上截也为冶铸泥模。

4. 东华里、祖庙片区的泥模墙

该泥模墙位于东华里、祖庙片区内，距福贤路以西约 200 米。墙体下截为红色砂岩石块，上截用片状冶铸泥模叠砌而成，墙体残缺，通高约 3.5 米，厚约 40 厘米（图 7.7）。

东华里、祖庙片区的范围是北至人民路、燎原路，南至建新路、兆祥

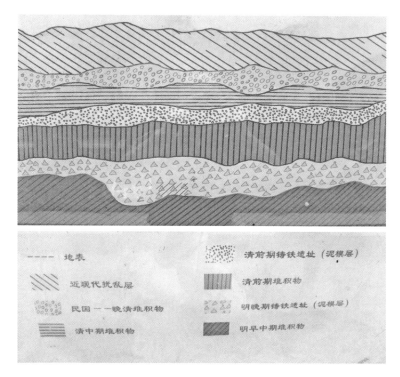

图 7.3　泥模岗公园地层剖面图及说明

资料来源：申小红拍摄，2006 年 2 月。

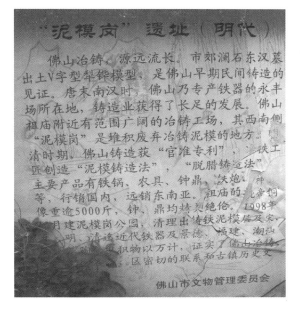

图 7.4　泥模岗遗址简介

资料来源：申小红拍摄，2006 年 2 月。

图 7.5　位于原佛山市委党校大院内的经堂古寺

资料来源：申小红拍摄，2017 年 12 月。

图 7.6　反映佛山宋代冶铸行业规模的冼氏宗祠泥模墙体

资料来源：申小红拍摄，2006 年。

图 7.7　佛山老城区东华里旧房子的泥模墙

资料来源：申小红拍摄，2006 年。

路，东到市东路，西到汾江路，占地面积约 65 公顷。2008 年起市政府进行旧城区改造，在进行基建的过程中发现该区域的地下有 4 个堆放废弃泥模的灰坑、大量的废弃泥模、三合土墙体、泥模砌的墙体或灰坑、蚝壳墙体、硬化地面以及圆粒状的生铁废渣。其中在祖庙东侧的地下，发现用泥模砌成的圆柱形窖穴，呈"人"字形排列，深约 90 厘米，内壁整齐。同时在距圆形窖约 50 米处，有用泥模砌成的长方形窖穴（图 7.8、图 7.9）。

图 7.8　笔者（中）与同事孙丽霞（左）、万涛（右）在佛山老城区东华里
发掘现场调研出土泥模碎片

资料来源：禅城区博物馆一工作人员帮忙于 2009 年 3 月拍摄，2017 年 11 月孙丽霞提供。

乾隆《佛山忠义乡》记载："铸锅者先范土为模，锅成弃之，曰泥模，居人取以培地筑墙并治渠井。"[①] 由此可见，泥模除了筑墙，也可叠砌成水井来储水，修成水渠或下水道以作排水之用。

5. 忠义路一带的冶铸遗址

在 1984 年的文物普查中，工作人员发现，忠义路一带路段的地下有废弃的泥模碎块以及铁渣等物。泥模堆积层厚 1～3 米不等。同时又发现部分旧建筑所存泥墙或断壁残垣中均掺杂有大量泥模，有些墙用片状泥模叠砌而成。

---

① 〔清〕陈炎宗：乾隆《佛山忠义乡志》卷六《乡俗志》，第二页。

图 7.9　湖南大学考古系单教授（左二）、笔者（右二）及其他工作人员在发掘泥模窖穴的现场调研

资料来源：孙丽霞于 2009 年 3 月拍摄，2017 年 11 月提供。

6. 普澜路一带的冶铸遗址

普澜一路及普澜一街、二街一带的冶铸遗址，俗称为"十八墩"。据佛山市博物馆原馆长陈智亮的研究，"地面不够堆放，还向空中发展，把铸铁模泥堆成小土岗，称为墩"①。可见当时的泥模堆积已十分深厚广阔。据乡志和族谱记载，这些由泥模堆积的土墩有些在宋、明两代就已形成，后来还作为某些家族的坟地。"十八墩"中的将军墩是宋代佛山冼氏家族的祖茔所在地，石榴沥墩是明代纲华陈氏的祖墓，等等，几乎每个堆积起来且较大的泥模墩都会成为某个族姓的坟茔。由于市政工程和城市建设的需要，这些坟茔已被迁走，土墩已被推平。

7. 市政府周边一带的冶铸遗址

根据我们对市政府周边土建工程现场的观察，该处地表及以下的冶铸泥模堆积，有不少地方厚达 1.5～1.8 米。近 10 多年来，佛山进行城市建设时，发现该地带的地下数米处均有大量成片状分布的废弃泥模、铁渣等遗存。

---

① 陈智亮：《冶铁业与古代佛山镇的形成与发展》，朱培建：《佛山明清冶铸》，第 162～167页。

8. 亲仁路一带的冶铸遗址

1984 年文物普查时发现，亲仁路—莲花路—燎原路一线以南区域，其地下约 1 米深处均有泥模堆积层，厚达 1～2 米。六村正街—燎原路一带，在多处地点的地下 1 米余处，曾发现大片的铁板，平整而且质地坚硬，经考证与检测，发现是熔化的铁水浇铸而成的铁砖，也叫生铁块、生铁锭。

图 7.10　冶铸残渣
资料来源：庞耀勇先生提供，2017 年 11 月。

通过对佛山老城区冶铸遗址的调查和走访，我们知道宋代以来，尤其是明清时期的佛山冶铸行业，是佛山主要的手工业，冶铁产品遍及海内外，创造了佛山历史上极其光辉的一页。

研究佛山古代史，无论在政治领域，还是经济、文化等领域，无一不与冶铸业有着十分紧密的联系，这也凸显了佛山冶铸业举足轻重的地位及其对佛山社会的深远影响。

第二节　佛山传统冶铸工艺技术的保护途径

文化是时间性质的，也是空间性质的。对于非物质文化遗产来说，其文化空间就是以文化的空间性质为主要研究和表述对象的一个新兴的重要概念。

　　非物质文化遗产是指各种以非物质形态存在的与群众生活密切相关、世代相承的传统文化表现形式，包括口头传统、传统表演艺术、民俗活动和礼仪与节庆、有关自然界和宇宙的民间传统知识和实践、传统手工艺技能等，以及与上述传统文化表现形式相关的文化空间。非物质文化遗产是以人为本的活态文化遗产，它强调的是以人为核心的技艺、经验、精神，其特点是活态流变。

　　传统手工行业的自我保护方式一般有两种：一是从业者个体的自我保护，包括对技艺和品牌的保护。这里的保护，着眼的是对掌握某项传统手工艺核心技术师傅的经济利益的保护。还有对某种产品品质的保护，如一些"老字号"涉及具体产品的原产地和品牌保护。第二种是行业的自我保护，这种保护常常通过商业行会会馆来实施。明清时期的佛山，几乎每个行业都有自己的会馆，它既有东家行（工场主的组织），又有西家行（工人的组织）。行业会馆的设立，是与本行业商业利益息息相关的，行会规定着工资、劳动时间、学徒年限等事项，也负有解决劳资纷争的责任。他们还往往通过"祀神"为会馆树立集体象征和精神纽带。佛山传统工商视野下的传统手工行业的自我保护，也为当代的手工艺类非物质文化遗产的保护提供了一定的启示。①

　　佛山传统铸造技艺属于手工技艺类非物质文化遗产，保护手工技艺类非物质文化遗产已成为当今社会的共识。如何保护手工技艺类非物质文化遗产，则是近年来我们正面临的重要而又实际的课题。在当今世界上，有两种保护方法：一是美国式的，就是让手工技艺变为商品的保护方法；二是日本、欧洲式的，主要是尊重固有精神的保护方法。虽然我国的情况与国外并不完全一致，但并不妨碍我们学习和借鉴国外的先进经验与保护方法。

　　对手工技艺类非物质文化遗产的保护，国内也有两种不同的声音，即两条保护路径。一条路径可以称为"保存性的路径"。持这种观点的学者强调，手工技艺类非物质文化遗产是传统社会的产物，它的魅力就在于存留着那个时代的记忆，唯有保存它们的原生态样式，才具有真正的历史文化意义，才是真正的手工技艺类非物质文化遗产，任何现代化的改动都会破坏传统的工匠精神与集体乡愁，因而原生态的保存才是保护手工技艺类非物质文化遗产的正确路径。这种路径也可以说是"博物馆路径"。另一条路径可以称为"生产性的路径"。持这种观点的学者认为，产生手工技

---

　　①　参见谢中元：《走向"后申遗时期"的佛山非遗传承与保护研究》，第148～149页。

艺类非物质文化遗产的社会历史条件已经消亡，手工技艺类非物质文化遗产应该接受历史变迁，面向现代社会，在生产中焕发出它们特有的文化价值与魅力，甚至产生新的文化价值。

在两种保存路径中，"保存性的路径"的确能原汁原味地保存手工技艺类非物质文化遗产历史文化的独特性，但这对许多项目而言又不太现实。笔者认为要看具体情况，再进行具体分析和寻找解决途径。例如佛山传统铸造技艺，就可以走"博物馆路径"，在专题或行业博物馆中，通过展示遗存的相关文物如铸造产品和相关制作工具等来再现传统铸造场景、工序和技艺等，具体构思详见下一节。有些手工技艺类非物质文化遗产项目可以走生产性保护路径，在生产中彰显其独特价值，在生产中走向大众生活，并获得新的活力。但是，在进行生产性保护时，应该充分注意到项目的独特性。只有保存这些独特性，才能谈得上真正的保护；毁坏项目的独特性的生产，不是保护而是破坏。手工技艺类非物质文化遗产的生产性保护，要充分注意创造性生产与尊重原有特色的有机统一。①

手工技艺类非物质文化遗产的生产性保护最终不管是走向生活还是艺术，其结论本身并不是最重要的。我们需要关注的是传统手工技艺的当代命运，提出生产性保护的目的是借助市场社会的有效机制来传承，而市场竞争的规律是质量为王，在"中国制造"沦为粗制滥造的代名词的年代，我们最需要做的是培育工匠精神，打磨技艺，领会和掌握传统手工技艺的核心，使中国各地的手工技艺都能显示出世界一流的水平，那么，传统手工技艺才能最终征服各个层次需要的消费者，从而在市场上获胜，并得以传承和发展。②

各级地方政府也在积极主导并不断推动各地的非物质文化遗产申报工作，但是在申报了诸多非物质文化遗产项目之后，一些后续的困扰也随之而来。最主要的是许多非物质文化遗产项目虽然花费了大量的人力、物力和资金进行整理并且申报，但是申报之后部分项目还是不可避免地走向式微与没落，没有真正重获新生。政府每年投入了不菲的人力和资金进行整理、保护与展览，但是这种"圈养式"的保护使得非物质文化遗产的保护出现了只见投入不见产出，传承依然困难的现象。许多专家提出非物质文化遗产的传承与保护不能是一种僵化死板的保护，应该是一种"活态传承"，国家确定的指导方针是"保护为主、抢救第一，合理利用、传承发

---

① 参见胡健、许芳红：《手工技艺类非物质文化遗产生产性保护基地建设路径探讨》，《淮阴师范学院学报》（哲学社会科学版）2017 年第 6 期，第 608 页。

② 参见徐赣丽：《手工技艺的生产性保护：回归生活还是走向艺术》，《民族艺术》2017 年第 3 期，第 60 页。

展";但是就目前的情况来看,如何合理地利用有限的资源,以达到更加有利的传承与发展的目的,确实还面临着一系列的难题。

在走访与调研当中,我们发现目前的许多针对非物质文化遗产的保护都是属于政府出资,组织学习、组织演出和组织展览,在资金支持下培养传承人等等。但是现实是这些传承各种技艺的传承人在当今社会中找不到价值和出路,他们的传承只能是被动的传承。而实际上,使得这些非物质文化遗产能够真正长久地留存在我们不断发展的当代文化当中的,是一种对这些非物质文化遗产的社会需求、经济需求和人文需求。如若不然,"圈养式""展览式"的保护只能是僵化的。那么,如何挖掘这种需求,并且合理利用,使其投入到社会经济运作当中就成为学者们讨论的话题。

针对这些问题,近年来非物质文化遗产保护领域的专家提出一种新的观点,也就是要用"产业化"的理念来看待非物质文化遗产的保护。在这个概念里面,首先是"产业"一词的凸显。原本的产业一词仅仅指国民经济的各种生产部门,但随着第三产业的兴起,产业的概念扩大到了提供物质产品、流通手段或劳动服务等行业或组织。由此看来,"产业化"这一概念有其鲜明的经济学色彩。具体来说,产业化视角下的非物质文化遗产是指把某些过去私相授受、零散学习的民间技艺形式,变成一个完完全全按照市场规律运作的经济形式,并达到相当规模、规格统一、资源整合和产生利润的过程。

在产业化的视角下,非物质文化遗产具有潜在的经济价值;在产业化的概念下,我们重视的是市场对非物质文化遗产传承保护的重要性。

这些传统的内容如何结合现代的社会生活,如何在产业转型中发挥手工技艺的优势?这不是一个保护和抢救的问题,其核心是传统手工技艺的独特性以及技术的内涵是否能够带动产业的发展。

如今,手工技艺在当代社会的发展中,与资本市场、投资、理财、股票等相比,已经很少有人关注,千年的传承、百年的历史与一夜之间的暴富,表现出了价值观上的巨大变化,因此,在文化上所带来的各种问题就显得非常沉重。或许手工技艺所带来的 GDP 不足为道,可是文化上所带来正能量的文化 GDP 又能够为当代社会理解多少?这是一个时代的困惑,这是很多乡村的年轻人远离手工技艺而走向都市的现实,乡村文化的荒芜正好像农村的空巢一样,传统的手工技艺面临时代的断绝。①

佛山传统铸造技艺的"生产性保护"离不开"自我造血"的商业化产

---

① 参见陈履生:《手工技艺的传承要在当代中国文化的顶层设计中预留一个特别的位置》,《文艺报》2013 年 3 月 8 日,第 005 版。

销，这种保护模式是投鱼入水、回归生活而且发挥市场经济决定性作用的保护模式，需要传承人、政府、学者、文化企业、民众（消费者）的共同参与以及手工艺非物质文化遗产的自洽衍变。对此，有学者提出了"理性商业化"："以'非遗'承继与振兴为总体目标，以传承人为保护主体和利益主体，以政府政策为保障和支持，以相关应用性研究和合理化建议为指导，以生产性保护、活态传承为实施基础，尊重、鼓励和促进具备商业运作潜力的'非遗'事象进行自洽衍变，通过现代商业的创意、营销等商业行为，发挥市场经济的决定性作用，重新融入现代民众生活，形成稳定的文化消费习惯和消费群体，从而提高传承人的经济收益和传承能力，吸引更多人成为传承人，实现民间文化的持续繁荣"①。手工艺非物质文化遗产的"理性商业化"实质上意味着，以市场消费群体为本位，通过手工艺消费环境、消费文化以及消费潮流的培育引导以及消费性保护，激活手工艺非物质文化遗产的自我造血功能。当然，"生产性保护"所诉求的商业化不等于借生产性保护之名进行过度市场化运作，疏离核心技艺保护和核心价值累积的产业化开发只会对传统手工艺非物质文化遗产造成更为严重的破坏，这是"理性商业化"的应有之义。对于佛山的手工艺类文化企业和传承人而言，以核心技艺、核心价值的完整性保护为前提，立足经济规则、市场需求和文化效益，构建由收藏、高端、普通等文化消费品并置的市场空间，顺应现代审美变化和市场需求，探索必要的文化创意再生产，将是不可回避的"生产性保护"路径。②

需要指出的是，经济运行中存在"物以稀为贵"的规律，这种市场化方式会自然强化手工艺人的市场敏锐感，使传承人持守传统的核心和文化精髓，同时积极感知市场需求、引入商业营销手段，以市场为导向创制精品。

在手工艺非物质文化遗产传承范例的启示下，非物质文化遗产保护主体除了运用抢救性、输血式保护模式，更应该从引导、培育非物质文化遗产传承人的市场敏锐性和积极性方面探索良方，为其市场化行为提供优惠政策。特别是在帮助具有商业潜力的手工艺非物质文化遗产项目实现文化认同的前提下，鼓励和保护其自主商业行为和合理的文化创意行为，为其提供充分的市场发展空间和价值提升空间。

传统手工艺作为"文化资源"可被转换为文化商品，因而具有文化资本的属性，现代社会的经济、文化发展越来越需要手工艺非物质文化遗产

---

① 参见张礼敏：《自洽衍变："非遗"理性商业化的必然性分析——以传统手工艺为例》，《民俗研究》2014 年第 2 期，第 73～74 页。

② 参见谢中元：《走向"后申遗时期"的佛山非遗传承与保护研究》，第 162 页。

的续存和振兴。如布尔迪厄所言："文化商品既可以呈现出物质性的一面，又可以象征性地呈现出来，在物质方面，文化商品预先假定了经济资本，而在象征性方面，文化商品则预先假定了文化资本。"① 文化产业发展的热潮已证明了这一点，而且越来越呼唤推进非物质文化遗产资源的创意化利用和开发。

佛山部分传统手工技艺已经在走创意、开发的复兴之路，如创意产业园的建立与创新，而且有些已经颇具规模。佛山传统铸造技艺也可借鉴此思路，将文化资源转化为文化商品，从而更好地传承这一古老的手工技艺。

第三节　佛山传统冶铸技艺的当代发展状况

作为佛山传统铸造技艺的展示平台和传承基地，大大小小的私立和公办性质的铸造厂（公司），在历史发展的潮流中，尤其是在现代市场经济和环境保护的影响下，纷纷进行升级改造、改制或重组，以适应新时代的发展需求。在传统铸造技术领域，尤其是随着新兴技术的出现，在原有技艺的基础上，注入新的技术要素，使传统铸造行业获得了新的生命力，焕发出勃勃生机。如3D打印技术的出现及其广泛应用于无模制造和3D打印砂型模具等方面，能够大大缩短制作周期、降低生产成本和提高成品的精准度等。

在说到古代铸造技艺在现当代的传承与发展，其表现也是多方面的，其作用也是举足轻重的，如现代机器、机械中所需的精密铸件，国防武器装备中的重要零部件，市政工程中用于供水的粗大铸造管道、千千万万的消防栓、水井盖和护栏等，用于美化城市景观的艺术铸件如城市雕塑，等等。现以佛山城市雕塑为例，将这一古老铸造技艺的传承现状与发展空间做一简介。

在高楼林立、道路纵横的城市中，城市雕塑能缓解因建筑物集中而带来的拥挤、呆板和单一的现象，有时在空旷的场地上也可起到增加平衡的作用，它"不分季节、不论昼夜，总是默默地放射着艺术的光华"②。城市雕塑的题材范围较广，包括城市地理特征、历史沿革、民间传说、风俗习

---

① 布尔迪厄：《文化资本与社会炼金术：布尔迪厄访谈录》，包亚明译，上海人民出版社1997年版，第198页。

② 白佐民、艾鸿镇：《城市雕塑设计》，天津科学技术出版社1985年版，第22、24页。

惯、文化艺术等。想要了解一座城市，就去逛它的大街小巷；想要洞悉本地人文，就去看它的城市雕塑。我们看到的不仅是艺术品，更是厚重的历史和沧桑的岁月。

如蛛网般密布的大小河流，纵横交错于地势平坦的珠江三角洲平原中，佛山就位于这个河网纵横的平原中央。优越的地理条件和独特的水乡环境造就了佛山阴柔的"沟渠文化"。生活在这片土地上的人们感情细腻，包容性强，反映在城市雕塑中，其历史烙印清晰，造型比较精致，人文情怀细腻。

作为一种公共艺术，城市雕塑不仅可以以艺术的手段装饰和美化城市，更能在公共空间上传播城市理念，丰富居民的精神生活，对城市文化品质产生潜移默化的影响。它既可以单独存在，又可以与建筑结合。雕塑为形，文化为魂。文化是城市建设的"软件"，雕塑则可以化无形为有形，把"软件"凝固成"硬件"。[1]雕塑是城市的眼睛，更是城市的名片，也能反映佛山冶铸技艺的传承与发展。

因佛山祖庙在珠江三角洲地区乃至东南亚华侨心目中的分量重、地位高，所以，反映佛山历史文化和古镇风情的城市雕塑尤其是铜雕，大部分分布在沿祖庙路一线的两旁，它们像一颗颗璀璨的明珠，点缀着祖庙路，由南往北依次是《老佛山》《卖盲公饼》《趁墟》《叹茶》《婚嫁——娶新抱》《秋色——舞草龙》《仁者无敌——黄飞鸿》《秋色——闹花灯》《练》《岁月——扮靓》，另外还有三水区荷花世界旁的《红头巾》系列雕塑等。

《老佛山》（图7.11）：铜雕。在祖庙路的南端，第一个映入眼帘的雕塑就是《老佛山》，原来共有两个人物：右边坐着的是一个私塾先生（或家长），通高160厘米，手里拿着一本书，正在检查课业；左边是一个赤脚站立在先生身边的小孩，通高90厘米，拿书的左手放在背后，正在回答先生的提问，其抓耳挠腮、两脚不停挪动的窘态和紧张之情跃然纸上。现在只能看到这位私塾先生的雕像，不知什么原因小孩雕像不见了，很可惜。

佛山历史文化厚重，也是人文荟萃之地，人杰地灵，历史上出过很多名人，如明代的伦文叙、霍韬、李待问等，近现代的陈启沅、康有为、黄飞鸿、叶问、李小龙等。佛山人从娃娃开始就比较重视教育，因为他们知道读书的重要性：开启智慧、增长才干、造福桑梓、报效国家。正是由于一代又一代佛山人的不懈努力，明清时期佛山因为工商业的卓越成就而成为"天下四聚"之一和"天下四大名镇"之一，如今的佛山是中国近现代

① 杨丽东：《用中国城雕讲述佛山情怀》，《佛山日报》2011年12月24日，第B01版。

图 7.11 《老佛山》

资料来源：申小红拍摄，2005 年 11 月。

工业的摇篮，也是中国现当代名牌产品的创造基地。

《卖盲公饼》（图 7.12）：铜雕。雕塑中的人物有三个：一个年轻妇女，背着一个小孩，通高 160 厘米；一个蹲在地上卖东西的老妪，通高 90 厘米，老妪的竹斗笠放在身后，面前箩筐上的簸箕里摆放了简易包装成筒的盲公饼，另外还有煮花生和一节节的甘蔗。

"盲公饼"是佛山人民所喜爱的传统食品，有着悠久的历史。据佛山地方志记载，佛山制饼，"用面粉、糖、油及各种果仁等制成，以薄脆饼及鹤园社合记号之盲公饼为最有名，乡人恒以馈送外乡戚友"①。

相传于清嘉庆年间，佛山鹤园街教善坊有位姓何的盲人开设了一间"乾乾堂"卜易馆，占卦算命。远近前来问卜者多有携带孩童，孩童常喧闹哭啼，影响工作。何某长子别出心裁，以饭焦干研磨成粉，拌以油、糖、花生、芝麻等材料，用炭火烘烤成饼，卖给问卜者以哄孩童。此饼甘香松脆，质优价廉，买者日众，辗转相传，远近驰名。到盲公处购饼者顺口称之为"盲公饼"。后"乾乾堂"渐变为"合记饼店"。现在的盲公饼选用糯米粉，配以一定比例的花生仁粉、白芝麻粉、白砂糖粉等上乘原料。由于选料用料十分讲究，工艺要求极其严格，因此，做出的糕点不但

---

① 〔民国〕冼宝干：民国《佛山忠义乡志》卷六《实业·工业》，第十二页。

图 7.12 《卖盲公饼》

资料来源：申小红拍摄，2006 年 9 月。

造型美观、色泽金黄，而且香味浓郁，深受消费者喜爱。产品规格有大小二种：大的每筒六个，直径约 6 厘米；小的每筒十个，直径约 4 厘米。佛山盲公饼是佛山市土特产中的名牌产品之一，也是广式著名糕点之一。自清末以来，"盲公饼"就行销穗、港、澳及珠江三角洲地区。1933 年远销新加坡、美国、加拿大等国家。1956 年成为出口创汇的地方名特产品。

《趁墟》（图 7.13）：铜雕。整个雕塑中的人物有三个：左边的是个小孩，通高 60 厘米，右手拿着一串糖葫芦；中间的是位年长的妇女，通高 160 厘米，篮子里装的是从墟市上买回来的鸭子、青菜等；右边的是位年轻的女子，通高 165 厘米，左手拎着一条大鲤鱼，腋下夹着一把油纸伞，有可能是从墟市买鱼回来刚好碰见街坊邻居或多日未见的亲戚，正在拉家常。小孩子的动作神态最为传神：由于大人长时间的说话，他已经失去了等待的耐心，正在扯着大人的衣服，哭闹着要离开。

"粤俗以旬日为期，谓之墟，以早晚为期，谓之市。墟有廊，廊有区，货以区聚……市则随地可设，取便买卖而已。故墟重于市，其利亦较市为大。"① "佛地向称三墟六市"②，随着社会经济的发展和人们生活需求的变化，佛山墟市的数量远远不止这些，"极有可能的情况是，经营特色突出

---

① 〔民国〕冼宝干：民国《佛山忠义乡志》卷一《舆地》之《墟市》，第三十一页。
② 〔民国〕冼宝干：民国《佛山忠义乡志》卷一《舆地》之《墟市》，第三十三页。

图7.13 《趁墟》

资料来源：申小红拍摄，2006年9月。

或规模较大或较著名的有三墟六市。到了清末民初，由于种种原因，墟市的数量才有了明显变化"①。

佛山最早的墟市形成于宋代的栅下铺米艇头、果栏街一带；至明初发展成三墟六市，嘉靖年间有墟多达十一处②；至清初为六墟十四市③，光绪年间发展为十三墟十五市④。

明清时期佛山的墟市与庙会息息相关，"可以说庙会带动了墟市的发展，因为大部分墟市的日期与庙会的时间相一致，也可以说是墟市瞅准了

---

① 申小红：《明清时期佛山的墟市》，《五邑大学学报》（社会科学版）2011年第3期，第18页。

② 〔明〕黄佐：嘉靖《广东通志》卷二十五《民物志》之六，第九页。

③ 〔民国〕冼宝干：民国《佛山忠义乡志》卷一《舆地·墟市》，第三十一、第三十三页。

④ 〔清〕瑞麟、戴肇辰、史澄：光绪《广州府志》卷六十九《建置略》，第六、第十七页。

庙会的时机，借助了庙会这个绝好的平台招徕四方民众，来趁墟、看戏"①。所以，墟市又是中国祭祀戏剧（神戏）发展的"杠杆"②。

明清时期，佛山一方面因为批发商业和物流的发展，与苏州、汉口、北京共享"天下四聚"之美誉；另一方面是由于手工制造业的发展，与汉口、景德、朱仙并称"天下四大名镇"。"佛山突出的城市地位和经济成就，是因为佛山地方的家族产业之一的墟市起了重要的支撑作用"③。

《叹茶》（图7.14）：铜雕。整个雕塑中的人物是两个老汉，通高140厘米，人物表情刻画得入木三分：左边的老汉右手拿着一把蒲扇，单膝盘腿而坐；右边的老汉双膝盘腿而坐，左手拿着一把竹筒水烟，右手提着茶壶倒茶。

图7.14 《叹茶》[原在祖庙路兴华商场旁边（左），现位于泥模岗公园（右）]
资料来源：申小红拍摄，左图2007年4月，右图2015年8月。

叹茶，即粤语"叹番一杯"，也就是广东人说的喝早茶。广东人把吃早点说成是喝早茶是因为"喝"是一种品味享受的过程，享受"一杯在手，半日清谈"的境界。在慢悠悠的浅斟慢饮之中，品味人生，缓解工作或生活压力。因为一张一弛才是生活的真谛。

在广东有个说法：一盅两件，一聊半天。所谓一盅两件，是指早茶常以一盅茶配两道点心。广东人喝早茶，讲究的是点心，而不是茶，边吃边聊，享受的是一种慢节奏、慢生活。喝茶的点心可就讲究了，大致有油品、糕品、粥品、甜品、粉面食品、杂食六个种类，用蒸、煎、煮、炸，可以做出上百种精致可口的点心。这些点心都有一个非常诱人的美名，如养颜龟苓膏、鱼翅黄金糕、虾饺皇、姜葱牛百叶、及第粥等。

说到"及第粥"，这里还有个典故。明代佛山才子伦文叙，幼时家中

---

① 申小红：《明清时期佛山的墟市》，第17页。
② [日]田仲一成：《中国的宗族与戏剧》，第5页。
③ 申小红：《明清时期佛山的墟市》，第17页。

贫寒，以卖菜为生。每次他给粥店送完菜后，店主便以猪肉丸、猪肝等煮的粥招待他。明弘治十二年（1499），伦文叙高中状元，官至翰林院侍讲等职，曾参与玉牒的编修。发达后的他十分怀念过往的经历，非常感激粥店店主曾经的施粥接济之恩，遂把这种粥命名为"及第粥"，并书一匾以赠。"及第粥"由此闻名广东。其具体做法是：用猪肉丸、猪肝片、猪粉肠加入粥中，温火熬制后糜水交融，色泽鲜明，味美香醇。

《婚嫁——娶新抱》（图 7.15）：铜雕。该组雕像在祖庙门前广场的南边，是一对新人。新娘通高 161 厘米，半低头，左手轻轻撩开头饰上的珠帘，露出羞涩的笑容，右手牵着有绣球的红绶带的一端；新郎通高 172 厘米，左手拿着礼帽，右手牵着红绶带的另一端，头部微侧，深情地注视着

图 7.15　《婚嫁——娶新抱》

资料来源：申小红拍摄，2006 年 9 月。

新娘。在佛山婚嫁旧俗中，一般新娘是不能自己撩开珠帘的，而新郎也不能手执礼帽。该组雕像经过源于生活而高于生活的艺术处理，既增加了生活情趣和美感，又凸显佛山人敢于突破、敢为人先的务实精神。

《秋色——舞草龙》（图7.16）：铜雕。该组雕像在祖庙门前广场的北边，是三个舞草龙的小孩子。龙头到地面的通高为220厘米，龙尾离地面的通高为160厘米。龙头下方的小男孩通高150厘米，双手高举草龙，步履不乱；中间的小男孩通高145厘米，正用力举着草龙，神情专注；草龙尾部的小女孩通高145厘米，手里举着一枝通高为80厘米的并蒂莲，紧随其后。

图7.16　《秋色——舞草龙》

资料来源：申小红拍摄，2006年9月。

"舞草龙"的习俗主要有两方面来源：一方面是庆丰收，一般是在农历九月左右，在广东主要的参与人员是儿童，尤其是参加每年一度的秋色巡游活动，酬神谢恩还愿，娱神亦娱人；另一方面来源于广东水乡渔民（俗称疍家）正月初二"火龙祭海"的习俗，因此又称为"舞火龙"。

舞草龙的仪式分为扎龙、舞龙、送龙三个环节，全部仪式要在一天内完成。龙身长约百米，共有33节，每节用带叉的木棍支撑，节与节之间用红绳子相连，串成龙身；龙头配有各种颜色的饰物，意指"生生猛猛"。

随着时代的变迁和城市化进程的加快，一些乡村文化在与城市文化的博弈中发生了改变，有的逐渐退出了历史的舞台。例如，佛山秋后"舞草龙"的活动现在已经没有庆祝农业丰收的功能，如今加入"秋色巡游"的活动当中，成为巡游方阵中一道亮丽的风景；水乡渔民的生活方式有了重大改变，包括佛山在内的广东各地的渔民大都已经上了岸，如今的广东省只有深圳南澳"舞草龙"的风俗习惯及相关仪式完整地保留了下来，并于2007年成功入选广东省第二批非物质文化遗产代表作。

《仁者无敌——黄飞鸿》（图7.17）：这是用夸张、写意手法创作的铜雕，在原市图书馆的北边。雕像通高166厘米，再现的是佛山武术大师黄飞鸿正在扎马步练武的风采，他身后的高大背景墙上塑有"仁者无敌"四

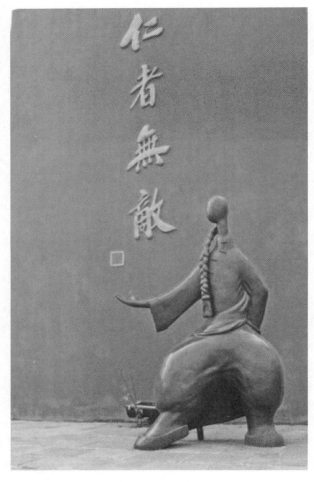

图7.17 《仁者无敌——黄飞鸿》
资料来源：申小红拍摄，2007年11月。

个遒劲有力的大字。有趣的是，雕像的腰以下部位很宽大：宽松的裤子、硕大的脚和鞋，给人以厚重、沉稳的感觉。这可能有两方面的含义：一方面练武之人底盘要厚重、沉稳；另一方面暗示佛山黄飞鸿的功夫最为人津津乐道的是在脚上，俗称"无影脚"，因此闻名遐迩。

黄飞鸿（1856—1925），原名黄锡祥，字达云，号飞鸿，祖籍广东南海县西樵岭西禄舟村，出生于南海县佛山镇。其父黄麒英为晚清"广东十虎"之一。黄飞鸿子承父业，成为一代宗师，平生绝技有子母刀、无影脚、铁线拳、单双虎爪、虎鹤双形拳等。

黄飞鸿的一生充满传奇色彩：1882年因武艺高强被聘为广州水师武术教练；1888年被著名爱国将领刘永福聘请为军医官和福字军技击总教习；1894年追随刘永福远赴台湾，在抗日保台战争中立下功勋。

除了武术外，黄飞鸿同时精于医药，其驳骨疗伤之技时称一绝。1886年他在广州仁安里设"宝芝林"医馆，赠医施药，悬壶济世。黄飞鸿一生疾恶如仇，武德高尚，医术精湛，常救民于水火，忠烈仁义之名天下皆知，已成为正义的化身，深植于民间，扬名于海外，有关黄飞鸿的影视剧多达百部。

《岁月——扮靓》（图7.18）：铜雕。该雕像在祖庙路的北端，仁寿寺的斜对面。雕像中的两个人物都是坐姿。左边年长的妇女雕像通高150厘

图7.18　《岁月——扮靓》

资料来源：申小红拍摄，2007年11月。

米，坐在高脚板凳上，板凳后脚离地，她身体前倾，从手指动作可以看出她双手举着细线：左手拇指与食指紧捏着细线的线头，右手的食指拇指圈住细线，正在给年轻女子修面拔汗毛，身边的小板凳上放着修面用的一些小工具；右边年轻女子雕像通高 140 厘米，坐在小竹凳上，右手还拿着一面小圆镜，面带笑容，侧仰着右脸配合着修面。

在传统社会中，妇女很少有抛头露面的机会，但在出门走亲戚或出嫁的时候，为使自己容貌光鲜一点，通常在家里自己修面，或请家人、闺中姐妹帮忙。

一般是先用热面巾将脸捂一会儿，使面部肌肉放松，毛孔张开。修面时使用很细的线，用手交叉来回滚动，拔去汗毛。如果怕麻烦别人或找不到人帮忙修面，自己就将线的一端固定在梳妆台或附近的家具上，一手捏紧另外一端，另一手让线绷成斜十字样来回滚动。其实这样拔毛是有点疼的。沈从文描写的湘西女人修面，就是用线在脸上滚动使皮肤光洁。女人做新娘时，是必定要修面的。他这样写道："在这些小女人心中，做新娘子，从母亲身边离开，且准备做他人的母亲，从此将有许多新事情等待发生。像做梦一样，将同一个陌生男子汉在一个床上睡觉，做着承宗接代的事情，这些事想起来，当然有些害怕，所以照例觉得要哭哭，于是就哭了。"[1] 做新娘前，母亲帮助修面，拔汗毛怪疼的，可能也就哭了。

修面是旧时女子尤其是普通老百姓家女子的一种美容方法，反映了爱美之心人皆有之，不分年龄和阶层。

《秋色——闹花灯》（图 7.19）：铜雕。在祖庙路与人民路交汇处的广场边，是三个梳着长辫、面带微笑、穿着木屐的靓丽少女。雕像通高均为160 厘米，手中的铜竹竿长 2 米，铜竹竿的另一头原来各挑着一盏形制不同的花灯，可惜现在花灯都不见了。

佛山彩灯也称灯色，它具有中国南方彩灯精巧秀丽的特色，是中国传统彩灯艺术的主要流派之一。它包括大型彩灯和头牌灯、人物故事组灯、彩龙、灯笼四大门类，彩灯的扎制全过程都是艺人手工操作。佛山彩灯为中国民间彩灯的代表，是岭南民间艺术的奇葩，也是广大群众文化生活的重要内容。明代的佛山手工业、商业十分发达，人民生活安定，流传于中原的元宵灯会、中秋赏灯等民间习俗风尚也在佛山兴起，彩扎工艺应运而生。彩灯成为民间秋色盛会、元宵灯节、中秋节等民间节日习俗必不可少的项目。佛山秋色活动的出现还与历史上的黄萧养起义有关。

明正统十四年（1450），黄萧养率农民起义军进攻佛山时，"守者令各

---

[1] 沈从文：《萧萧》，《沈从文集》，北京十月文艺出版社 2008 年版，第 289 页。

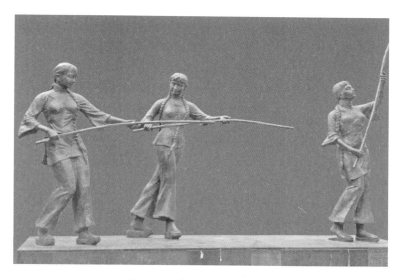

图 7.19　《秋色——闹花灯》

资料来源：申小红拍摄，2007 年 11 月。

里杂扮故事，彻夜金鼓震天"，起义军"不敢急攻，俄竟遁去，盖兵智也。后因踵之为美事，不可复禁"①，此"美事"即为出秋色。"今每岁九月，乡人饰童男女鼓吹，绕村夜行，名曰秋色，是其（即黄萧养事件中，'剪帛制旗帜，饰童男女，鸣金击鼓游村中，昼夜不绝'② 之事）遗制。"③"孩童耍乐"之事相传起源于两晋时期，肇始于儿童舞草龙庆丰收的民间娱乐项目。"秋色"意为佛山金秋的景色，因在中秋节前后的月明之夜，以大巡游的形式举行，故又称为"秋宵""出秋色""出秋景"。

据乾隆《佛山忠义乡志》记载："会城（指省会城市广州）喜春宵，吾乡（指佛山）喜秋宵。醉芋酒而清风生，盼嫦娥而逸兴发。于是征声选色，角胜争奇，被（披）妙童以霓裳，肖仙子于桂苑。或载以彩架，或步而徐行，铙鼓轻敲，丝竹按节，此其最韵者矣。至若健汉尚威、唐军宋将、儿童博趣、纸马火龙，状屠沽之杂陈，挽莲舟以入画，种种戏技，无虑数十队，亦堪娱耳目也。灵应祠前，纪纲里口，行者如海，立者如山，柚灯纱笼，沿途交映，直尽三鼓乃罢。"④此段文字生动记载了当时出秋色的盛况。

"佛山秋色"是佛山民间传统庆丰收的大型综合性、群众性文化艺术

① 〔清〕陈炎宗：乾隆《佛山忠义乡志》卷六《乡事志》，第六页。

② 〔清〕黄芝：《粤小记》卷三，〔清〕吴绮等：《清代广东笔记五种》，第 426 页。

③ 〔清〕黄芝：《粤小记》卷三，〔清〕吴绮等：《清代广东笔记五种》，第 426 页。

④ 〔清〕陈炎宗：乾隆《佛山忠义乡志》卷六《乡事志》，第六页。

活动，没有神祇崇拜和祭祀仪式。明代中叶至清代，佛山农业、手工业和商业的发展和繁荣，使之成为"天下四大聚"之一和全国"四大名镇"之一，"佛山秋色"也发展至鼎盛时期。每到丰年，由行业或各铺里居民自发组织大型的出秋色活动，一铺发起，全镇二十多铺及四乡群众纷纷前来助兴，形成了独具特色的文化活动。

"佛山秋色"的基本内容分为两大类：一是文艺表演，即扮演故事、车心、乐队、龙狮舞等；二是艺术品陈列观赏表演，如灯色、台面、担头、头牌、罗伞、龙、狮等手工艺品。出秋色时，各方阵先后次序是有严格规定的：一起马（游行前导），二灯笼队，三大灯笼（表示游行正式开始），四唢呐队，五飞报马，六头牌（帅旗）幡旗，七罗伞，八舞龙，九灯色，十台面（放在台面上的各种艺术品的统称），十一担头（担挑着各种艺术品），十二车心（有一定内容的扮演节目），十三陆地行舟（即陆地上划龙船），十四十番（民间乐队），十五锣鼓柜，十六表演节目（扮演戏曲或历史故事的场面），十七大头佛，十八踩高跷，十九狮子队。

《练》（图 7.20）：铜雕。该组雕像有四个人物。左边青年人物通高160 厘米，正在扎马步热身。中间靠后的板凳上坐着两个人：老人通高140厘米，手里正滚动着两只太极球（也叫康乐球或健身球）；小女孩通高120厘米，正靠在老人肩上看别人练功。右边是一青壮年，通高170 厘米，赤着上身站立，腰部挂着一铜锣，正注视着面前大鼓上的狮头。

南方舞狮队一般规模比较小，四个人就够了：一狮头带狮衣两人舞

图 7.20 《练》

资料来源：申小红拍摄，2007 年 11 月。

动，一人打鼓，一人敲锣。在高大的木桩上，和着锣鼓音乐的节拍，表演闪展、腾挪、跃跳、翻滚等狮舞动作，的确有着常人无法想象的难度，舞狮者需要有良好的身体与心理素质、扎实的武术功底，所以练功是每日的必修课和家常便饭。

狮舞，又称狮子舞、狮灯、舞狮、舞狮子，多在年节和喜庆活动中表演。狮子在中华各族人民心目中被尊为瑞兽，象征着吉祥如意，从而在舞狮活动中寄托着广大民众消灾祛病、求吉纳福的美好意愿。我国流行的舞狮有文狮、武狮之分。文狮动作细腻诙谐，主要表现狮子的活泼及嬉戏神态，如抢球、戏球、舔毛、搔痒、打滚、洗耳、打瞌睡等，富有娱乐性；武狮则注重技巧和武功的运用，如腾、闪、跃、扑、登高、走梅花桩等高难动作，凸现威武性。

南狮又称醒狮，属"武狮"类，集竞技性、观赏性、艺术性于一体，同时具有浓郁的吉祥、喜庆色彩和烘托气氛的感染能力。黄飞鸿积极倡导南狮狮艺，他舞出了中华民族的气节，体现了一种开拓、进取、团结、不畏艰险的民族豪情。正因为如此，南狮如今已经成为一项著名的武术项目和体育项目，受到人们的喜爱和尊重。在南中国，但凡节日庆典、重大活动，就必定有南狮出场助兴，舞出气氛，舞出喜庆，舞出吉祥。

《三水红头巾》（图7.21）："红头巾"是早年新加坡对在当地从事建筑等体力粗活的三水籍华侨妇女的称谓。20世纪初，近6万名三水妇女漂洋过海到新加坡，在建筑工地做泥水杂工。由于工作环境的缘故，她们头上都戴着一块红色的头巾（图7.22），一是同籍乡人群体的标识，二是为了遮挡灰尘，免得天天洗头，因此她们也被称为"红头巾"。"红头巾"是当时新加坡街头的一道靓丽的风景，她们的故事也惊艳了历史时光。

她们通过自己的辛勤劳动，改变着自身的生活，也为新加坡的各项建设做出了巨大贡献，逐步受到海内外社会各界的尊重。当地许多重要建筑工程也都放心地交给"红头巾"去完成，在当时的新加坡甚至有"没有'红头巾'，高楼建不成"的说法。20世纪50年代，新加坡最高的亚洲大厦和有名的高等法院都有她们辛劳的身影。

正因为如此，在新加坡近几年的国庆游行庆典上，其中的一辆花车必以她们为主题；她们的故事也被写进小学课本中；博物馆里还有她们的塑像，甚至还出售以她们为原型的玩偶纪念品。

这个曾经承载了无数艰辛和荣誉的群体，随着2015年10月2日最后一名"红头巾"黄苏妹老人的辞世，也渐渐走进了历史。

佛山城雕中的铜雕，是雕塑与铸造相结合的产物，它与明清时期佛山的铸造业是息息相关的，或者说是明清时期佛山的铸造业在现当代的传承

图 7.21　三水南丰大道荷花世界内的多组"红头巾"塑像之一

资料来源：申小红拍摄，2012 年 7 月。

图 7.22　20 世纪初在新加坡工地劳动的"红头巾"

资料来源：杨波、黄健源：《作别最后"红头巾"　唱尽"粤女闯南洋"》，《广州日报》2015 年 10 月 4 日，第 5 版。

与发展的缩影。佛山现代工艺铸造代表作品如表7.1所示。

表7.1 佛山现代工艺铸造代表作品一览

铸造年份	作品名称	工艺名称	所用材质	数量(件/套)	重量(公斤)	尺寸(厘米) 高	尺寸(厘米) 宽	铸造单位	原稿作者	现存地点
1980	孔雀女	泥范、失蜡	黄铜	2	580	160	140	佛山市球墨铸铁研究所	胡博	中山市温泉,新加坡富丽华酒店
	艰苦岁月	陶范、失蜡	黄铜	4	70	40	40		潘鹤	中国人民革命军事博物馆,国务院外送国家元首礼品
1981	佛山一号乐钟	泥范、失蜡	青铜	4套	100	一套14件			球铁所	北京市,深圳市,加拿大多伦多市,印度尼西亚
1982	鸣鹿	泥范、失蜡	黄铜	1	900	240	210		胡博	广州白云山鹿鸣酒家
	陈嘉庚铜像	泥范、失蜡	紫铜	1	650	260			潘鹤	福建厦门集美学村
1983	七级浮屠铁塔	泥范、失蜡	生铁	1	1500	350	150		李炳荣	肇庆市鼎湖山风景区
	意大利狮子	泥范、失蜡	球铁	2	500	100	170		佚名	福建厦门工艺学校
	曾侯乙编钟	泥范、失蜡、陶范、失蜡	青铜	半套(大小共26件)					球铁所复制	湖北省博物馆

续表7.1

铸造年份	作品名称	工艺名称	所用材质	数量(件/套)	重量(公斤)	尺寸(厘米) 高	尺寸(厘米) 宽	铸造单位	原稿作者	现存地点
1984	林则徐铜像	泥范、失蜡	黄铜	1	1200	300	120	佛山市球墨铸铁研究所	唐大禧	深圳市蛇口区
	爱因斯坦半身像	泥范、失蜡	青铜	1	1000	135			潘鹤	山东石油学院
	鲁迅半身像	泥范、失蜡	青铜	1	150	70			潘鹤	中国人民革命军事博物馆
	清洁工	泥范、失蜡	青铜	1	800	200	100		曹春生	北京市
	琴女	泥范、失蜡	黄铜	1	800	130	150			
	明珠女	泥范、失蜡	青铜	1	800	230			殷喜来	广州市白云山
	知音	泥范、失蜡	青铜	1	600	175			侯琏辉	广州市花园酒店
	飞鸽	泥范、失蜡	青铜	1		140	70			
1985	廖承志半身像	泥范、失蜡	青铜	1	120	90		佛山市工艺美术铸造厂	曹荣恩	广州中山大学
	美人鱼	泥范、失蜡	青铜	1	600	220			张自强等	佛山宾馆
	秦少游铜像	泥范、失蜡	青铜	1	800	110			胡博	湖南郴州
	海豚	泥范、失蜡	青铜	1	500	160			胡博	中山国际大酒店
	南海波涛	泥范、失蜡	青铜	1	700	110	200		毛桂珍	
	沙滩浮雕	泥范、失蜡	青铜	1	800	210	210			

续表7.1

铸造年份	作品名称	工艺名称	所用材质	数量（件/套）	重量（公斤）	尺寸（厘米）		铸造单位	原稿作者	现存地点
						高	宽			
1985	摩利支仙女	泥范、失蜡	青铜	3	450	480		佛山市工艺美术铸造厂	毛桂珍	肇庆市水月宫
	响钟	泥范、失蜡	青铜	1	370				黄焯南	广东梅县灵光寺
	春燕展翅	泥范、失蜡	黄铜	1	1900	410		佛山市球墨铸铁研究所	吴信坤	江门市体育路
	苏东坡铜像	泥范、失蜡	黄铜	1	900	290			李汉宜	海南儋县东坡书院
	青春	泥范、失蜡	黄铜	1	950	380			段积余	郑州市体育馆
	天海飞鸥	泥范、失蜡	黄铜	1	800	290			林毓豪	广东台山县后村区公所
1986	花瓶	泥范、失蜡	青铜	4	350			佛山市工艺美术铸造厂	黄焯南	广州出口商品交易会
	狮子	泥范、失蜡	青铜	6	350	170	60		黄焯南	广州出口商品交易会一对，佛山市铸造工业公司一对，佛山三水文化局一对
	狮子	泥范、失蜡	青铜	1	800	200			广州雕塑院	汕头中山公司
	石达开铜像	泥范、失蜡	青铜	1	1800	310			郑瑾	广西

297

续表7.1

铸造年份	作品名称	工艺名称	所用材质	数量（件/套）	重量（公斤）	尺寸（厘米）高	尺寸（厘米）宽	铸造单位	原稿作者	现存地点
1986	韩愈铜像	泥范、失蜡	青铜	1	800	250		工艺厂	胡博	湖南
	孙中山铜像	泥范、失蜡	青铜	2	900	320			潘鹤、程允贤	澳门镜湖医院、福建厦门中山公园
	贺龙铜像	泥范、失蜡	青铜	1	6000	630			潘鹤	湖南桑植县天子山
	彭湃铜像	泥范、失蜡	青铜	1	1000	300				广东陆丰
	惠州革命烈士纪念碑（浮雕）	砂型干模，泥范、失蜡，陶范、失蜡	黄铜	1套	4800	200×400（10件）		佛山市球墨铸铁研究所	张松鹤、梁明诚	惠州市
	深圳革命烈士纪念碑	砂型干模，泥范、失蜡，陶范、失蜡	黄铜	1套	2400	200×300（4件）			张松鹤	深圳市
1987	荔枝女铜像	泥范、失蜡	黄铜	1	700	240				广东惠阳
	孙中山铜像	泥范、失蜡	青铜	1	950	300			唐大禧、林彬	广东惠州市
	容国团铜像	泥范、失蜡	黄铜	1	850	260			李汉宜	珠海市体育馆

续表 7.1

铸造年份	作品名称	工艺名称	所用材质	数量（件/套）	重量（公斤）	尺寸（厘米）		铸造单位	原稿作者	现存地点
						高	宽			
1987	掷铁球者	泥范、失蜡	黄铜	1	3900	420	380	佛山市球墨铸铁研究所	李学信	广州市天河体育中心
	友谊泉	泥范、失蜡	白铜	1	6200	400	400		潘鹤、梁明诚	深圳市国贸大厦
	艰苦岁月	泥范、失蜡	黄铜	1	700	160			潘鹤	海南海口市
	王佐铜像	泥范、失蜡	黄铜	1	850	250	200		潘鹤	江西井冈山
	邓显达铜像	泥范、失蜡	黄铜	1	800	250			唐大禧、林彬	广东惠州市
	岑维休半身像	泥范、失蜡	青铜	1	400	150		佛山市工艺美术铸造厂	薛里昂	广东恩平江洲中学
	铜钟	泥范、失蜡	青铜	1	280	62	60		黄焯南	广东梅县灵光寺
	香炉	泥范、失蜡	青铜	1		42	33		黄焯南	
	香炉	泥范、失蜡	青铜	1		32	φ45		黄焯南	佛山南海丹灶卢边乡
1988	龟蛇	泥范、失蜡	青铜	1	55	55	70		黄焯南	肇庆市星湖游乐园
	狮子	泥范、失蜡	青铜	1	575	170	100		黄焯南	广东开平县开平大厦
		泥范、失蜡	青铜	1	420	170	100			
	少女与鹿	泥范、失蜡	青铜	1	872	300			林国耀	湖南

续表7.1

铸造年份	作品名称	工艺名称	所用材质	数量(件/套)	重量(公斤)	尺寸(厘米)		铸造单位	原稿作者	现存地点
						高	宽			
1988	鱼跃图	泥范、失蜡	青铜	1	582			佛山市工艺美术铸造厂	林国耀	中山市
	香炉	泥范、失蜡	青铜	2	281				黄焯南	广东四会
	天后庙香炉	泥范、失蜡	青铜	1	127				黄焯南	
	中山香炉	泥范、失蜡	青铜	1	245				黄焯南	
	狮子	泥范、失蜡	青铜	2	2288	152	90		黄焯南	佛山市农业银行
	狮座	泥范、失蜡	青铜	2	1204	172	110		苏伟洪	
	翱翔	泥范、失蜡	青铜	1	149	250			郑瑾	湖南怀化
		泥范、失蜡	青铜	2	149	230				
	九龙壁	泥范、失蜡	青铜	1	825	300	150		黄焯南	加拿大何鸿燊别墅
	碑文	泥范、失蜡	青铜	1	105				仿制	
	山鬼	泥范、失蜡	白铜	1	1400	180	180	佛山市球墨铸铁研究所	王则坚	北京国际饭店
	杨鲍安铜像	泥范、失蜡	青铜	1	1000	300			潘鹤	珠海市
	鲁迅半身像	泥范、失蜡	青铜	1	1200	240			潘鹤	福建工艺学校
	飞马	泥范、失蜡	黄铜	1	1900	300	400		吴信坤	珠海市湾仔

续表7.1

铸造年份	作品名称	工艺名称	所用材质	数量（件/套）	重量（公斤）	尺寸（厘米）		铸造单位	原稿作者	现存地点
						高	宽			
1988	和亲	泥范、失蜡	黄铜	1	3900	400	400	佛山市球墨铸铁研究所	潘鹤	内蒙古王昭君墓
	袁文才铜像	泥范、失蜡	黄铜	1	550	180			梁明诚	江西井冈山
	华佗铜像	泥范、失蜡	黄铜	1	200	100			潘鹤	佛山市中医院
	麒麟	泥范、失蜡	黄铜	2	1000	180	200		凌振威	珠海市
	孙中山铜像	泥范、失蜡	青铜	1	2000	400			尹积昌	广州中山医学院
	双龙壁	陶范、失蜡	黄铜	2	120	63	160		醉石轩	球铁所
	仿古狮子	泥范、失蜡	黄铜	2	1600	350			凌振威、林彬	佛山顺德顺峰山
1989	奖杯	陶范、失蜡	青铜	16	2.5	30			黎明	佛山市人民广播电台
	李淑壮铜像	泥范、失蜡	黄铜	1	700	240			王则坚	厦门鼓浪屿
	解放纪念铜像	泥范、失蜡	黄铜	1	2000	400			王可赵	海南琼县
	李林铜像	泥范、失蜡	黄铜	1	600	140	200		潘鹤	厦门集美村
	请请	泥范、失蜡	青铜	1	2000	300			文楼	香港九龙公园
	闽海雄风（浮雕）	泥范、失蜡	青铜	1	18000	500	1300		王则坚	厦门鼓浪屿

续表 7.1

铸造年份	作品名称	工艺名称	所用材质	数量（件/套）	重量（公斤）	尺寸（厘米）		铸造单位	原稿作者	现存地点
						高	宽			
1989	钟	泥范、失蜡	生铁	1	250	120	φ90	佛山市球墨铸铁研究所	佚名	佛山西樵山风景区
	汇丰狮子	泥范、失蜡	黄铜	2	2500	180	240		谭全	顺德大良农业银行
	渔民女	泥范、失蜡	黄铜	1	950	250			凌振威	广州珠江河畔
	张赛铜像	泥范、失蜡	黄铜	2	680	270	100		唐大禧	江苏南通
	科技女	泥范、失蜡	黄铜	1	1300	300	150		凌振威	顺德勒流
	思亲	泥范、失蜡	黄铜	1	1000	260	150		潘鹤	福建泉州
	陈垣铜像	泥范、失蜡	黄铜	1	70	90			尹积昌	北京大学
1988—1989	百兽铜像	泥范、失蜡	青铜	128	27606			佛山市工艺美术铸造厂	佚名	广东恩平百兽园
1989	汇丰狮子	泥范、失蜡	青铜	8	1569				林国耀	不详
	华佗铜像	泥范、失蜡	青铜	1	155				黄焯南	不详
	王美铜像	泥范、失蜡	青铜	2	27				尹积昌	不详
	林则徐铜像	泥范、失蜡	青铜	1	1250				李维祀	东莞虎门
1990	香炉	泥范、失蜡	青铜	1	541				张艺强	出口
		泥范、失蜡	青铜	1	153				黄焯南	肇庆星湖公园
		泥范、失蜡	青铜	1	550				黄焯南	广东四会贞仙寺

续表 7.1

铸造年份	作品名称	工艺名称	所用材质	数量（件/套）	重量（公斤）	尺寸（厘米）高	宽	铸造单位	原稿作者	现存地点
1990	香炉	泥范、失蜡	青铜	1	165			佛山市工艺美术铸造厂	黄焯南	广东四会宝林寺
	李时珍铜像	泥范、失蜡	青铜	1	285				黄焯南	广西中医学院
	南方狮子	泥范、失蜡	青铜	2	222	170	104		林国耀	浙江余杭市农业银行
	钟	泥范、失蜡	青铜	1	603	150	φ120		佚名	出口
	陈嘉庚铜像	泥范、失蜡	青铜	1	101				李维祀	不详
	狮子	泥范、失蜡	青铜	2	1633				黄焯南	广东省建设银行
		泥范、失蜡	青铜	2	1577					佛山市建设银行
		泥范、失蜡	青铜	2	1679					广州市建设银行
		泥范、失蜡	青铜	2	1638					中山市建设银行
	华佗铜像	泥范、失蜡	青铜	1	133				佚名	广西中医学院
	李时珍铜像	泥范、失蜡	青铜	1	145					佛山市中医院
	钟	泥范、失蜡	青铜	1		138				广东阳江石觉寺
	汇丰狮子	泥范、失蜡	黄铜	2	2500	180	240		谭全	汕头市国际宾馆
		泥范、失蜡	黄铜	2	600	100	150		黄强华	佛山市发展银行

续表7.1

铸造年份	作品名称	工艺名称	所用材质	数量（件/套）	重量（公斤）	尺寸（厘米）		铸造单位	原稿作者	现存地点
						高	宽			
1990	香炉	泥范、失蜡	黄铜	1	850	140	φ100	佛山市球墨铸铁研究所	尹积昌	顺德大良西山庙
	杨振宁铜像	泥范、失蜡	青铜	3	150	100			潘鹤	美国哈佛大学、广东中山大学
	济公像	泥范、失蜡	青铜	1	650	200	90		刘宝东	香港荃湾公园
	石景宜半身像	泥范、失蜡	黄铜	2	80	70			薛里昂	香港石景宜家、佛山市图书馆
	钟	泥范、失蜡	青铜	1	300	120	φ90		佚名	广东揭阳揭西
	亚婆神像	泥范、失蜡	黄铜	1	850	240	130		唐大禧、林彬	广东惠东亚婆角海
	亚麻像	泥范、失蜡	黄铜	1	1500	360	150		潘佑龙	厦门市
	印第安人像	泥范、失蜡	黄铜	1	450	170	100		梁明诚	澳门
	东方卧佛	陶范、失蜡	黄铜	2	35	30	65		亚麻	印度尼西亚
	龙洗盘	泥范、失蜡	青铜	10	13	28	φ45		佚名	美国、北京编钟楼、顺德西山庙、广东台山博物馆
	龟转盘	泥范、失蜡	黄铜	1	280	50	φ150		凌振威	广东惠阳

续表7.1

铸造年份	作品名称	工艺名称	所用材质	数量（件/套）	重量（公斤）	尺寸（厘米）高	尺寸（厘米）宽	铸造单位	原稿作者	现存地点
1991	何贤半身像	泥范、失蜡	青铜	1	250	100	100	佛山市球墨铸铁研究所	潘鹤	澳门
	女神	陶范、失蜡	黄铜	26	2.5	30			香港翡翠电台	香港第十届电影金像奖
	释迦牟尼佛像	泥范、失蜡	黄铜	1	1200	200	150		佚名	广东陆丰甲子镇
	仿曾侯乙镈钟	陶范、失蜡	青铜	1	250	120			佚名	新加坡
	乌兰夫铜像	泥范、失蜡	黄铜	1	230	120	80		潘鹤	呼和浩特市
	凤凰台	泥范、失蜡	青铜	1	1425			佛山市工艺美术铸造厂	尹定邦	东莞工人文化宫
	钟	泥范、失蜡	青铜	1	70	65	φ45			广东花县花城中学
	风铃钟	泥范、失蜡	青铜	42	2.5	1.5	φ18			广东开平中华永久墓园
	狮子	泥范、失蜡	青铜	2	1476				佚名	珠海吉大中国银行
	汇丰狮子	泥范、失蜡	青铜	2	773					广东发展银行肇庆支行
	郑鹤仪像	泥范、失蜡	青铜	1	96	90				广东恩平鹤仪中学
	钟	泥范、失蜡	青铜	4	9					佛山西樵山中国旅行社

续表7.1

铸造年份	作品名称	工艺名称	所用材质	数量（件/套）	重量（公斤）	尺寸（厘米） 高	尺寸（厘米） 宽	铸造单位	原稿作者	现存地点
1991	双龙	泥范、失蜡	青铜	1	1043		410		佚名	广东开平中华永久墓园

　　说明：表中地名按照《佛山文史资料》第十一辑成书时的情况；因表格中篇幅所限，佛山市球墨铸铁研究所、佛山市工艺美术铸造厂有时分别简称球铁所、工艺厂。

　　资料来源：《佛山文史资料》第十一辑，第135～149页。

　　明至清前期中国的冶铁技术继续向前发展和提高，其主要表现在以下方面：①高炉的生铁冶炼与生铁炒炼联用并一步到位；②活塞式木风箱煽炼技术的迅速传播；③焦炭炼铁技术的流行并广泛应用；④东南地区的铁砂冶炼获得官方准许并经过技术开发后形成产业规模；⑤北方坩埚炉炼铁的工艺技术逐渐成为主流；⑥大型铁器的铸造与锻造工艺技术的问世，带动了该行业的繁荣发展，并由北向南逐渐形成一批具有特色的冶铸生产和贸易中心，如河北遵化、山西泽州、陕西华州、安徽芜湖、浙江武义、江苏苏州、湖南湘潭、广东佛山等。[①]

　　促成明清时期冶铸行业发展的原因也很多，主要包括以下五个方面：第一，农业生产的恢复和发展导致铁制农具的大量需求，客观上为冶铸行业的产品提供了广阔的市场。第二，冶铸行业的技术进步与发展反过来又刺激了原料需求的激增。第三，产品出口的剧增进一步促进了包括佛山在内的沿海冶铸行业的兴盛。第四，煤炭的开采、焦炭的炼制与普遍使用增加了燃料的种类，保证了充足的燃料供应，同时也满足了冶炼过程中对温度可控性的要求，进一步提高了产品的质量。第五，行业神明崇拜能够在一定程度上制约和规范行业内与行业之间的某些不正当竞争等行为，又在无形之中为整个行业提供了精神动力和信仰合力。冶铸技术是金属加工方法中最古老的工艺之一，它的发明是人类社会发展到一定阶段的必然结果，它也是社会生产力发展的最重要的见证和里程碑；冶铸产品的出现是人类社会进入文明时代的重要标志，它的推广是冶铸技艺传承的重要途径；冶铸文化也是人类历史文明进程中的一朵奇葩。

　　由于铁制农具的使用和推广，促进了佛山本地乃至珠江三角洲地区农业生产的发展，也带动了其他手工业部门生产的发展，扩大了商品经济范围。另外，在冷兵器时代，大量铁制兵器的使用也增强了国防实力，维护

――――――――――

　　① 详见黄启臣：《十四—十七世纪中国钢铁生产史》。

了基层社会的稳定。

明清时期，佛山铸造业享誉全国，产品遍及海内外，有"佛山之冶遍天下"① 之称。佛山的冶铸产品以其质量上乘而畅销全国各地，其总体规模、产品种类、销售区域等方面，已跻身国内首位，堪称岭南一绝。佛山冶铸行业的产品几乎囊括了所有的生产资料和生活资料，大型器物造型浇铸的工艺也是独步天下。

研究佛山历史，无不与冶铸行业有着十分紧密的联系。

通过对佛山冶铸历史脉络的了解、对冶铸行业的调查、对传统工艺的梳理和对老城区的调查、走访，结合资料、史料的查证，我们知道，宋代以来，尤其是明清时期的佛山冶铸行业，是传统社会时期佛山手工业的主要支柱，冶铸产品遍及海内外，创造了佛山历史上的经济奇迹，也在历史上留下了浓墨重彩的一页。

佛山冶铸行业以其辉煌的历史和精良的制品奠定了自己在南中国的冶铸中心地位，明清时期，"佛山冶铸行业无论从时间长短、规模大小、产品种类以及市场范围来说，在江南地区都堪推首位"②。长江以南诸省商贾辐辏佛镇，帆樯云集，"汾江船满客匆匆，若个西来若个东"③，就是当时佛山商务繁忙的真实写照。

如果放宽历史的视角，单从城市发展的角度来看，在中国城市经济的发展史上，以单一城市经济为核心的发展周期，曾经在中国大地上此起彼伏，先后登场，也都盛极一时。在斗转星移的历史天空下，从汉代的洛阳，到唐代的长安，从北宋的汴京（开封），到南宋的临安（杭州），超级中心城市在历史的长河中一路走来，其在政治领域、经济领域或文化领域的突出地位和唯一性无法复制和被取代。然而当历史的车轮驶入明清时期，我们发现一批因工商业而兴起的市镇，其苗壮成长与快速发展的势头，打破了在传统社会时期长期由单一的中心城市引领中国政治、经济与文化的模式。④

明清时期佛山是享誉海内外的冶铸行业生产基地，冶铸产品远销省内外及东南亚很多国家和地区。现在中山大学校园、肇庆乃至东南亚一些地区的大铜钟、大铁锅等都出自佛山冶铸工匠之手，东莞、广州等地也曾多次出土佛山在清代制造的铁炮。佛山祖庙至今保存的北帝铜像、铜鼎炉、

---

① 〔清〕屈大均：《广东新语》卷十六，《器语》之《锡铁器》，第238页。
② 申小红：《佛山老城区现存冶遗址调查报告》，第143页。
③ 〔清〕陈昌坪：《佛山竹枝词》，〔清〕陈炎宗：乾隆《佛山忠义乡志》卷十一《艺文志》，第30页。
④ 参见罗一星：《红炉风物五百年》，朱培建：《佛山明清冶铸》之《序言》。

铁鼎炉、铁磬、铁塔、大铜镜等精良的大型铸造遗物，足可证明佛山冶铸行业雄厚的技术基础和高超的铸造水平。冶铸行业特别是冶铁行业的兴旺，带动了金、银、铜、锡等深加工行业的发展，而五金制箔业等深加工行业的发展又带动了建筑装饰业和宗教文化的发展。

佛山，这座明清时期具有典型意义和榜样作用的工商业市镇，就是在这种历史背景下独占鳌头、雄视中国、目及八方。从 17 世纪初到 20 世纪初近 300 年间，它同时扮演了三种著名中心城市的角色：一是明末清初以手工制造业的高度发展与汉口镇、景德镇、朱仙镇并称"天下四大名镇"；二是清中前期以商品批发和物品流通与苏州、汉口、京师（北京）共享"天下四聚"之美誉；三是清末至民国以国内贸易和手工制造业为支柱，成为现当代岭南中心城市之一，因与广州的外贸功能相异而形成互补的经济发展模式，与广州并称为"广佛"或"省佛"。

所以，"在政治、经济、文化等领域，无不反映出冶铁业对佛山的影响和举足轻重的地位"[①]。

城市的发展既不是无源之水，也不是无本之木，它离不开历史基因的遗传和优秀文化的积淀。佛山今天的发展成就，就深深植根于这座城市由来已久的制造业、手工业和商业文明的沃土之中。

---

① 申小红：《佛山老城区现存冶铸遗址调查报告》，第 143 页。

附　录

附录一

六齐：世界上最早的金属冶铸配比

　　"六齐"是我国古代配制青铜合金的六种铜锡配比，见于《考工记》一书："金有六齐：六分其金而锡居一，谓之钟鼎之齐；五分其金而锡居一，谓之斧斤之齐；四分其金而锡居一，谓之戈戟之齐；三分其金而锡居一，谓之大刃之齐；五分其金而锡居二，谓之削杀矢之齐；金、锡半，谓之鉴燧之齐。"

　　郭沫若认为，《考工记》原是齐国的官书。"六齐"的"齐"同"剂"，原是调剂、配合的意思。"金"指赤铜。"六分其金而锡居一"就是六分铜一分锡，"金锡半"就是一分铜半分锡。所以"六齐"中各"齐"的含锡量分别是："钟鼎之齐"14.3%，"斧斤之齐"16.7%，"戈戟之齐"20%，"大刃之齐"25%，"削杀矢之齐"28.6%，"鉴燧之齐"33.3%。

　　"六齐"的成分配比规定是我国古代青铜技术高度发展的表现，它是许多试验资料的反映和归纳。现有考古资料表明，我国早在夏代（约前21世纪到约前16世纪）就掌握了红铜冷锻和铸造技术，夏末商初就有了青铜冶炼和铸造，商代中期以后就创造了高度发展的青铜文化。目前出土的青铜器中，既有大批礼器、兵器、日用器，也有部分生产工具（包括手工业工具和农具）等。浑厚庄重的后母戊大鼎、技术高超的四羊尊等都是青铜器的精品，兵器都刚强锋利，响器的声音悦耳悠扬。这些都说明我国人民很早就有了丰富的合金知识。

　　"六齐"的成分配比规定和现代科学的基本原理是完全相合的。我们知道铜锡合金的含锡量约14%的，色黄，质坚而韧，音色也比较好，所以宜于制作钟和鼎。铜锡合金的含锡量是17%～25%的，强度、硬度都比较高，所以宜于制作斧斤、戈戟、大刃和削杀矢。斧斤是工具，既要锋利，又要承受比较大的冲击载荷，所以含锡量不宜太高，否则太脆。戈戟、大刃、削杀矢都是兵器，都需要锋利。戈戟受力比较复杂，对韧性要求比较高，所以在兵刃中含锡量最低；大刃（刀剑）既需要锋利，也要求一定的韧性以防折断，所以含锡量比较高而又不太高；削杀矢比较短小，主要考虑锐利，所以在兵器中它的含锡量最高。铜锡合金的含锡量是30%～36%的，颜色最洁白，硬度也比较高。色洁白，就宜于映照；硬度高，研磨时就不容易留下道痕。所以这种铜锡合金宜于制作铜镜和阳燧。

有一点需要指出的是，除了钟鼎外，"六齐"规定的成分和考古实物科学分析的成分基本上是不相符合的，原因是："六齐"并不是生产经验的总结，而是一种试验资料的反映和归纳；人们在生产实践中已对"六齐"成分作了适当的修正。

把前述《考工记》文字中的"金"理解成青铜或纯铜，相应地对"六齐"所说的含锡量也可有两种不同的解释。对古代青铜器进行化学分析的结果与"六齐"所载并不完全一致，其中铜镜的成分与"鉴燧之齐"完全不符。这可能与古代冶炼技术条件和金属原料纯度不一有关。但从原理上看，"六齐"的出现表明在战国时期人们对合金成分、性能和用途之间的关系已经有所认识。

"六齐"的产生有极大的技术意义和社会意义。它是世界上对合金成分和性能的关系的最早认识。在古代世界中，我国青铜技术的产生并不是最早的，但发展很快。除资源等方面的原因外，在技术方面的原因至少有两点：首先是我国很早就掌握了金属冶炼所需要的高温技术，其次是很早就具有了水平比较高的合金技术。世界上不少国家在公元前二三千年就进入了青铜时代，但发展缓慢。我国却不是这样。我国人民一旦发明了冶铜技术，很快就积累了丰富的合金知识，并且迅速地把整个青铜技术推到更高的阶段，建立了世界上最光辉灿烂的青铜文明。

附录二

《大冶赋》与宋代冶金业的发展^①

矿冶业在中国古代社会发展中起着十分重要的作用，技术成就至为辉煌，相形之下，文献记载是稀少和不系统的。早期文献如《禹贡》和《山海经》只载有金属矿的产地，《汉书》著录有铁官驻在场所，《旧唐书》始记述铜、铁等金属产量。到了宋代，随着矿冶业的长足发展和印刷术的普及，这种情形才有了较明显的改变。其中，尤以《大冶赋》的相关记述最为系统和丰富。

《大冶赋》是宋代著名学者洪咨夔《平斋文集》的开卷之作，是矿冶史上极为罕见的珍贵文献。全赋仅 2701 字，却高度概括地记述了上古冶金史料，如金、银、铜的采冶，铸钱工艺，矿冶机构的设置与分布等，具有十分重要的学术价值。由于作者曾亲临现场做实际考察，所得资料详实可靠，许多技术创造和细节是由他最早著录的，因而该书史料价值很高，弥足珍费。以下即就其主要内容作一评述。

一、矿山地质

《大冶赋》提出"或铁山之孕铜，或铜坑之怀金，或参银而偕发"，《宋会要辑稿·食货三四》引晁公愚语："诸路出产坑冶之处，往往五金杂出，如铜坑有铅，铅坑有银，银坑有铁之类"，这些都是对金属共生现象的规律性认识，是多金属开发利用和相关提炼技术的理论前提。

赋中具体描述了各类金属矿物的赋存形态和所处地形地貌，如"汰金有洲，淘金有岗"即是指砂金在水道和坡地的集聚。"硇脉见，函路灼""牛饮盘，天井落"则分指铜矿脉走向变化和矿体地貌特征。对于淋铜法所用胆土，则说明它常埋藏于地层深处，需挖去浮土，才能得到卵状的垢块。《重修政和经史证类备用本草》在"矾石"条中也说："石胆……有块如鸡卵者为真。"至于"熏苗殊性，欲断还络"这一句，说的是矿苗相

---

① 本附录文字主要引自华觉明：《中国古代金属技术——铜和铁造就的文明》，第 626～632 页。

互牵连、时断时续的情状；有的学者以为是用火薰法识别矿物，以定矿脉走向，乃是出于对原文的误解。

二、金的采冶

金矿藏分为原生的脉金矿和次生的砂金矿两大类。前者多分布在山岭；后者则依其风化剥蚀与搬运集聚的不同情况，而分为残积、坡积、冲积等型矿床。卢本珊、王根元指出，我国至迟从隋代起就已开采原生脉金矿床。《大冶赋》称"乐安精镠（liú），胎瑞坑谷"，意思是说乐安出产的精美黄金源自山谷之中。这是最早明确地提到砂金来自脉金的文献记述，在冶金史上具有重要意义。

关于砂金的形态和粒度分级，王充《论衡·验符篇》、《山海经》郭璞注、梁李膺《益州记》、唐刘禹锡《武陵怀古》诗、宋周去非《岭外代答·金石门》、《宋会要辑稿·食货三四》、宋末元初周密《癸辛杂记续集》、明宋应星《天工开物·五金》、清谷应泰《博物要览》卷八均有大抵相近的记述，分别有"豆粒金""豆金""瓜子金""禾粟""金粟""麦颗金""麸麦金""麸皮金""麸金""糠金"等称谓。《大冶赋》所谓"落箕之豆""脱秕之粟""麸之去麫""尘之生曲"，前三者和现代的砂金粒级中的粗粒金、中粒金，细粒金相当，后者则应介于细粒金和粉金（一称灰金，粒径 0.05 毫米）之间。

砂金的淘洗工具和方法多相类同，《大冶赋》中提到"倐胂蒲掬"即用蒲叶集取金砂，这是其他文献中罕见的。民间淘金或于溜槽中铺设毛毯，用以集取粒度较细的砂金。李延祥指出，罽（jì）为毛织品，"寻苗罽汋之邃"可能和淘选方法有关联，这个看法是值得重视的

三、银的采冶

宋开禧二年（1206）成书的赵彦卫的《云麓漫抄》和《大冶赋》都最早记述了采银炼银技术，二者的写作是在同一时期。从对矿物性状到采冶工艺的描述来看，《大冶赋》似全面一些，其中提到了银矿床的赋存（"银玉有坞，银嶂有山"），井巷中的栈道和木支护构架（"阁道横蹑"，"梁杠插水而下压"），用竹笼罩着油灯用来照明［"篝灯避风"，《天工开物》也说是"采工篝灯逐径施镢（jué）"］，用戽（hù）斗排水［"戽枵（xiāo）深阱之腹"］，等等。

火爆法早在新石器时代即已使用。这一技术被引用于金属矿的最早实

倒，当数大冶铜绿山和湖南麻阳采铜遗址，早先多引《菽园杂记》"烧爆得矿"和以大片柴"装叠有矿之地，发火烧一夜，今矿脉柔脆"为证。现在可以确认《大冶赋》"炮渤（lè）骈石之胁"句，是已知最早的火爆法的文献记载。

开采到的银矿石需破碎磨细，再用水淘选。然后，将选分得到的精矿粉和以米糊或麦糊制成矿团（古称窖团），又经焙烧后，成为熟料，可入炉熔炼。《大冶赋》"碓山藉矿""淘池搅粘"是这一工艺过程的最早著录，所用"搅粘"一语至明代又见于《菽园杂记》。该赋还用十分简练而又确切的词句，最早叙述了硫化矿焙烧、熔炼和用灰吹法炼银的全过程（"烧窖熟，盒炉裂。铅驰沸，灰窠发。气初走于烟云，花徐翻于霜雪"）。所用"烧窖""铅驰""灰窠"等术语，其后见于《菽园杂记》，而后者所述灰吹炼银场景——"初铅银混，泓然于灰窠之内，望泓面有烟云之气，飞走不定。久之稍散，则雪花腾涌"，几乎是为《大冶赋》作注解。这些术语都来自民间，并且世代相传，沿用甚久是显而易见的，

四、火法炼铜

《新唐书·食货志》已有"青铜""黄铜"的称谓，盖指矿石色泽及其冶炼产品而言，并非现今所称的青铜（铅、锡和铜的合金）和黄铜（铜锌合金）。《大冶赋》说的"其为黄铜也"，即是火法炼铜，而"青铜"一词亦复见于《宋史·食货志下二》。赋中列举各种铜矿物名称。其中，"乌胶"应是黑铜矿（CuO），有时呈黑色土状；呈金黄色泽且时有蓝、紫等色有似"星光"的为黄铜矿（$CuFeS_2$）；淡如"蕺花"和色如渥丹的则都是辉铜矿（Cu_2S）。为行文需要，《大冶赋》并不严格按工艺顺序叙事，类似例子在文中并不是个别的。

"𬬮再炼而粗者消，钚（pī）复烹而精者聚"，是本段文字中最要紧和最精彩的两句，"𬬮"即矿石，硫化铜矿必须经受焙烧脱硫方可用来冶炼。早期多采用堆烧法，即将矿石堆于地面，和木柴、木炭相间加叠而焙烧。皖南铜矿带的次生富集发育不良，为此很早就发展了硫化矿炼铜的技术。江陵木鱼山、南陵江木冲矿冶遗址都留有大面积的红烧土，疑即堆烧法的遗迹。《菽园杂记》记（生烹）"用柴炭装叠烧两次，共六日六夜"。《滇海虞衡志》说："木柴烧矿谓之煅"，或称"煅窖"。《滇南矿厂图略》附刊倪慎枢《采铜炼铜记》则作"窖煅"，形如馒头，高的有五六尺，柴炭相间，外用矿泥封涂。《大冶赋》说："徙堆阜于平陆""熺炭周绕，藁（kǎo）薪环附"正是堆烧法的景象。有的学者把这段文字认作是用矿石熔

炼，显然是不妥当的。所谓"若城而炬"也并非"城池失火"，而是犹如于城头点燃烽燧的意思。"钚"即冰铜，亦即铜锍，为铜和铁的硫化物的共熔体，它是硫化矿炼铜的中间产物，含硫量一般在22%～26%之间．

中国何时始用硫化矿炼铜，是长久以来学者们关注的重要课题。20世纪80年代初，张敬国、华觉明分析研究了安徽贵池徽家冲所出铜锭，指出中国至迟在春秋时期已使用硫化矿炼铜。其后，随着皖南古矿遗址发掘和研究的深入，表明菱形铜锭的多量出土是这一地区早期冶铜技术的一大特色，从而引起更多学者的注意。穆荣平、陈荣等对铜锭和炼渣做了分析，认为该地区早在西周即已掌握硫化矿经死烧再还原成铜（即"硫化矿—铜"）和"硫化矿—冰铜—铜"的冶炼工艺；张世贤、李延样也就此做了探讨。早期炼铜多使用易于熔炼的自然铜和表层易开采的次生氧化铜矿如孔雀石、蓝铜矿等。由于自然贮存的铜矿藏大都是原生的硫化矿床，次生的氧化铜矿物多位于矿体上部，由长期风化淋滤所生成。随着社会对铜料需求的增长，采铜规模不断扩大和向深层推移，必然要面对如何用硫化矿炼铜，从而保障铜料供应的技术难题。这一重大技术成就标志着冶铜术发展进程的质的飞跃，也是我国青铜时代历夏商周三代，始终保持高水准发展，秦汉以降铜产量仍持续增长，到宋代又有大的突破的物质、技术前提，其历史作用是绝不可低估的。《大冶赋》正是最早记述这一技术成就的重要文献。

五、水法炼铜

《淮南万毕术》说："曾青得铁则化为铜"。曾青是水溶性硫酸铜矿物，亦即胆矾（$CuSO_4 \cdot 5H_2O$）。这一记载表明，早在西汉时期已知用铁可将铜的化合物中的铜置换出来。其后，《神农本草经》《淮南子》《抱朴子》等著作都有类似记述。

郭正谊指出：沈括《梦溪笔谈》的"信州铅山县有苦泉，流以为涧，挹其水熬之，则成胆矾；烹胆矾则成铜。熬胆矾铁釜久之亦化为铜"这段文字系引自唐乾元至宝应年间（758—763）成书的《丹房镜源》。五代轩辕述《宝藏畅微论》说："铁铜：以苦胆水浸至生赤煤，熬炼成，而黑坚。"可见，至迟在唐末和五代已有胆水炼铜的小规模生产。这一技术在北宋中叶后得到重视和大规模推广。张潜于元祐元年（1086）试用胆水炼铜。绍圣三年（1094），他创设了著名的饶州兴利场，后又撰著《浸铜要略》一书（已佚）。北宋末年，游经掌管江淮、荆、浙、闽广铜政，他经办了韶州岑水、信州铅山和潭州永兴三处铜场，还计划根据胆水、胆土资源，开拓建州蔡池、婺州铜山等八处铜场。这就是《大冶赋》所赞称的"铅山兴利，首鸠僝（chán）功"。按岑水、铅山和永兴号称三大场，规模宏大，常聚集有十万余人进行日常开采，与之相当的还有饶州兴利场。据史籍记载，崇宁二年（1103）东南诸路铜课为705万斤，其中胆铜187万斤，占27%，约当全国铜总产量的12%。南宋时期铜产量锐减，但胆铜占比达80%以上。由此可见水法炼铜在宋代矿冶业中的重要地位。

胆水炼铜的基本化学反应式为：$CuSO_4 + Fe = FeSO_4 + Cu$。当接触空气时，溶液中生成的硫酸铁会很快氧化而生成碱式硫酸铁，并沉积在"赤煤"（铜）上。其后虽经精炼，仍有较多的铁杂质带入铜内。赵国华等分析了大量宋钱，发现崇宁以后的铜钱含铁量逐渐增多（从微量增至0.2%左右），到南宋时期则剧增至1%～1.5%，其原因就在于胆铜的大量用于钱币铸造。

胆铜法可分为浸铜和淋铜两种工艺。前者是在天然生成的、含有胆矾的胆水中，投入铁片使铜被置换出来；当沉积的泥状红铜（"赤煤"）达一定厚度时，取出铁片，刮取赤煤，再入炉熔炼，即可得到金属铜。未全置换的残余铁片，可再用于浸铜。后一种工艺是用水浸淋含胆矾的矿土，再用得到的胆水浸铜。这两种工艺各有其优缺点，如游经所说：古坑有水处为胆水，无水处为胆土。胆水浸铜，工少利多，其水有限；胆土煎铜，工多利少，其土无穷。妥善的措置当然是因地制宜，两种工艺兼用并举，宋代胆铜场是这样配置的，《大冶赋》也是将这两种工艺分别阐述的。从技术内容来说，《大冶赋》和《宋会要辑稿》等文献所载大体相同，可互为补充。而在工艺流程方面，《大冶赋》的记述更为系统和完备，其中有一些是其他文献所未载或不够充实的，诸如：

——用目测、味测来鉴别胆水质量（"青涩苦以居上""赤间白以为贵"等）。

——详细叙述了由陂沼、沟隧、槽闸构成的胆水蓄积、输运和调节的水道系统。

——用废弃的铁容器（釜、锅等类）砸成碎片供浸铜之用，亦即其他文献所谓的"锅铁"，置换得到的"赤煤"是用席片来收集的。

——淋铜用的胆土，挖出后须经"掩积"，时间愈长，反应愈完全，效果愈好，这是符合现代水法炼铜的工艺原理的。

——浸淋所得胆水（铻液）须用砖槽、竹筛过滤，并分别其浓淡清浊而确定相应工艺措施（如浸泡日期等）。

水法炼铜和火法炼铜是铜冶金学的两大分支，水法炼铜的产量至今仍占世界铜产量的15%～20%。中国最早发明水法炼铜并成功地实施规模生产，实为不争之事实。《大冶赋》则是最早系统记述这一重要发明及其工艺细节的主要文献之一。

六、铸钱工艺

宋代商品经济发达，钱币需要量很大，经常出现流通手段匮乏的现象。据此，官府非常重视钱币铸造，矿冶业所出产的铜、铅、锡主要用于铸钱业，这就大大促进了这几种有色金属的开采和冶炼。以铜为例，唐宣宗（847—859）时，铜课为 65.5 万斤，宋英宗（1064—1067）时激增至690 余万斤，神宗元丰元年（1078）更激增至 1400 余万斤，二百多年间增长 20 倍有余。唐代于诸道置铸钱炉 9 座，每年铸钱 32.7 万贯，而宋代太宗至道年间（995—997）年铸钱额已达 80 万贯，真宗景德年间（1004—1007）增至 180 余万贯，到神宗时年铸铜钱 500 余万贯，铁钱 88 余万贯，比盛唐时期增长 17 倍，铸钱监增至 30 多处，遍布全国，尤以东南地区为众。这就是为什么《大冶赋》特别注重铸钱及币政，声称"出智创物，重在泉币"，在赋中作者还评述了历代铸币场所、币别和币政得失的缘故。

《大冶赋》于铸钱工艺记述甚详，其中最重要的是关于用砂模（砂型）铸钱的那段文字："液爰泻于兜杓，匣遂明于模印。"按中国古代钱币制作从商代铜贝迄至清代，除清末引入西方模锻法用以制作铜元外，在长达三千余年间，始终以铸造为钱币成形的唯一手段。这是中国钱币制作区别于西方的最大特点，也是其优点。其工艺方法的演变大体经历四个阶段：从晚商到汉初，多种工艺并存并渐趋统一；西汉多用铜范或铜范和泥范配合使用；王莽改制，所铸钱币精品多用叠铸，自此至魏晋南北朝叠铸一直是最重要的工艺手段；六朝以后，不再出现石范、陶范、铜范、铁范等直接用以浇铸钱币的铸型遗物，相反地，却有多种钱样，如祖钱、母钱和样钱存世。这说明铸钱工艺从隋唐起发生了重大变化。经众多学者研究，现已可确认这一新的工艺即是如《天工开物》所载用母钱翻制砂质铸型，再用铜水注入砂型（宋张世南《游宦纪闻》称作"沙模"）成形，可简称为"沙模法"，"匣"即铸型。《菽园杂记》卷十四记铜锭铸造说："铺细砂，以木印雕字，作'处州某处铜'，印于砂上。旋以砂瓮印，刺铜汁入砂匣，即是铜砖。"据此，砂匣是沙模。"匣遂明于模印"正与之相吻合，是为"沙模法"铸钱无疑，从而为该时期所用常规铸钱工艺的确证，增添了一条非常有说服力的论据。《宋会要辑稿·食货三四》记臣僚言"上炉匣成铜"，匣转意作动词用，亦可作佐证。

这段文字还叙述了铸钱物料的鉴别（"铸钱使考其会，辨铜令第其品")、洪炉熔炼、兜杓浇注、手掰木贯、丝网擦拭、糠屑摩错等一系列工序。其中尤以"磋之以风车之辐轧，辘之以水轮之砰隐"句，生动地描绘了用风力机械和水力机械磋磨、淘洗坯钱，以代替繁重的人力操作的场景，为我们研究机械史和钱币史提供了新的史料，并可与日本大正三年（1914）刊行的《铸钱图解》在木桶中淘洗坯钱，复置臼中踩踏的记载相比照。

七、矿冶源流和机构设置

《大冶赋》依次叙述了从燧人氏、少昊氏始到唐宋时代的矿冶源流。其间尽管有采自古籍传闻、不尽符合史实之处（如说铸钱始自"燧昊"），但也透露了某些重要史迹，如前述夏商鼓铸要地"庄历"，如果推测属实，可作为中条山铜矿区及其迤西地带迄至陕西泾渭流域早期采铜炼铜的佐证，这对于进一步明了上古冶铜术在中国的发生和传播是有重要意义的。同时，这些记述代表了该时代人们对更早时期矿冶发展的看法，也具有一定的研究和参考价值。

《大冶赋》所说"伏羲以来铜山四百六十有七"源自《管子·地数》，所列举的宋代钱监冶场多处都有确定依据，可从有关文献得到印证。

宋代矿冶机构有监、务、场、坑、冶等名目，管理体制较前期为完善。其中，监为主监官驻在地，凡铸钱之所都置监；务为矿课管理机构；场为采矿所在；坑为矿坑，每场之下管辖有若干矿坑；置监之处必有冶，设务之处多有坑。总的来说，采矿、冶场总是联营的，所得产物则多运往钱监或其他冶铸所供应用。宋代矿冶场所及钱监之众之广，远胜于唐代，并相当集中地分布于东南地区，即《大冶赋》所说"而万宝毕萃，莫东南之与匹"。在技术水平上，南方也高于北方，如《宋史·食货志》所载，哲宗绍圣元年（1094）蔡京奏称："商虢间苗脉多，陕民不习烹采，久废不发。请募南方善工诣陕西经画，择地兴冶"，即是明证。这是从一个侧面表明唐宋以来经济重心以及人才、技术的转移。而铜锡之盛产于荆扬吴越地区，自《禹贡》以降在众多古籍中即有明示，后人不察，常以商周铜料出处为一大疑案。至近年随着长江中下游众多先秦矿冶遗址被发掘、研究，才得到共识。而这一点，在《大冶赋》中是同样有明确记载的。

八、科学技术思想

中国古代对于金属属性、其形成和变化有着非常独特和精彩的论述。

《淮南子》有关银、铅递变的记述，是人们所熟知的。《造化指南》说："铜得紫阳之气而生绿，绿二百年而生石绿，铜始生其中焉。曾、空二青，则石绿之得道者，均谓之矿。又二百年得青阳之气，化为锡（tōu）石。"这里所说的演化程序虽有颠倒，实际的自然过程应是从黄铜矿（锡石）经氧化生成蓝铜矿、孔雀石（"曾、空二青"和"石绿"），但这种金属和金属硫化物、氧化物之间可以转换的观念，却是十分卓越和值得重视的。中国古人认为金属在自然界并非一成不变，而是有其孕育、变易的种种历程的。这种认识暗合于现代金属学所揭示的金属及其化合物的自然递变现象，并已为早期青铜铸件中纯铜晶粒析出等现象所证实。自然界中充满着物质的迁移、流动，包括金属矿床的形成。《大冶赋》说："铜奔牛而流魄，银走鹿而储精"，正是表达了对这种动态的理解，而这种理解是肇自先秦以来具有指导意义的"气"和阴阳五行学说的。

附录三

我国冶金技术的历史沿革与代表作品

从远古到近现代，我国冶金技术的发展大致经历了以下十一个阶段，这些发展阶段与我国社会文明的发展进程是一致的。

一、仰韶文化—龙山文化时期。这是我国古代冶金技术的萌芽时期，在考古学上相当于新石器时代中晚期。由于技术的限制，这个时期金属的使用量很少，且主要分布在黄河流域。器形也较为简单，多为小型的日用品和简单的生产工具，而且多为素面，即使有纹饰也是非常简单的；锻件比例较大，铸件多为单合范和双合范，唯陶寺铃形器使用了两块外范和一块内芯，这表明金属冶铸技术已经产生，并逐步发展起来了。

二、夏—商初。这是我国青铜时代早期，在考古学上与二里头文化（前2080—前1580）、夏家店文化（前1890—前1695）、岳石文化（前1890—前1670）、四坝文化（前1770—前1630）等大致相当。其主要特点是：①铜器出土的种类和数量都明显增多，有容器、乐器、兵刃器和生产工具等；②成型技术和器形逐渐复杂，有锻件有铸件，但以铸件为多，且纹饰较为讲究；③合金成分发生了明显变化，以锡为主要合金元素的 Cu（铜）—Sn（锡）—Pb（铅）三元素合金配比开始出现；④金银器的加工技术开始出现，如火烧沟文化。

三、商代中期—西周。这是人类历史上最为辉煌灿烂的青铜时代，以礼器、乐器为中心的王室青铜技术达到了鼎盛阶段。铸造在青铜成型工艺中占主导地位，铸造技术变得既复杂又精巧，出现了一范多器、一器多片范、一器多次分铸的工艺，泥型铸造技术得到了最为充分的发展，金属复合材料的技术也已经发明。此时，我国南北都出现了不少大型采矿工场或冶铸作坊，在南方主要有湖北大冶铜绿山矿场（商代晚期—西汉）、江西瑞昌采矿场（商代中期）、皖南矿冶场（西周—唐）、江西吴城铸铜作坊（商代中期）。中原北方有郑州铸铜作坊（商代中期）、洛阳北窑铸铜作坊（西周早期）、安阳小屯铸铜作坊（商代晚期）等。从文献的记载来看，商周或更早，中原北方使用的铜料大部分是由南方生产的。

四、春秋—战国。这是青铜器和铁器交替的时代，以礼器、乐器为中心的王室之器开始衰退，诸侯之器得到了充分发展，多种青铜技术更加精湛与成熟，合金技术发展到了成熟阶段，并总结出了世界上最早的合金配比规律——"六齐"。叠铸法、失蜡法、金属范等技术均已出现，生铁技术率先在中原地区兴起并发展。战国中晚期，铁器在农业和手工业中取代青铜器占据了主导地位，淬火技术已经出现。

五、秦汉时期。这是我国古代钢铁技术全面发展的阶段，兴建了许多冶铁作坊，建造了许多大型的冶炼和铸造竖炉，使用了水力鼓风，出现了白口铁、麻口铁、灰口铁、球墨可锻铸铁和铸铁脱碳钢，发明了百炼钢，我国古代钢铁时代完全确立。青铜的主要用途已经转移到铸造铜镜、铜钱和其他日用品方面。日常生活中已经开始用煤。

六、魏晋南北朝。这是我国冶铸行业乃至整个手工行业备受摧残的时期，但各项工艺技术还是在不断进步，锻件农具取代了铸件农具，开始了对淬火剂的选择，发明了油淬和尿淬技术，花纹钢工艺进入繁盛阶段，出现了用煤冶铁的记载。

七、隋唐五代。这是金属冶铸技术的平稳发展时期，钢铁的产量和消耗都很大，但技术上鲜有创新。胆水炼铜法开始应用于生产，失蜡法铸造开始见于记载，全国各地铸造了很多大型铸件，如蒲津铁牛和铁人、沧州铁狮子以及南方的大型铁塔等。

八、宋辽金元。这个时期，多种冶炼和加工工艺都有了进步，北宋时期的高炉炉型更加合理，使用活门式木扇鼓风，灌钢、百炼钢工艺技术有了很大的提高。

九、明代。这是古代冶金技术的集大成阶段。金属生产的产量和质量都有了很大提升。在炼铁方面发明了焦炭冶炼，使用活塞式风箱和萤石稀释剂，在炼钢方面发明了串联式炼铁炉。金属熔铸方面的技术也有了进一步的发展，泥型、砂型和熔模铸造工艺都有了提高，创造了生铁淋口的化学热处理工艺。

十、清代早中期。总体上属于传统冶铸工艺技术的衰退时期，其中比较令人注目的成就有：广东佛山等部分冶铸场所使用机车为炼炉装料，坩埚冶铁技术进一步推广开来，灌钢工艺演变为苏钢工艺，云南等地出现了白铜炼场。

十一、清代晚期—民国。这是我国近代冶铸技术逐渐确立的阶段。随着西方矿冶和金属加工技术的传入，清政府开始发展枪炮业和船舶修造业。19世纪80年代中期后，大规模引进西方近代金属冶铸和加工装置，如转炉、轧机等先进机械，从而开启了我国近代钢铁工业的历史。直到20世纪40年代，近代矿冶技术的基本体系已经在我国确立。

中国古代冶金技艺的代表作品主要有以下这些：

（1）后母戊方鼎（附图3.1）。该方鼎于1939年在河南安阳出土，原称"司母戊鼎"，2011年3月国家文物局改订。商周两代是我国铸造和使用青铜器的鼎盛时期，后母戊方鼎的形体之大、造型之精，世所罕见。它重832.84公斤，连耳高133厘米，口长112厘米、宽79.2厘米，壁厚6厘米，立耳，长方形腹，四柱足空，所有花纹均以云雷纹为底。内有铭文"后母戊"，即表达"父天后母"之意，符合"皇天后土"之规，是商王祖庚或祖甲为祭祀其母戊所制，是商周时期青铜文化的代表作，现藏于中国国家博物馆。

附图 3.1　后母戊方鼎及内壁铭文

资料来源：《后母戊鼎》，https://baike.so.com/doc/5682955-5895633.html。

耳外廓饰有一对虎纹，虎口相向，中有一人头像，耳侧缘饰鱼纹。鼎腹四隅皆饰扉棱，以扉棱为中心，有三组兽面纹，上端为牛首纹，下端为饕餮纹，足部饰兽面纹，下有三道弦纹。后母戊鼎是我国商代青铜器的代表作，用泥范分铸法将鼎耳与鼎体铸接一体，其化学成分：铜84.77%，锡11.64%，铅2.79%，其他0.8%，是我国迄今发现的时代最早、最重的铜方鼎，标志着商代锡铅青铜器铸造技术的水平。

（2）四羊方尊（附图3.2）。商晚期酒器，1938年在湖南宁乡县出土，是我国现存最大的商代青铜方尊，高58.3厘米，上部尊口边长52.4厘米，重约34.5公斤。在商代的青铜方尊中，此器形体的端庄典雅是无与伦比的。最突出的是尊的腹部四角铸有四只大卷角羊，其形象在宁静中有威严感。羊背和胸部饰有鳞纹，前腿为长冠鸟，圈足上饰有夔纹。

方尊的边角及每一面中心线的合型处都是长棱脊，其作用是以此来掩盖合范时可能产生的对合不正，同时也增强了造型的气势。肩部的龙及羊

附图3.2　四羊方尊

资料来源：《四羊方尊勾践剑不得出境展览》，http://news.163.com/13/0822/10/
96SGTPDI00014AED.html。

的卷角都用分铸法做成，羊角是事先铸成后配置在羊头的泥型内，再合型
浇注，与尊体铸接一体的。整个器物用块范法浇铸，一气呵成，鬼斧神
工，显示了高超的铸造水平，被史学界称为"臻于极致的青铜典范"，位
列十大传世国宝之一，是我国最早的精美艺术铸件。

（3）曾侯乙尊盘（附图3.3）。尊是古代的一种盛酒器，盘则是水器。

附图3.3　尊盘

资料来源：海冰：《稀世珍宝曾侯乙尊盘为何难复制》，http://collection.sina.com.cn/yjjj/
2018-08-03/doc-ihhehtqh1960335.shtml。

曾侯乙尊盘于1978年在湖北随县出土，造型秀美，玲珑剔透，铸造精良，达到了中国古代青铜铸造技术之极致。尊高33.1厘米，口径25厘米，重9公斤，尊体敞口、长颈、鼓腹、高圈足。腹外4条蟠龙，龙头反顾，长舌弯曲，生动逼真。口沿及圈足透空纹饰，曲折盘绕。盘高24厘米，口径57.6厘米，重19.2公斤，透空纹饰，错落相间。

尊、盘两件成一套，极其别致。尊敞口，呈喇叭状，宽厚的外沿翻折、下垂。盘直壁平底，与尊口风格相同。这件尊盘的惊人之处在于其鬼斧神工的透空装饰。装饰表层彼此独立，互不相连，由内层铜梗支撑；内层铜梗又分层联结，参差错落，玲珑剔透。以陶范法、失蜡法并用，浑铸、分铸、焊铸等多种方法娴熟运用。如尊体为对开分型，陶范浑铸制成；腹外四条蟠龙用失蜡法预先铸好，安置在腹外预留的位置上，浇铸铅锡合金焊铸一体；口沿及圈足上错落三层的镂空纹饰也是预先用失蜡法铸成，再与尊体铸接一体；弯曲的龙舌是单独铸好，插入龙口焊接定位。

（4）大型铜编钟（附图3.4）。1979年在湖北随县曾侯乙墓出土的编钟震动了中外音乐界。该墓出土的青铜编钟共65件，由甬钟、钮钟、镈钟组成，总重量达2567公斤，加上铜人立柱、横梁、吊钩等245个构件组合的钟架总重达4700公斤。整套编钟气势磅礴，雄伟壮观，雄居古编钟之首。

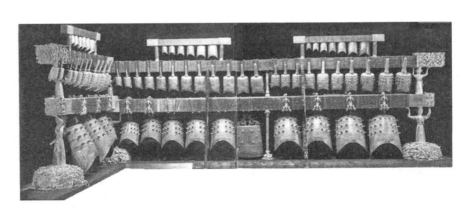

附图3.4　铜编钟

资料来源：湖北省博物馆，申小红拍摄，2014年11月。

编钟声音洪亮，音质完美，音阶与现代C大调七音阶同列，十二律半音齐备，可旋宫转调，能演奏复杂的古典和现代乐曲。出土时，编钟依大小和音高为序，编成8组悬挂在三层钟架上。钟架长7.48米、宽3.35米、高2.73米。编钟材质为锡青铜，含锡12.49%～14.46%，铜77.54%～85.18%，铅3%左右。先秦《考工记·六齐》记载了六种不同用途的合金配比："六分其金而锡居其一，谓之钟鼎之齐"。"金"指铜或铜锡合金，因此，钟的含锡量约在16.6%或14.3%，这样的铜合金性能强度、塑性适中，使钟声清脆、洪亮，加入少量铅，产生阻尼作用，有利于声音衰减，适于演奏。

古人为什么用铜编钟敲奏音乐，而不用铁钟呢？沈括在《梦溪笔谈》中说："铁性易缩，时加磨莹，铁愈薄而声愈下。乐器须以金石为准"，这里的金即指铜。我们所见的编钟，仔细观察一下都是扁的，而不是圆的，这是什么道理呢？沈括在《梦溪笔谈》中也有论述："盖钟圆则声长，扁则声短。声短则节，声长则曲，节短处声皆相乱，不成音律"，因此乐钟都是扁的，圆钟是无法演奏的。在我国，除了清乾隆五十五年（1790）造了16个铜铸的乐钟是圆的之外，其他都是扁的。不过这些圆乐钟不是用来演奏的，只是作定音用。材质的化学成分对编钟音响效果也是有影响的，这就要求控制合金的成分。一般认为编钟是采用复合泥型铸造的，先塑泥样，再翻制铸型烘干，放入泥芯后浇注而成。

（5）铜奔马和铜车马仪仗（附图3.5）。1969年在甘肃武威出土，现藏甘肃省博物馆。铜车马仪仗队共有99件文物，其中手持矛、戈、戟、钺等兵器的铜武士俑17件，各种铜奴婢俑38件，铜马39匹，铜车14辆，铜牛一头。车辆有斧车、轺车、辇车及牛车等，每一辆车马及鞍辔等都由十数个分别制造的部件组成，可装可卸，活动自如。数十匹铜马或昂首嘶鸣，或跳跃奔腾，雄健活泼，栩栩如生。看着这套生动雄伟的铜车马仪仗俑，人们感觉仿佛它们就是从著名的东汉画像石中走下来的，是大量出土的东汉画像石中"车骑出行图"的立体再现。

附图3.5　铜车马仪仗队、铜奔马

资料来源：走走停停：《再访兰州（1）：马踏飞燕·铜车马仪仗队·魏晋墓室壁画》，http://blog.sina.com.cn/s/blog_41345d5c0100xl0p.html，2011年9月14日。

铜奔马，即"马超龙雀"（以往俗称"马踏飞燕"），其制造合乎力学原理，制作者很好地解决了支撑点、重心、平衡和抗阻力等科技问题。首先，要塑造出立体的奔马形象，至少必须有二三条腿腾空。但马的躯体长且大，腿却细长，一条腿能站稳吗？这是一定要解决的问题。制作者用一只展开双翅、有着长宽尾巴的飞鸟作为马蹄的支撑点，通过它使马蹄的着地面积增大了很多倍，这样就使马能站立不倒。同时，飞鸟位于奔马腹下前部，马蹄在鸟背上，恰是奔马的重心所在，增加了稳定程度。马的前右腿和后左腿分别向前后伸直，另外两条腿则同时向腹中心收缩，以保持躯体平衡。其次，马的躯体溜圆，可减轻风的阻力，给人以飞速奔跑的感觉。

铜车马仪仗队和铜奔马均采用失蜡型铸造并铸接而成。

（6）"见日之光"铜镜（附图3.6）。上海博物馆所藏西汉"见日之光"铜镜，当镜面在阳光照射下，镜背铭文"见日之光天下大明"八字，可清晰反射到墙上。这种神奇的现象，古人已有发现。隋末唐初王度著《古镜记》："承日照之，则背上文画，墨入影内，纤毫无失。"

附图3.6　"见日之光"铜镜

资料来源：《典藏·金石·青铜·"见日之光"铜镜》，http://www.shanghaimuseum.net/museum/frontend/collection/collection-list.action? cpHighClassTypeCode = CP_HIGH_CLASS_TYP。

宋代沈括《梦溪笔谈》："世有透光鉴，鉴背有铭文，凡二十字，字极古，未能读。以鉴承日光。则背文及二十字皆透在屋壁上，了了分明。"关于透光镜的原理，沈括写道："人有原其理，以为铸时薄处先冷，唯背文上差厚后冷而铜缩多。文虽在背，而鉴面隐然有迹，所以于光中现。予观之，理诚如是。"这就是说铸造时由于镜子背面的文字造成镜体的薄厚不同，因而冷却速度不同，形成镜面"隐然有迹"，光照在镜面时，背面的文字影现在墙壁上。清代郑复光《镜镜诊痴》发展了沈括的镜面"隐然有迹"的假说，提出所谓"迹"是镜面上凹凸不平，在阳光下就会"平处发为大光，其小有不平处光或他向，故见为花纹也"。

1982年上海复旦大学、上海交通大学与上海博物馆研究证实"透光"现象是由于铸造残余应力，使镜面上厚薄不同之处的曲率不同，薄处凸起散光，形成暗点，厚处凹下聚光，形成亮点。现存的西汉"透光"镜有共同的特点：镜体周围有阔而厚的边，镜体最薄处仅0.5～0.9毫米，镜背仅有凸起的环向分布的纹饰，镜面微凸。由于这些特点，铸造产生的残余应力，以及磨镜过程发生的弹性变形，使铜镜形成具有曲率差异的全凸镜面，出现了"透光"效应。西汉"透光"镜早于日本魔镜1600年，其透光原理是不同的。

（7）沧州铁狮子（附图3.7至附图3.9）。中国五代后周大型铁铸件，在今河北省沧州市东南20公里的沧州故城开元寺前，是我国现存铁狮中最大的一件。铁狮身长5.3米、高3.4米、宽3米，重约40吨，采用泥范按照分节叠铸法浇注而成，外面有明显的范块拼接痕迹，有的范块上还可以找到浇注时留下的气孔。狮身铸有"狮子王"字样，背驮莲盆，前胸及臀部饰璎珞束带，发鬖曲呈波浪形，形态威武，呈奔走状。1994年以来，由于体量宏大，再加上锈蚀，铁狮子的四肢时不时地就会出现新的裂痕，导致其疏松断裂，情况也日益严重。为了防止其倒塌，还不得不人为地加装支架才能使其站立。如今的铁狮子是2010年重新铸造的，体积是原来的1.32倍。

附图3.7 沧州铁狮子，民间称之为"镇海吼"

资料来源：竹香榭士：《国家重点文物保护单位——沧州铁狮子》：http://blog.sina.com.cn/s/blog_60a9fa890102x5cl.html，2017年11月22日。

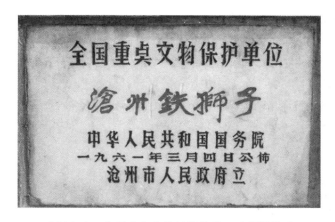

附图3.8　全国重点文物保护单位：沧州铁狮子

资料来源：天翔－128：《20120715沧州铁狮子》，http://blog.sina.com.cn/s/blog_512f6d69010187et.html，2012年9月8日。

附图3.9　重新铸造的铁狮子

资料来源：《民俗与纪实·沧州铁狮子广场》，http://itbbs.pconline.com.cn/dc/15982744.html，2012年11月6日。

铁狮周身有纵横披缝，表明是用25厘米×45厘米的长方形泥范拼合成形。粗略统计共用400多块泥范，背上莲花盆用65块泥范组合。工艺过程大致是：先塑好铁狮泥模型，在泥模外糊泥翻制外范，再将外范切割成25厘米×45厘米的范块，逐层逐块取下，全套外范编号排序设榫卯，将铁狮泥模型刮去一层，其厚度相当于铁狮壁厚，留下的泥模即为狮内范。用圆头铁钉确定铁狮厚度，并支撑外范，从下自上拼合外范，至腹部时，开始明浇式浇注，边浇边合上铸型，至狮颈部时，将莲花盆和狮头全部合范，在头顶设浇口，盆口沿上开冒口，顶注式浇注完成。制作型腔的面料是经过研磨、筛选或淘洗的细泥，以保证铸件的表面质量。

（8）永乐大铜钟（附图 3.10）。现存北京的明永乐年铸大铜钟有两口，其一在北京钟楼，通高 5.5 米，下口径 3.4 米，重 63 吨；其二在北京大钟寺，通高 6.75 米，下口径 3.3 米，重 46.5 吨。前者含锡 15.99%，后者含锡 16.4%，都采用陶范法铸造。铸钟年代、钟形、铸造方法及合金成分均相似。前者重量第一，后者精美绝伦，可谓姐妹钟，皆是中国古代铜钟铸造之杰作，至今已有 500 多年的历史了。

北京钟楼大铜钟　　　　　　　　　　北京大钟寺铜钟

附图 3.10　永乐大铜钟

资料来源：（左）京西走马的博客：《钟楼的大铜钟与钟楼》，2015 年 2 月 5 日，http://blog. sina. com. cn/s/blog_8273021f0102vk6q. html；（右）心清迹然：《北京大钟寺古钟博物馆（二、永乐大钟）》，http://blog. sina. com. cn/s/blog_9146a63d010119h0. html，2012 年 2 月 29 日。

大钟寺大钟内外铸满佛经经文，其中汉文 225939 字，梵文 4245 字，总计 230184 字；汉字 1.5 厘米见方，梵文 2 厘米×2.5 厘米。字迹端正，雄健有力，相传是明代书法家沈度所写。钟体外有圈形范缝，钟体为圈形外范套合组成。钟顶内看到四块圆形突块，表明钟钮四爪是先铸好后，再嵌入钟顶部范内，用分铸法铸接一体。大钟的力学结构也令人拍案叫绝，大钟悬挂在主梁上，仅靠一根长 140 毫米、宽 65 毫米的铜穿钉，承受着 40 多吨重的剪切力。从雍正十一年（1733）移至大钟寺，大钟在此悬挂了 280 多年，仍岿然不动；大钟自问世至今也有近 600 年的历史。

大钟的铸造工艺也非常高超，它是采用了地坑造型表面泥型的铸造方法，使钟体一铸而成，而且庞大的钟体上竟没有发现一个砂眼。明宋应星《天工开物·冶铸》提到："凡造万钧钟……掘坑深丈几尺"，又提到"凡火铜至万钧，非手足所能驱使。四面筑炉。四面泥作槽道，其道上口承接炉中，下口斜低以就钟鼎入铜孔"。采用地坑造型和群炉浇注的方法，保证了大钟的顺利铸成。

　　总的来说，中国古代的铸造技术凝聚了一代代中华儿女的集体智慧，铸造工艺精湛，铸造经验丰富，既有实用性，又闪烁着艺术美，不仅体现了中华民族优秀传统文化的精髓，还具有独特的工艺水准，展现了铸造工作者的聪明才智。古代优秀的铸造工艺在世界的铸造史上闪耀着光辉，也激励着我们今天的铸造工作者吸收古代的铸造技术思想和设计方法，对铸造工程技术加以创新，把传统的铸造技术发扬光大。①

---

① 以上部分文字参阅聂小武：《中国古代的主要铸造技术》，第 53～54 页。

附录四

元代铜壶滴漏：佛山冶铸工匠的杰作

从古代人们利用日、月、星辰等天体的运行规律来判断时间，到近代西方自鸣钟的传入之前，我国人民创造使用过许多计时工具。最初是用"立竿见影"的办法计时，进而创造"圭表""日晷"。"圭表"是利用太阳光照射其上所投射的影子的变化指示出一年中二十四气节的变化，"日晷"则指示一天的时间变化。由于这种办法不能用于阴天和夜间，有很大的局限性，约到战国时期（前475—前221）又出现了新的计时器——滴漏（或刻漏、更漏、规漏）。滴漏是利用水的浮力，以及具有一定的水位差、一定横断面积的出水口，在相等的时间内，流出的水量恒等的原理。这是大量生产实践经验的总结。滴漏也叫漏壶，其起源传说在上古黄帝时期，《隋书·天文志》说："黄帝创观漏水，制器取则，以分昼夜。"《初学记》引梁《漏刻经》说："漏刻之作，盖肇于轩辕之时，宜乎夏商之代。"此说不免过早，亦不可靠。但战国时期所作的《周礼》已有"挈壶氏"的载记，道："掌挈壶以令军井，……凡丧，县（悬）壶以代哭者，皆以水火守之，分以日夜。"即当时宫室里有掌管漏壶以计时辰的专职人员。可见我国很早就发明和掌握了滴漏这种计时器。此后历代记载不绝。

漏壶的形制也经历了从简单到复杂的演变。最原始的漏壶，是泄水式单壶，壶中装置带有箭舟的"沉箭"，上刻时辰，壶盖正中有长方孔，以便漏箭上下移动，壶水从壶身下侧流管滴出。水漏，则舟降箭沉，从壶顶的标梁即可观测到箭头所指的时刻。另一种漏壶与泄水式相反，为受水式计时，称为"上水漏壶"或"多壶式漏壶"，它是用底部无孔的容器——受水壶承接上部有孔容器中漏下的水，壶中装置"浮箭"，通过水的浮力，"浮箭"随之上升而计量时刻。"沉箭"和"浮箭"一般是刻十二时辰，每时辰四刻，"时刻"一词即源于漏壶的刻度。为了确定滴水流速快慢，检验漏刻是否正确，通常是用日晷的刻度较准的。

漏壶的构造，历代不尽相同，壶数少则三个，多则五个，壶的方圆大小各代有异，各壶的名称也不一样。据《大清会典》所载壶制，通常上边有播水壶三个，口呈方形，最高的一个叫日天壶，上口每边宽一尺九寸；底下每边宽一尺三寸，深一尺七寸。注入的水要常使清满。其次的一个叫夜天壶，再次的一个叫平水壶。以上三个壶，从上到下，各边的宽和深都依次递减一寸。在平水壶下边稍后一点有一个分水壶，其大小与平水壶一致。最下面一个圆筒形的叫受水壶，直径一尺四寸，高三尺一寸，放在架前地平上。每个壶都有盖。三个播水壶前端近底边的地方都设有一个开口，依次流漏到受水壶。平水壶后端近上边的地方开一个口，水多了就泄到分水壶去，使平水壶内的水面始终保持恒定。这是漏壶构造上最重要的一点，因为这样，当它下边出口的横断面积一定时，它在一定的时间内流到受水壶的水量才能保持一定，所谓"以平其水而均其漏"，运用这一原理以得到等时性。

由上而下，每壶的容量递减，以便使平水壶的水量能盈满，这也是紧要的一点。受水壶上边安装一个铜人，使漏箭能经过它的怀抱中上下滑动。漏箭一般长三尺一寸，上刻时辰，上起午正，下尽午初。下端安装一个铜鼓形的空箭舟，水涨舟浮，箭随上升，以表出"时"和"刻"。当水满了以后，可泄到水池，箭又下落。也有在受水壶上边立装一个时刻标尺，在浮箭上安装一个小木人，以手指着标尺上的时刻。根据浮箭上浮的程度，小木人的手指示以时刻，原理完全相同。

作为古代的计时仪器，漏刻延续了很长时间。根据古籍文字记载及留存实物，漏刻发展到宋代，无论从它的引用层次、应用地域，以及制作技术，都达到了一个相当的高度。

世易时移，陵谷沧桑，上述诸种计时器绝大多数已湮没无存，惋惜之余，值得庆幸的是今广州博物馆还藏有一件我国现存最大最完整的漏壶——元代铜壶滴漏（附图 4.1）。该铜壶滴漏铸造于元延祐三年（1316），工匠是佛山南海的冼运行、杜子盛，距今已有 700 年。它由大小不等四个铜壶组成。第一壶名"日天壶"（又称日壶），高 75.5 厘米，口径外沿 74 厘米、内沿 68.2 厘米，底径 60 厘米，容量 217 公升。第二壶名"夜天壶"（又称月壶），高 58.5 厘米，口径外沿 59.5 厘米、内沿 54.5 厘米，底径 53 厘米，容量 117 公升。第三壶名"平水壶"（又称星壶），高 55.4 厘米，口径外沿 51 厘米、内沿 44 厘米，容量 63 公升。第四壶名"受水壶"（又称箭壶），高 75 厘米，口径外沿 38.5 厘米、内沿 32 厘米，底径 31 厘米，容量 49 公升。四壶依次安放于阶梯式座架之上，通高 2.64米。各壶皆有铜盖，第一、二、三壶下端均装有龙头、龙口滴水，依次滴注储入受水壶中。受水壶的铜盖中央，插铜尺一把，长 66.5 厘米，尺上刻有十二时辰，自下而上为子至亥时。铜尺前插放一木制浮箭，下为浮舟，随着水位提高而逐渐浮升，显示时刻。壶身饰铸云纹及北斗七星。

除日、月、星、箭四个铜壶之外，特别的是还有一个龟蛇合体的玄武

附图4.1　元代铜壶滴漏复制品，只有铜铸玄武（龟蛇）为原件，其余原件真品
藏于中国国家博物馆

资料来源：广州博物馆官微，2014年12月24日。

形铜盖（附图4.2）。玄武，又称真武大帝、玄天上帝、北帝，司水之神，在中国南方尤受崇拜，将其置于漏壶之上，得其所宜。

附图4.2　元代铜壶滴漏上的铜铸玄武（龟蛇）和铜箭

资料来源：广州博物馆官微，2014年12月24日。

"日天壶"之外侧铸有铭文，上列当时广州各级官员、工匠 20 人，及铸造时间，这固然是上古器物制作"物勒工名"的遗绪，也可见官府对此事此物的重视。铭文中有"阴阳提领"一职，说明当时署衙里专设有管理监测天文时刻的人员。

该铜壶滴漏自元至清末一直置于广州拱北楼（今北京路中段，为广州城最繁华的中心地），用以报时。这比建于 19 世纪中叶英国伦敦的大本钟（Big Ben Bell）早了 500 多年。《广州府志》载："昼漏卯时初一刻（即 5 时 15 分）上水，夜漏酉时一刻（即 17 时 15 分）上水，水加一刻，水与壶平，而昼夜箭刻尽。"又《番禺县续志》载："元延祐铜壶置楼上，司壶吏视漏箭时刻，悬牌楼前，以示授时之义。""省城拱北楼有元延祐铜壶漏，司壶吏合香屑为炷，视漏箭时刻墨画分寸，名曰'时辰香'，以售于人。"

此外，作为羊城一景的拱北楼及铜壶滴漏还是广州竹枝词创作的题材之一。竹枝词源自民谣俚曲，风情婉转，雅俗共赏，不唯可察民风，还可据之征史。广州竹枝词中题写拱北楼及铜壶滴漏的很多，略摘录一二：

观音山畔野花香，拱北楼头夕阳黄。
侬泪拟添铜漏水，为郎长滴到天光。

铜漏滴滴夜无声，炮竹如雷响满城。
贴罢挥春人小醉，卖花听唱到天明。

银花玉蕊烂春城，天醮年年祝火星。
午夜笙歌声沸耳，铜壶滴漏不分明。

春思无端醒睡魔，铜壶漏尽五更过。
红绡和泪知多少，侬比铜壶泪更多。

该铜壶滴漏在广州拱北楼静静地工作了数百年，至清末却颇多遭遇：清咸丰七年（1857），英法联军炮击广州城，拱北楼失火，漏壶为人携去，移置它所；十年（1860），两广总督劳崇光悬赏购得之，其中月壶略有损坏，于是重铸月壶，并于其上铸"大清咸丰十年冬月吉日，两广总督劳崇光重修"铭文，暂置于抚署退思轩。同治三年（1864）重建拱北楼，复置原处。民国八年（1919），广州拆城墙筑马路，拱北楼被拆，漏壶几经迁徙，被置于长堤海珠公园。后又因市政府削海珠填新地，公园建筑物亦经拆卸，"为保护古物，及供市民共览起见"，又在永汉公园（今人民公园）建筑四方仿古亭一座，四周围以短木红栏，中间搭二尺高的平台，并安装水管，以安置铜壶滴漏。民国二十一年（1932），市政府又拨款收购著名画家高剑父居所——原拱北楼旁之废先锋庙，暂时安放铜壶滴漏；民国二十四年（1935）又将铜壶滴漏移置于越秀山上的广州市立博物院。①

当年拱北楼所在的位置就是如今的北京路中段，在现在的北京路上，我们还能看到铜壶滴漏的复制品（附图4.3）。别致的造型和独特的魅力，使它成为无数市民和游客拍照留念的焦点。

附图4.3 广州市北京路上的铜壶滴漏复制品

资料来源：《"铜壶滴漏"不再是摆设，北京路将迎景观升级》，http://news.dayoo.com/guangzhou/201709/13/152263_51776177.htm。

---

① 广州博物馆：《我国现存最大最完整的漏壶——广州元代铜壶滴漏》，https://wx.zx590.com/a/396935/25848499.html。

　　据樊封《南海百咏续编》记载，"明季西人利玛窦，故精于制造仪器者也，欲仿其制，无从着手焉。"明代万历年间，著名的意大利传教士利玛窦来到广州，见到这个铜壶滴漏，曾想复制一个，结果却没有成功。利玛窦是个著名的学者，他精于机械，中国最早的自鸣钟就是他带入中国的。像利玛窦这样的学者、科学家，对他来说都觉得很神秘，想仿制都没有成功，可见该铜壶滴漏是比较复杂的。

　　铜壶滴漏是古代广州人用以计时的工具，在近代机械钟表进入广州百姓生活以前，广州人主要就是依靠它所提供的时间，安排婚、葬、祭祀等重要活动的。据说，铜壶滴漏一天的误差约为10分钟。同时，铜壶滴漏也是古代广州城市的一道风景，成为文人墨客争相题咏的对象。此外，由于铜壶滴漏长滴不绝，也被广州人作为长相思念的象征。

　　斗转星移，如今的铜壶滴漏早已脱离广州人的日常生活，成为广州千年古城文明的见证。但透过它，我们依然可以看到几百年前广州人生活的一角，而它身上留下的不少谜，也等待我们进一步去发掘、探索。如这套铜壶滴漏的壶身都呈平截头圆锥体，与中国传统漏刻方形的器型不同，却与古代埃及漏壶的外形很相似。考虑到元代疆域辽阔，中外交流繁盛，当年这套壶在制作工艺上有没有受到西方的影响呢？这些，都值得我们去探讨……

附：元代铜壶滴漏搬迁历程

　　1316年，冼运行等广州工匠铸造，自元到清末一直置于广州拱北楼（今北京路中段），用以报时。

　　1857年，英法联军炮击广州城，拱北楼失火，铜壶滴漏被窃。

　　1860年，两广总督重金购回后置于抚署退思轩。

　　1864年，拱北楼重建，复置原处。

　　1919年，广州拆城墙筑马路，拱北楼被拆，漏壶辗移置长堤海珠公园。后又移置永汉公园（今人民公园）。

　　1932年，移置著名画家高剑父居所（原拱北楼旁的先锋庙），后又移置于动物公园（今南越宫署遗址内）。

　　1935年，移置广州市立博物院（今广州博物馆），供市民观览。

　　1957年，元代铜壶滴漏作为地方代表性文物调往北京中国国家博物馆。

　　现广州博物馆所展四个铜壶为复制品，玄武铜雕为原件。

附录五

佛山冶铸工艺与《天工开物》的关系

　　宋应星（1587—?），字长庚，江西奉新县人。明崇祯七年（1634）任江西分宜县学教谕，著有《天工开物》一书。他是否去过广东佛山，史无记载。但其胞兄宋应升于崇祯三年（1630）曾任广州知府。明洪武元年（1368）置广州府，领州一、县十五，治南海，佛山为南海一乡。故宋应星虽未到过佛山，关于佛山的冶铸技术，可能间接得之乃兄。佛山铸造厂工人、干部、技术人员三结合理论小组1975年曾发表《〈天工开物〉和佛山铸造技术的发展》一文指出：铸造模型、造型材料、造型工艺、大炉熔化及铸件修补等四目，与佛山铸造传统技术相吻合，可补佛山五次所修乡志的空白和缺憾。

　　一、铸造模型。按《天工开物》冶铸篇重点讲当时社会上常用的锅（釜）、钟、铜钱的铸造。通过这三种产品，总结了明代三种典型的铸造工艺：用油蜡塑造铸型的失蜡铸造，实体模型铸造，无模铸造（即直接在造型材料上塑出反模，而不用实体模型）。佛山铸造厂三结合小组谈到无模铸造时特别指出，它对制作技术水平的要求极高，所获得铸件的光洁度和准确性也是很好的。由于把这种造型方法应用于薄壳件的铸造上，就要求两半铸型的尺寸造得非常精准，差之毫厘则无用。如果两半铸型贴合后的空腔过大或过小，则会造成铸件厚薄不匀。古代佛山铸造工艺很好地解决了这个问题，除了使用车刀（刮板）造型之外，在300多年前就使用了更为先进的方法，就是利用铸型收缩留出铸型空腔的无模铸造方法，此发明即是独树一格的"红模铸造"，用以制造薄壁铸件。

　　二、造型材料。300多年前的造型材料不但广泛使用了各种泥、砂，还普遍使用了木炭和石灰。《天工开物》冶铸篇在谈到铸型材料的选择时，铜钟模骨"用石灰、三和土筑，不使有丝毫隙拆"，外模用泥以"绝细土与炭末"为之。模骨就是钟的内模。"石灰、三和土"当为石灰三和土（即三合土），就是石灰、细砂、泥三种泥土混合作为内模的造型材料，筑造时要求表面紧密光洁，不能有裂纹。内模要承受大量液态金属冲刷和铸件成型时收缩的压力，就要求有足够的强度，而透气性是次要的。石灰经加水拌和，变成熟石灰即氢氧化钙，化学成分稳定，能使砂、泥黏结在一起，可以避免铸件黏砂，防止液态金属的机械渗透和不利的化学反应。绝细土，是指含有一定量泥土的颗粒很细小的肥砂。炭末，是蒸馏过的木炭末，一般取自木炭化铁炉熄炉后留下的炭核粒，在造型材料里能起耐火和保温作用。在失蜡铸造中，外模刻有复杂细致的花纹图案，要求造型材料颗粒细小。"泥"是指外模的造型材料。铁钟和铁锅采用泥模。镜用糠灰加细砂，糠灰是稻壳燃烧后的灰，即书中的"灰沙"，不是石灰。因稻壳灰透气和保温性能较好。钱用细土和木炭粉。以上四种造型材料有两个特点：①选择很细的粒度；②使用干型，避免孔眼，使铸件表面有较高的光洁度和清晰的外廓。

三、造型工艺。《天工开物·冶铸》篇中关于铸型叙述了三大类：①造钟鼎的失蜡铸造和铸炮、佛像的塑模，采用一模一铸的泥型；②造铁锅的一模多铸的泥模；③铸钱、镜用的砂模。

四、大炉熔化及铸件修补。《天工开物》冶铸篇中记述的都是小土炉，炉腔成釜状或箕状，釜状炉腔的炉子一般是固定的，打开出水口取铁水，取毕用泥塞住再鼓风熔化。箕状炉腔的炉子是能够移动的，也可以抬起来将铁水从箕口泻出。这种炉子易造、灵活，但炉腔的有效容积小，温度不高，也不稳定。如果金属炉里料块过大，一经熔化便直落炉腔底部，没有足够的时间渗碳，使铁水杂质多，氧化成白口铁，造成"铁质未熟"或铸件裂纹较多的缺陷。[①] 解决的办法，除在炉料配比、送风、炉前操作技术等方面注意外，还可以用"废破釜铁熔铸"，因为再生铁一度经提炼，杂质较少，含碳量较高，可以延长炉料渗碳时间，提高铁水质量，铸件的"隙漏"（裂缝）就较少。

《天工开物》初刊于 1637 年（明崇祯十年），是世界上第一部关于农业和手工业生产的综合性著作，是中国古代一部综合性的科学技术著作，有人也称它是一部百科全书式的著作，外国学者称它为"中国 17 世纪的工艺百科全书"。作者在书中强调人类要和自然相协调、人力要与自然力相配合，是中国科技史料中内容最为丰富的一部，它更多地着眼于手工业，从侧面反映了中国明代末年出现资本主义萌芽时期的社会生产力的状况。

《天工开物》冶铸篇中详细论述了我国当时的铸造技术。从作者的自述及其著作内容来看，他是"滇南车马纵贯辽阳，岭徼宦商衡游蓟北"的人物，在写作本书前，作者进行了大量社会调查，而且很可能是到过广东佛山来考察的。作者的哥哥宋应升在 1630 年以后、这本书定稿之前，曾一

---

① 参阅李仲均：《广东佛山镇冶铁业史》，第 68 页。

度出任广州知府。那时佛山镇是全国四大镇之一，榨糖、酿酒、丝织、陶瓷、铸造都有上千年的历史，盛极一时。《冶铸》篇谈到了广东高州的青钱铸造，而由江西往高州，佛山是必经要道。作者在介绍佛像的造型工艺，提到铸型的浇注时认为"故写时为力甚易"，"写"同"泻"，指浇注金属液体，这又是佛山铸造行业几百年来沿用至今的浇注的通用术语。"可见，这本书涉及的内容同佛山有着极为密切的关系。可以肯定的一点是，佛山今天的铸造技术是从这本书所记录的明代铸造技术的基础上发展过来的。"①

---

① 参见佛山铸造厂工人、干部、技术人员三结合理论小组：《〈天工开物〉和佛山铸造技术的发展》，《中山大学学报》（自然科学版）1975 年第 1 期，第 24～31 页。

附录六

佛山冶铸炉行存世器物代表作一览

器物名称	尺寸大小	所用材质	铸造时间	冶铸者/炉行	现存地点	器物图片
光孝寺西铁塔	原七层，现剩三层，残高310厘米	铁	南汉大宝六年（963）	不详	广州光孝寺	
千佛塔	保存完好，共七层，高420厘米	铁	南汉大宝八年（965）	不详	梅州东岩山	
光孝寺东铁塔	保存完好，共七层，高769厘米	铁	南汉大宝十年（967）	不详	广州光孝寺	
铜壶滴漏	通高264厘米	铜	元延祐三年（1316）	工匠洗运行、杜子盛	广州市博物馆	
千僧锅	有锈蚀，高160厘米，口径209厘米	铜、铁	元惠宗至元四年（1338）	不详	韶关曲江南华寺	
北帝大铜像	保存完好，高约304厘米，重约2.5吨	铜	明景泰三年（1452）	不详	佛山市祖庙博物馆	

续表

器物名称	尺寸大小	所用材质	铸造时间	冶铸者/炉行	现存地点	器物图片
北帝小铜像	保存完好，坐姿高约80厘米，重约500斤	铜	明景泰三年（1452）	不详	佛山市祖庙博物馆	
铁韦陀	锈蚀，通高185厘米	铁	明代（具体年份不详）	不详	佛山市祖庙博物馆	
大铁钟	不详	铁	明成化十五年（1479）	□何盛□	中山市博物馆	
大铜钟	保存完好，通高150厘米，口径107厘米，重2000多斤	铜	明成化二十二年（1486）	不详	佛山市祖庙博物馆	
鎏金铜花瓶	高约10厘米，直径约6厘米，瓶口外撇呈八角	铜	明弘治三年（1490）	永昌炉	佛山藏家李宗霖	
大铜镜	保存完好，直径133厘米，周长414厘米	铜	明嘉靖十九年（1540）	不详	佛山市祖庙博物馆	

续表

器物名称	尺寸大小	所用材质	铸造时间	冶铸者/炉行	现存地点	器物图片
观音小铜像	保存完好，坐姿高约80厘米，重约500斤	铜	明嘉靖二十六年（1547）	不详	佛山市祖庙博物馆	
铁钟	通高76厘米，口径48厘米	铁	明万历初年	不详	佛山市博物馆	
铁钟	通高105厘米，口径73厘米	铁	明万历八年（1580）	不详	封开县博物馆	
铁钟	不详	铁	明万历十七年（1589）	不详	广西贺州市博物馆	
铁钟	不详	铁	明万历四十二年（1614）	不详	广西贺州市博物馆	
祭田蒸锅	缺盖，其他保存完好，具体尺寸不详	铁	明代（具体年份不详）	不详	佛山市档案馆	
铁钟	通高74厘米，口径63厘米	铁	明天启三年（1623）	不详	郁南县连滩张公庙	

续表

器物名称	尺寸大小	所用材质	铸造时间	冶铸者/炉行	现存地点	器物图片
铁钟	不详	铁	明天启三年（1623）	不详	广西贺州市博物馆	
铁钟	不详	铁	明天启四年（1624）	不详	广西贺州市博物馆	
铁钟	不详	铁	明崇祯五年（1632）	不详	澳门观音堂（普济禅院）	
铁炮	左：长104厘米，口径19厘米；右：长96厘米，口径19厘米	铁	明崇祯十二年（1639）；明永历二年（1648）	不详	郁南县连滩张公庙	
铁钟	不详	铁	明崇祯十七年（1644）	不详	广西贺州市博物馆	
铁钟	通高87.5厘米，口径69厘米	铁	明弘光元年（清顺治二年，1645）	不详	封开县博物馆	
铁钟	不详	铁	明弘光元年（清顺治二年，1645）	不详	广西贺州市博物馆	

续表

器物名称	尺寸大小	所用材质	铸造时间	冶铸者/炉行	现存地点	器物图片
铁磬	高33厘米，口径21厘米	铁	清顺治十三年（1656）	不详	佛山市博物馆	
铁镬	不详	铁	清康熙年间	不详	广西桂林伏波山	
铁钟	通高71厘米，口径50厘米	铁	清康熙二年（1663）	不详	封开县博物馆	
铁钟	基本完好，通高79厘米，口径64厘米	铁	清康熙六年（1667）	恒足店	广西贺州市博物馆	
铁钟	通高97厘米，口径74厘米	铁	清康熙八年（1669）	不详	封开县博物馆	
铁钟	不详	铁	清康熙十一年（1672）	不详	广西贺州市博物馆	
铁钟	通高97厘米，口径63厘米	铁	清康熙二十二年（1683）	万名炉	广西贺州市博物馆	

续表

器物名称	尺寸大小	所用材质	铸造时间	冶铸者/炉行	现存地点	器物图片
铁钟	通高 67 厘米，口径 52 厘米	铁	清康熙三十一年（1692）	万名炉	罗定市分界中心小学	
铁钟	不详	铁	清康熙三十四年（1695）	粤胜炉	广西贺州市博物馆	
铁钟	通高 83 厘米，口径 58 厘米	铁	清康熙四十一年（1702）	粤胜炉	封开县博物馆	
铁钟	通高 73 厘米，口径 57 厘米	铁	清康熙四十四年（1705）	全吉炉	封开县博物馆	
铁钟	不详	铁	清康熙四十四年（1705）	粤胜炉	广西贺州市博物馆	
铁钟	通高 97 厘米，口径 70 厘米	铁	清康熙四十五年（1706）	万名炉	广西贺州市博物馆	
铁钟	不详	铁	清康熙四十六年（1707）	万名炉	佛山南海西樵简村	

续表

器物名称	尺寸大小	所用材质	铸造时间	冶铸者/炉行	现存地点	器物图片
铁钟	通高 110 厘米，口径 77 厘米	铁	清康熙五十五年（1716）	隆盛炉	封开县博物馆	
铁钟	通高 78 厘米，口径 63 厘米	铁	清康熙五十八年（1719）	隆盛炉	罗定市罗平镇泗盆惠民庙	
铁钟	有裂痕，通高 79 厘米，口径 56 厘米	铁	清康熙五十八年（1719）	万名号万生炉	封开县博物馆	
铁钟	有裂痕，通高 74 厘米，口径 64 厘米	铁	清雍正三年（1725）	隆盛炉	罗定市三元塔旁	
降龙铁塔	早毁，仅剩塔座，清代重铸，高 5.1 米	铁	原塔铸于南汉年间（917—971），清雍正五年（1727）重铸	不详	韶关曲江南华寺	
铁钟	不详	铁	清雍正八年（1730）	万名老炉	香港九龙侯王庙	

续表

器物名称	尺寸大小	所用材质	铸造时间	冶铸者/炉行	现存地点	器物图片
经堂铁塔/释迦文佛塔	"文革"期间被砸毁。后重铸,高460厘米,重约4吨	铁	原塔铸于清雍正十二年(1734),乾隆四十六年(1781)加建白玉石塔基。1987年在原残片的基础上修复重光	不详	佛山市祖庙博物馆	
铁钟	有破损,通高87厘米,口径70厘米	铁	清乾隆元年(1736)	隆盛炉	封开县博物馆	
铁钟	通高64厘米,口径54厘米	铁	清乾隆五年(1740)	隆盛炉	佛山市祖庙博物馆	
铁钟	不详	铁	清乾隆六年(1741)	隆盛炉	广西贺州市博物馆	
铁钟	通高60厘米,口径42厘米	铁	清乾隆十年(1745)	不详	封开县博物馆	

续表

器物名称	尺寸大小	所用材质	铸造时间	冶铸者/炉行	现存地点	器物图片
铜锣	不详	铜	清乾隆二十三年（1758）	乐昌炉	佛山藏家李宗霖	
铁钟	有裂痕，通高 72.5 厘米，口径 49 厘米	铁	清乾隆三十年（1765）	隆盛炉	封开县博物馆	
铁钟	不详	铁	清乾隆三十一年（1766）	隆盛炉	广西贺州市博物馆	
铁钟	通高 63 厘米，口径 52 厘米	铁	清乾隆三十六年（1771）	隆盛炉	广西梧州市博物馆	
铁钟	通高 75 厘米，口径 56 厘米	铁	清乾隆四十二年（1777）	万明炉	封开县博物馆	
铁钟	通高 83 厘米，口径 70 厘米	铁	清乾隆四十二年（1777）	万明炉	广西贺州市博物馆	

续表

器物名称	尺寸大小	所用材质	铸造时间	冶铸者/炉行	现存地点	器物图片
铁钟	通高 78.5厘米，口径62厘米	铁	清乾隆四十四年（1779）	万声炉	封开县博物馆	
铁钟	不详	铁	清乾隆五十一年（1786）	不详	广西贺州市博物馆	
铁钟	不详	铁	清乾隆五十三年（1788）	万盛炉	中山市博物馆	
铁钟	通高 57.5厘米，口径44厘米	铁	清乾隆五十七年（1792）	万聚炉	封开县博物馆	
云板	也称云磬，保存完好，通高65厘米，长115厘米	铁	清乾隆六十年（1795）	不详	佛山市祖庙博物馆	
铁钟	通高180厘米，口径120厘米	铁	清嘉庆四年（1799）	聚胜炉	广州中山大学惺亭	

续表

器物名称	尺寸大小	所用材质	铸造时间	冶铸者/炉行	现存地点	器物图片
铁鼎	高约53厘米，长约40厘米，宽约28厘米	铁	清嘉庆四年（1799）	万德炉	佛山藏家李宗霖	
铁鼎炉	保存完好，通高273厘米，口径95厘米，重2000多斤	铁	原铸于明万历十六年（1588），后被毁，清嘉庆六年（1801）重铸	万名炉	佛山市祖庙博物馆	
铁钟	通高72厘米，口径56厘米	铁	清嘉庆八年（1803）	万德炉	封开县博物馆	
云板	有破损，高62厘米，宽60厘米	铁	清嘉庆八年（1803）	万聚老炉	封开县博物馆	
铁钟	通高61厘米，口径49厘米	铁	清嘉庆十二年（1807）	隆盛炉	罗定市罗平镇古榄兴隆庙	
铁炮	不详	铁	清嘉庆十四年（1809）；清道光二十一年（1841）	炮匠关明正、麦万聚、利隆盛、梁万盛；炮匠李、陈、霍	广东省博物馆	

续表

器物名称	尺寸大小	所用材质	铸造时间	冶铸者/炉行	现存地点	器物图片
铁钟	不详	铁	清嘉庆十六年（1811）	隆盛炉	广西贺州市博物馆	
铁钟	不详	铁	清嘉庆十六年（1811）	隆盛炉	广西贺州市博物馆	
香炉	锈蚀，通高129厘米，长110厘米，宽75厘米	铁	清嘉庆十九年（1814）	万聚老炉	佛山市祖庙博物馆	
铁鼎	不详	铁	清嘉庆十九年（1814）	信昌老炉	佛山市祖庙博物馆	
香炉	保存完好，通高127厘米，口径75厘米	铁	清嘉庆二十一年（1816）	隆盛炉	佛山市祖庙博物馆	
香炉	有残破，通高130厘米，口径80厘米	铁	清嘉庆二十三年（1818）	信昌老炉	佛山市祖庙博物馆	
铁钟	通高67.5厘米，口径54厘米	铁	清嘉庆二十三年（1818）	隆盛老炉	广西梧州市博物馆	

续表

器物名称	尺寸大小	所用材质	铸造时间	冶铸者/炉行	现存地点	器物图片
高耳三足鼎	通高 43.5 厘米，口径 52 厘米，重 34.8 千克	铁	清道光十七年（1837）	万全炉	佛山市博物馆	
铁炮	长 280 厘米，口径 42 厘米，重八千斤	铁	清道光二十一年（1841）	炮匠李、陈、霍	佛山市祖庙博物馆	
铁炮	不详	铁	清道光二十一年（1841）、清道光二十二年（1842）	炮匠李、陈、霍	广州市博物馆	
铁炮	长 250 厘米，口径 38 厘米	铁	清道光二十二年（1842）	炮匠李、陈、霍	佛山顺德北滘碧江荫老园	
铁钟	通高 80 厘米，口径 58 厘米	铁	清道光二十二年（1842）	万盛炉	佛山藏家李宗霖	
铁钟	通高 80 厘米，口径 58 厘米	铁	清道光二十三年（1843）	万全炉	佛山藏家李宗霖	
云板	不详	铁	清道光二十五年（1845）	万德炉	佛山市博物馆	

续表

器物名称	尺寸大小	所用材质	铸造时间	冶铸者/炉行	现存地点	器物图片
铁钟	通高 72 厘米，口径 53 厘米	铁	清道光二十六年（1846）	万明炉	封开县博物馆	
铁钟	通高 95 厘米，口径 71 厘米	铁	清道光二十六年（1846）	万文老炉	广西贺州市博物馆	
香炉	不详	铁	清道光二十七年（1847）	万明炉	香港九龙侯王庙	
香炉	不详	铁	清咸丰八年（1858）	源兴店	澳门观音堂	
方形香炉	不详	铁	清咸丰八年（1858）	信昌炉	澳门观音堂	
铁炮	不详	铁	清咸丰年间	不详	佛山三水西南镇	
铁钟	通高 69 厘米，口径 48 厘米	铁	清同治二年（1863）	安昌炉	封开县博物馆	

续表

器物名称	尺寸大小	所用材质	铸造时间	冶铸者/炉行	现存地点	器物图片
云板	不详	铁	清同治二年（1863）	隆盛炉	佛山市博物馆	
云板	不详	铁	清同治六年（1867）	隆盛炉	佛山市博物馆	
铁钟	通高 66 厘米，口径 50 厘米	铁	清同治九年（1870）	信昌炉	罗定市三元塔旁	
捣药铜盅	高 9 厘米，盅口直径 12 厘米，盅底直径 8 厘米，厚约 6 毫米。另配 17 厘米长的木制捣药杵，药杵前镶有 5 厘米长的铜头	铜	清同治年间	万德炉	佛山藏家李宗霖	
方形香炉	不详	铁	清光绪八年（1882）	信昌炉	澳门观音堂	
云板	不详	铁	清光绪十年（1884）	信昌炉	佛山市博物馆	

续表

器物名称	尺寸大小	所用材质	铸造时间	冶铸者/炉行	现存地点	器物图片
铁钟①	不详	铁	清光绪二十四年（1898）	合记炉	马来西亚槟城	
铜鼎炉	保存完好，镂空狮钮盖，云龙纹炉座，折沿、直颈、鼓腹、狮首含胫三足，通高230厘米，重约1吨	铜	清光绪二十五年（1899）	不详	佛山市祖庙博物馆	
蟾蜍	通高85厘米	铁	清	信昌老炉	佛山市祖庙博物馆	
铜香炉	通高45厘米，口径42.5厘米	铜	清光绪年间	不详	佛山市祖庙博物馆	
铁牛	通高62厘米，长100厘米	铁	清	不详	佛山市祖庙博物馆	

---

① 同事郭文钠出国到马来西亚旅游时拍摄并提供，在此表示感谢。

续表

器物名称	尺寸大小	所用材质	铸造时间	冶铸者/炉行	现存地点	器物图片
鼎锅	通高 34 厘米，口径 34.5 厘米，重 23.5 千克	铁	清	不详	佛山市博物馆	
牛锅	通高 20 厘米，口径 38 厘米	铁	清	不详	佛山市博物馆	
铜钟	高 32 厘米，口径 29 厘米	铜	清	万明炉	佛山藏家李宗霖	
铜锣	直径 70 厘米，沿宽 4 厘米	铜	清	万明炉	佛山藏家潘福明	
铁狮子	身长 38 厘米，高 32 厘米	铁	清	不详	佛山市博物馆	
铁砧	不详	铁	清	不详	佛山市博物馆	
铁水兜	不详	铁	清	不详	佛山市博物馆	

续表

器物名称	尺寸大小	所用材质	铸造时间	冶铸者/炉行	现存地点	器物图片
铁炮	不详	铁	清	炉户李、陈、霍	广州沙面	
铁炮	长104厘米，口径19厘米	铁	清	不详	广西梧州市博物馆	
铁炮	长125厘米，口径13厘米	铁	清	不详	广西梧州市博物馆	
铁炮	长151厘米，口径7厘米	铁	清	不详	封开县博物馆	
抬炮	不详	铁	清	不详	佛山市博物馆	
铁针	长4.5厘米，直径0.1厘米	铁	清	不详	佛山市博物馆	
云板	不详	铁	清	隆盛炉	澳门观音堂	
云板	通高98厘米，宽98厘米	铁	民国四年（1915）	源兴隆	广东粤剧博物馆	

资料来源：大部分图片来源于作者拍摄和朋友赠与，一部分图片在征得朱培建先生的同意后，引自他主编的《明清佛山冶铸》（广州出版社2009年版）。

参考文献

一、著作

〔元〕陈大震，吕桂孙. 南海志［M］. 北京图书馆藏，仅存第六卷至第十卷，2 册。1996 年广州市地方志研究所据广东省中山图书馆影抄本刊印，名《大德南海志残本》.

〔明〕郭棐，等. 广东通志［M］. 明万历二十七年（1599）刻本.

〔明〕刘廷元. 南海县志［M］. 明万历三十七年（1609）刻本. 北京图书馆有藏，缺第五卷至第九卷.

〔明〕朱光熙. 南海县志［M］. 明崇祯十五年（1642）刻本. 北京图书馆藏.

〔清〕金光祖. 广东通志［M］. 清康熙十四年（1675）刻本.

〔清〕李文焰. 南海小志［M］. 清康熙三十六年（1697）刻本.

〔清〕郝玉麟，等. 广东通志［M］. 清雍正八年（1730）刻本.

〔清〕魏琯. 南海县志［M］. 清乾隆六年（1741）刻本. 广东省立中山图书馆藏.

〔清〕陈炎宗. 佛山忠义乡志［M］. 清乾隆十七年（1752）刻本. 佛山市博物馆藏.

〔清〕曹鹏翊，等. 和平县志［M］. 清乾隆二十八年（1763）刻本.

〔清〕翁方纲. 粤东金石略［M］. 清乾隆三十六年（1771）石洲草堂刻本.

〔清〕吴荣光. 佛山忠义乡志［M］. 清道光十年（1830）刻本. 佛山市博物馆藏.

〔清〕潘尚楫. 南海县志［M］. 清道光十五年（1835）刻本.

〔清〕吴荣光. 石云山人文集［M］. 清道光二十一年（1841）南海吴氏筠清馆刻本.

〔清〕黄恩彤. 粤东省例新纂［M］，清道光二十六年（1846）广东藩署刻印本.

〔清〕郭汝诚，等. 顺德县志 [M]. 清咸丰六年（1856）刻本.

〔清〕戴肇辰. 广东通志 [M]. 清同治八年（1869）刻本.

〔清〕明之纲. 桑园围总志 [M]. 清同治九年（1870）刻本.

〔清〕徐寿基. 续广博物志 [M]. 清光绪十三年（1887）刻本.

〔清〕何如铨. 重辑桑园围志 [M]. 清光绪十五年（1889）刻本.

〔清〕王守基. 盐法议略 [M]. 清光绪十九年（1893）刻本.

佚名. 南海乡土志 [M]. 清光绪三十四年（1908）钞本.

佛山纲华陈氏族谱 [M]. 佛山市博物馆藏.

鹤园冼氏家谱 [M]. 佛山市博物馆藏.

江夏黄氏族谱 [M]. 佛山市博物馆藏.

李氏族谱 [M]. 佛山市博物馆藏.

梁氏家谱 [M]. 佛山市博物馆藏.

岭南冼氏宗谱 [M]. 佛山市博物馆藏.

南海佛山霍氏族谱 [M]. 佛山市博物馆藏.

新会潮连芦鞭卢氏族谱 [M]. 佛山市博物馆藏.

〔民国〕冼宝干. 佛山忠义乡志 [M]. 民国十二年（1923）刻本. 佛山市博物馆藏.

〔民国〕何炳堃. 续桑园围志 [M]. 九江：九江市宜昌印务局，1932.

〔元〕陈椿. 熬波图咏 [M]. 上海：上海通社，1935.

〔民国〕邹鲁，温廷敬. 续广东通志 [M]. 广州：广东通志馆，1935.

〔清〕李调元. 南越笔记 [M]. 上海：商务印书馆，1936.

〔清〕刘恂. 岭表录异 [M]. 上海：商务印书馆，1936.

〔清〕吴震方. 岭南杂记 [M]. 上海：商务印书馆，1936.

惠州府志 [M]. 嘉靖十五卷本. 上海：上海古籍出版社，1961.

〔清〕李友榕，邓云龙. 三水县志 [M]. 清嘉庆二十四年（1815）刻本. 台北：成文出版社，1966.

〔清〕瑞麟，戴肇辰，史澄. 广州府志 [M]. 清光绪五年（1879）刻本. 台北：成文出版社，1966.

〔民国〕周朝槐，等. 顺德县志 [M]. 民国十八年（1929）刊本，台北：成文出版社，1966.

〔清〕郑梦玉，梁绍献. 续修南海县志 [M]. 清道光十五年（1836）修，同治十一年（1872）刻本. 台北：成文出版社，1967.

〔清〕郑溁，桂坫，等. 南海县志 [M]. 清宣统二年（1910）刻本. 台北：成文出版社，1974.

〔元〕王祯. 王祯农书 [M]. 北京：农业出版社，1981.

〔清〕陈徽言. 南越游记〔M〕. 北京：中华书局，1985.

〔清〕屈大均. 广东新语〔M〕. 北京：中华书局，1985.

〔清〕张心泰. 粤游小识〔M〕. 广州：广东人民出版社，1986.

〔明〕王临亨. 粤剑编〔M〕. 北京：中华书局，1987.

〔清〕范端昂. 粤中见闻〔M〕. 广州：广东高等教育出版社，1988.

〔清〕张渠. 粤东闻见录〔M〕. 广州：广东高等教育出版社，1990.

惠州府志〔M〕. 嘉靖十二卷本. 北京：书目文献出版社，1991.

〔清〕严如煜. 三省边防备览〔M〕. 扬州：江苏广陵古籍刻印社，1991.

〔清〕郭尔戺. 南海县志〔M〕. 清康熙三十年（1691）刻本. 北京：书目文献出版社，1992.

〔清〕罗云山. 广东文献〔M〕. 扬州：江苏广陵古籍刻印社，1994.

〔清〕阮元，等. 广东通志〔M〕. 清道光二年（1822）刻本. 上海：上海古籍出版社，1995.

〔明〕戴璟，等. 广东通志初稿〔M〕. 北京：书目文献出版社，1996.

〔明〕黄佐. 广东通志〔M〕. 明嘉靖三十六年（1557）刻本. 广州：广东省地方史志办公室，1997.

〔宋〕周去非著；杨武泉校注. 岭外代答校注〔M〕. 北京：中华书局，1999.

〔清〕陈昌齐，等. 广东通志〔M〕. 广州：岭南美术出版社，2000.

〔明〕宋应星. 天工开物〔M〕. 长沙：岳麓书社，2002.

〔清〕梁廷枏. 粤海关志〔M〕. 广州：广东人民出版社，2002.

〔清〕刘元禄. 罗定直隶州志〔M〕. 上海：上海书店出版社，2003.

〔清〕杨文植. 宜章县志〔M〕. 海口：海南出版社，2003.

〔清〕吴绮，等. 清代广东笔记五种〔M〕. 广州：广东人民出版社，2006.

厉式金，等. 香山县志〔M〕. 民国十二年（1923）刻本. 广东省地方史志办公室. 广东历代方志集成：广州府部（34）. 广州：岭南美术出版社，2007.

〔明〕朱光熙. 南海县志〔M〕. 明崇祯十五年（1642）刻本. 佛山：佛山市南海区方志办，2008.

〔清〕李侍尧，等. 两广盐法志〔M〕. 清乾隆二十七年（1762）刻本. 于浩. 稀见明清经济史料丛刊（第一辑）：第35册. 北京：国家图书馆出版社，2008.

〔清〕阮元，伍长华，等. 两广盐法志〔M〕. 清道光十五年（1835）

刻本. 于浩. 稀见明清经济史料丛刊（第一辑）：第 43 册. 北京：国家图书馆出版社，2008.

〔明〕郭棐编撰；王元林校注. 岭海名胜记校注［M］. 西安：三秦出版社，2012.

〔清〕顾炎武. 天下郡国利病书［M］. 上海：上海古籍出版社，2012.

〔清〕顾炎武. 肇域志［M］. 上海：上海古籍出版社，2012.

〔清〕邹兆麟，蔡逢恩. 高明县志［M］. 清光绪二十年（1894）刻本. 上海书店影印，2013.

〔明〕霍与瑕. 霍勉斋集［M］. 桂林：广西师范大学出版，2014.

敦煌文物研究所编辑委员会. 榆林窟［M］. 北京：中国古典艺术出版社，1957.

彭泽益. 中国近代手工业史资料（1840—1949）：第二卷［M］. 北京：生活·读书·新知三联书店，1957.

土法低温炼钢［M］. 北京：科技卫生出版社，1958.

江苏省博物馆. 江苏省明清以来碑刻资料选集［M］. 北京：生活·读书·新知三联书店，1959.

杨宽. 中国土法冶铁炼铜技术发展简史［M］. 上海：上海人民出版社，1960.

河南省文化局文物工作队. 巩县铁生沟［M］. 北京：文物出版社，1962.

刘仙洲. 中国机械工程发明史［M］. 北京：科学出版社，1962.

文物编辑委员会. 文物考古工作三十年（1949—1979）［M］. 北京：文物出版社，1979.

苏州历史博物馆，江苏师范学院历史系，南京大学明清史研究室. 明清苏州工商业碑刻集［M］. 南京：江苏人民出版社，1981.

暨南大学历史系中国古代史教研组. 中国古代史论文集：第 1 辑［M］. 广州：暨南大学，1981.

中国人民大学清史研究所，等. 清代的矿业［M］. 北京：中华书局，1983.

吴晓煜，李进尧. 中国大百科全书：矿冶卷［M］. 北京：中国大百科全书出版社，1983.

广东省博物馆，香港中文大学文物馆. 广东出土先秦文物［M］. 香港：香港中文大学文物馆，1984.

广东历史学会. 明清广东社会经济形态研究［M］. 广州：广东人民出

版社，1985.

白佐民，艾鸿镇. 城市雕塑设计［M］. 天津：天津科学技术出版社，1985.

佛山市文物普查办公室. 佛山文物志（上）［M］. 佛山：佛山市文物普查办公室，1985.

佛山市文联. 佛山的传说［M］. 佛山：佛山市文联，1985.

华觉明，等. 中国冶铸史论集［M］. 北京：文物出版社，1986.

李约瑟著；潘吉星主编. 李约瑟文集［M］. 沈阳：辽宁科学技术出版社，1986.

凌业勤，等. 中国古代传统铸造技术［M］. 北京：科学技术出版社，1987.

广东省社会科学院历史研究所中国古代史研究室，中山大学历史系中国古代史教研室，广东省佛山市博物馆. 明清佛山碑刻文献经济资料［M］. 广州：广东人民出版社，1987.

戴念祖. 中国力学史［M］. 石家庄：河北教育出版社，1988.

田长浒. 中国金属技术史［M］. 成都：四川科学技术出版社，1988.

余天炽，等. 古南越国史［M］. 南宁：广西人民出版社，1988.

黄启臣. 十四—十七世纪中国钢铁生产史［M］. 郑州：中州古籍出版社，1989.

傅宗文. 宋代草市镇研究［M］. 福州：福建人民出版社，1989.

施坚雅. 中国封建社会晚期城市研究：施坚雅模式［M］. 王旭，等译. 长春：吉林教育出版社，1991.

广州市文物管理委员会，等. 西汉南越王墓（下）［M］. 北京：文物出版社，1991.

佛山市交通局. 佛山市交通志［M］. 佛山：佛山市交通局，1991.

中国人民政治协商会议广东省佛山市委员会文教体卫工作委员会. 佛山文史资料：第11辑（铸造行业史料专辑）［M］. 佛山：中国人民政治协商会议广东省佛山市委员会文教体卫工作委员会，1991.

田仲一成. 中国的宗族与戏剧［M］. 钱杭，任余白，译. 上海：上海古籍出版社，1992.

区瑞芝. 佛山新语［M］. 佛山：出版者不详，1992.

佛山市文物管理委员会. 佛山文物（上篇）［M］. 佛山：佛山市文物管理委员会，1992.

李京华. 中原古代冶金技术研究［M］. 郑州：中州古籍出版社，1994.

罗一星. 明清佛山经济发展与社会变迁［M］. 广州：广东人民出版社，1994.

田长浒. 中国铸造技术史：古代卷［M］. 北京：航空工业出版社，1995.

苏荣誉，等. 中国上古金属技术［M］. 济南：山东科学技术出版社，1995.

张荣芳，黄淼章. 南越国史［M］. 广州：广东人民出版社，1995.

广东省地方史志编纂委员会. 广东省志·二轻（手）工业志［M］. 广州：广东人民出版社，1995.

广东省地方史志编纂委员会. 广东省志·水利志［M］. 广州：广东人民出版社，1996.

金秋鹏. 中国古代科技史话［M］. 北京：商务印书馆，1997.

戴念祖. 物理与机械志（中华文化通志·科学技术典）［M］. 上海：上海人民出版社，1998.

华觉明. 中国古代金属技术——铜和铁造就的文明［M］. 郑州：大象出版社，1999.

《中国煤炭志》编纂委员会. 中国煤炭志：广东卷［M］. 北京：煤炭工业出版社，1999.

胡守为. 岭南古史［M］. 广州：广东人民出版社，1999.

陆敬严，华觉明. 中国科学技术史：机械卷［M］. 北京：科学出版社，2000.

谭棣华，等. 广东碑刻集［M］. 广州：广东高等教育出版社，2001.

吕宗力，栾保群. 中国民间诸神［M］. 石家庄：河北教育出版社，2001.

蔡峰. 中国手工业经济通史：先秦秦汉卷［M］. 福州：福建人民出版社，2002.

赵世瑜. 狂欢与日常：明清以来的庙会与民间社会［M］. 北京：生活·读书·新知三联书店，2002.

李京华. 中原古代冶金技术研究：第2集［M］. 郑州：中州古籍出版社，2003.

杨前军. 中国冶铸史［M］. 香港：香港荣誉出版有限公司，2003.

杨宽. 中国古代冶铁技术发展史［M］. 上海：上海人民出版社，2004.

张道一. 考工记注译［M］. 西安：陕西人民美术出版社，2004.

姜茂发，车传仁. 中华铁冶志［M］. 沈阳：东北大学出版社，2005.

冼剑民，陈鸿钧. 广州碑刻集［M］. 广州：广东高等教育出版社，2006.

张柏春. 中国传统工艺全集·传统机械调查研究［M］. 郑州：大象出版社，2006.

岭南文化百科全书编纂委员会. 岭南文化百科全书［M］. 北京：中国大百科全书出版社，2006.

韩汝玢，柯俊. 中国科学技术史：矿冶卷［M］. 北京：科学出版社，2007.

郭连军. 矿冶概论［M］. 北京：冶金工业出版社，2009.

朱培建. 佛山明清冶铸［M］. 广州：广州出版社，2009.

中国金属学会. 第七届（2009）中国钢铁年会论文集（补集）［M］. 北京：冶金工业出版社，2009.

中国社会科学院考古研究所科技考古中心. 科技考古：第3辑［M］. 北京：科技出版社，2011.

唐际根. 矿冶史话［M］. 北京：社会科学文献出版社，2011.

王次澄，等. 大英图书馆特藏中国清代外销画精华［M］. 广州：广东人民出版社，2011.

刘东. 石湾陶塑技艺［M］. 广州：世界图书出版广东有限公司，2013.

陈建立. 中国古代金属冶铸文明新探［M］. 北京：科学出版社，2014.

李凡. 明清以来佛山城市文化景观演变研究［M］. 广州：中山大学出版社，2014.

谢中元. 走向"后申遗时期"的佛山非遗传承与保护研究［M］. 广州：中山大学出版社，2015.

申小红. 佛山北帝崇拜习俗研究［M］. 广州：南方日报出版社，2016.

李燕娟. 石湾龙窑营造与烧制技艺［M］. 广州：世界图书出版广东有限公司，2016.

二、论文及其他

杨宽. 我国古代冶金炉的鼓风设备［J］. 科学大众，1955（2）.

梓溪. 谈几种古器物的范［J］. 文物参考资料，1957（8）.

山东省博物馆. 山东滕县宏道院出土东汉画像石［J］. 文物，1959

（1）.

李崇州. 古代科学发明水力冶铁鼓风机"水排"及其复原［J］. 文物，1959（5）.

杨宽. 关于水力冶铁鼓风机"水排"复原的讨论［J］. 文物，1959（7）.

李崇州. 关于"水排"复原之再探［J］. 文物，1960（5）.

杨宽. 再论王桢农书"水排"的复原问题［J］. 文物，1960（5）.

佛山铸造厂工人、干部、技术人员三结合理论小组.《天工开物》和佛山铸造技术的发展［J］. 中山大学学报：自然科学版，1975（1）.

冶军. 铜绿山古矿井遗址出土铁制及铜制工具的初步鉴定［J］. 文物，1975（2）.

徐恒彬. 广东信宜出土的西周铜盉［J］. 考古，1975（11）.

杨式挺. 关于广东早期铁器的若干问题［J］. 考古，1977（2）.

刘云彩. 中国古代高炉的起源和演变［J］. 文物，1978（2）.

黄启臣. 明代钢铁生产的发展［J］. 学术论坛，1979（2）.

李龙潜. 清代前期广东采矿、冶铸业中的资本主义萌芽［J］. 学术研究，1979（5）.

王宏钧，刘如仲. 广东佛山资本主义萌芽的几点探讨［J］. 中国历史博物馆馆刊，1980（2）.

王静如. 敦煌莫高窟和安西榆林窟中的西夏壁画［J］. 文物，1980（9）.

彭泽益. 清代前期手工业的发展［J］. 中国史研究，1981（1）.

傅宗文. 宋代的草市镇［J］. 社会科学战线，1982（1）.

韩康信，潘其风. 广东佛山河宕新石器时代晚期墓葬人骨［J］. 人类学学报，1982（1）.

罗红星. 明至清前期佛山冶铁业初探［J］. 中国社会经济史研究，1983（4）.

唐文基. 明代的铺户及其买办制度［J］. 历史研究，1983（5）.

广东省博物馆. 广东南海县西樵山遗址［J］. 考古，1983（12）.

李京华. 夏商冶铜技术与铜器的起源［C］. 中国科学技术史学会第二届代表大会论文. 西安：1983.

罗一星. 关于明清"佛山铁厂"的几点质疑［J］. 学术研究，1984（1）.

广东省博物馆. 广东南海县灶岗贝丘遗址发掘简报［J］. 考古，1984（3）.

李伯重. 明清江南工农业生产中的燃料问题 [J]. 中国社会经济史研究, 1984 (4).

王冠倬. 从碇到锚 [J]. 船史研究, 1985 (1).

张宏礼. 曾侯乙编钟复制研究获重大成果 [J]. 中国科技史料, 1985 (2).

曹腾騑, 谭棣华. 关于明清广东冶铁业的几个问题 [M]//广东历史学会. 明清广东社会经济形态研究. 广州：广东人民出版社, 1985.

邓开颂. 明至清代前期广东铁矿产地和冶炉分布的统计 [M]//广东历史学会. 明清广东社会经济形态研究. 广州：广东人民出版社, 1985.

蒋祖缘. 试谈明清时期佛山的军器生产 [M]//广东历史学会. 明清广东社会经济形态研究. 广州：广东人民出版社, 1985.

罗一星. 明清时期佛山冶铁业研究 [M]//广东历史学会. 明清广东社会经济形态研究. 广州：广东人民出版社, 1985.

吴晓煜. 试论中国古代炼焦技术的发明与起源 [J]. 焦作矿业学院学报, 1986 (1).

漆侠. 宋代社会生产力的发展及其在中国古代经济发展过程中的地位 [J]. 中国经济史研究, 1986 (1).

李仲均. 中国古代用煤历史的几个问题考辨 [J]. 武汉地质学院学报, 1987 (11).

李仲均. 广东佛山镇冶铁业史 [J]. 有色金属, 1988 (1).

叶显恩. 广东古代水上交通运输的几个问题 [J]. 广东社会科学, 1988 (1).

戴念祖, 张蔚河. 中国古代的风箱及其演变 [J]. 自然科学史研究, 1988 (2).

梅建军. 古代冶金鼓风器械的发展 [J]. 中国冶金史料, 1992 (3).

唐际根. 中国冶铁术的起源问题 [J]. 考古, 1993 (6).

黄金贵. "囊"、"橐"辨释 [J]. 徐州师范学院学报：哲学社会科学版, 1994 (1).

童恩正. 中国古代的巫 [J]. 中国社会科学, 1995 (5).

马斌, 陈晓明. 明清苏州会馆的兴起——明清苏州会馆研究之一 [J]. 学海, 1997 (3).

陆敬严. 水排 [J]. 寻根, 1999 (1).

张子文. 论元代冶金技术的几个特点 [J]. 内蒙古工业大学学报, 1999 (1).

王大建, 刘德增. 中国经济重心南移原因再探讨 [J]. 文史哲, 1999

（3）.

广东省文物考古研究所，北京大学考古学系，三水市博物馆. 广东三水市银洲贝丘遗址发掘简报［J］. 考古，2000（6）.

董亚巍. 古钱币铸制技术中金属模及金属范的发展概略［J］. 湖北钱币专刊，2001（5）.

张全明. 试析宋代中国传统文化重心的南移［J］. 江汉论坛，2002（2）.

一羽. 略谈中国的冶炼技术［J］. 中国科技信息，2004（8）.

周毅刚. 明清佛山的城市空间形态初探［J］. 华中建筑，2006（8）.

容志毅. 中国古代木炭史说略［J］. 广西民族大学学报：哲学社会科学版，2007（4）.

王福谆. 古代大铁锅和大铁缸［J］. 铸造设备研究，2007（5）.

聂小武. 中国古代的主要铸造技术［J］. 金属加工：热加工，2008（9）.

王大宾，杨海燕. 中国古代冶铁鼓风机械沿革问题浅探［J］. 湖南冶金职业技术学院学报，2009（1）.

王焰安. 北江流域水神崇拜的考察［J］. 韶关学院学报：社会科学版，2009（10）.

于冰，石磊. 中国不同历史时期的钢铁工业共生体系及其演进分析［J］. 资源科学，2009（11）.

刘人滋. 明清时期广东佛山铁业研究［D］. 北京：北京科技大学，2009.

陈志杰. 从栅下天后庙看佛山铁器贸易［M］//朱培建. 佛山明清冶铸. 广州：广州出版社，2009.

陈志杰. 佛山现存古代冶铸产品之最［M］//朱培建. 佛山明清冶铸. 广州：广州出版社，2009.

陈智亮. 冶铁业与古代佛山镇的形成与发展［M］//朱培建. 佛山明清冶铸. 广州：广州出版社，2009.

朱培建. 佛山明清时期铁钟的初步研究［M］//朱培建. 佛山明清冶铸. 广州：广州出版社，2009.

朱培建. 佛山明清时期冶铁业和商业的调查报告［M］//朱培建. 佛山明清冶铸. 广州：广州出版社，2009.

朱培建. 明前佛山冶铁业初探［M］//朱培建. 佛山明清冶铸. 广州：广州出版社，2009.

孙丽霞. 浅析清代佛山的行业神崇拜［C］. 中国民俗学会2009年年会

暨学术研讨会论文集. 南昌：2009.

申小红. 佛山老城区现存冶铸遗址调查报告 ［J］. 文化遗产，2010 （4）.

李小艳. 水与佛山的信仰民俗 ［C］. 中国民俗学会 2010 年年会论文. 太原：2010.

申小红. 族谱所见明清佛山家族铸造业 ［J］. 中国经济史研究，2011 （2）.

申小红. 明清时期佛山的墟市 ［J］. 五邑大学学报：社会科学版，2011 （3）.

刘齐. 汉代的冶铁技术与画像石 ［J］. 咸阳师范学院学报，2011 （2）.

王立霞. 论唐宋水利事业与经济重心南移的最终确立 ［J］. 农业考古，2011 （3）.

陈征平，毛立红. 经济一体化、民族主义与抗战时期西南近代工业的内敛化 ［J］. 思想战线，2011 （4）.

潜伟，刘培峰，刘人滋. 明清时期中国钢铁行业组织研究 ［J］. 中国科技史杂志，2011 （增刊）.

刘正刚，陈嫦娥. 明清珠江三角洲的燃料供求研究 ［J］. 中国经济史研究，2012 （4）.

薛毅. 中国古代炼铜冶铁制陶燃料初探 ［J］. 湖北理工学院学报：人文社科版，2012 （6）.

黄滨. 明清珠三角"广州—澳门—佛山"城市集群的形成 ［J］. 深圳大学学报：人文社科版，2013 （3）.

申小红. 说说祖庙路上的城雕 ［J］. 佛山艺文志，2013 （3）.

商宇楠. 中国古代经济重心转移及其影响分析 ［J］. 经济视角，2013 （3）.

申小红. 明清佛山民间的神祇崇拜 ［J］. 道学研究，2014 （1）.

申小红. 明清佛山冶铸行业中的水神崇拜 ［J］. 道学研究，2015 （1）.

申小红. 明清佛山冶铸行业及其祖师崇拜 ［M］//广州市文化广电新闻出版局，广州市文物博物馆学会. 广州文博：捌. 北京：文物出版社，2015.

万鑫，等. "南海Ⅰ号"沉船出水铁锅、铁钉分析研究 ［J］. 中国文物科学研究，2016 （2）.

刘培峰，李延祥，潜伟. 传统冶铁鼓风器木扇的调查与研究 ［J］. 自然辩证法通讯，2017 （3）.

刘海旺. 中国冶铁史上又一重大发现: 河南鲁山发现汉代特大椭圆冶铁高炉炉基及其系统遗迹 [N]. 中国文物报, 2001 - 04 - 25 (1).

李小艳. 佛山的水神崇拜 [N]. 中国民族报, 2004 - 11 - 09 (3).

罗丽鸥, 等. 栅下"天后庙"见证佛山之冶遍天下 [N]. 佛山日报, 2011 - 01 - 27 (B04).

郭京宁, 刘乃涛. 北京延庆水泉沟冶铁遗址——古代生铁冶炼遗址重要考古新发现 [N]. 中国文物报, 2011 - 12 - 02 (4)

杨丽东. 用中国城雕讲述佛山情怀 [N]. 佛山日报, 2011 - 12 - 24 (B01).

岳谦厚, 郝正春. 山西传统庙会与乡民休闲 [N]. 太原晚报, 2012 - 03 - 06 (5).

郝伟. 明清外交风云里的佛山铁锅 [N]. 佛山日报, 2012 - 08 - 25 (4)

陈履生. 手工技艺的传承要在当代中国文化的顶层设计中预留一个特别的位置 [N]. 文艺报, 2013 - 03 - 08 (005).

佚名. 渐进的西汉钱范 [N]. 苏州日报, 2013 - 12 - 20 (4).

卜松竹. 广铁"良于天下", 佛山曾居第一 [N]. 广州日报, 2014 - 08 - 30 (B05).

杨波, 黄健源. 作别最后"红头巾" 唱尽"粤女闯南洋" [N]. 广州日报, 2015 - 10 - 04 (5).

文倩. 让铸造业变成窈窕淑女 [N]. 佛山日报, 2016 - 04 - 13 (A03).

邝倩华. 试析明清佛山冶铁业兴盛的原因 [EB/OL]. http://www.foshanmuseum.com/wbzy/ xslw_disp.asp? xsyj_ID=48.

益运居. 古代青铜器铸造工艺概述 [EB/OL]. http://www.sohu.com/a/22554958_124636.

砂型铸造 [EB/OL]. https://baike.so.com/doc/5425444-5663664.html.

中国文物网. 古代青铜器铸造工艺概述 [EB/OL]. https://www.sohu.com/a/167854229_740892.

砂型铸造的工艺分析 [EB/OL]. http://www.doc88.com/P-7758760830142.html.

砂型铸造工艺流程情况介绍 [EB/OL]. http://www.zwzyzx.com/show-265-85517-1.html.

后　记

　　一直以来，我对历史学、民俗学等很感兴趣，也正式出版或发表了相关的著述和多篇论文。本课题则是涉及冶金、铸造和冶金史、技术史以及考古学等方面的高深内容。老实说，我对于这些领域的知识的了解是非常有限的，只能说是个门外汉，最初涉足冶铸文化也只是对其中的行业神崇拜、水神崇拜等涉及民俗学方面的内容感兴趣。一头扎进去之后我才知道其内容的博大精深，也深感自己在相关方面的知识储备不足。但开弓没有回头箭，我已经承接了此项课题并签订了相关正式协议，只能霸王硬上弓，再说我也想挑战一下自己。

　　所以，一切近乎从零开始：凡是我能找到或买到的古代、近代和现当代有关冶金、冶铸、冶金史、技术史和考古学等方面的书籍、文章，不管是纸质的还是电子版的，都尽最大努力搜罗到手，然后是一遍遍地通读，以便获得入门知识和感性认识。时间上只能是工作之余的见缝插针，或者是下班后的挑灯夜读；方法上是纵向阅读、横向比较，一遍、两遍不行，就逼迫自己多读几遍，多思考几次。由此弄得自己整天苦哈哈的，也紧张兮兮的，其中的滋味并非用"艰辛"二字所能够言表的。

　　本书从资料的查阅、素材的积累到篇章结构的安排，断断续续经历了十个春秋，也林林总总地做了十多本相关的读书笔记，另外还有十余万字的调查采访与田野作业等资料，这期间也公开发表了多篇与佛山冶铸文化有关的研究论文。待书稿有了基本框架后，我才于2016年申报了此项课题并获得通过，入选《佛山市人文和社科研究丛书》，同时也获得了政府出版基金资助的资格。

　　令我感触颇深的是阅读无标点的线装书，如多种版本的《南海县志》《广东通志》《佛山忠义乡志》《顺德县志》《三水县志》《高明县志》《两广盐法志》《桑园围志》，佛山历代文人文集、档案馆馆藏资料，以及自己购买的有关冶金、铸造等书籍资料等，共1000多本，另外还有很多网购的扫描版电子书和海量的研究论文。这样一来就耗费了我大量的脑力、体力和节假日时间，挑灯夜读、冥思苦想更是家常便饭，写作过程中的艰辛滋味真的是一言难尽。即便如此，很多时候阅读了很多本书，查看了海量的资料，仍然难以找到与此项研究相关的只言片语，如同大海捞针一般。

尤其是最近几年来，工作之余特别是节假日的时间几乎都用在了与本课题相关资料的查找、图片拍摄等方面。

还记得承担这个课题是在 2016 年 10 月 18 日。在这之前，父亲因胃癌的复发已经第五次上医院，并住进了 ICU 病房。这期间我也利用年假、探亲假回家看过他几次。一个多月后的 12 月 5 日凌晨 4 点多，突然接到妻子打来的电话，说 5 分钟前父亲已经走了……我是家中长子，只能强忍着悲痛，千里奔丧回家，尽自己的微薄之力为父亲安排较为体面的后事，因为事死如事生。我也特后悔自己没能陪伴父亲走完生命的最后一程，以至于在奔丧回家的高铁厕所里猛抽了自己几个大嘴巴，强忍啜泣，任由悔恨的泪水无声地滴落……

俗话说福无双至，祸不单行，还没有完全从失去父亲的悲痛中走出来的我，在 2017 年 4 月 30 日下午的 5 点 31 分突然接到妹夫的电话，说我唯一的弟弟在人行道上被疯狂闯红灯的货车司机撞倒而不幸当场身亡了，巨大的悲痛再次将我包围……忍痛处理完弟弟的后事返回佛山，我整天不知饥饿，也不知休息，整个人也到了崩溃的边缘：上班时傻傻地坐着，想哭又不敢；下班后就躲在家里，以泪洗面，呆呆地坐到天亮……

谁都无法直面和接受在这么短的时间内连失两位至亲的痛楚和事实，这其中的伤痛有多深，只有自己知道，也只有自己看得清。我也曾一度想放弃这个课题的后续调研与写作，因为确实无法集中思想和精力，脑袋里全是糨糊，心中满是悲伤。

在这期间，多亏一些亲戚、朋友和同学不断开导并宽慰我，让我慢慢走出了痛失两位至亲的低谷，也慢慢地进行自我调整。毕竟我是家中长子，家里还有老母亲、侄子、侄女需要照顾，我的小家也要我来支撑，还要与肇事车主不断进行调解与开庭，我自己也还有业务工作要完成……所以，我一边强忍着悲痛继续工作，一边利用一切可以利用的时间加班加点继续这个课题的相关研究，也想用业务工作和课题研究来缓解自己的悲伤情绪，调整身体状况。

感谢佛山市政府、佛山市委宣传部、佛山市社科联及有关单位对拙著的出版资助！感谢佛山市社科联邓翔主席、淦述卫科长及其同仁的亲切关怀与指导！感谢国家图书馆古籍档案中心、湖北省博物馆、广东省立中山博物馆、广东省图书馆、广东省档案馆、广州博物馆、东莞市博物馆、鸦片战争博物馆、佛山市档案馆、佛山市南海区档案馆等单位领导和工作人员在资料查找、图片拍摄等方面给本人提供的便利与帮助！

感谢佛山市博物馆全体同仁，特别是朱培建、曾冠军、孙丽霞、李小艳、郭文钠、梁志斌、游宝仪、霍浩潮、刘健、万涛等，他们或在图片提供，或在制图绘图，或在资料查找等方面给我提供的帮助与便利！感谢丛书编委会、审稿专家组和中山大学出版社李海东等各位老师的辛勤劳动！最后感谢家人在背后的默默支持与付出！

想要写出一本既富有新意，又集学术性、知识性于一体的有关佛山冶铸文化研究的专著，这个愿望本是美好的，但由于笔者知识的浅陋、能力的有限，初稿期间就几易书稿，定稿期间的情况更是如此，再加上承担课题后家里接连出现的巨大变故，导致我很长时间都不在状态，所以拙著的不足之处仍然在所难免，故心里一直惴惴不安，敬请各位专家、学者、同行和读者不吝批评指正！

老实说，我的一点研究心得、体会是"拣芝麻"性质的，充其量也只能算是对佛山冶铸文化研究的一点点补充而已，有些研究成果还得到了仍然坚守传统冶铸工艺技术的工匠和其他学人研究的启发。如果说拙著的研究有那么一丁点儿价值的话，那也是因为我站在他人肩膀上的缘故。希望拙著能起一点点抛砖引玉的作用，也期待更多更好的相关研究成果问世。

再次感谢各位领导、专家教授、同事和朋友对我的关心与帮助！

愿母亲、岳父母身体健康，愿全家人再无病无灾！

拙著的基本初稿完成之际，是父亲逝世一周年的时期，我谨以拙著的出版来寄托我对父亲和弟弟的思念，愿他们在天堂里一切安好，愿天堂里再也没有疾病与车祸！

申小红　谨记于陋室书斋

2017 年 12 月 5 日初稿

2018 年 6 月 18 日定稿